职业技术·职业资格培训教材

电工

DIANGONG

（二级 一级）中册

主　编　王照清

副主编　沈倪勇

编　者　柴敬镛　仲葆文

主　审　袁如红

中国劳动社会保障出版社

图书在版编目(CIP)数据

电工：二级 一级. 中册/人力资源和社会保障部教材办公室组织编写. -- 北京：中国劳动社会保障出版社，2018

职业技术·职业资格培训教材

ISBN 978-7-5167-3368-4

Ⅰ.①电… Ⅱ.①人… Ⅲ.①电工技术-技术培训-教材 Ⅳ.①TM

中国版本图书馆 CIP 数据核字(2018)第 080839 号

中国劳动社会保障出版社出版发行

（北京市惠新东街 1 号 邮政编码：100029）

*

三河市华骏印务包装有限公司印刷装订 新华书店经销

787 毫米×1092 毫米 16 开本 24.5 印张 504 千字

2018 年 5 月第 1 版 2018 年 7 月第 1 次印刷

定价：57.00 元

读者服务部电话：（010）64929211/84209101/64921644

营销中心电话：（010）64962347

出版社网址：http://www.class.com.cn

内容简介

本教材由人力资源和社会保障部教材办公室依据上海电工（二级　一级）职业技能鉴定细目组织编写。教材从培养操作技能，掌握实用技术的角度出发，较好地体现了当前最新的实用知识与操作技术，对于提高从业人员基本素质，掌握电工的核心知识与技能有直接的帮助和指导作用。

本教材在编写中根据本职业的工作特点，以能力培养为根本出发点，采用模块化的编写方式。本教材分为上、中、下三册，主要内容包括：电子技术、电力电子技术、可编程序控制器应用技术、电气自动控制技术和综合应案例 5 篇共 33 章。

中册内容分为 1 篇共 9 章，第 3 篇可编程序控制器应用技术部分包括可编程序控制器概述、FX_{2N}系列 PLC 的基本指令及其编程、顺序控制程序的编制、FX_{2N}系列 PLC 的功能指令、模拟量输入/输出模块、人机界面、可编程序控制器应用技术技能操作实例、定位控制模块 FX_{2N}-20GM、西门子 S7-300 系列 PLC 的应用基础。

本教材除了讲述必要的理论知识外，还重点讲述操作技能实例分析。每章后均附有思考题或技能测试题，供读者检验学习效果使用。

本教材由王照清担任主编，沈倪勇担任副主编。本教材编写的具体分工为：第 1 篇电子技术第 1～6 章由上海电机学院柴敬镛编写，第 2 篇电力电子技术第 7～12 章由上海理工大学沈倪勇编写，第 3 篇可编程序控制器应用技术第 13～21 章由上海电机学院仲葆文编写，第 4 篇第 22～29 章由宝钢集团王照清编写（其中第 29 章第 6 节由上海电机学院仲葆文编写）；第 5 篇综合应用案例第 30～33 章由上海电机学院仲葆文编写。全书由上海电气自动化设计研究院袁如红审定。

本教材可作为电工（二级　一级）职业技能培训与鉴定考核教材，也可供全国中高等职业院校相关专业师生参考使用，以及供本职业从业人员培训使用。

目　录

第 3 篇　可编程序控制器应用技术

第 13 章　可编程序控制器概述

第 14 章　FX_{2N}系列 PLC 的基本指令及其编程

第 15 章　顺序控制程序的编制

第 20 章 定位控制模块 FX_{2N} - 20GM

第 21 章 西门子 S7 - 300 系列 PLC 的应用基础

第 3 篇

可编程序控制器应用技术

引 导 语

本篇对可编程序控制器（Programmable Logic Controller，简称 PLC）顺序控制的各种编程方法做了介绍，开阔了编程思路；介绍了三菱 FX_{2N} PLC 常用功能指令的类型、表达形式及使用要素，着重讲述了常用功能指令对数据处理的编程方法；介绍了模拟量输入/输出（I/O）模块的基本功能、主要技术指标和应用实例，以及特殊功能模块的使用方法，拓宽了 PLC 的应用范围；介绍了工业控制系统中使用日益频繁的设备——人机界面的功能、组态方法和应用实例；介绍了 FX_{2N} - 20GM 定位模块的使用方法；介绍了西门子S7 - 300 系列 PLC 的结构和应用方法。本篇学习内容突出了 PLC 应用的实用性和可操作性。

第 13 章

可编程序控制器概述

PLC 实质上是一种专用于工业控制的计算机。随着微处理器、计算机和通信技术的飞速发展，可编程序控制器的功能也从最初的逻辑控制发展到了运动控制、过程控制及集散控制。当今的可编程序控制器已成为工业领域中的主流控制装置之一。本章首先讲述可编程序控制器的结构、特点、应用领域、工作原理、编程语言及主要性能指标；其次介绍三菱 FX_{2N}系列 PLC 的特点、性能指标及编程元件。

第 1 节　可编程序控制器的结构、特点及应用领域

PLC 的应用面广、功能强大、使用方便，已经成为当代工业自动化的主要支柱之一，广泛应用在各种机械设备和生产过程的自动控制系统中。此外，PLC 在其他领域，例如在民用和家庭自动化中的应用也得到了迅速发展。

随着微处理器、计算机和数字通信技术的飞速发展，PLC 的性能也在迅速提高。现在的 PLC 产品不仅全面使用了 16 位、32 位高性能微处理器及高性能位片式微处理器，而且可在一台 PLC 中配置多个微处理器进行多通道处理，同时开发了大量内含微处理器的智能模块，成为了具有逻辑控制功能、过程控制功能、运动控制功能、数据处理功能、联网通信功能的名副其实的多功能控制器。

国际电工委员会（IEC）在 1985 年的 PLC 标准草案第 3 稿中，对 PLC 做了如下定义："可编程序控制器是一种数字运算操作的电子系统，专为在工业环境下应用而设计。它采用可编程序的存储器，用来在其内部存储执行逻辑运算、顺序控制、定时、计数、算术运算等操作的指令，并通过数字式或模拟式的输入和输出，控制各种类型的机械或生产过程。可编程序控制器及其有关设备，都应按易于使工业控制系统形成一个整体、易于扩充其功能的原则设计。"从定义可以看出，PLC 是一种用程序来改变控制功能的工业控制计算机。

一、可编程序控制器的结构

作为工业控制用计算机，PLC 的结构与一般计算机相同，主要由中央处理单元(CPU)、存储器、输入/输出（I/O）接口、电源、编程器等几大部分组成。其结构框图如图 13—1 所示。

1. 中央处理单元（CPU）

中央处理单元是 PLC 的核心，它包括运算器和控制器，它在系统程序的控制下，完成逻辑运算、算术运算、协调系统内部各部分工作等任务。PLC 中采用的 CPU 一般有 3 大类：第一类为通用微处理器，如 80286，80386 等；第二类为单片机，如 8031，8096 等；第三类为位处理器，如 AMD2900，AMD2903 等。一般来说，PLC 的档次越高，CPU 的位数也越多，运算速度也越快，指令功能也越强。

2. 存储器

存储器是 PLC 存放系统程序、用户程序及运算数据的单元。

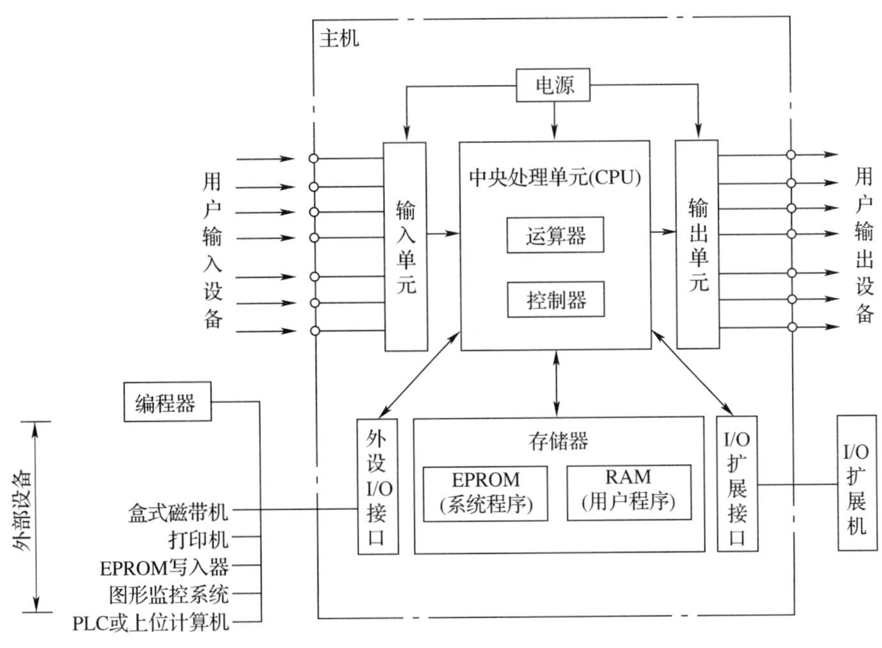

图 13—1　单元式 PLC 结构框图

(1) 系统程序是由 PLC 的制造厂家在研制系统时确定的，它和 PLC 的一些专用芯片的特性有关，并且在 PLC 使用过程中是不变动的。因此，系统程序在 PLC 出厂时由制造厂家固化在 EPROM 中，用户不能访问、修改这一部分存储器的内容。

(2) 用户程序是根据用户生产工艺的要求编制而成的，调试阶段的用户程序存放于 RAM 中，便于修改。验证无误成熟的用户程序，一般存放于 EEPROM 存储器中。

(3) 运算数据是 PLC 在应用过程中经常变化、经常存取的一些数据，一般不需长期保存，因此这部分数据的存储都选用 RAM，以适应随机存取的要求。

综上所述，PLC 所用存储器基本上由 EPROM，EEPROM 及 RAM 组成，存储能力的大小随 PLC 的型号而变。为了能使用户程序及某些运算数据在 PLC 脱离外界电源后也能保持，在实际使用中都会为一些重要的 RAM 配备电池、电容器等掉电保持装置。

3. 输入/输出（I/O）接口

输入/输出接口是 PLC 和工业控制现场各类信号连接的部分。输入口用来接收生产过程的各种参数，输出口用来送出 PLC 运算后得出的控制信息，并通过外部的执行机构完成工业现场的各类控制。由于 PLC 在工业生产现场工作，因此对输入/输出接口有两个主要的要求：一是有良好的抗干扰能力；二是能满足工业现场各类信号的匹配要求。PLC 输入/输出接口主要有以下几种。

(1) 开关量输入接口。它的作用是把现场的开关量信号变成 PLC 内部处理的标准信号。按外接电源的类型不同可分为无电源输入单元（由机内直流电源供电）、交流输入单元和交/直流输入单元。

在输入接口电路中，开关量信号从端口输入必须经过滤波电路及隔离耦合电路后再进入内部电路。滤波电路有抗干扰的作用，隔离耦合电路有抗干扰及产生标准信号的作用。

（2）开关量输出接口。它的作用是把 PLC 内部运算结果的标准信号转换成现场执行机构所需的开关量信号。开关量输出接口可分为继电器输出单元、晶体管输出单元和双向晶闸管输出单元 3 种。

在输出接口电路中，内部的标准信号通过隔离耦合电路、驱动电路再送到输出端口。输出接口电路的负载电源由外部提供。继电器输出单元适用于直流或交流负载场合，晶体管输出单元适用于直流负载场合，双向晶闸管输出单元适用于交流负载场合。

（3）模拟量输入接口。它的作用是把现场连续变化的标准模拟量信号转换成适合于 PLC 内部处理的数字量信号。一般工业现场的模拟量信号的变化范围是不标准的，因而在将其送入模拟量接口前，一般都需要经变送器处理使其变为标准的模拟量信号，如 4～20 mA的直流电流信号、0～10 V 的直流电压信号等。

模拟量信号输入后，一般经运算放大器放大，并进行模拟/数字（A/D）转换，再经光电耦合隔离后，为 PLC 提供一定位数的数字量信号。

（4）模拟量输出接口。它的作用是将 PLC 运算处理后的数字量信号转换为模拟量信号输出，以满足生产过程现场连续控制信号的需求。模拟量输出接口电路一般由光电隔离、数字/模拟（D/A）转换、信号驱动等环节组成。

（5）数字量输入/输出接口（通信接口）。它的作用是把诸如人机界面、编程器、条形码扫描器、上位计算机、联网的其他 PLC 等外部设备所产生的数字量信号输入到 PLC 内部进行处理，并把 PLC 内部表示各种状态、变量值的数字量信号输出到各种外部设备去。这些以多位二进制数字组成的数字量信号可以根据各种不同的用途，用以表示各种图形符号、字符、指令代码、多媒体信号、数值等。在 PLC 工作中，数字量信号的输入或输出是通过专用的接口——通信接口来进行的。在各种 PLC 的基本单元或 CPU 模块上，一般都配有一个编程接口，它就是一个通信接口，可以用来和与之连接的编程器、计算机、人机界面等设备进行数字量信号的通信。PLC 还可以根据需要再另行配置通信模块或通信适配器，这些通信接口的类型应根据所要连接的外部设备通信接口的类型来确定，常用的通信接口类型（也即通信接口所遵循的通信协议）有 RS232C，RS422，RS485A 等。

4. 编程器

编程器是用来编制、编辑用户程序的专用设备，该设备在 PLC 运行时也可用来检测和监视用户程序的执行情况。编程设备是 PLC 不可缺少的设备。

PLC 的编程设备一般有两类：一类是专用编程器，有手持的，也有台式的。手持式编程器一般只能输入和编辑指令语句表程序，它体积小、价格便宜、携带方便，适合于工业现场应用。另一类是通用PC（个人计算机）或PC兼容机，使用编程软件，可以在计算机的屏幕上直接编制和编辑梯形图或指令语句表程序。程序被编译后可下载到PLC，也可以将PLC中的程序上传到计算机。

5. 电源

PLC的电源包括：提供PLC运行的电源，一般使用AC220 V或DC24 V电源；为掉电保护电路备用的电源，一般为电池。

二、可编程序控制器的特点

1. 可靠性高，抗干扰能力强

由于PLC在硬件装备上采用了滤波、隔离、屏蔽、接地等一系列抗干扰措施，在模板机箱进行了完善的电磁兼容性设计，对元器件进行了精心的挑选，在软件上采用周期循环扫描工作方式（这种工作方式对输入、输出信号集中处理，从软件上提高了抗干扰能力），同时配置了故障自诊断程序，使PLC具有极高的抗干扰能力，成为工厂中日益广泛使用的控制装置。

2. 编程方便，易学易用

PLC作为通用工业控制计算机，是面向工矿企业的工控设备。它接口简单，编程语言易于被工程技术人员接受。梯形图语言的图形符号与表达方式和继电器电路图相当接近，只使用少量开关量逻辑控制指令就可以方便地实现很复杂的继电器电路的功能，为不熟悉电子电路、不懂计算机原理和汇编语言的人员使用计算机从事工业控制打开了方便之门。

3. 配套齐全，功能完善，适用性强，性价比高

PLC发展到今天，已经形成了大、中、小各种规模的系列化产品，可以用于各种规模的工业控制场合。除了逻辑处理功能外，现代PLC具有完善的数据运算能力，可用于各种数字控制领域。近年来，PLC新型功能单元的涌现使PLC迅速渗透到了位置控制、温度控制、通信网络控制（CNC）等各种控制中。加上PLC通信能力的增强及人机界面技术的发展，使用PLC组成各种控制系统变得非常容易。与功能相同的继电器控制系统相比，PLC控制系统的性价比很高。

4. 系统设计、安装、调试工作量少，维护方便

PLC用软件功能取代了继电器控制系统中大量的中间继电器、时间继电器、计数器等器件，大大减少了控制柜设计、安装、接线等的工作量。

PLC的编程方法有规律，容易掌握，对较复杂的控制系统，其设计时间比继电器控制系统要少得多。同时，PLC应用程序设计好后，可以在实验室里用开关代替输入信号，用发光二极管来指示输出信号的状态，先进行模拟调试，在模拟调试的基础上再到现场进行联机调试。调试中发现的大多数问题可以通过修改程序来解决，且调试时间要比继电器控

制系统少得多，这使得控制系统设计周期大为缩短。

PLC 设备维护也非常方便，适应于多品种、小批量的生产场合。

三、可编程序控制器的应用

在发达的工业国家，PLC 已经广泛应用于所有的工业部门，随着其性价比的不断提高，其应用范围也在不断扩大。PLC 主要应用于以下一些方面。

1. 开关量逻辑控制

这是 PLC 最基本、最广泛的应用领域，它取代了传统的继电器电路，能够实现逻辑控制、顺序控制，既可用于单台设备的控制，又可用于多机群控及自动化流水线，如注塑机、印刷机、包装生产线、电镀流水线等。

2. 运动控制

近年来，PLC 厂家研发了定位控制模块、脉冲输出模块，配合原有的高速计数模块，使 PLC 可应用于直线运动和圆周运动的控制中。此外，许多 PLC 品牌/产品还具有位置控制模块，如可驱动步进电动机或伺服电动机的单轴或多轴联动模块，从而使 PLC 广泛地用于各种机械、机床、机器人、电梯等场合。

3. 闭环过程控制

闭环过程控制是指对温度、压力、流量等连续变化的模拟量的闭环控制，PLC 通过模拟量输入/输出模块，实现模拟量和数字量之间的 A/D 转换与 D/A 转换。并对模拟量实行闭环 PID（比例—积分—微分）控制。现代的 PLC 一般都有 PID 闭环控制功能，这一功能可以用 PID 子程序或专用的 PID 模块来实现。PID 闭环控制功能现已广泛地应用于冶金、化工、热处理、锅炉控制等场合。

4. 数据处理

现代 PLC 具有数学运算（含矩阵运算、函数运算、逻辑运算等）、数据传送、数据转换、排序、查表、位操作等功能，可以完成数据的采集、分析和处理。这些数据可以与储存在存储器中的参考值比较，也可以利用通信功能传送到别的智能装置，或将它们打印制表。数据处理一般既可用于大型控制系统，如无人控制的柔性制造系统，也可用于过程控制系统，如造纸、冶金、食品工业中的一些大型控制系统。

5. 通信联网

随着计算机网络技术的发展，由 PLC 构成的 PLC 网络也得到了飞速发展。目前，PLC 与 PLC 网络已成为工厂企业中首选的工业控制装置。

PLC 的通信包括主机与远程 I/O 之间的通信、多台 PLC 之间的通信、PLC 与其他智能控制设备（如计算机、变频器、数控装置）之间的通信。PLC 与其他智能控制设备一起，可以组成集中管理、分散控制的分布式控制系统。由 PLC 组成的多级分布式 PLC 网络是计算机集成制造系统（CIMS）不可或缺的基本组成部分。

第2节　可编程序控制器的工作原理、编程语言及主要性能指标

一、可编程序控制器的工作原理

PLC在运行时为了使输出的控制信号能够及时地响应随时变化的输入信号，对用户程序不是只执行一次，而是不断地反复执行，以满足生产现场实时控制的需要。PLC的这种工作方式称为循环扫描工作方式。在一个循环中包含内部处理、通信操作、输入处理、程序执行和输出处理五个阶段。

1. 内部处理

内部处理阶段，PLC检查CPU模块内部的硬件是否正常，将监控定时器复位并完成一些其他内部工作，主要是进行自诊断工作。

2. 通信操作

通信操作阶段，PLC与一些智能模块通信，响应编程器输入的命令，更新编程器的显示内容等。

3. 输入处理

输入处理也叫输入采样。在此阶段，PLC顺序读入所有输入端子的通断状态，并将读入的信息存入内存中所对应的映像寄存器。在此阶段输入映像寄存器被刷新，接着进入程序执行阶段。在程序执行时，输入映像寄存器与外界隔离，即使输入信号发生变化，其映像寄存器的内容也不会发生变化，只有在下一个扫描周期的输入处理阶段才能再次读入信息。

4. 程序执行

PLC的用户程序由若干条指令组成，指令在存储器中按步序号顺序排列。程序执行阶段，CPU从第一条指令开始，逐条顺序地执行用户程序。当遇到跳转指令时，则根据跳转条件是否满足来决定程序的跳转地址。在执行指令时，从输入映像寄存器或其他元件映像寄存器中将有关编程元件的0和1状态读出来，根据指令的要求执行相应的逻辑运算，并将运算的结果写入对应的元件映像寄存器中。因此，各编程元件映像寄存器（输入映像寄存器除外）的内容随着程序的执行而变化。

5. 输出处理

输出处理也叫输出刷新。程序执行完毕，将元件映像寄存器中输出映像寄存器的状态，在输出处理阶段转存到输出锁存器，通过隔离电路和驱动功率放大电路，使输出端子向外界输出控制信号，驱动外部设备。

PLC有两种基本的工作状态：运行（RUN）状态和停止（STOP）状态。运行状态是执行用户程序的状态；停止状态一般用于程序的编制与修改。PLC在停止状态时只执行内

部处理和通信操作两个阶段。图 13—2 所示为运行和停止两种状态下 PLC 不同的扫描过程。

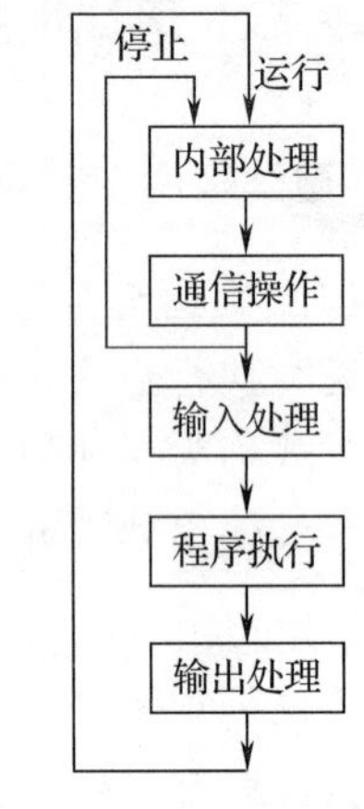

图 13—2　PLC 的基本工作状态扫描过程

PLC 在运行状态完成一次全过程扫描所需的时间称为扫描周期，其典型值为 1～100 ms。在 PLC 的一个扫描周期中，程序执行阶段占据了绝大部分时间，因此扫描周期的长短主要取决于用户程序的长短、指令的种类及 CPU 的执行速度。

二、可编程序控制器的编程语言

要编制应用程序，必须熟悉所使用的 PLC 编程语言，到目前为止还没有一种能适合各种 PLC 的通用编程语言。不同厂家，甚至不同型号的 PLC 编程语言都不一样。但由于各国 PLC 的发展过程有类似之处，PLC 编程语言及编程工具都差不多。目前，PLC 常用的编程语言有以下几种：

1. 梯形图

梯形图（LAD）是一种以图形符号及图形符号在图中的相互关系来表示控制关系的编程语言，是从继电器电路图演变过来的。图 13—3a 所示的梯形图与继电器电路图相比，不仅图形符号相似，而且图形符号之间的逻辑含义也是一样的，所以很容易被工厂熟悉继电器控制的电气人员掌握。梯形图是 PLC 使用最广泛的编程语言。

梯形图由触点、线圈、应用指令，以及左右母线、连接线等组成。触点代表逻辑输入条件，如外部的开关、按钮、内部元件的触点等。线圈代表逻辑输出结果，用来控制外部的指示灯、交流接触器、内部的输出标志位等。

在分析梯形图中的逻辑关系时，可以想象在梯形图左右两侧垂直母线之间有一个左正右负的假想电流，这个假想电流只能从左向右流动，层次之间只能先上后下，通常称为“能流”。利用能流这一概念，可以帮助人们更好地理解和分析梯形图。

2. 指令语句表

PLC 的指令语句表（STL）是一种与计算机汇编语言中的指令相似的助记符表达式。指令是要求 PLC 执行某种操作的命令，一条指令一般由操作码和操作数两部分组成。操作码规定了指令的操作功能，用助记符（英文缩写符）表示；操作数是指参加操作的对象，一般是数据或数据所处的地址。将若干条指令按控制要求组成有序集合，就构成了程序，可称为指令语句表程序。指令语句表程序较难阅读，其中的逻辑关系很难一眼看出，如图 13—3b 所示。如果使用手持式编程器，一般需要将梯形图转换成指令语句表后再写入 PLC。在用户程序存储器中，指令按步序号顺序排列。

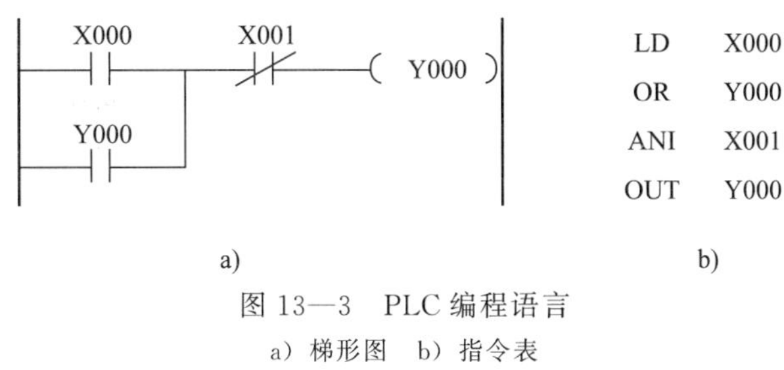

图 13—3　PLC 编程语言

a）梯形图　b）指令表

3. 功能块图

功能块图（FBD）是一种类似于数字逻辑门电路的编程语言，有数字电路基础的人员很容易掌握。该编程语言用类似与门、或门的图形符号或方框来表示逻辑运算关系，方框的左侧为逻辑运算的输入变量，右侧为输出变量，输入、输出端的小圆圈表示“非”运算。方框被“导线”连接在一起，信号自左向右流动。功能块图表示形式如图 13—4 所示，国内很少有人使用功能块图编程。

4. 顺序功能图

顺序功能图（SFC）常用来编制顺序控制程序，它包含步、动作、转换、有向连线等几个要素，如图 13—5 所示。顺序功能编程法将一个复杂的顺序控制过程分解为一些小而有序的工作步（简称工步），对每个工步的功能分别处理后再将它们依顺序连接组合成整体的控制程序。顺序功能图提供了一种组织程序的图形方法，体现了一种编程思路，在较复杂程序的编制中有很重要的意义。

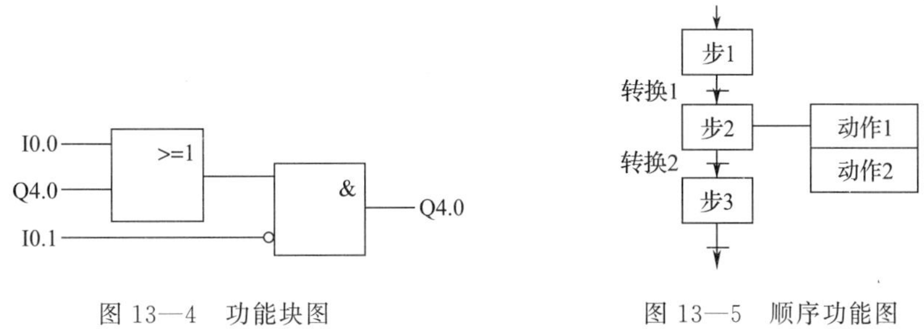

图 13—4　功能块图　　图 13—5　顺序功能图

以上几种编程语言的表达方式是由国际电工委员会于 1994 年 5 月在 PLC 标准中推荐的。对于一款具体的 PLC，生产厂家可在这些表达方式中提供其中的几种供用户选择，也就是说，并不是所有的 PLC 都支持全部的编程语言。

三、可编程序控制器的主要性能指标

PLC 的性能指标很多，而与 PLC 控制系统关系较直接的主要有以下几项：

1. 输入/输出点数

输入/输出点数是 PLC 组成控制系统时所能连接的输入/输出信号的最大数量，表示

PLC组成系统时可能的最大规模。在输入/输出的总点数中，输入点与输出点总是按一定的比例设置的，往往是输入点数大于输出点数，且输入与输出点数不能互相替代。

2. 应用程序的存储容量

应用程序的存储容量是指存放用户程序的存储器的容量，通常用千字（KW）、千字节（KB）或千位（Kb）来表示，1 K=1 024 字节。也有的PLC直接用所能存放的程序量表示。在一些文献中称PLC中存放程序的地址单位为“步”，每一步占用两个字节，一条基本指令一般为一步。功能复杂的指令，特别是功能指令，往往有若干步。因而用“步”来表示程序容量，往往以最简单的基本指令为单位，称为多少千步。

3. 扫描速度

扫描速度一般以执行1 000条基本指令所需的时间来衡量。单位为毫秒/千步（ms/千步），也有以执行一步指令时间计的，如微秒/步（μs/步）。一般逻辑指令与运算指令的平均执行时间有较大的差别，因而在大多数场合，扫描速度还往往需要标明是执行哪类指令。由目前PLC采用的CPU的主频考虑，扫描速度比较慢的为每千条逻辑运算指令2.2 ms或每千条数字运算指令60 ms；较快的为每千条逻辑运算指令1 ms或每千条数字运算指令10 ms，更快的能达到每千条逻辑运算指令0.75 ms或更快。

4. 编程语言及指令功能

不同厂家的PLC编程语言不同且互不兼容。从编程语言的种类来说，一台机器能同时使用的编程方法越多，则越容易被更多的人所使用。

指令功能主要从两方面来衡量，一是指令条数有多少；二是指令中有多少综合性指令。一条综合性指令一般能完成一项专门操作，如查表、排序、PID功能等，相当于一个子程序。指令的功能越强，使用这些指令完成一定的控制目的就越容易。

另外，PLC的可扩展性、可靠性、易操作性、经济性等性能指标也较受用户的关注。

第3节　三菱可编程序控制器

一、三菱可编程序控制器概述

三菱电机公司PLC产品可分为小型系列和中大型系列。小型系列为I/O点数最大256点的FX系列，中大型系列为I/O点数可达到8 192点，并且有丰富网络功能的Q系列、QnA系列和A系列。本书介绍的是三菱电机公司的小型PLC。

1. 三菱小型PLC的发展历史

三菱电机公司于20世纪80年代推出的F系列小型PLC，在90年代初被F1系列和F2系列取代，F1系列在我国曾经有很高的市场占有率。其后的FX_2系列在硬件和软件功能上都有了很大的提高。后来推出的FX_0，FX_{0S}，FX_{1N}，FX_{2N}等系列实现了微型化和多品种化，可以满足不同用户的需要。F1系列和FX_2系列早已属于淘汰产品，三菱电机公司现在的 FX 系列产品样本中仅有 FX_{1S}，FX_{1N}，FX_{2N}，FX_{2NC}，FX_{3G}，FX_{3U}，FX_{3UC}等子系列，与过去的产品相比，在性价比上又有明显的提高。

FX 系列的适应面广，FX_{2N}和 FX_{2NC}最多可以扩展到 256 个 I/O 点，并且有很强的网络通信功能，能够满足大多数要求较高的系统的需要。FX 系列是国内使用广泛的 PLC 系列产品之一，以下主要介绍 FX_{2N}系列 PLC。

2. FX 系列 PLC 的型号

FX□□—□□ □ □—□
(1) (2) (3) (4) (5)

FX 系列 PLC 型号名称的含义如下：

(1) 子系列名称，如 1S，1N，2N 等，一般用下标表示。

(2) 输入、输出的总点数。

(3) 单元类型。M 为基本单元；E 为输入/输出混合扩展单元与扩展模块；EX 为输入专用扩展模块；EY 为输出专用扩展模块。

(4) 输出形式。R 为继电器输出；T 为晶体管输出；S 为双向晶闸管输出。

(5) 电源、输入类型。DC 表示 DC 电源、DC 输入；AC 表示 AC 电源、AC 输入；无符号则为 AC100 V/220 V 电源、DC24 V 输入（内部供电）。

二、三菱 FX_{2N}系列 PLC 的特点、技术性能指标及接线

1. FX_{2N}系列 PLC 的特点

FX_{2N}系列 PLC 采用一体化箱体结构，其基本单元将所有的电路（包括 CPU、存储器、输入/输出接口电路、电源等）都装在一个模块内，构成一个完整的控制装置，并具有以下特点：

(1) 结构紧凑，体积小巧，安装方便。

(2) 功能强，速度高。它的基本指令执行时间可达 0.08 μs，内置的用户存储器为 8 千步。机内有实时钟、PID 指令。有功能很强的数学指令集，如浮点数运算、开平方、三角函数等。

(3) 灵活多变的配置，进一步拓宽了 FX_{2N}系列 PLC 的功能。

FX_{2N}系列 PLC 除了配有扩展单元、扩展模块外，还配有模拟量输入和输出模块、高速计数模块、位置控制模块等特殊功能模块，因此能实现模拟量闭环控制、多轴定位控制等功能，大大拓宽了它的使用范围。

通过通信扩展板或特殊适配器，FX_{2N}系列 PLC 可以实现多种通信和数据链接。

2. FX_{2N}系列 PLC 的技术性能指标

FX 系列 PLC 的输入、输出技术性能指标见表 13—1 和表 13—2，FX_{2N}系列 PLC 也适用此技术性能指标。

表 13—1　　FX 系列 PLC 输入技术性能指标

输入电压	DC24（1±10%）V	
元件号	X0～X7	其余输入点
输入信号电压	DC24（1±10%）V	
输入信号电流	DC24 V，7 mA	DC24 V，5 mA
输入开关电流 OFF→ON	>4.5 mA	>3.5 mA
输入开关电流 ON→OFF	<1.5 mA	
输入响应时间	10 ms	
可调节输入响应时间	X0～X17 为 0～60 ms（FX_{2N}），其余系列为 0～15 ms	
输入信号形式	无源触点，或 NPN 集电极开路输出晶体管	
输入状态显示	输入 ON 时 LED（发光二极管）灯亮	

表 13—2　　FX 系列 PLC 输出技术性能指标

项目		继电器输出	晶闸管输出（仅 FX_{2N}）	晶体管输出
外部电源		最大 AC240 V 或 DC30 V	AC85～242 V	DC5～30 V
最大负载	电阻负载	2 A/1 点，8 A/COM	0.3 A/1 点，0.8 A/COM	0.5 A/1 点，0.8 A/COM
最大负载	感性负载	80 VA，AC120 V/240 V	30 VA，AC240 V	12 W/DC24 V
最大负载	灯负载	100 W	30 W	0.9 W/DC24 V（FX_{1S}）， 其他系列 1.5 W/DC24 V
最小负载		电压<DC5 V 时 2 mA 电压<DC24 V 时 5 mA（FX_{2N}）	2.3 VA，AC240 V	—
响应时间	OFF→ON	10 ms	1 ms	<0.2 ms； <5 μs（仅 Y0，Y1）
响应时间	ON→OFF	10 ms	10 ms	<0.2 ms； <5 μs（仅 Y0，Y1）
开路漏电流		—	2.4 mA/AC240 V	0.1 mA/DC30 V
电路隔离		继电器隔离	光敏晶闸管隔离	光耦合器隔离
输出动作显示		线圈通电时 LED 亮		

3. FX_{2N}系列 PLC 的接线

（1）电源接入及端子排列。FX_{2N}系列 PLC 大多为 AC 电源、DC 输入形式，图 13—6 所示为FX_{2N}系列 PLC 的电源配线图。上部端子排中 L 及 N 的接线位为交流电源相线及中性线的接入点，不带有内部电源的扩展模块所需的 24 V 电源由基本单元提供。

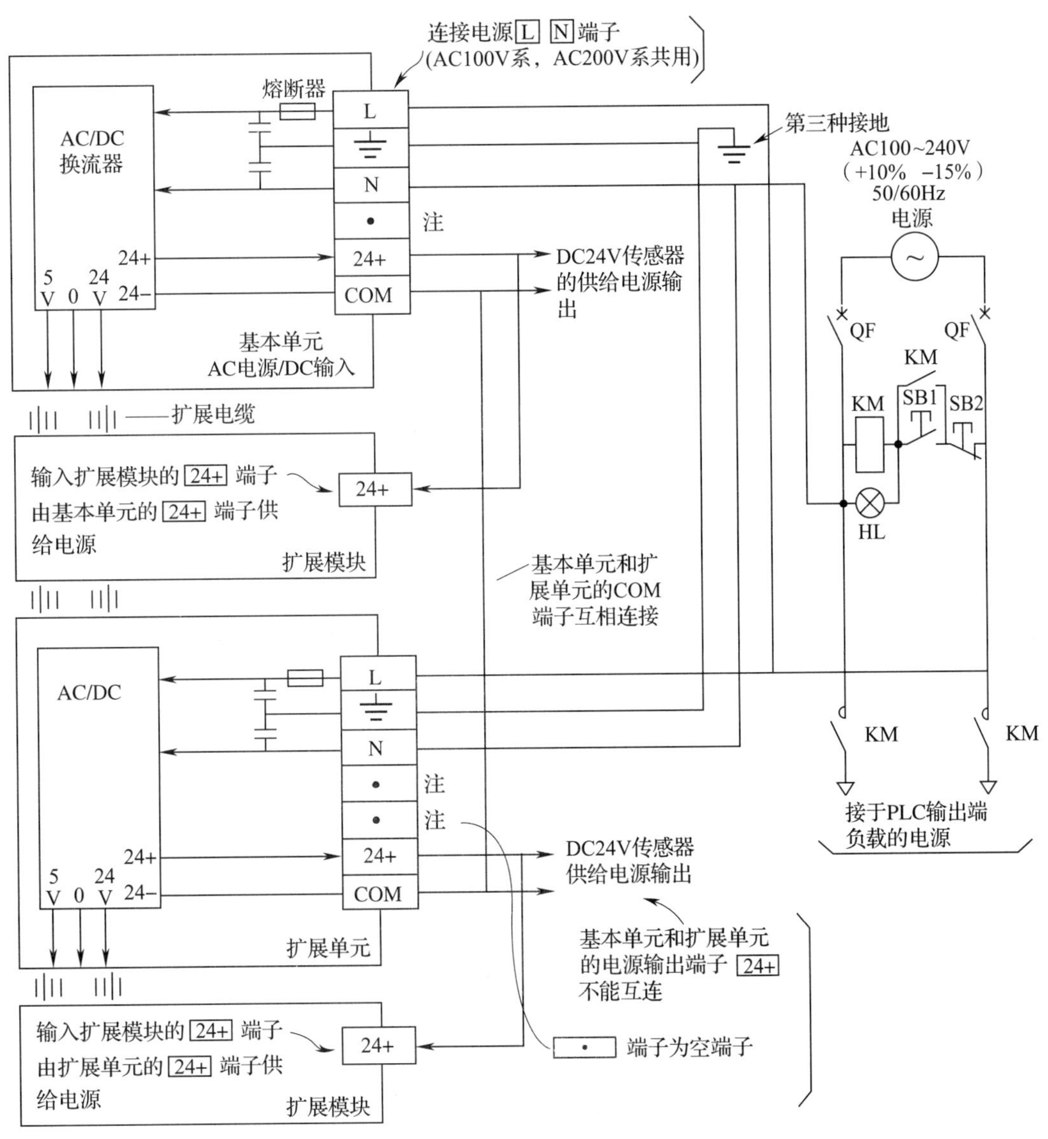

图 13—6　FX_{2N}系列 PLC 的电源配线图

（2）输入口元件的接入。PLC 的输入口连接输入信号，元件主要有开关、按钮及各种传感器，这些都是触点类型的元件。在接入 PLC 时，每个触点的两个接头分别连接输入点和输入公共点 COM。

开关、按钮等元件都是无源元件。PLC 内部电源能为每个输入点提供大约 7 mA 的工作电流，这也就限制了线路的长度。有源传感器在接入时需要注意与机内电源的极性配合。模拟量信号的输入必须采用专用的模拟量工作单元。图 13—7 所示为输入元件的接线图。

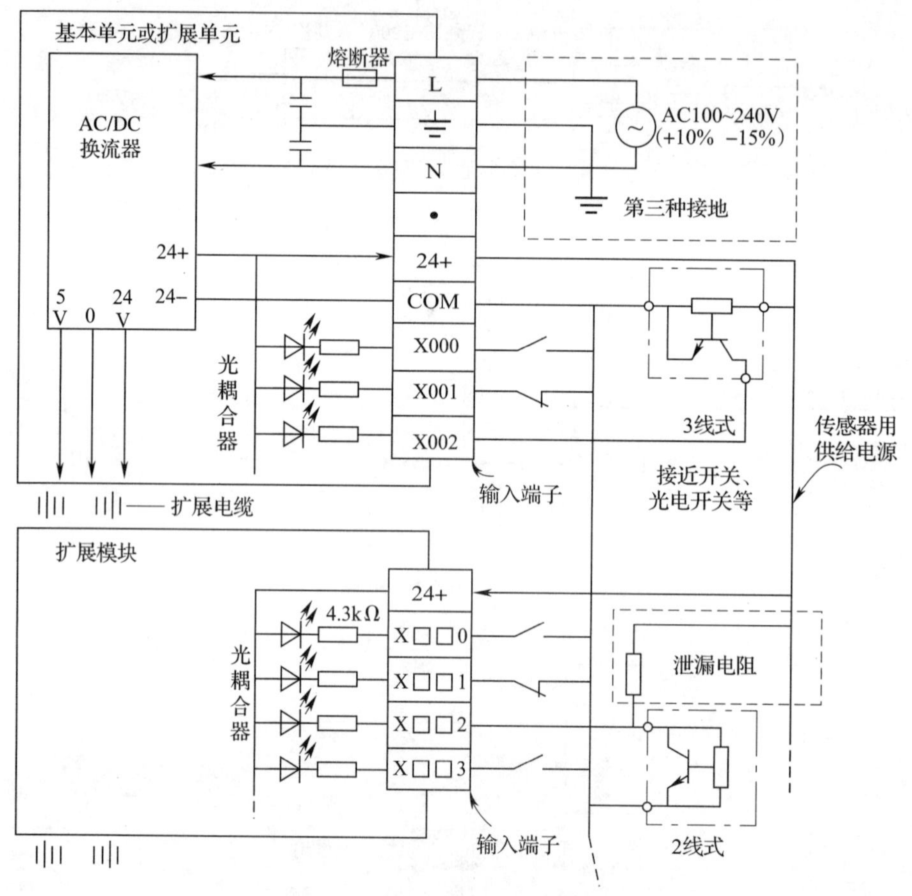

图 13—7　输入元件的接线图

（3）输出口元件的接入。PLC 的输出口上连接的元件主要是继电器、接触器、电磁阀的线圈。这些元件均采用 PLC 外部的专用电源供电，PLC 内部只是提供一组开关接点。接入时线圈的一端接输出端口，另一端经电源接输出公共端 COM。由于输出口连接线圈种类多，所需的电源种类及电压不同，输出口公共端常分为许多组，而且组间是隔离的。PLC 输出口的电流定额一般为 2 A，大电流的执行元件必须配装中间继电器。图 13—8 所示为输出元件的接线图。

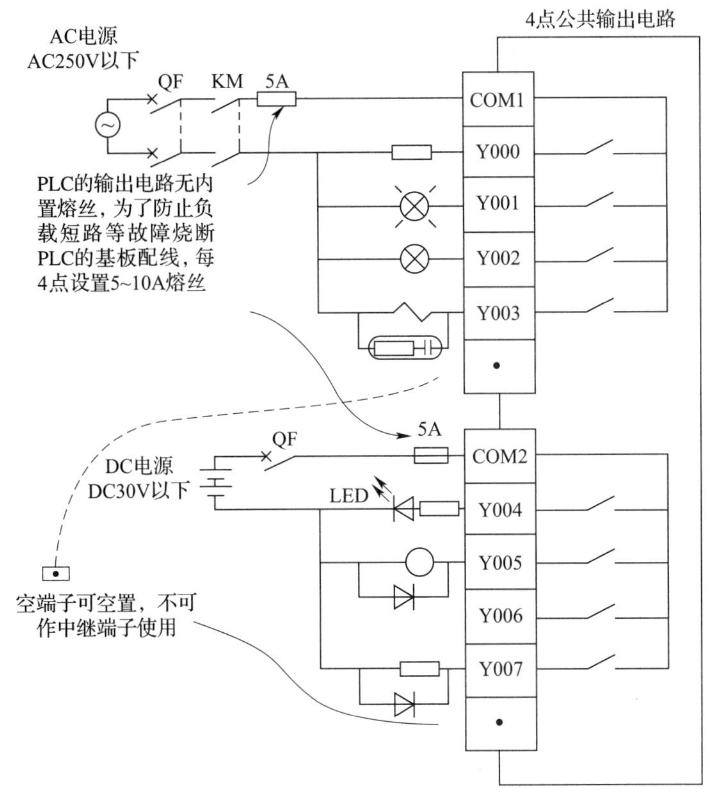

图 13—8　输出元件的接线图

三、FX_{2N}系列 PLC 的编程元件

FX_{2N}系列 PLC 具有十几种编程元件，编程元件的名称由字母和数字组成，字母表示该元件的功能，数字表示该元件的序号，如 X10，M18 等。输入继电器和输出继电器序号用八进制数表示，其余元件的序号均用十进制表示。

1. 输入继电器

FX_{2N}系列 PLC 输入继电器的编号范围为 X0～X267（共 184 点）。输入继电器是 PLC 接收外部信号的窗口。每个输入端口对应一个输入继电器，输入继电器只能由外部信号驱动，而不能被用户程序所控制，因此在梯形图中输入继电器绝对不能出现在线圈中。输入继电器的常开触点、常闭触点在编程时可多次使用，其他编程元件也均有此特性。

2. 输出继电器

输出继电器的编号范围为 Y0～Y267（共 184 点）。输出继电器是 PLC 向外部负载发送信号的窗口。每个输出端口对应一个输出继电器，输出继电器可以接通连接在该输出口的外部负载或执行元件。输出继电器的线圈只能被程序驱动。输出继电器内部的常开、常闭触点在编程时，可作为控制条件使用。

3. 辅助继电器

PLC 内配有大量的辅助继电器（M），它的作用相当于继电器控制电路中的中间继电器，在编程中常被用作中间继电器或状态标志，不能直接驱动外部负载。FX_{2N}系列 PLC 内的辅助继电器有通用辅助继电器、掉电保持通用辅助继电器及特殊辅助继电器 3 种。

（1）通用辅助继电器 M0～M499（共 500 点 ）。通用辅助继电器没有断电保持功能，若 PLC 在运行时电源突然中断，辅助继电器将全部变为 OFF 状态。若电源再次接通，除了因外部输入信号而变为 ON 的以外，其余的仍将保持为 OFF 状态。

（2）掉电保持通用辅助继电器 M500～M3071（2 572 点）。所谓掉电保持是指当 PLC 外部电源突然中断时，这类辅助继电器能保持掉电前的状态，即具有记忆功能。

（3）特殊辅助继电器 M8000～M8255（256 点）。特殊辅助继电器是具有特殊功能的辅助继电器。根据使用方式可以分为以下两类。

1）触点利用类特殊辅助继电器。其线圈由 PLC 系统程序驱动，用户在编程时只能使用其触点。这类特殊辅助继电器常用作时基、状态标志或专用控制元件出现在程序中。例如，M8000 为运行标志（PLC 运行时 M8000 为 ON，PLC 停止时 M8000 为 OFF）；M8002 为初始脉冲（只在 PLC 开始运行的第一个扫描周期内接通）；M8011～M8014 分别是10 ms，100 ms，1 s 和 1 min 时钟脉冲等。

2）线圈驱动型特殊辅助继电器。由用户程序驱动其线圈，使 PLC 做特定的操作。例如，M8030 为锂电池欠压指示灯（BATT LED）熄灭命令；M8033 为 PLC 停止时输出保持；M8034 为禁止全部输出等。

4. 定时器

PLC 中的定时器（T）相当于继电器控制电路中的时间继电器，在程序中起延时控制的作用。

（1）FX_{2N}系列 PLC 中的定时器分为通用定时器和积算型定时器。通用定时器编号为 T0～T199 的，定时范围为 0.1～3 276.7 s（以 100 ms 为计时单位）；通用定时器编号为 T200～T245 的，定时范围为 0.01～327.67 s（以 10 ms 为计时单位）。

积算型定时器编号为 T246～T249 的，定时范围为 0.001～32.767 s（以 1 ms 为计时单位）；积算型定时器编号为 T250～T255 的，定时范围为 0.1～3 276.7 s（以 100 ms 为计时单位）。

（2）定时器的工作原理。定时器有一个设定值寄存器，用于存放用户程序对定时器的设定值；还有一个当前值寄存器，定时器工作时，能按定时器的编号对机内的 1 ms，10 ms，100 ms 的时钟脉冲累加计数。这两个寄存器是 16 位的二进制存储器，其最大值乘以定时器的计时单位值即是定时器的最大计时范围。定时器的工作条件满足时，当前值寄存器开始对时钟脉冲计数，当它的计数值与设定值寄存器内的设定值相等时，定时器发出信号，其常开触点接通，常闭触点断开。

定时器的设定值由编程时用常数 K 来设定或用数据寄存器（D）内的数据来设定。

（3）定时器的使用。通用定时器使用时，当计时控制条件断开或发生停电时，当前值就会复位，输出触点也会复位。

积算型定时器使用时，在计时中途即使计时控制条件断开或发生停电，当前值仍将得以保持；当计时控制条件再接通或复电时，当前值继续累加计数，其累积时间等于设定值时，触点动作。

积算型定时器只有使用复位指令（RST），使其当前值复位、输出触点也复位，才能重新定时。

定时器使用的梯形图及程序波形如图 13—9 所示。

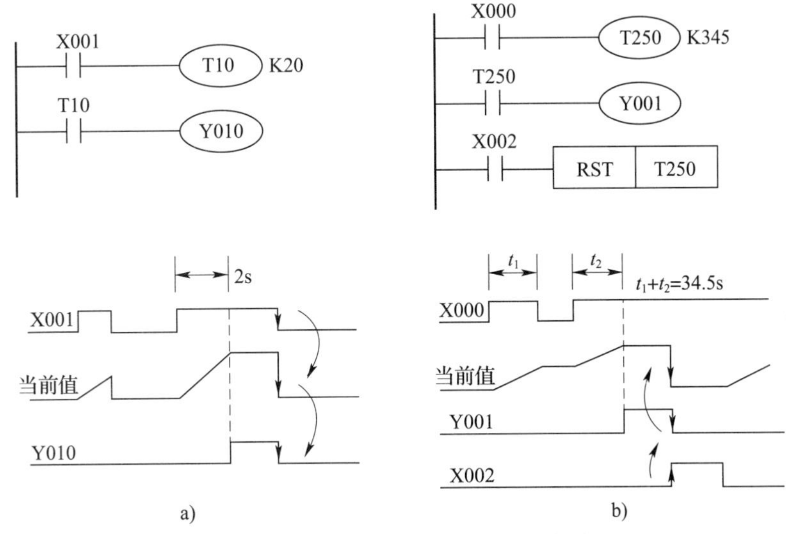

图 13—9　定时器使用的梯形图及程序波形

a）通用定时器　b）积算型定时器

5. 计数器

计数器是用于实现计数控制的元件，用来对机内元件（X，Y，M，S）提供的信号计数。它分为普通计数器和高速计数器，普通计数器的计数频率小于扫描频率，一般只有数十赫兹（Hz）；高速计数器的运行是建立在中断的基础上的，所以其计数频率高于扫描频率，FX_{2N}中内置的高速计数器最高计数频率可达 10 kHz。

（1）16 位加计数器（设定值 1～32 767）是普通计数器，16 位加计数器有两种：通用计数器 C0～C99（100 点）和掉电保持计数器 C100～C199（100 点）。

图 13—10 所示为加计数器的梯形图及程序波形，图中 X10 的常开触点接通后，C0 被

复位，它的常开触点断开、常闭触点接通，同时其当前计数值为 0。X11 用来提供计数输入信号，当计数器 C0 的复位输入电路断开，计数输入电路由断开变为接通（即计数脉冲的上升沿）时，计数器的当前值加 1；当计到第 5 个计数脉冲时，C0 的当前值等于设定值，它的常开触点接通、常闭触点断开，再来计数脉冲时当前值不变。直到复位输入电路接通，计数器 C0 复位，它的当前值为 0。

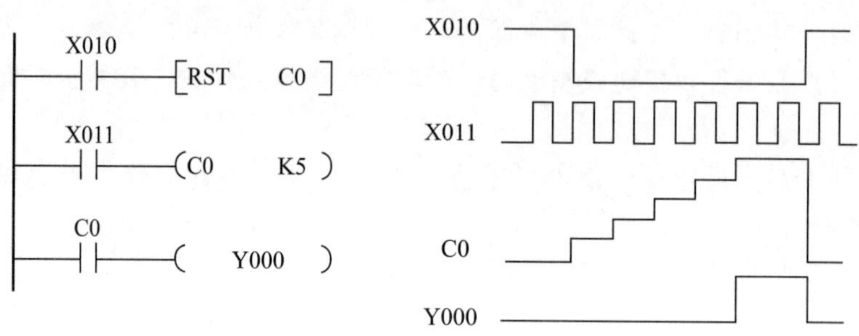

图 13—10　加计数器的梯形图及程序波形

计数器的设定值可以由常数 K 设定，也可以通过数据寄存器（D）来设定。

（2）32 位加/减计数器（设定值为－2 147 483 648～＋2 147 483 647）。32 位加/减计数器有两种：通用计数器 C200～C219（20 点）和掉电保持计数器 C220～C234（15 点）。

32 位计数器的设定值可以由常数 K 来设定，也可以由指定的数据寄存器（D）来设定，32 位设定值存放在元件号相邻的两个数据寄存器中，最高位为符号位，如指定数据寄存器为 D0，则设定值存放在 D1 和 D0 中。

计数器加减控制是由对应编号的特殊辅助继电器M8200～M8234 的状态决定的。例如，对于计数器 C200，当 M8200 接通时（置 1），为减计数；当 M8200 断开（置 0）时，为加计数。图 13—11 所示为 32 位加/减计数器的梯形图，图中 C200 设定值为 5，在加计数时，若计数器当前值由 4 变为 5，计数器输出触点为 ON；当前值小于等于 4 时，计数器输出触点为 OFF。这种计数器也称为“环形计数器”。

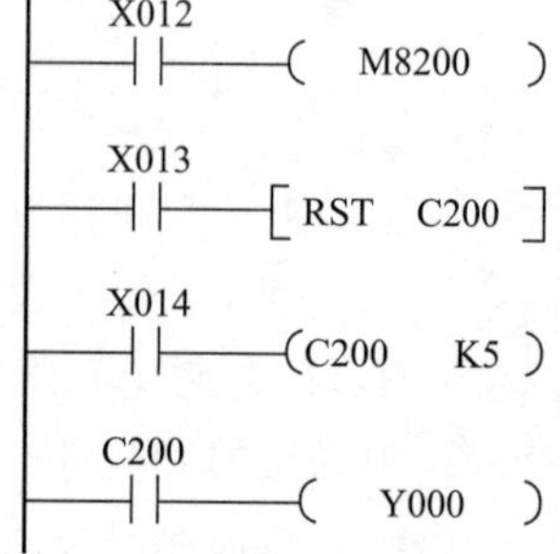

图 13—11　32 位加/减计数器的梯形图

（3）高速计数器。FX_{2N}系列 PLC 设有 21 点高速计数器 C235～C255，共用 PLC 的 8 个高速计数器输入端 X0～X7，某一输入端只能同时供一个高速计数器使用。该 21 个计数器均为 32 位加/减计数器且都带有掉电保持功能。各高速计数器对应的输入端子的元件号见表 13—3，表中 U 和 D 分别为加计数和减计数输入，A 和 B 分别为 A 相和 B 相输入，R 为复位输入，S 为启动输入。

表 13—3　　各高速计数器对应的输入端子的元件号

中断输入	无启动/复位的单相计数器						指定启动/复位的单相计数器					单相双向计数器					A/B 两相计数器				
	C235	C236	C237	C238	C239	C240	C241	C242	C243	C244	C245	C246	C247	C248	C249	C250	C251	C252	C253	C254	C255
X000	U/D						U/D			U/D		U	U		U		A	A		A	
X001		U/D					R			R		D	D		D		B	B		B	
X002			U/D					U/D			U/D		R		R			R		R	
X003				U/D				R			R			U		U			A		A
X004					U/D				U/D					D		D			B		B
X005						U/D			R					R		R			R		R
X006										S					S					S	
X007											S					S					S

高速计数的运行是采用中断方式进行的，不受扫描周期的影响，在对外部高速计数脉冲进行计数时，梯形图中高速计数器的线圈应一直保持接通，这表示该计数器及与其对应的计数脉冲输入端口处于运行状态。有时可以用运行时一直为 ON 的 M8000 的常开触点来驱动高速计数器的线圈。

1）单相高速计数器。图 13—12 所示为单相高速计数器的梯形图及其端口，X10 为由程序安排的计数方向选择信号，M8244 接通（置 1）时为减计数，断开时为加计数。X11 与 X1 为复位信号，当 X11 或 X1 接通时，则 C244 复位。当 X12 为 ON 且 X6 接通时，启动高速计数器 C244。从表 13—3 上可见，C244 的计数脉冲输入端是 X0，但是它不在程序中出现，计数脉冲不是由 X12 提供的。Y1 为计数器 C244 控制对象，当 C244 的计数值大于等于设定值时 Y1 接通；反之，则 Y1 断开。

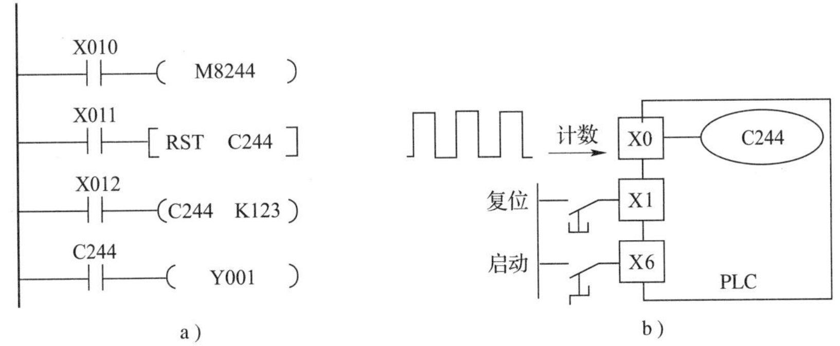

图 13—12　单相高速计数器梯形图及其端口

a）梯形图　b）端口

2）单相双向高速计数器。C246～C250 是单相双向高速计数器，它们有一个加计数输入端和一个减计数输入端，如 C246 的加计数和减计数输入端分别为 X0 和 X1。图 13—13

所示为 C246 的梯形图及其程序，当 X11 为 ON 时，在 X0 端输入计数脉冲的上升沿，计数器的当前值加 1；在 X1 端输入计数脉冲的上升沿，计数器的当前值减 1。

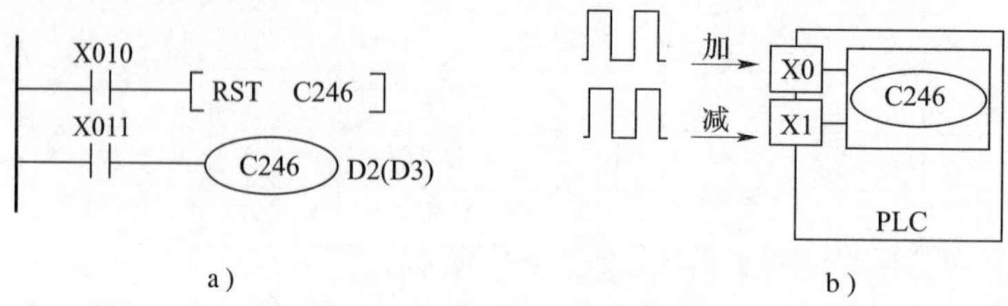

图 13—13 单相双向高速计数器梯形图及其端口

a）梯形图 b）端口

3）A－B 两相高速计数器。C251～C255 为 A－B 两相高速计数器，它们有两个计数输入端，A 相计数输入端和 B 相计数输入端。A 相和 B 相计数脉冲的相位差为 90°。当 A 相计数脉冲超前于 B 相计数脉冲时为加计数，当 A 相计数脉冲滞后于 B 相计数脉冲时为减计数。这类高速计数器常用于对带有 A－B 两相编码器的机械运行速度与运转方向的检测。

图 13—14 所示为 C251 的梯形图及其端口，A－B 两相高速计数器也配有与编号相对应的特殊辅助继电器，但是它们不具有计数方向的控制作用而只是起到指示功能。当 A－B 两相高速计数器运行时，相对应的特殊辅助继电器的状态会随着计数方向的变化而变化。

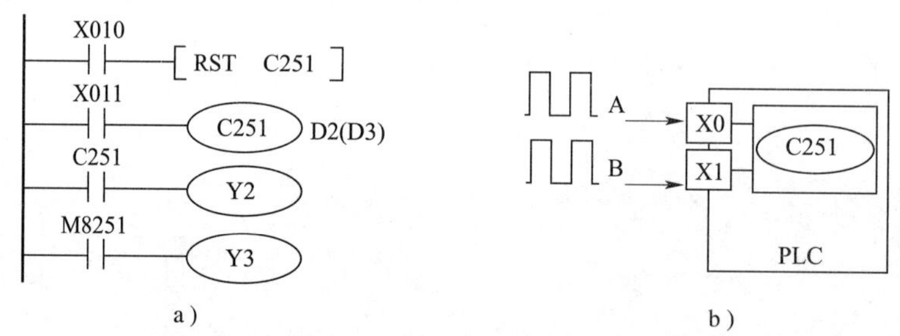

图 13—14 A－B 两相高速计数器梯形图及其端口

a）梯形图 b）端口

图中，当 C251 为减计数时，M8251 闭合，Y3 接通。当 C251 为加计数时，M8251 释放，Y3 断开。

4）计数结果的输出。在上述几个高速计数器应用的图例中（见图 13—12～图 13—14），均是用高速计数器的常开触点作为计数结果的输出。但是在实际应用中，采用这种输出方法会产生较大的偏差。产生偏差的原因是计数脉冲的频率很高，其脉冲的周期远小于 PLC 的扫描周期。当在某个扫描周期中高速计数器的当前计数值达到设定值时，计数器的常开触点并不能立即使其驱动的输出继电器产生输出，而是需要等到扫描周期中的输出刷新阶段才能输出，而到这时计数脉冲已经又来了若干个，高速计数器的当前计数值已经超过了设定值。因此，如果需要在高速计数器的当前计数值达到设定值时，立即进行输出处理，就必须使用进行中断处理的应用指令。在高速计数器应用中使用中断方式进行处理的应用指令有比较置位指令 HSCS、比较复位指令 HSCR、区间比较指令 HSZ 等，如图 13—15 所示。

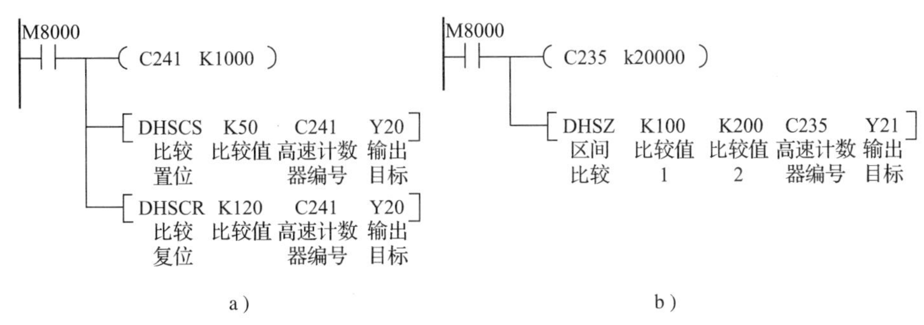

图 13—15　高速计数器使用的应用指令

a）比较置位/复位指令　b）区间比较指令

图 13—15a 中为比较置位/复位指令的应用，当高速计数器 C241 的当前计数值达到比较值 50 后，Y20 立即被置位输出；而在 C241 的计数值达到比较值 120 后，Y20 立即被复位。图 13—15b 中为区间比较指令的应用，高速计数器 C235 的当前计数值不断与 2 个比较值进行比较，当 C235 的当前值小于比较值 1 即 100 时，Y21 立即输出；C235 的当前计数值处于 2 个比较值即 100 和 200 之间时，Y22 立即输出；当 C235 的当前值大于比较值 2 即 200 时，Y23 立即输出。在这些指令的执行中，输出触点的接通或断开是由中断处理的，不受扫描周期影响。在编程时，这些指令都要按 32 位指令来输入。此外应注意，这些指令所使用的输出触点应使用晶体管输出类型。

6. 状态元件

状态元件 S 是用于编制顺序控制程序的一种编程元件，它与步进指令 STL 一起使用。状态元件有下面 5 种类型。

S0～S9：初始状态元件。

S10～S19：回零状态元件。

S20～S499：通用状态元件。

S500～S899：掉电保持状态元件。

S900～S999：报警用状态元件，可用于外部故障诊断输出。

状态元件的常开、常闭触点可以在程序中自由使用，且使用次数不限。不用步进指令时，状态元件 S 可以在程序中作为辅助继电器使用。

第 4 节　可编程序控制器应用系统的设计

一、可编程序控制器应用系统的设计调试方法

PLC 应用系统的设计流程如图 13—16 所示。

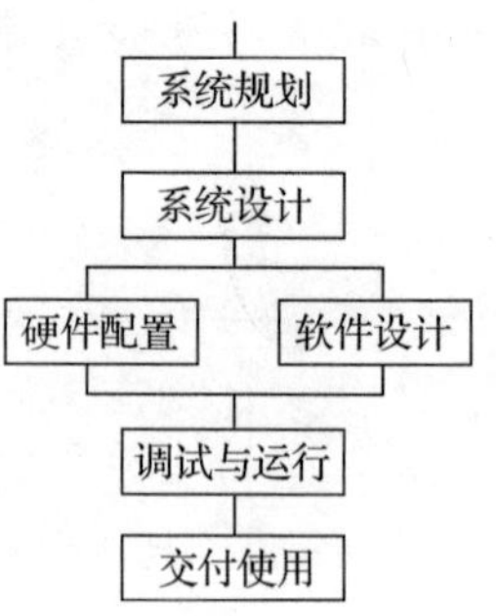

图 13—16　PLC 应用系统的设计流程

1. 系统规划

系统规划实际上是对被控系统功能进行全面了解和分析，制定出对系统进行控制的各项技术要求，为系统设计的合理性打好基础。

（1）首先应详细了解被控对象的全部功能，如机械部分的动作顺序、动作条件、必要的保护与联锁，系统要求哪些工作条件，是否需要通信联网，有哪些故障现象，等等。

（2）其次应与该设备或系统有关的工艺、机械方面的技术人员交流，了解运行环境、运行速度、加工精度等，最终确定系统控制所要达到的各项技术要求。

最终要形成项目技术目标任务，作为系统设计的基础。

2. 系统设计

（1）硬件配置方面。根据系统控制的技术要求，综合系统今后运行时达到操作简单、维护方便、可扩展性、成本等因素，确定 PLC 系统的基本规模及布局。系统设计时主要确定人机接口、冗余设计、通信方式等方面的规模。

在人机接口的选择方面，对于单台 PLC 的小型开关量控制系统，一般用指示灯、报警器、按钮和操作开关来作为人机接口；对于要求较高的大中型控制系统可以采用带触摸屏的操作设备（称可编程序终端），其接口作为人机接口。

对于某些必须连续不断进行的生产过程，要求控制系统有极高的可靠性，即使 PLC 出现故障，也不允许系统停止生产。因此，在设计时必须考虑使用有冗余功能的 PLC。冗余控制系统一般采用 2～3 个 CPU 模块，其中一个直接参与控制，其余的作为备用。当参与控制的 CPU 出现故障时，备用的 CPU 立即投入使用。

在通信方式的选择方面，随着通信技术的普及及生产管理的需要，一般设计中均考虑在硬件配置上要有联网通信功能。

（2）软件设计方面。根据系统控制功能的复杂程度对程序编制提出功能要求，一般生产上实际使用的程序都包含手动程序、自动程序、故障处理程序等。要按照用户的需求对这些程序提出编制要求。例如，手动程序中是否有手动操作生产过程的要求，自动程序中是否有单周期、单步控制的要求。对于故障应做出不同的处理方法，有些故障只需单纯报警，有些故障在报警同时必须立即停机，这些在系统设计时都必须详细写明。

3. 硬件配置

选择合适的硬件配置，会给设计、操作及将来的扩展带来很大的方便，通常 PLC 的硬件配置在设计开始时进行。硬件配置一般从以下几方面考虑。

(1) 输入/输出点数的确定。根据控制要求，将各输入设备和输出设备详细列表，预先统计出被控设备对输入/输出点数的需求量，然后再加 15%～20%的备用量，作为选购 PLC 输入/输出点数的标准。

在确定输入/输出点数时，还要注意它们的性能、类型和参数，如是开关量还是模拟量、是交流量还是直流量、电压大小等级等。同时，还要注意输出端的负载特点，以此选择和配置相应的机型和模块。

(2) 程序存储器容量的估算。用户程序所需存储器容量可以预先估算。对于开关量控制系统，用户程序所需存储器的字数大约等于输入、输出信号总数乘以 8；对于有模拟量输入、输出的系统，每一路模拟量信号大约需 100 字的存储容量。

PLC 内的存储量是以“步”为单位的，每一步占用两个字节。

(3) PLC 的型号选择。根据控制系统需要的功能，来选择具有这些功能的 PLC，当然还要兼顾可持续性、经济性和备件的通用性。单机控制要求简单、仅需开关量控制的设备，一般的小型 PLC 都可以满足需要。随着计算机控制技术的飞速发展，PLC 与 PLC、PLC 与上位机之间都具备了联网通信及数据处理、模拟量控制等功能，因此在功能选择方面，还要注重特殊功能模块的使用，注意网络扩展功能，以提高 PLC 的控制能力。

PLC 的响应时间在多数应用场合是能满足控制要求的。某些输入频率过高的信号，可采用高速计数模块或中断输入模块来处理。

4. 软件设计

从程序结构分析，软件设计包括系统初始化程序、主程序、子程序、故障应急措施、辅助程序等的设计，一般较简单的控制系统只有主程序。软件设计的步骤大致如下。

(1) 通过对工艺过程的分析和结构控制的要求，确定用户程序的基本结构，画出程序流程图。流程图反映了实现控制功能的路径，是编制程序的主要依据，应尽可能准确和详细。

(2) 写出实现控制功能的逻辑表达式及数据处理的运算公式，列出输入/输出端口配置表、内部辅助继电器分配表及所用定时器、计数器的设定值表格。

(3) 编制梯形图程序或指令语言表程序。在编程软件中，可以给用户程序中的各个变量命名，便于程序的阅读和调试。

5. 调试

用户程序设计好之后，必须经过全面而仔细的调试，确认能实现被控设备的全部控制功能，设备运行正常一段时间后，才能交付使用。调试程序一般有以下几步。

(1) 模拟调试。程序编制完后，首先要做模拟调试，模拟调试可以在计算机上用仿真软件进行。在仿真时，按照系统功能的要求，将某些输入元件强制为 ON 或 OFF，或改写某些元件的数据，监视系统功能是否能正确实现。

模拟调试也可用 PLC 硬件来进行，可以用接在输入端的小开关和按钮来模拟 PLC 实际的输入信号，再通过输出模块上各输出点对应的发光二极管，观察输出信号是否满足设计的要求。

(2) 联机调试。在模拟调试确认功能完整后，就可与被控设备连接起来进行联机调试了。在现场联机调试前，要确认人机界面的控制屏，仔细检查各路电气接线是否正确，检测元件、执行机构工作是否正常，检查控制屏外的输入信号是否能正确地送到 PLC 的输入端口、PLC 的输出信号是否能正确操作设备上的执行机构，在确认无误后才能进行联机调试。

联机调试时，可先进行手动程序的调试。在调试自动程序时，可先进行单步、单周期的调试，成功后再进行连续运行调试。

(3) 在调试时，应充分考虑各种可能出现的情况，对系统各种不同的工作方式，都应逐一检查，不能遗漏。对于调试过程中暴露出来的系统可能存在的硬件问题，以及程序设计中的问题，都必须现场加以解决，直到完全符合要求。

调试完成后，必须整理出完整的技术文件，并提供给用户，以便于今后的系统维护和改进。其技术文件应包括以下几类。

1) PLC 的外部接线图和其他电气图样。

2) PLC 的编程元件表，包括定时器、计数器的设定值等。

3) 带注释的程序文本和必要的总体文字说明。

二、可编程序控制器应用系统的可靠性措施

PLC 是专门为工业环境设计的控制装置，一般不需要采取什么特殊措施就可以直接在工业环境使用。但是，如果环境过于恶劣、电磁干扰特别强烈或安装使用不当，都不能保证系统的正常安全运行。电磁干扰可能使 PLC 接收到错误的信号，造成误动作，或使 PLC 内部的数据丢失，严重时甚至会使系统失控。在系统设计时，应采取相应的可靠措施，以消除或减少电磁干扰的影响，保证系统正常运行。

1. 对电源的处理

电源是干扰进入 PLC 的主要途径之一，电源干扰主要是通过供电线路的阻抗耦合产生的，各种大功率用电设备和产生谐波的设备是主要的干扰源。

在干扰较强或对可靠性要求很高的场合，可以在 PLC 的交流电源输入端加接带屏蔽的隔离变压器和低通滤波器。

2. 安装与布线

(1) PLC 应远离强干扰源。PLC 不能与高压电器安装在同一个开关柜内，在柜内 PLC 应远离动力线，两者之间的距离应大于 200 mm。与 PLC 装在同一个开关柜内的电感

性元件，应并联 RC 消弧电路。

(2) 动力线、控制线、PLC 的电源线和 I/O 线应分别配线，隔离变压器与 PLC 和I/O 电源之间应采用双绞线连接。

(3) PLC 的输入与输出最好分开走线，开关量与模拟量信号线也要分开敷设。模拟量信号的传送线采用屏蔽线，屏蔽线应一端或两端接地，且接地电阻应小于屏蔽层电阻的 1/10。

3. PLC 输出的可靠性措施

由于感性负载有储能作用，当控制触点断开时，电路中的感性负载会产生高于电源电压数倍甚至数十倍的反电势，从而对系统产生干扰。对此可采取以下几种措施。

(1) 直流感性负载的两端应并联续流二极管，以抑制电路断开时产生的电弧对 PLC 的影响。续流二极管的额定电流应大于负载电流，额定电压应大于电源电压的2～5 倍。

(2) 交流感性负载的两端应并联阻容电路。电阻可以取 100～120 Ω，电容可以取 0.1～0.47 μF，电容的额定电压应大于电源峰值电压。

4. 可靠接地

良好的接地是 PLC 安全可靠运行的重要条件，PLC 与强电设备最好分别使用接地装置，接地线的截面积应大于 2 mm^2，接地点与 PLC 的距离应小于 50 m，接地电阻要小于 10 Ω。

思考题

1. 可编程序控制器的硬件由哪几部分组成？各有什么用途？
2. 简述可编程序控制器的工作原理。
3. 什么叫可编程序控制器的扫描周期？一个扫描周期包含哪几个阶段？
4. FX_{2N}系列 PLC 开关量输出接口有哪几种类型？各有什么特点？
5. FX_{2N}系列 PLC 有哪些编程元件？
6. 简述可编程序控制器应用系统的可靠性措施。

第 14 章

FX_{2N}系列 PLC 的基本指令及其编程

编制程序实质上是用指令来表达控制功能的形式，程序是指令的有序集合。因此，基本指令是进行程序编制的基础。本章对 FX$_{2N}$系列 PLC 的基本指令做了归纳性论述。掌握基本指令的编程规律是学习以后各章的基础。

第 1 节 FX$_{2N}$系列 PLC 的基本指令

FX$_{2N}$系列 PLC 共有 27 种基本指令（见表 14—1），仅用基本指令便可以编制开关量控制系统的用户程序。

任何一段应用程序都可以看成是由两部分组成的，一部分是控制的条件（做某件事所应具备的条件），另一部分是控制的对象（条件满足时所要做的事）。

控制条件往往是由触点的逻辑组合来表达的，称为触点类指令；控制对象往往是由输出线圈来表达的，称为线圈输出指令，因而基本指令也可分为触点类指令和线圈输出指令。

一、触点类指令

1. 单触点指令

LD：与左母线直接相连的常开触点或电路块开始的常开触点。

LDI：与左母线直接相连的常闭触点或电路块开始的常闭触点。

AND：常开触点的串联连接。

ANI：常闭触点的串联连接。

OR：常开触点的并联连接。

ORI：常闭触点的并联连接。

其梯形图与指令表的表示形式如图 14—1 所示。

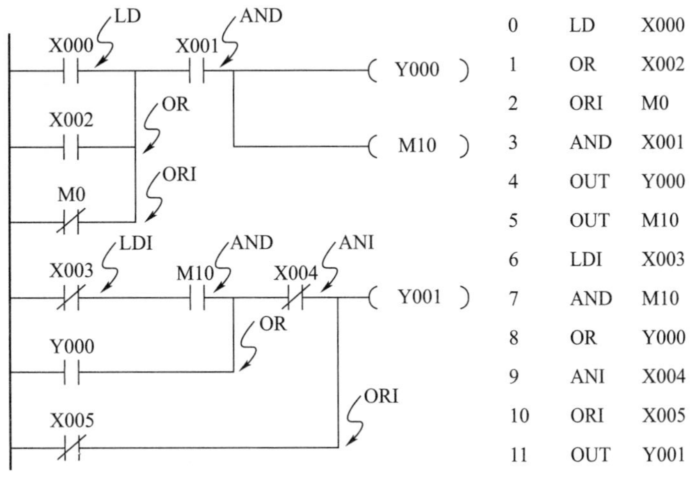

图 14—1 单触点指令梯形图与指令表

2. **触点脉冲指令**

触点脉冲指令有 LDP，ANDP，ORP 和 LDF，ANDF，ORF 6 种，见表 14—1。触点脉冲指令梯形图与指令表如图 14—2 所示。

表 14—1　　　　　　基本指令一览表

助记符名称	功能	梯形图表示及可用元件	助记符名称	功能	梯形图表示及可用元件
[LD] 取	逻辑运算开始的常开触点	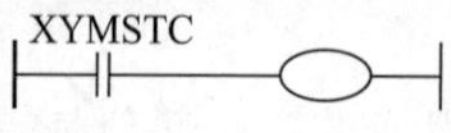 XYMSTC	[OUT] 输出	线圈驱动指令	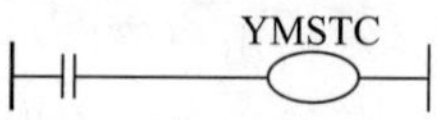 YMSTC
[LDI] 取反	逻辑运算开始的常闭触点	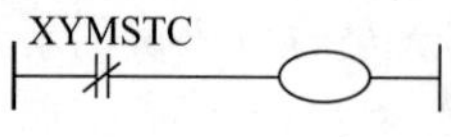 XYMSTC	[SET] 置位	线圈接通保持指令	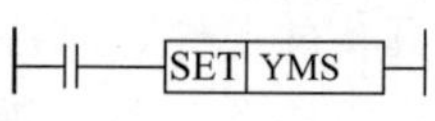 SET YMS
[LDP] 取脉冲上升沿	上升沿检测逻辑运算开始	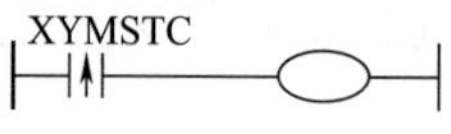 XYMSTC	[RST] 复位	线圈接通清除指令	 RST YMSTCD
[LDF] 取脉冲下降沿	下降沿检测逻辑运算开始	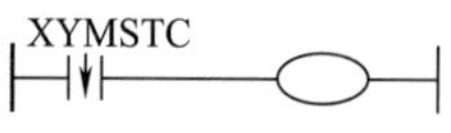 XYMSTC	[PLS] 上升沿脉冲	上升沿微分输出指令	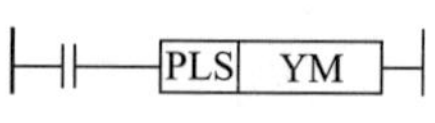 PLS YM
[AND] 与	串联连接常开触点	 XYMSTC	[PLF] 下降沿脉冲	下降沿微分输出指令	 PLF YM
[ANI] 与非	串联连接常闭触点	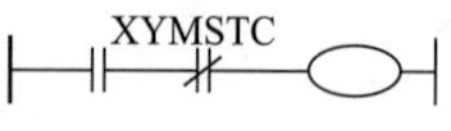 XYMSTC	[MC] 主控	公共串联点的连接线圈指令	 MC N YM
[ANDP] 与脉冲上升沿	上升沿检测串联连接	 XYMSTC	[MCR] 主控返回	公共串联点的清除指令	 MCR N
[ANDF] 与脉冲下降沿	下降沿检测串联连接	 XYMSTC	[MPS] 进栈	连接点运算入栈	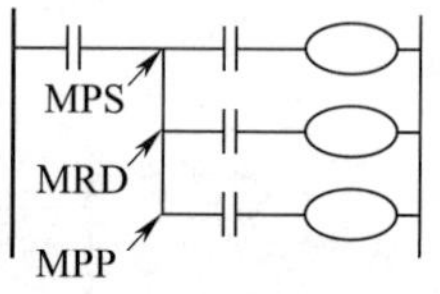 MPS MRD MPP
[OR] 或	并联连接常开触点	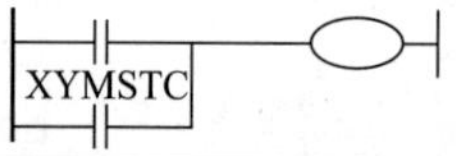 XYMSTC	[MRD] 读栈	从堆栈读出连接点运算	
[ORI] 或非	并联连接常闭触点	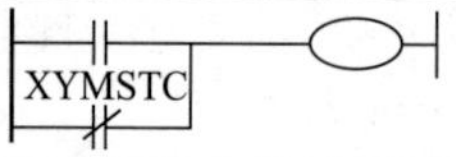 XYMSTC	[MPP] 出栈	从堆栈读出运算并复位	
[ORP] 或脉冲上升沿	上升沿检测并联连接	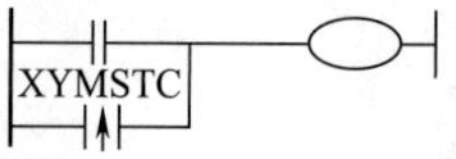 XYMSTC	[INV] 取反	运算结果取反	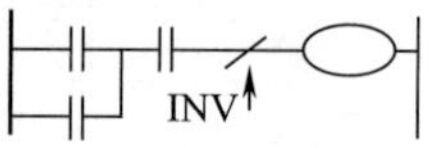 INV
[ORF] 或脉冲下降沿	下降沿检测并联连接	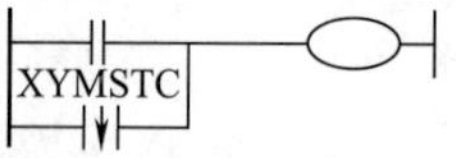 XYMSTC	[NOP] 空操作	无动作	变更程序中替代某些指令
[ANB] 电路块与	并联电路块的串联连接	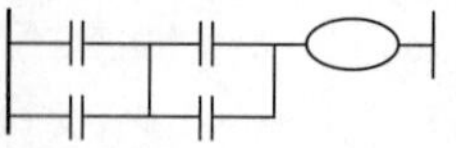	[END] 结束	顺序控制程序结束	顺序控制程序结束返回到 0 步
[ORB] 电路块或	串联电路块的并联连接	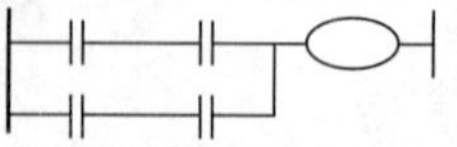			

(1) LDP，ANDP，ORP 指令是进行上升沿检测的触点指令，仅在指定位元件的上升沿时（OFF→ON 变化时）接通一个扫描周期。

(2) LDF，ANDF，ORF 指令是进行下降沿检测的触点指令，仅在指定位元件的下降沿时（ON→OFF 变化时）接通一个扫描周期。

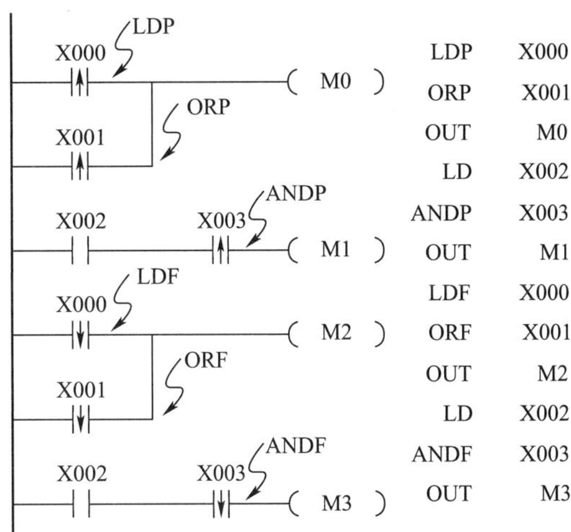

图 14—2　触点脉冲指令梯形图与指令表

【例 14—1】 已知图 14—3b 中 X0 的波形，画出 M1 和 Y0 的波形。

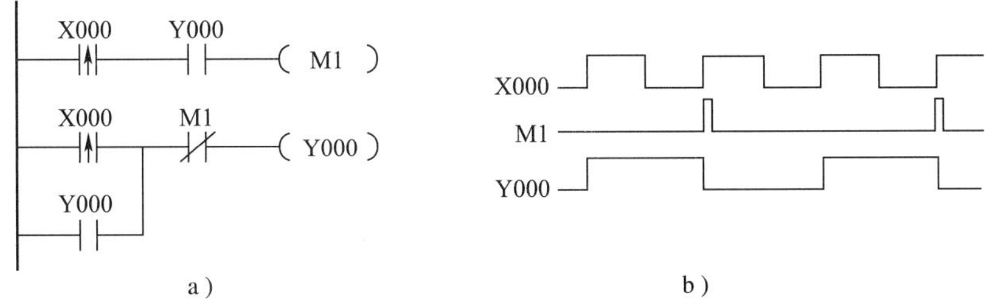

图 14—3　双稳态电路的梯形图及其波形

a）梯形图　b）波形

3. 电路块连接指令

ORB：串联电路块的并联连接指令。

ANB：并联电路块的串联连接指令。

由多触点组成的较复杂的梯形图，在写成指令语句表时不能用简单的单触点指令来描述，而先要将这些触点划成电路块，再用连接指令将电路块的连接关系反映出来。

电路块有两种：一种是串联电路块，如图 14—4 所示，它与前面的电路必定是并联连接，用并联连接指令 ORB 来反映它们的关系；另一种是并联电路块，如图 14—5 所示，它与前面的电路必定是串联连接，用串联连接指令 ANB 来反映它们的关系。

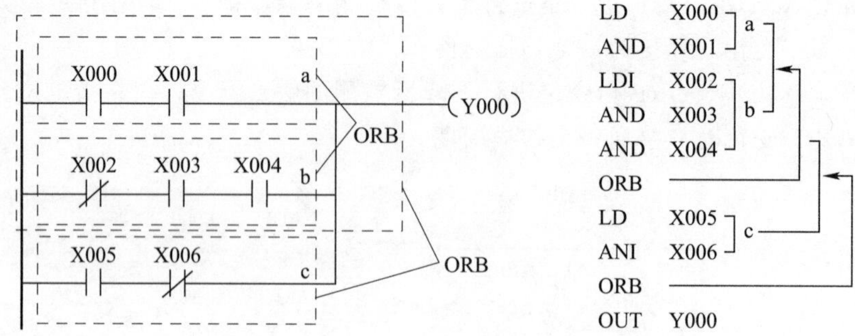

图 14—4 ORB 连接指令的使用

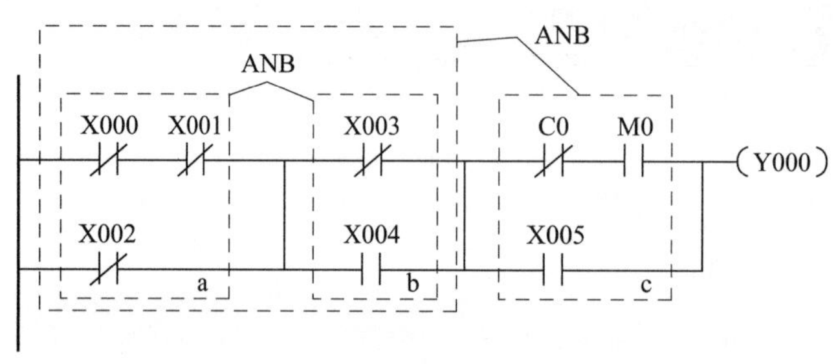

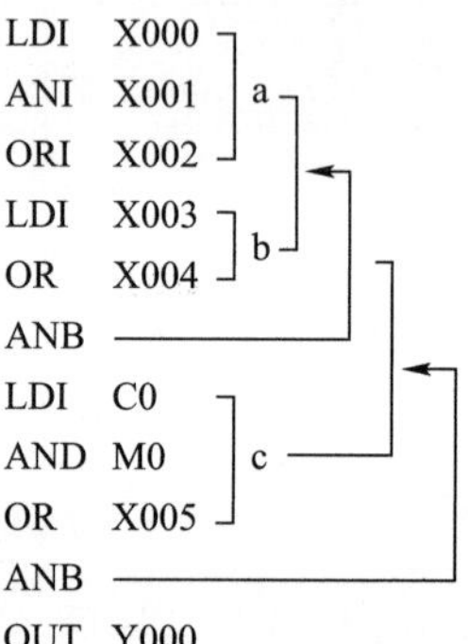

图 14—5 ANB 连接指令的使用

每个电路块都是以 LD 或 LDI 指令开始的。

【例 14—2】写出图 14—6 所示梯形图对应的指令语句表。

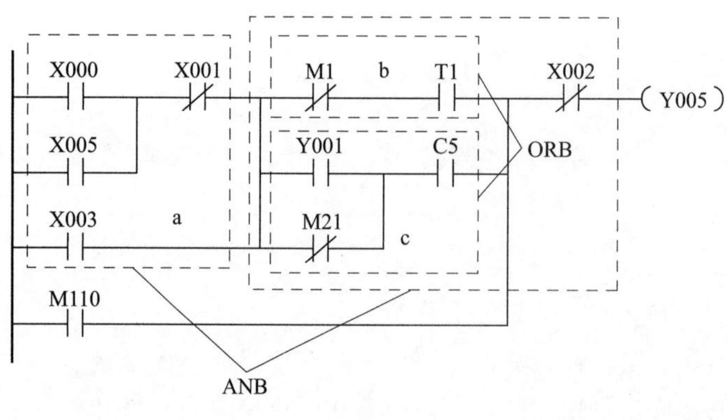

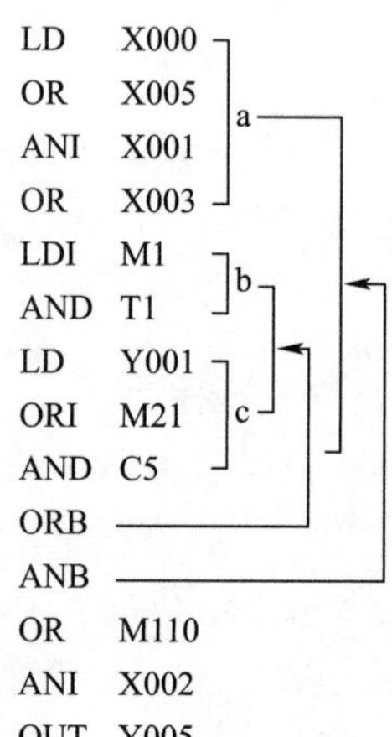

图 14—6 连接指令的应用

4. 多分支输出处理

在梯形图中往往会遇到一个接点带有几个分支输出的电路，这种带有几个分支输出的电路可以归纳为 3 种类型。

(1) 所有分支上都不带触点的称为并列输出，写成指令语句表时可连续使用 OUT 指令，如图 14—7 所示。

(2) 只有在最后一个分支上带有触点的称为纵接输出，写成指令语句表时，前面分支用 OUT 指令，最后分支的触点用 AND 或 ANI 来表述，如图 14—8 所示。

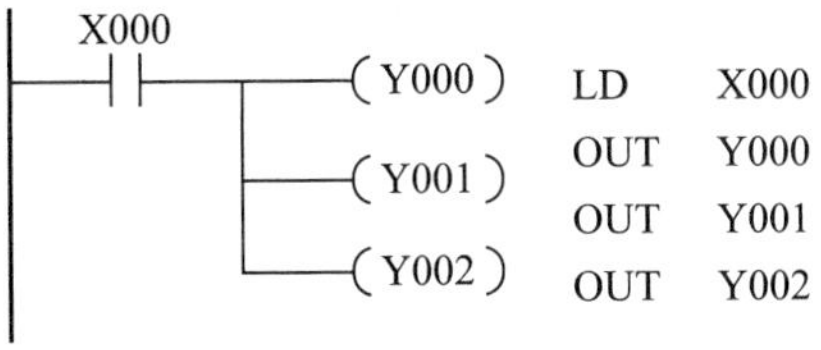

X000 (Y000) (Y001) (Y002)

LD	X000
OUT	Y000
OUT	Y001
OUT	Y002

图 14—7　并列输出梯形图与指令语句表

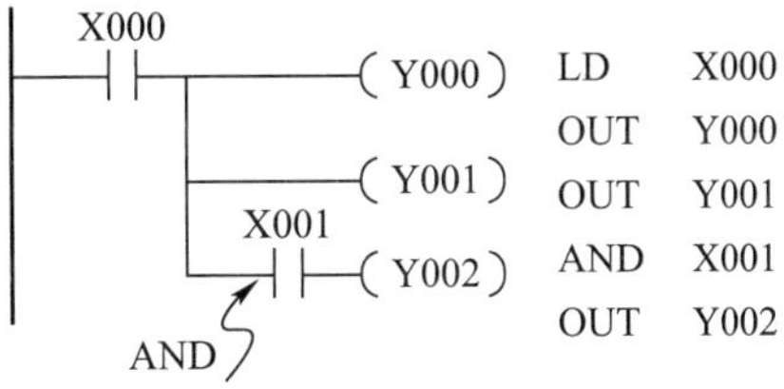

X000 (Y000) (Y001) X001 (Y002) AND

LD	X000
OUT	Y000
OUT	Y001
AND	X001
OUT	Y002

图 14—8　纵接输出

(3) 在最后一个分支以外的任一分支上带有触点的就称为多重输出电路，多重输出电路可以用进栈指令 MPS、读栈指令 MRD、出栈指令 MPP 或主控指令 MC、主控复位指令 MCR 来表述。

1) 用 MPS，MRD，MPP 来表达多重输出电路，如图 14—9 所示。MPS (Memory Push)，MRD (Memory Read)，MPP (Memory Pop) 指令分别是进栈、读栈、出栈指令。用于多重输出电路的进栈指令 MPS，一方面将接点前的总控制条件（接点前触点逻辑运算的结果）保存在堆栈里，另一方面将接点前的总控制条件与分支上的触点串联起来去驱动负载继电器。

读栈指令 MRD，是将接点前的总控制条件从堆栈里读出，与分支上的触点串联起来去驱动负载继电器。

出栈指令 MPP，是将接点前的总控制条件从堆栈里弹出，与分支上的触点串联起来去驱动负载继电器。

FX_{2N}系列 PLC 有 11 个堆栈存储器，堆栈采用“先进后出”的数据存取方式，并用 1 个栈顶寄存器指示当前堆栈顶部所在的层数。执行进栈指令 MPS 时，先将栈顶寄存器指示的栈顶向上移一层，再将接点前触点当前的逻辑运算结果压入堆栈顶层。执行读栈指令 MRD 时，读取堆栈顶层的数据，栈顶寄存器中的内容不变。执行出栈指令 MPP 时，读取堆栈顶层的数据，然后将栈顶寄存器指示的栈顶向下移一层。

具体应用如图 14—10～图 14—12 所示。

MPS 和 MPP 必须成对使用，如图 14—12 所示，给出了使用多重输出嵌套 1 层的例子，嵌套最多不超过 11 层。

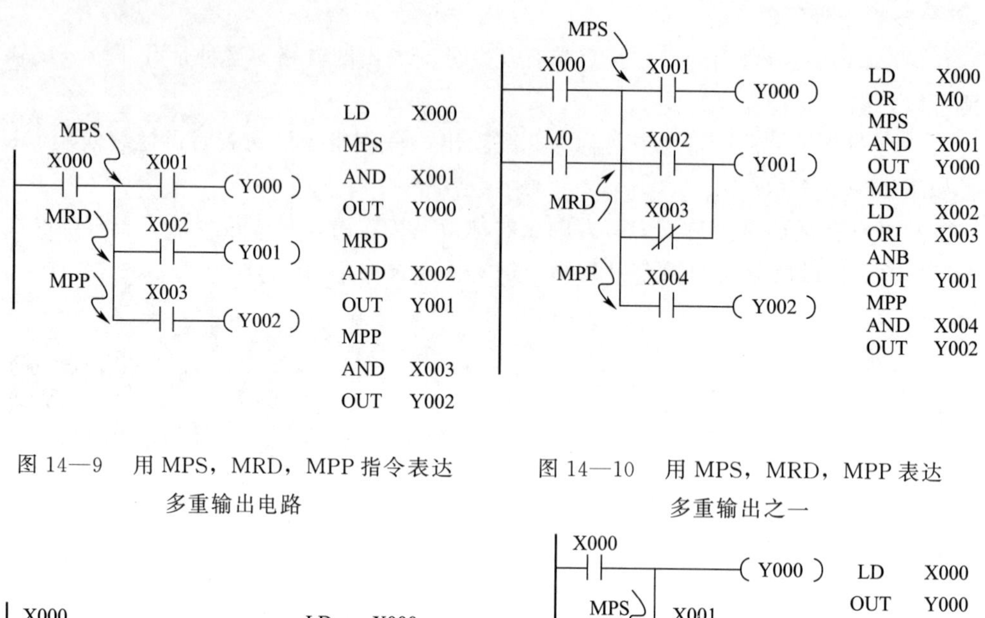

图 14—9　用 MPS，MRD，MPP 指令表达多重输出电路

图 14—10　用 MPS，MRD，MPP 表达多重输出之一

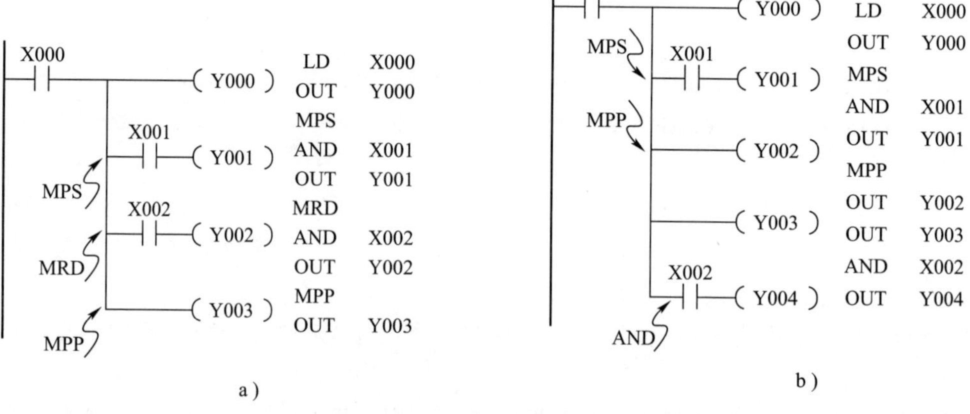

图 14—11　用 MPS，MRD，MPP 表达多重输出之二和之三

a）多重输出之二　b）多重输出之三

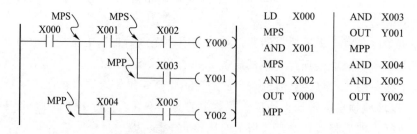

LD X000	AND X003
MPS	OUT Y001
AND X001	MPP
MPS	AND X004
AND X002	AND X005
OUT Y000	OUT Y002
MPP	

图 14—12　用 MPS，MRD，MPP 表达多重输出之四

2）用 MC 和 MCR 表达多重输出电路。主控指令 MC、主控返回指令（也称主控复位指令）MCR 与进栈、读栈、出栈指令相似，也可以用来表述多重输出电路。

表述方法是：接点前面的总控制条件通过主控指令 MC 借助于辅助继电器 M（或输出继电器 Y）的常开触点，将左母线借到右端作为各分支的母线（称为副母线），各分支按母线规则编程，最后分支编完后由主控返回指令 MCR 将副母线返回到左母线。其梯形图及编程如图 14—13 所示。

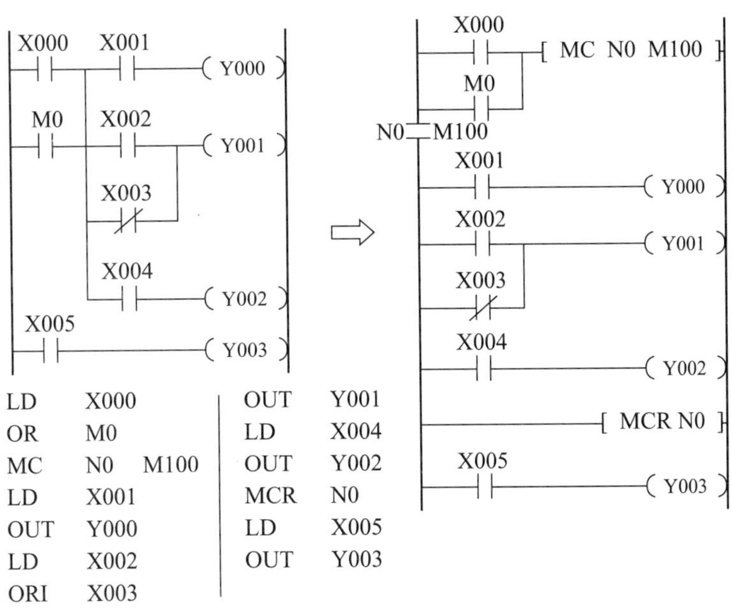

图 14—13　用 MC 和 MCR 表达多重输出

图 14—13 中，当接点前触点当前的逻辑运算结果为 ON 时，辅助继电器 M100 的常开触点闭合，系统依次执行各分支的程序；当接点前触点当前的逻辑运算结果为 OFF 时，则 M100 常开触点断开，系统将跳过各分支程序直接执行 MCR 后面的指令。

MC 和 MCR 指令需要成对使用，MC 指令建立副母线，MCR 指令则将副母线返回到左母线。MC 指令可以嵌套 8 层，MC 指令中的“N0”为嵌套编号（N0～N7），N0 为最外层，N7 为最里层。分析图 14—14 所示梯形图可知，接点 A 为外层多重输出，接点 B 是嵌套在 A 内的多重输出，而接点 C 为纵接输出，编程如图 14—15 所示。

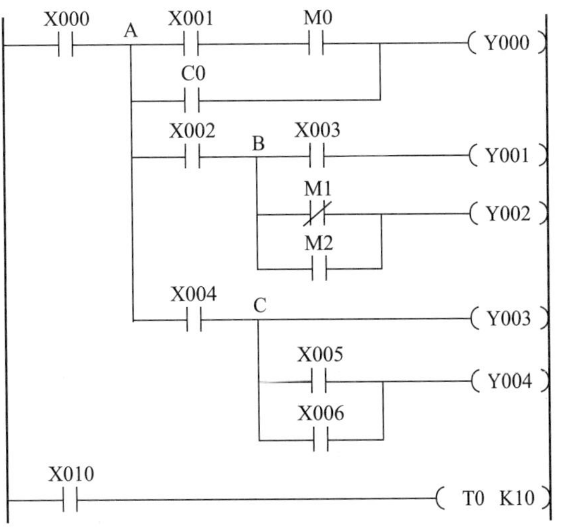

图 14—14　多重输出嵌套梯形图

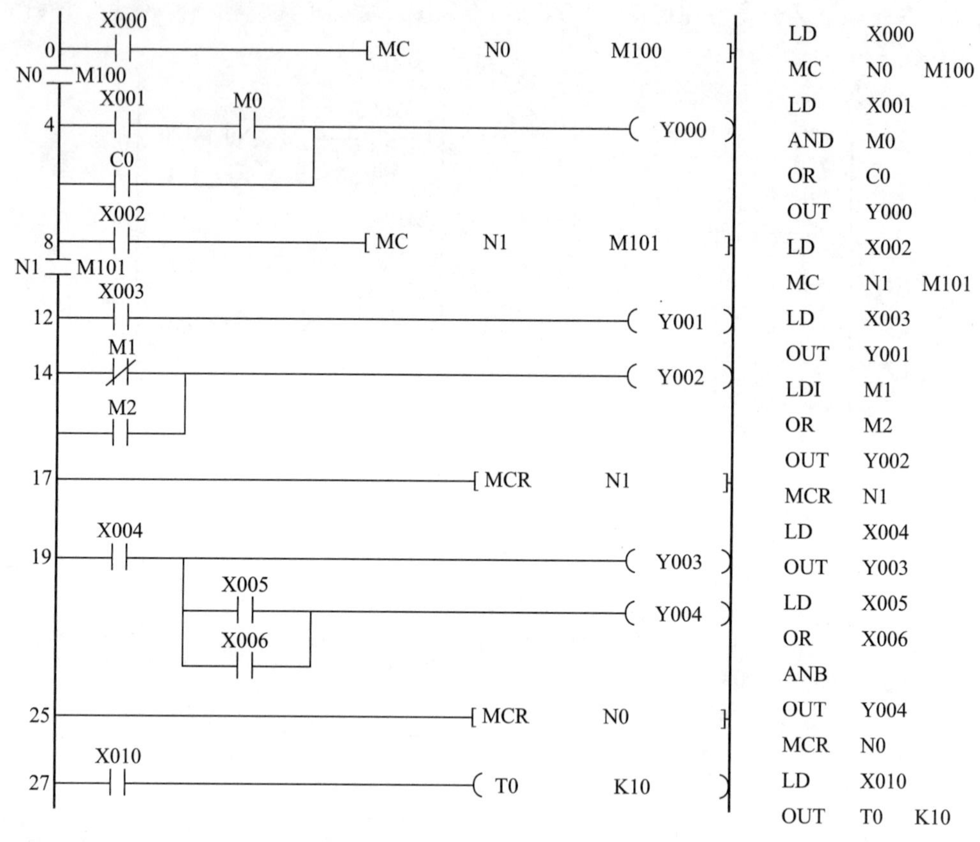

图 14—15 用 MC 和 MCR 表达多重输出嵌套

二、线圈输出类指令

线圈输出类指令是指控制对象的具体操作内容，放在梯形图的最右边。在梯形图上是以各支路的线圈输出或长方框（功能框）输出形式来表示的。

1. 线圈驱动指令

OUT：线圈驱动指令是对输出继电器、辅助继电器、状态继电器、定时器、计数器线圈的驱动指令，对输入继电器不能使用。

对定时器的定时线圈或计数器的计数线圈使用 OUT 指令后，必须设定常数 K，如图 14—16 所示。

在同一程序段里，不允许出现重复编号的输出线圈（即不允许出现双线圈），若出现重复的输出线圈，则以后面线圈的动作状态为有效，如图 14—17 所示。

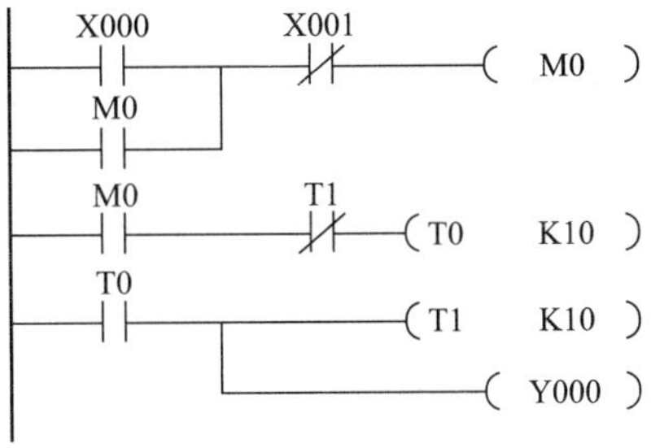

```
LD   X000
OR   M0
ANI  X001
OUT  M0
LD   M0
ANI  T1
OUT  T0   K10
LD   T0
OUT  T1   K10
OUT  Y000
```

图 14—16　线圈驱动指令 OUT 的梯形图与指令语句表

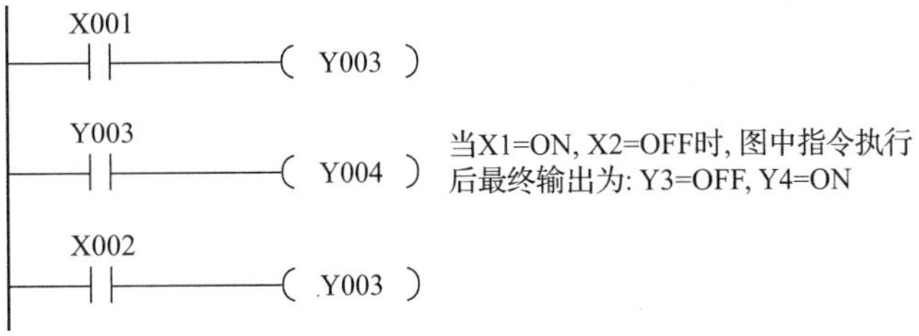

当X1=ON, X2=OFF时, 图中指令执行后最终输出为: Y3=OFF, Y4=ON

图 14—17　线圈驱动指令的重复线圈应用

2. 置位、复位指令

SET 和 RST 为置位和复位指令。

SET：置位指令，如图 14—18 所示，X0 一旦接通后，输出 Y0 将接通（ON），即使 X0 再断开，输出 Y0 仍保持为接通。

RST：复位指令，如图 14—18 所示，X1 一旦接通后，输出 Y0 将断开（OFF），即使 X1 再断开，输出 Y0 仍保持为断开。

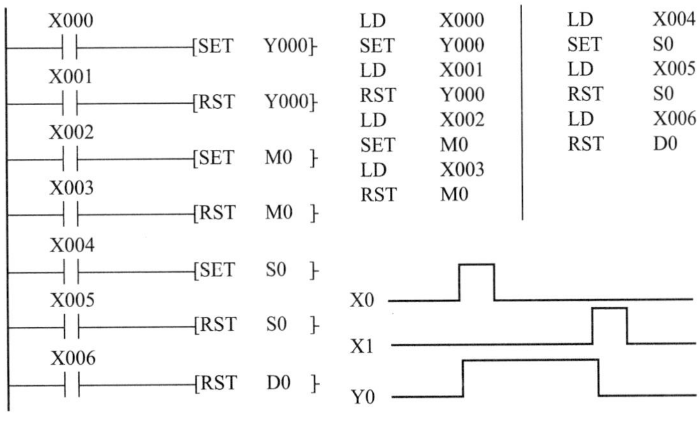

图 14—18　置位、复位指令的应用

3. 脉冲指令

PLS 和 PLF 为脉冲指令。

PLS：上升沿微分输出指令。

PLF：下降沿微分输出指令。

脉冲指令表达方式如图 14—19 所示，在 X0 由 OFF→ON 的上升沿处指令 PLS 使 M0 接通 1 个扫描周期；在 X1 由 ON→OFF 的下降沿处指令 PLF 使 M1 接通一个扫描周期。

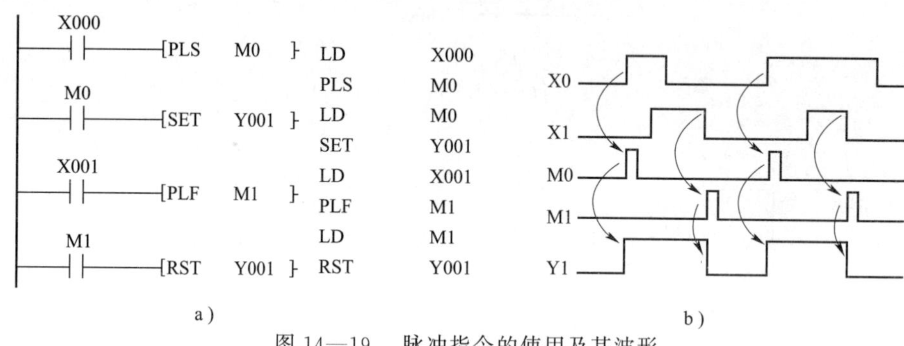

图 14—19　脉冲指令的使用及其波形

a）梯形图和指令语句表　b）波形图

三、其他指令

除了上述指令外，基本指令中还包括 INV（取反）指令、NOP（空操作）指令和 END（程序结束）指令。

INV：取反指令，用于将指令前的运算结果取反，该指令可以在 AND 或 ANI、ANDP 或 ANDF 指令的位置后编程，也可以在 ORB 和 ANB 指令回路中编程；但不能像 OR，ORI，ORP，ORF 指令那样单独使用，也不能像 LD，LDI，LDP，LDF 那样单独与左母线连接。图 14—20、图 14—21 给出了取反指令应用的情形。图 14—21 所示的是 INV 指令在 ORB 和 ANB 指令的复杂回路中的应用。

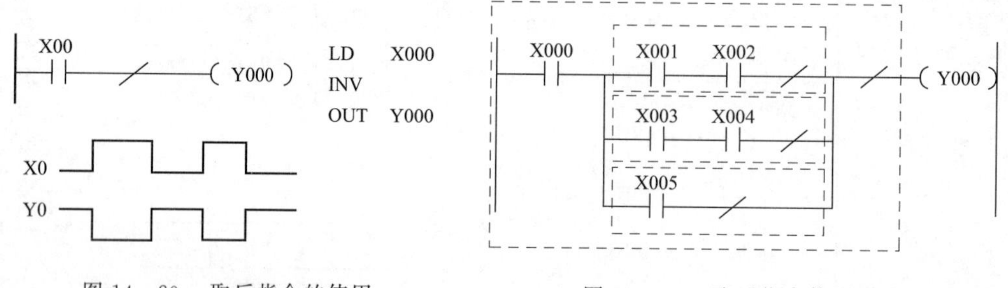

图 14—20　取反指令的使用　　图 14—21　取反指令使用形式

NOP：空操作指令，没有操作动作的指令，可理解为程序表中预留的“空档”。

END：程序结束指令，在程序最后应写入 END 指令，END 后面的程序，不再执行。

在程序调试时，可以分段插入 END 指令，使调试能按段顺序扩大对各程序段动作的检查。

第 2 节　基本指令的编程

一、编程注意事项

1. 在同一程序中应避免出现双线圈输出

在同一程序中，同一元件的线圈使用两次或多次，称为双线圈输出。PLC 程序顺序扫描执行的原则规定：这种情况出现时，前面的输出无效，最后一次输出才是有效的。

但在同一程序的两个绝不会同时执行的程序段中，可以有相同的输出线圈。

2. 程序的优化设计

在设计并联电路时，将单触点的支路放在下面，如图 14—22a 所示；在设计串联电路时，应将单触点放在右边，如图 14—22b 所示。

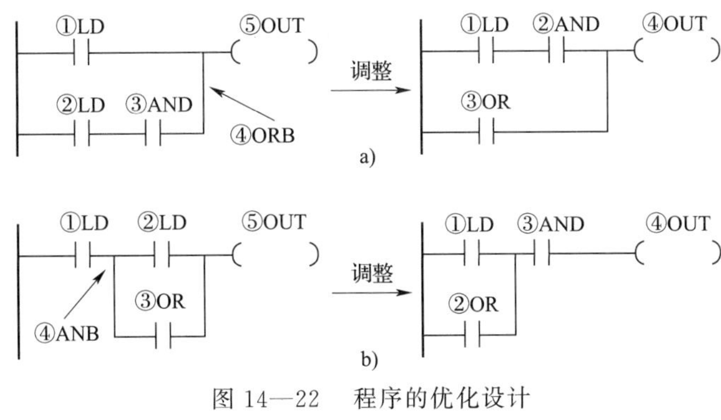

图 14—22　程序的优化设计

a）并联电路　b）串联电路

一些看似复杂的梯形图程序只要稍加调整，就可以使编制的程序更为简洁。有些梯形图经调整后还可省去进栈、读栈、出栈的指令，如图 14—23 和图 14—24 所示。

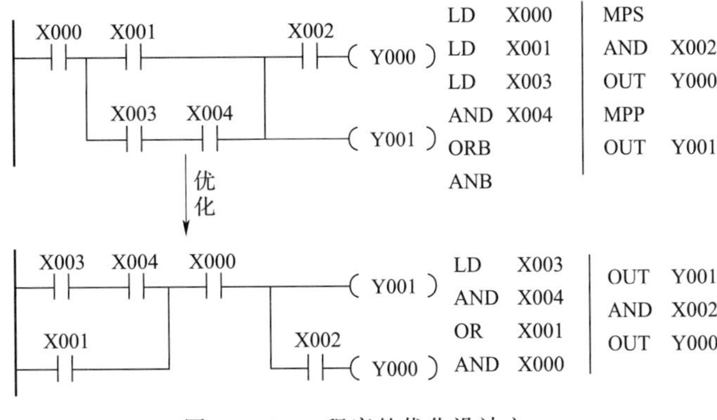

图 14—23　程序的优化设计之一

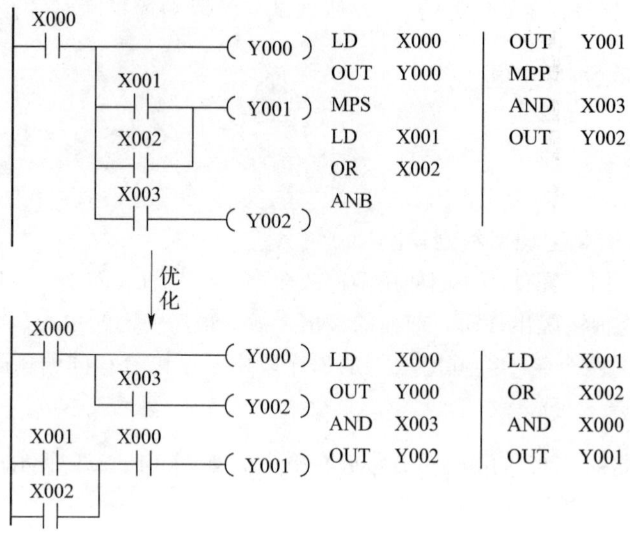

图 14—24　程序的优化设计之二

3. 指令语句表编程中的注意点

（1）编写较复杂触点控制电路时，要先划分各个电路块（并联电路块及串联电路块），然后用串联连接指令 ANB 和并联连接指令 ORB 来反映这些电路块之间的连接关系。

（2）对于多分支输出的梯形图，应将不带触点的输出放在上面。在用 MPS，MRD，MPP 来描述多重输出时，可在分支端标上指令符号，以免在写指令语句表时遗漏，如图 14—25 所示。

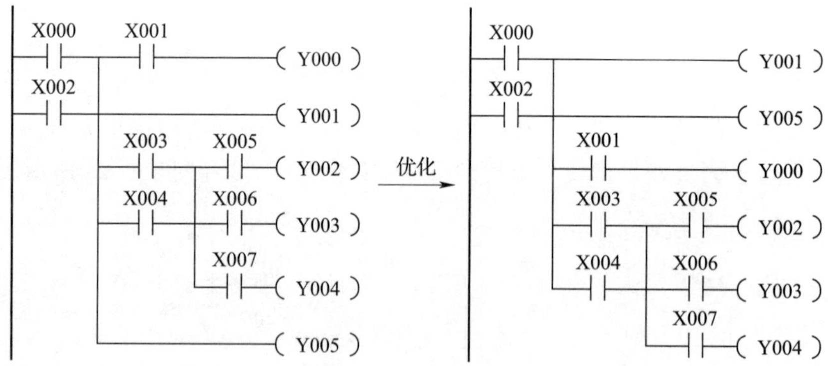

图 14—25　程序的优化设计之三

二、常用基本环节的编程

在用基本指令对一些开关量控制系统进行程序设计时，往往根据控制对象的控制要求，在典型电路的基础上通过增加触点或中间辅助元件的方法编制出原始程序，再通过反复调试和修改程序，最终生成能完全满足控制要求的应用程序。

因此，对典型电路的掌握和积累是提高编程技巧的基础。下面介绍一些常用的典型电路。

1. 启停保电路

启停保电路是机床控制电路中最常用、最基本的控制电路，也是 PLC 程序编制中常用的电路。

启停保电路的工作过程是：当按一下启动按钮 SB1 后，控制电动机运行的交流接触器 KM 就吸合；如果按一下停止按钮 SB2，KM 就失电断开。将启动按钮接于 X1 端，停止按钮接于 X2 端，交流接触器 KM 接于 Y0 端，这样 PLC 的接线图如图 14—26a 所示，图 14—26b 所示为启停保的梯形图。

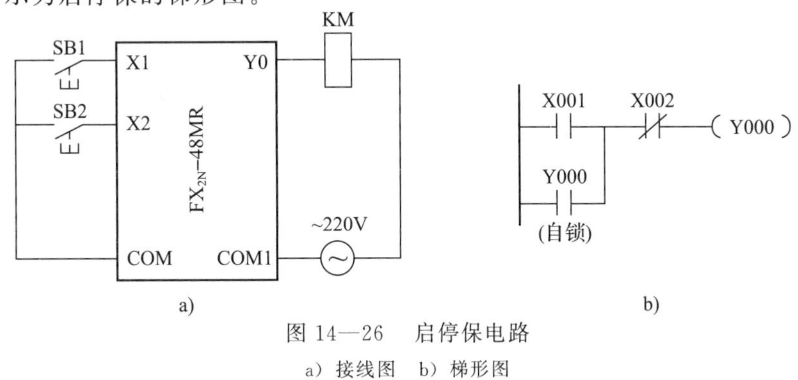

图 14—26　启停保电路

a）接线图　b）梯形图

由于按钮按动的信号是短暂的瞬间信号，而交流接触器 KM 吸合却是持续保持的信号，因而启停保电路是具有记忆功能的电路，记忆功能是由并联在 X1 下面的常开触点 Y0 来实现的。其工作原理是：按动启动按钮使 X1 常开触点闭合，通过停止按钮的常闭触点 X2 使输出继电器 Y0 接通，这时常开触点 Y0 闭合；当 X1 断开时，常开触点 Y0 替代了 X1 的作用，使线圈 Y0 仍然保持接通的状态，此常开触点 Y0 称为“自保触点”。当停止按钮按下时，X2 的常闭触点断开，停止条件满足，使 Y0 的线圈断开，其常开触点也断开，这样即使放开停止按钮，X2 的常闭触点恢复接通状态，Y0 的线圈仍然断开。

2. 基本延时环节

定时器本身具有延时接通的功能，通过编制程序可以获得延时断开的功能，具体梯形图如图 14—27a 所示。

当 X0 合上时，输出 Y0 接通，这时 X0 的常闭触点断开，定时器 T0 不工作；当 X0 断开时，由于自保触点 Y0 的作用使 Y0 线圈继续接通。同时 X0 常闭触点合上，定时器 T0 开始延时，3 s 后 T0 发出信号，其常开触点闭合，常闭触点断开，于是线圈 Y0 断开，T0 信号也消失。由于 Y0 常开触点断开，即使 T0 常闭触点闭合，Y0 仍保持断开，其波形图如图 14—27b 所示。

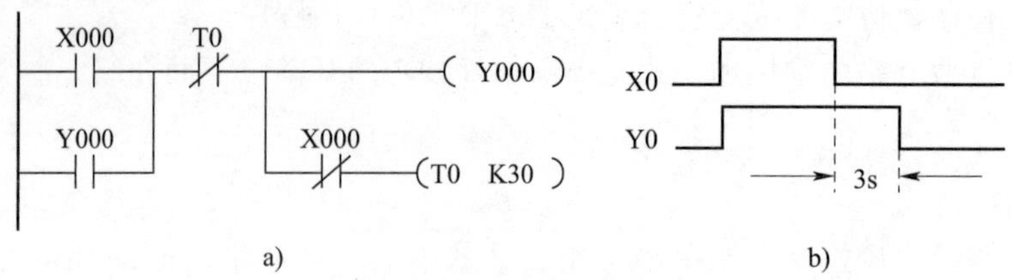

图 14—27　延时断开电路

a）梯形图　b）波形图

通过程序编制也可用定时器组成单稳态电路。例如，设计一个 X0 上升沿的单稳态电路，暂态时间为 5 s，由 Y0 输出；设计一个 X0 下降沿的单稳态电路，暂态时间为 6 s，由 Y1 输出。其编制的梯形图如图 14—28a 所示，波形图如图 14—28b 所示。

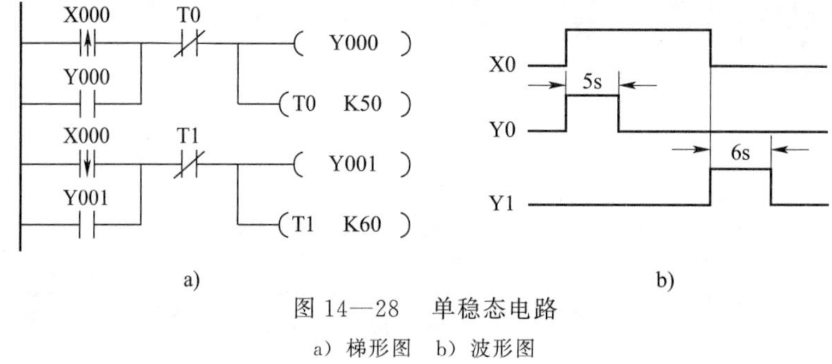

图 14—28　单稳态电路

a）梯形图　b）波形图

3．多谐振荡器电路

图 14—29 所示为一个典型的振荡器电路梯形图及其波形。当 X0 合上时，Y0 输出连续脉冲。从波形图上可以看出，Y0 输出脉冲的周期 T＝T0＋T1，T0 和 T1 分别是定时器 T0 和 T1 的延时时间。在图 14—29 中，T0＝K10，T1＝K20，其脉冲宽度为 T1，只要改变 T0 和 T1 的数值，就可以改变 Y0 输出脉冲的宽度和周期，所以该电路可称为频率可变的多谐振荡的电路。

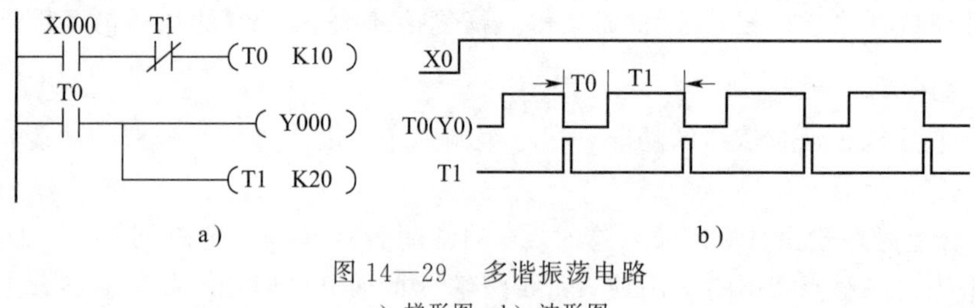

图 14—29　多谐振荡电路

a）梯形图　b）波形图

4．二分频电路

图 14—30 所示为用基本指令组成的典型的二分频电路，即当 X0 输入频率为 f 的连续脉冲时，则 Y0 输出频率为 $f/2$ 的连续脉冲。

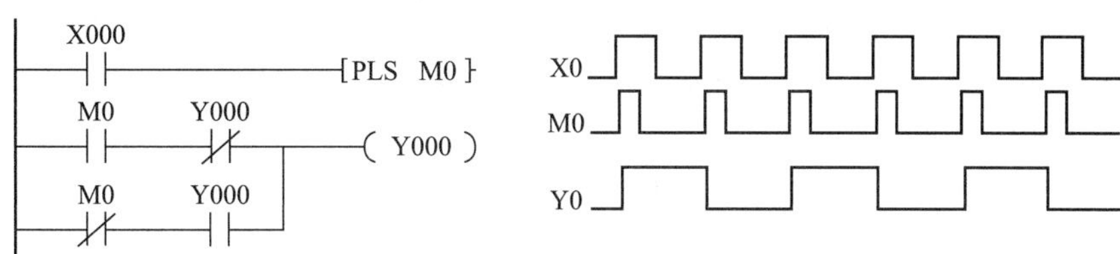

图 14—30 二分频电路

其工作原理如下：该梯形图由两个梯级组成，在第一梯级里，M0 在 X0 输入的每一个脉冲的上升沿处产生一个扫描周期的窄脉冲；在第二梯级里，Y0 可以看成是受两个分支并联驱动的输出。

初始状态 M0 和 Y0 均为 0（低电位），在 X0 第一个脉冲到来时，M0 在第一个扫描周期里为 1，它的常开触点闭合；此时第二梯级的第一分支为通路，对 Y0 置 1，第一次扫描结束后，M0 变为 0。由于此时 Y0 为 1，第二梯级第二分支变为通路，使 Y0 保持为 1，当 X0 来第二个脉冲时，M0 在第一个扫描周期里仍为 1，它的常开触点闭合、常闭触点断开，使第二梯级第二分支断开，将 Y0 由 1 变为 0；同样在第一个扫描周期结束后，M0 又变为 0，由于此时 Y0 也为 0，故第二梯级两个分支都断开，使 Y0 保持为 0。当 X0 来第三个脉冲时，Y0 的状态变化将重复上面的过程。通过上述分析可知，X0 每来两个脉冲，Y0 输出一个脉冲，实现了二分频的功能。

综上所述，二分频电路是由两个梯级组成的，第一梯级是微分脉冲电路，X0 每来一个脉冲，M0 产生一个扫描周期的微分脉冲。第二梯级是一个异或逻辑电路，$Y0=M0\,\overline{Y0}+\overline{M0}\,Y0=M0\oplus Y0$。

三、基本指令的编程实例

1. 电动机正、反转控制电路

设计一个异步电动机正、反转控制电路。SB1 为正转启动按钮，SB2 为反转启动按钮，SB3 为停转按钮；KM1 为电动机正转接触器，KM2 为电动机反转接触器，设备端口具体编号见表 14—2。电动机在运转时，为了消除接触器断开时触点间的电弧，允许按动反向按钮；在电动机换向时，当一个方向的接触器断开后，必须延时 10 s，另一方向的接触器方能接通。

表 14—2 设备端口明细表

输入设备	端口编号	输出设备	端口编号
正转启动按钮 SB1	X0	电动机正转接触器 KM1	Y0
反转启动按钮 SB2	X1	电动机反转接触器 KM2	Y1
停转按钮 SB3	X2	正转指示灯	Y4
—	—	反转指示灯	Y5

（1）先确定 PLC 输入/输出端口配置，并画出 PLC 接线原理，如图 14—31 所示。

（2）控制分析

1）为防止正、反转控制电路同时接通的现象出现，在电路设计上必须考虑互锁条件，即在正转启动按钮合上时，必须断开反转控制电路；在反转启动按钮合上时，又必须断开正转控制电路。因此，在正转按钮 X0 驱动控制电路中串联反转按钮 X1 的常闭触点，而在反转按钮 X1 驱动控制电路中串联正转按钮 X0 的常闭触点，从而达到了互锁的目的。

2）如何实现电动机换向时，反转接触器需延时 10 s 才接通的控制要求。对此采用在一个方向驱动输出的控制线路上，加上另一方向延时 10 s 后的停止结束信号来实现该控制要求。例如，正向驱动输出 Y0 是受正转信号 M0 和反转停止结束信号 M3 串联后进行控制的（见图 14—32 梯形图中的程序①）。

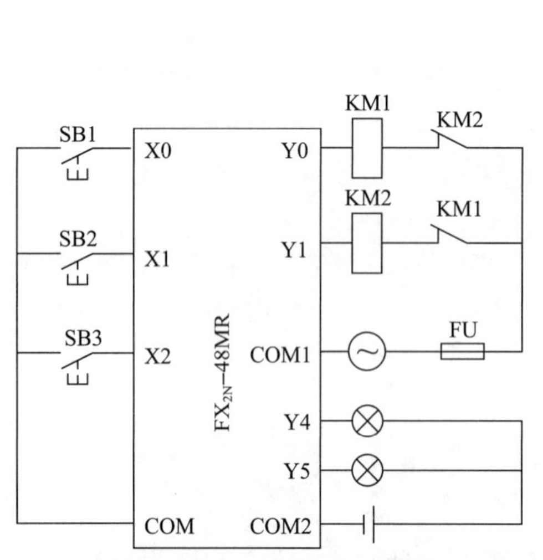

图 14—31　电动机正、反转控制电路的原理图

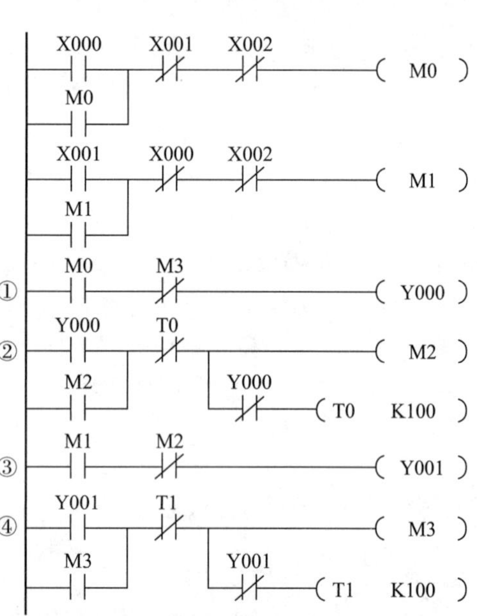

图 14—32　电动机正、反转控制电路的梯形图

为此在每一个方向的驱动输出电路后面增加 1 个停转延时电路，如正转输出电路①后，增加了正向停转延时电路②；反转输出电路③后，增加了反向停转延时电路④。例如，电动机原来在反转状态，则 Y1＝1，由程序④可知，M3 也为 1。当按了正转启动按钮 X0 后，正转信号 M0＝1，反转信号 M1＝0，反转驱动输出 Y1 变为 0，电动机反向停转。此时正向驱动输出电路①中，由于 M0＝1，M3＝1，电路不通，故没有输出，Y0 仍为 0。同时反向停转延时电路④中的定时器 T1 开始延时，当 10 s 时间到，T1 发出信号，使 M3 变为 0，于是正转驱动输出电路①全部接通，Y0 置成 1，电动机开始正转。

3）电动机正、反转控制电路的梯形图如图 14—32 所示。此梯形图的程序既能满足换向时延时 10 s 的功能，又能达到在电动机停转状态下能立即启动的要求。

2. 设计 *n* 分频电路

n 分频电路是指当输入频率为 *f* 的连续脉冲时，输出的是频率为 *f*/*n* 的连续脉冲，也就是说当输入 *n* 个脉冲时，对应输出为 1 个脉冲。

设计此电路，先来分析 *n*=3，即 3 分频电路的特点，X0 输入 3 个脉冲时，对应 Y0 输出 1 个脉冲。其工作原理的波形如图 14—33 所示。

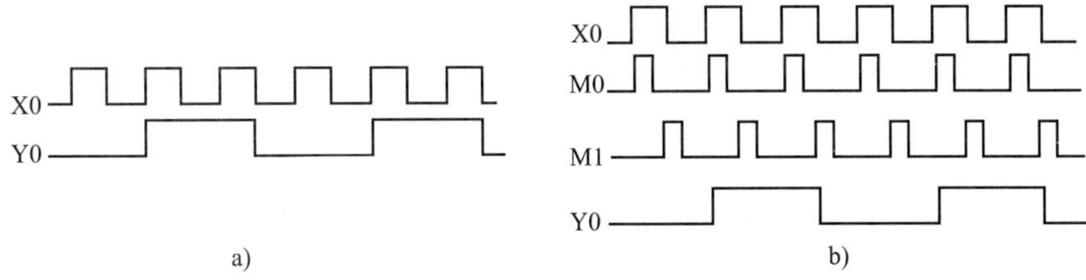

图 14—33　分频电路原理波形图

a）1 个半微分脉冲　b）3 个微分脉冲

从图 14—33a 所示的波形图可以看出，X0 输入 1 个半脉冲时，Y0 由 0 变为 1；X0 再输入 1 个半脉冲时，Y0 再由 1 变为 0，如此不断重复。因此，需要测定1 个半脉冲。仔细观察，发现将 X0 输入脉冲的上升沿及下降沿用指令使其各产生 1 个微分脉冲，再把这些微分脉冲累加起来，这样 Y0 的变化规律就变为对 X0 累计 3 个微分脉冲 Y0 的状态就改变一次，如图 14—33b 所示。这样便解决了半个脉冲的测定问题，按照上述分析可以很方便地画出其梯形图，如图 14—34 所示。推理可得，只需将计数器的设定值改为 *n*，就可得到典型的 *n* 分频电路。

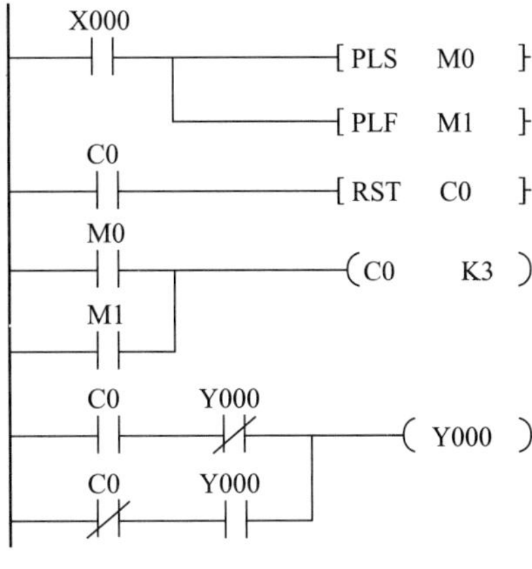

图 14—34　三分频电路的梯形图

3. 用定时器时序脉冲来编制顺控程序

【例 14—3】两台电动机相互协调运转，其运转动作的时序图如图 14—35 所示，按下启动按钮 SB1，电动机 M1 运转 20 s 后，停歇 20 s 再运转；M2 在 M1 运转10 s后，开始运转，也是转 20 s，停歇20 s，如此不断循环。直到按下停转按钮 SB2，两台电动机同时停转。用 PLC 编制控制程序。

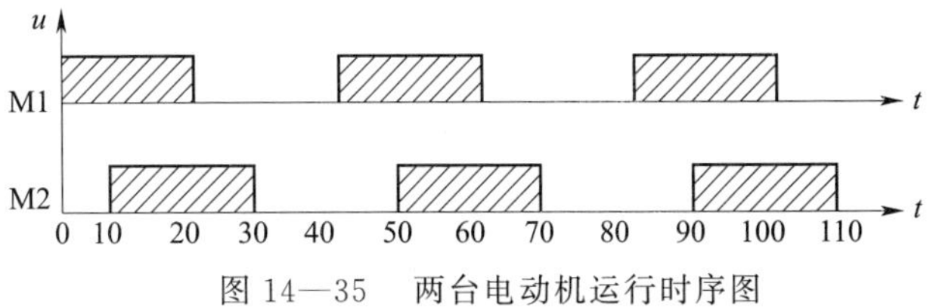

图 14—35　两台电动机运行时序图

（1）输入/输出端口配置见表 14—3。

表 14—3 输入/输出端口配置

输入设备	端口编号	输出设备	端口编号
启动按钮 SB1	X0	电动机 M1 接触器 KM1	Y0
停止按钮 SB2	X1	电动机 M2 接触器 KM2	Y1

（2）控制分析

1）这两台电动机的运行规律是以 40 s 为一个循环，每个循环由 4 个节拍组成，每个节拍为 10 s，两台电动机的运行属于以时间为转换条件的顺序控制形式。

2）4 个节拍的运行状态为：第一节拍电动机 M1 运转；第二节拍电动机 M1 和 M2 同时运转；第三节拍电动机 M2 运转；第四节拍电动机 M1 和 M2 均停转。因而电动机的运转信号可以通过节拍的逻辑组合获得，组合如下。

电动机 M1 运转信号＝第一节拍＋第二节拍

电动机 M2 运转信号＝第二节拍＋第三节拍

3）对此采用 4 个定时器 T0～T3，组成具有 4 个节拍连续运行的时序脉冲，再按题意组成电动机 M1 和 M2 的驱动信号，如图 14—36a 所示。

（3）按时序脉冲要求编制梯形图，如图 14—36b 所示。

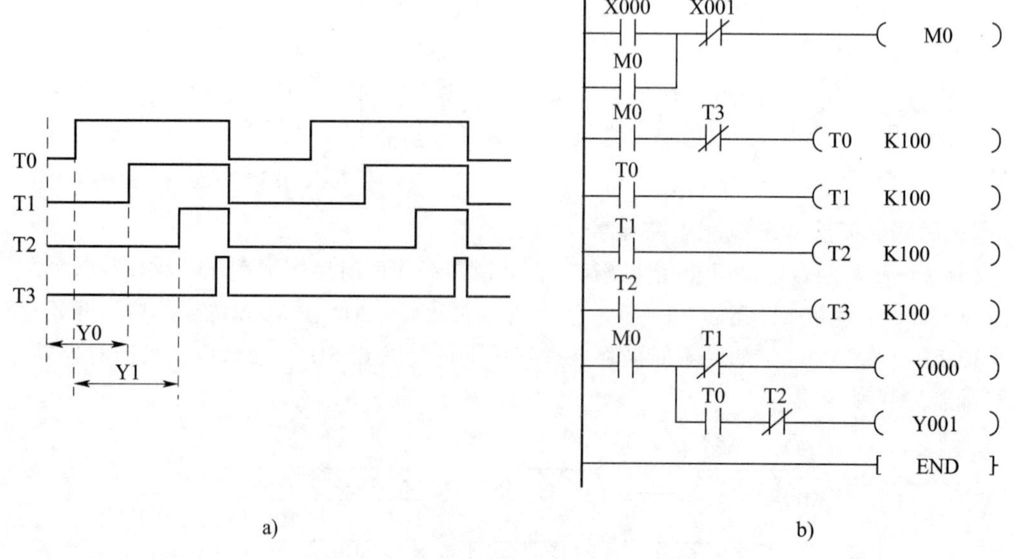

图 14—36 两台电动机运行驱动信号及梯形图

a）驱动信号波形 b）梯形图

4. 用振荡电路控制间歇喷油装置

【例 14—4】 机床的间歇喷油装置，当机床电源合上后，润滑泵按每次喷油 2 s、间歇 30 s 的方式喷油润滑 3 次，然后停 10 min 再喷油 3 次，如此循环，直到机床电源断开为止。试用 PLC 程序来控制喷油润滑动作。

（1）输入/输出端口配置见表 14—4。

表 14—4　输入/输出端口配置

输入设备	端口编号	输出设备	端口编号
机床电源启动按钮	X0	润滑泵接触器 KM	Y0
机床电源停止按钮	X1	—	—

（2）控制分析

1）喷油 2 s，中间停歇 30 s，可以用振荡电路来实现，由 T0 和 T1 两个定时器组成振荡电路，T0 延时 2 s 作为喷油时间，用 T0＝0 作为 Y0 的控制条件，T1 延时 30 s 作为停歇时间。

连续喷油 3 次，则用计数器 C0 来计数，当 3 次没有计满时 C0＝0，振荡器继续工作；3 次计满 C0＝1 时，振荡器停止工作。所以，可用 C0（即 C0＝0）来控制振荡电路的工作。

2）喷油 3 次后要间隔 10 min，由于 C0 计数是由中间停歇 30 s 后的 T1 信号作为计数脉冲的，所以当 C0＝1 时只需再停歇 9 min 30 s 就可以了。用 T2 实现延时 9 min 30 s 的功能，时间一到 T2 对 C0 复位，再进入 3 次喷油过程，如此不断循环。

3）Y0 是在机床电源合上（M0＝1）、3 次喷油没有结束（C0＝0）的条件下，在 T0 延时的 2 s 内（T0＝0）发出信号，喷油泵工作。

4）整个喷油循环均在启动保持信号 M0 为 1 的条件下实现的，当按下机床电源断开按钮后，M0 变为 0，整个喷油动作也就停止。

（3）根据上述分析，画出梯形图，如图 14—37 所示。

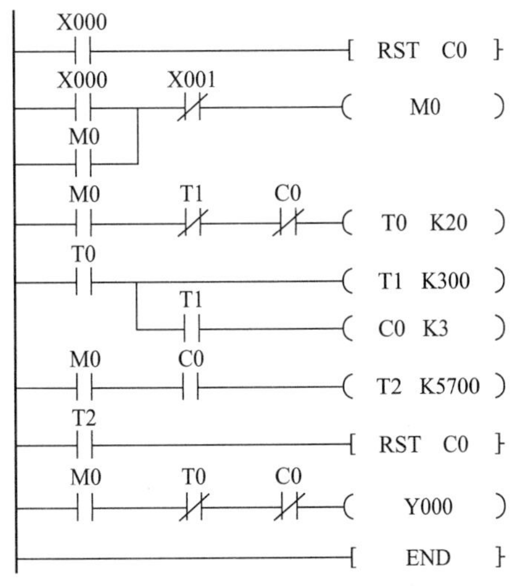

图 14—37　间歇喷油控制程序

思 考 题

1. 用一个按钮来控制一盏灯的亮和熄，按一下按钮灯亮，再按一下按钮灯熄，如此反复。试用 PLC 编制该程序。

2. 洗手间水龙头用光电开关控制，当有手伸入挡住光电开关时，水龙头自动打开，放水 10 s 后自动关闭。试用 PLC 编制该程序。

3. 电路设计，X0 合上后，Y0 输出周期为 3 s、占空比为 1/3 的连续脉冲，而 Y1 是 Y0 的二分频脉冲。画出用 PLC 设计的梯形图，并计算 Y1 脉冲的占空比。

4. 设计一个 X0 上升沿的单稳态电路，暂态时间为 5 s，由 Y0 输出。设计一个 X0 下降沿的单稳态电路，暂态时间为 6 s，由 Y1 输出。

5. 某梯形图如图 14—38 所示，用 MPS，MRD，MPP 指令写出该梯形图的指令语句表。

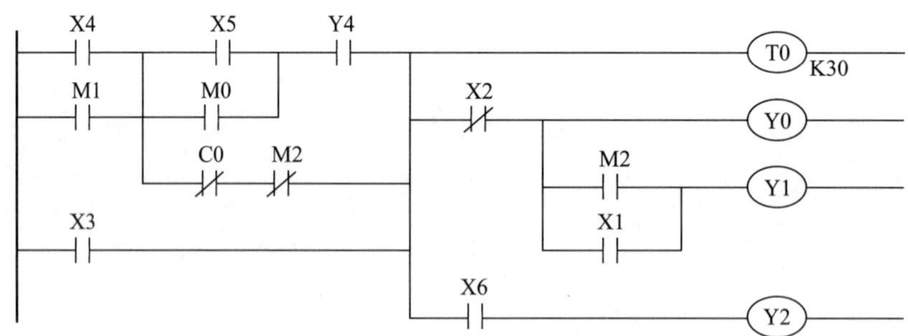

图 14—38　思考题 5 的梯形图

6. 某梯形图如图 14—39 所示，画成用 MC 和 MCR 指令的梯形图。

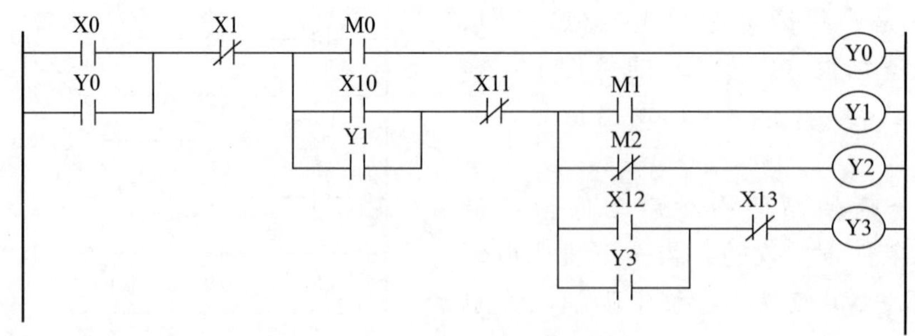

图 14—39　思考题 6 的梯形图

7. 输入继电器 X0～X11 分别表示十进制数 0～9 的按键，试用 PLC 编制程序。要求当按任一数字键时则转换成 BCD 码，将由 Y0～Y3 输出继电器的状态显示出来。

8. 某梯形图如图 14—40 所示，画出 Y0，Y1，Y2 的波形。

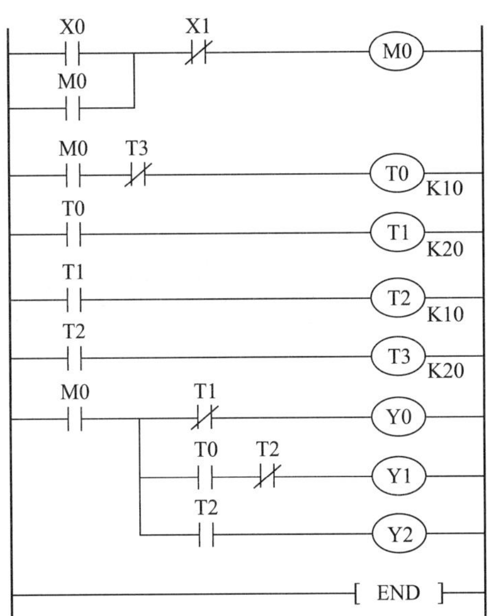

图 14—40　思考题 8 的梯形图

第 15 章

顺序控制程序的编制

将顺序控制过程按动作的变化分解成若干个状态，并找出各状态之间的转换条件，是编制顺序控制程序的关键。本章介绍了用各种方法编制顺序控制程序的要点，重点介绍了用 FX_{2N}系列 PLC 中步进指令 STL 来编制顺序控制程序的过程。

第 1 节　顺序控制程序的特点及编制方法

一、顺序控制程序的特点

1. 顺序控制

机械生产控制绝大多数属于顺序控制的形式。所谓顺序控制就是各个执行机构在生产过程中按照生产工艺预先规定的顺序，在各输入信号的作用下，根据内部状态和时间的顺序，自动有秩序地进行操作。

首先通过一辆运料小车自动装卸料的过程来分析顺序控制的特点，如图 15—1 所示。

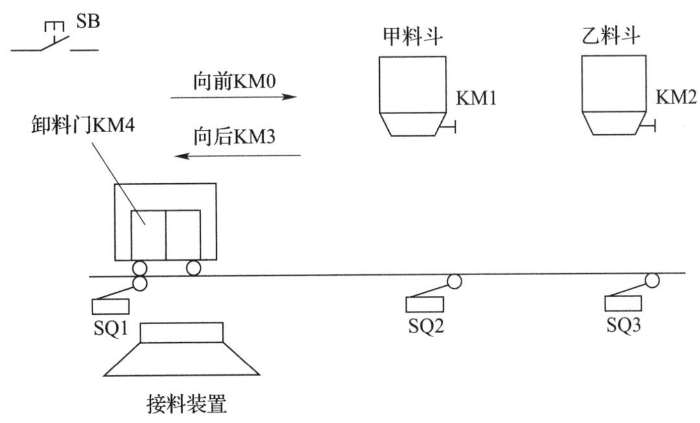

图 15—1　运料小车自动装卸料示意图

（1）运料的过程。运料小车在运动前处于原点位置，即限位开关 SQ1 压合，同时卸料门关闭，这两个条件是小车自动装卸料的初始条件。

在这两个条件满足时，按一下启动按钮 SB，则小车向前运动的电磁阀 KM0 吸合，小车前进，当碰到限位开关 SQ2 时 KM0 释放，小车停止。此时电磁阀 KM1 吸合，甲料斗向小车装料，时间为 3 s，时间到 KM1 释放；装料结束同时电磁阀 KM0 再次吸合，小车继续向前。当碰到限位开关 SQ3 时，电磁阀 KM0 释放，小车停止。此时电磁阀 KM2 吸合，乙料斗向小车装料，装料时间为 4 s，时间到 KM2 释放；小车向后运动（即电磁阀 KM3 吸合）直至到达原点（SQ1 压合），此时电磁阀 KM3 释放，小车停止，而电磁阀 KM4 吸合，卸料门打开，5 s 卸完，小车停止运作，完成一次装卸料循环。小车自动装卸料过程可以画成下面的工艺流程图，如图 15—2 所示。

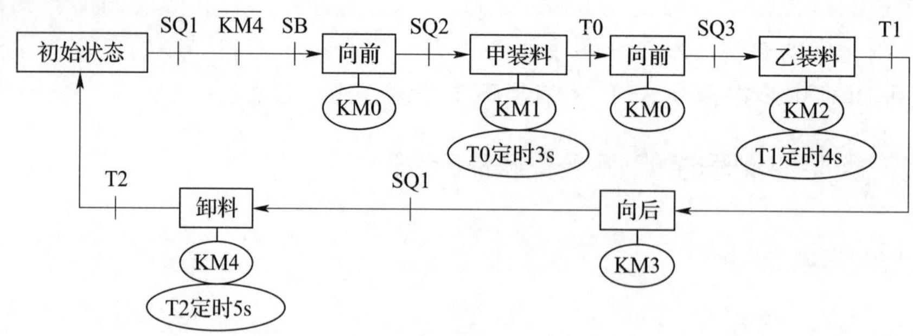

图 15—2　运料小车自动装卸料工艺流程图

（2）顺序控制运料的特点。从运料小车自动装卸料的过程，可以看到顺序控制具有以下 3 个特点。

1）将小车的每个动作看成一个工步，则顺序控制可看成是由一个一个工步组成的，且在任意时刻只有一个工步在工作。

2）每个工步都有一个结束信号（限位开关信号或定时器信号），同时此信号是下一个工步的开始信号，此信号称为工步间的转换条件。

3）工步是按规定的顺序执行的，整个工艺流程是固定不变的。

为了给运料小车自动装卸料编制控制程序，用编程元件（辅助继电器 M 或状态元件 S）来表示工步，用输入/输出端口编号来代表按钮、限位开关及电磁阀，则图 15—2 所示的工艺流程可以画成顺序功能图（SFC），如图 15—3 所示。其输入/输出端口配置见表 15—1。

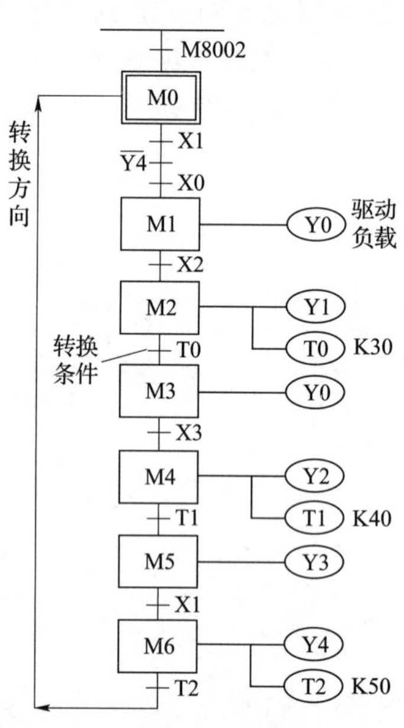

图 15—3　运料小车自动装卸料顺序功能图

从顺序功能图中可以看出，顺序控制是由工步、驱动负载、转换条件及转换方向 4 部分组成的。

表 15—1　　运料小车自动装卸料的输入/输出端口配置

输入设备	输入端口编号	输出设备	输出端口编号
启动按钮 SB	X0	电磁阀 KM0	Y0
限位开关 SQ1	X1	电磁阀 KM1	Y1
限位开关 SQ2	X2	电磁阀 KM2	Y2
限位开关 SQ3	X3	电磁阀 KM3	Y3
—	—	电磁阀 KM4	Y4

2. 顺序控制的 4 要素

（1）工步。在分析每个工艺流程时划分工步是很重要的步骤，划分工步的基本思路是将工艺流程的一个工作循环，划分为若干个顺序相连的阶段，每个阶段为一个工步。工步一般是按驱动负载输出量状态的变化来划分的，最简单的方法是将一个动作作为一个工步。例如，运料小车自动装卸料的一个循环中按顺序驱动负载，可划分为向前、甲装料、向前、乙装料、向后、卸料六个工步。也可以将几个相连的动作放在一个工步里。但如果在一个工步里驱动几个负载，即有几个输出量，它们应该只具有简单的逻辑关系，否则会增加这些动作之间编程的难度。

第一个工步称为初始步。在编制顺序控制程序时都有一个初始步，它是与系统的初始状态对应的等待启动的工步，用双线方框表示。

系统中正在工作的工步称为激活步，其他的工步称为静止步。只有工步处于激活状态时，相应的动作才被驱动。

（2）驱动负载。每个工步所驱动的负载实际上就是该工步所要执行的动作，以及为描述动作而设定的时间（T）或次数（C）。例如，甲料斗对小车装料 3 s，所要执行的动作即在 M2 工步中，在驱动 Y1 的同时用定时器 T0 对装料动作计时 3 s，到 3 s 就转换到工步 M3。

动作有两种，一种只出现在单个工步中，另一种在连续的几个工步中均出现。对于在连续的几个工步中均出现的动作可用置位 SET 和复位 RST 来表示。例如，连续的若干步 Y0 都应为 ON，在 Y0 开始为 ON 的第一个工步内，用 SET 指令对 Y0 置位，在 Y0 为ON 的最后一步的下一个工步内，用 RST 指令对 Y0 复位，这样可以简化程序。

（3）转换条件和转换方向。在小车运料顺序功能图中，一个在执行动作的工步（激活步），当它满足下一个工步的转换条件时，就立即激活下一个工步，而自己恢复成静止步。例如，M0 已成为激活步，这时驱动 Y0（Y0 为 ON），小车向前运行。当碰到限位开关 SQ2，即 X2 为 ON 时立即激活 M2，而 M1 变为静止步失去驱动能力，Y0 变为 OFF，小车停止，这时 M2 变为激活步，执行甲料斗向小车装料动作。

一个工步必须在它的上一个工步已处于激活状态，同时转换条件成立的情况下才会被激活。

从小车运料顺序功能图中还可以看出，各个工步是按照规定的顺序依次被激活的，这说明转换是有方向的，工步之间的连线实际上是带有箭头的有向连线。在功能图中，从上到下转换线上的箭头可以省略。在画功能图时，有时有向连线必须中断（如在功能图中，发生有向连线过长的情况时），则在有向连线中断之处标明下一步的标号。

3. 顺序控制编程的基本规则

（1）每个顺序功能图都必须编制一个初始步。初始步是一个等待启动的工步，当系统的初始条件满足时，按一下启动按钮，整个工艺流程就能按规定顺序开始工作。同时当一个工艺流程的全部操作结束而需要停止（如单周期工作）时，只要在最后一步返回到初始步，停留在初始状态就可以实现。所以，初始步虽然一般都不驱动负载，但不能遗漏。

初始步一般在 PLC 进入 RUN 工作状态时用初始化脉冲 M8002 将其激活。如果系统有手动、自动两种工作方式，而顺序功能图只用于自动工作时，当系统由手动工作方式进入自动工作方式时，应用一个适当的信号将初始步激活。

（2）后一个工步被激活的条件首先是前一个工步是激活步，同时相应的转换条件满足，这样后一个工步才被激活成为激活步。而一旦后一个工步变为激活步，则必须将前一个工步复位使其变为静止步。

在编程时用编程元件（如 M 或 S）来代表工步。例如，小车运料顺序功能图上的 M0，M1 等。当某工步为激活步时，该工步对应的元件为 ON，而该工步之后的转换条件满足，则表示转换条件的触点（或电路）接通，这样就可以用该工步编程元件的常开触点与转换条件的常开触点串联起来，作为激活下一个工步的总条件。例如，小车 M1 已被激活，即 M1 为 ON，当转换条件 X2 为 ON 时，则可以用逻辑与表达式 M1 · X2 作为激活 M2 的条件，使 M2 为 ON。

当后一个工步被激活时，同时必须将前一个工步复位，所以当 M2 为 ON 时，必须利用该条件使 M1 变为 OFF，即使 M1 成为静止步。

这是编制顺序控制程序必须遵循的规则。

4. 编制顺序控制程序的注意事项

（1）在一个控制系统中，代表工步的编程元件的编号不能重复使用。

（2）在相邻工步中，不能使用同一编号的定时器和计数器。

（3）在编制连续循环工作方式时，应将工艺流程的最后一步返回到下一个工作周期开始运行的第一步；在编制单周期工作方式时，应将最后一步返回到初始步。

二、用启停保电路的编程方法

小车运料顺序相连的 3 个工步组成启停保电路，如图 15—4 所示。

若 M1 工步为激活步，即 M1 为 ON，该步之后的转换条件 X2 满足时，X2 的常开触点闭合，则可以用 M1 和 X2 的常开触点组成的串联电路作为激活 M2 的条件，使 M2 变为 ON，同时使 M1 变为 OFF（图 15—4 中没有画出）。由于 M2 为 ON 后，在一个扫描周期内 M1 变为 OFF，即转换的串联电路接通时间只有一个扫描周期，M2 步被激活到下一个转换条件 T0 满足，有一个时间过程，在这个过程中 M2 的信号要保持，而启停保电路能起到信号记忆的功能。当 M2 和 T0（定时器 T0 的常开触

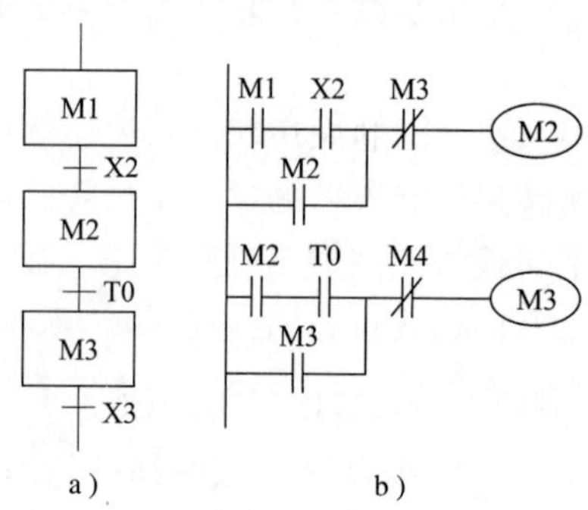

图 15—4 启停保电路

a）顺序功能图 b）梯形图

点）都为 ON 时，M3 步被激活使 M3 为 ON，同时 M2 应被复位，成为静止步，可以利用M3作为 M2 复位的条件，即将后续步 M3 的常闭触点与 M2 的线圈串联，作为启停保电路的停止电路。

从上述分析可以看出，用启停保电路来编制顺序控制程序的关键是找出它的转换激活条件和复位停止条件。

根据上述编程方法，可画出小车运料自动装卸料的梯形图，如图 15—5 所示。

初始步 M0 的激活条件除了 M8002 初始脉冲外，还有一个条件是最后工步 M6 完成后对它的激活。

对于某一个输出量，如果只在一个工步中工作，如图 15—5 中 Y1，Y2，Y3，T0，T1，T2 等，可以将它们的线圈分别与对应工步的辅助继电线圈并联。

对于某一个输出量，若在两个以上工步内工作，应将有关工步的辅助继电器常开触点并联后，再驱动该输出量的线圈；否则会出现双线圈现象。例如，图 15—5 中的 Y0 在 M1 和 M3 工步中都被驱动，则将 M1 和 M3 的常开触点并联后来驱动 Y0。

三、以转换为中心的编程方法

以转换为中心来编制顺序控制程序与用启停保电路编制顺序控制程序的思路不一样，但编程规则还是一样的。按照编程规则，某一激活步（如图 15—4a 中 M1 为 ON)，当其后的转换条件满足（即图 15—4a 中对应于 M1 的 X2 为 ON）时，应执行两个操作，即用置位指令 SET 激活下一个工步（用指令 SET M2 激活工步 M2)，用复位指令 RST 使本身工步复位变为静止步（用指令 RST M1 使 M1 为 OFF)。按以转换为中心的编程方法编制的小车自动装卸料的梯形图如图 15—6 所示。

这种编制方法首先将整个工艺流程中各个工步之间的顺序关系反映出来，看起来更为直观明了。使用这种编程方法时，不能将输出继电器的线圈与 SET 和 RST 指令并联，由于激活步和对应转换条件的串联电路接通的时间相当短，只有一个扫描周期，而输出继电器的线圈至少应该在某一对应步的全部时间内接通，所以应根据功能图，用代表步的辅助继电器 M 的常开触点或它们的并联电路来驱动输出继电器的线圈。

四、用步进指令 STL 的编程方法

1. 用步进指令 STL 编程

步进指令 STL 是三菱电机公司用于设计顺序控制程序的专用指令，指令易于理解，使用方便。对于使用三菱 PLC 的工程人员，应首选 STL 指令来设计顺序控制程序。用步进指令来编制顺序控制程序时，用状态元件 S 来表示每一步，此时顺序功能图即变成一种步进指令专用的特殊形式，称为状态转移图。先要画出状态转移图，再根据状态转移图画出步进梯形图或写出指令语句表，如图 15—7 所示。

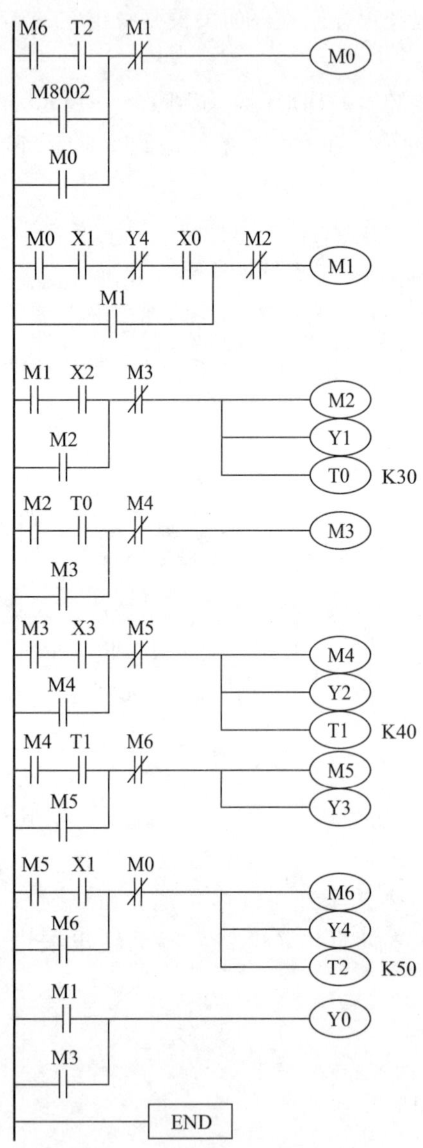

图 15—5 小车自动装卸料的启停保电路梯形图

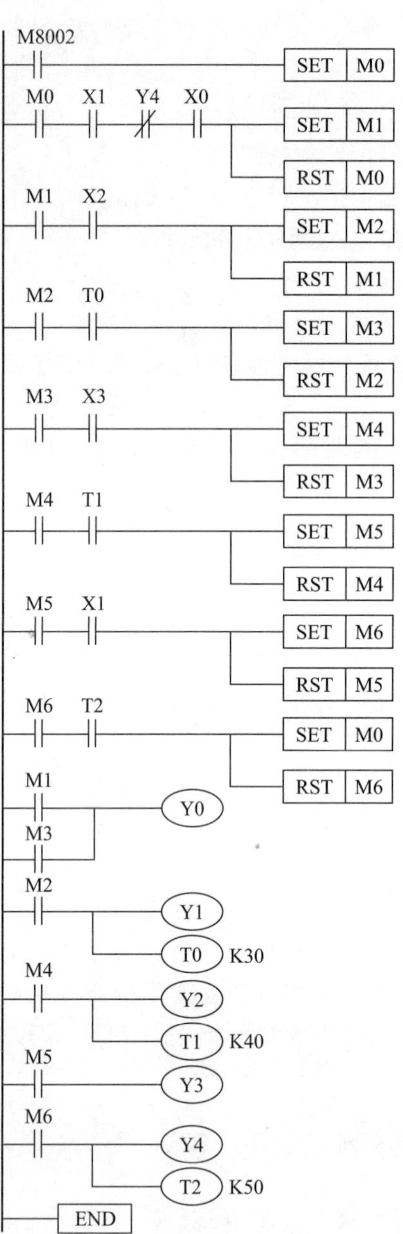

图 15—6 以转换为中心的梯形图

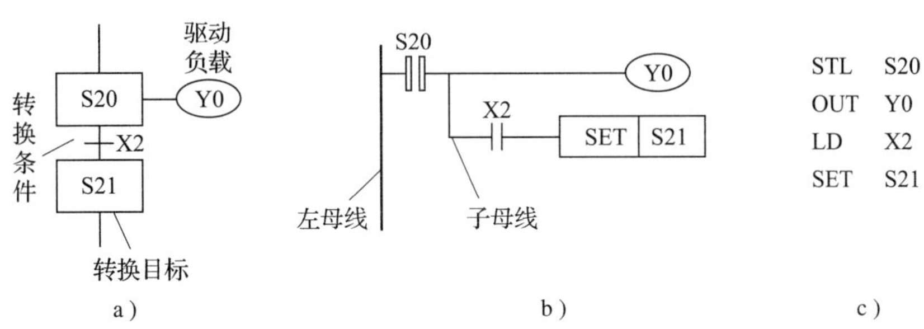

图 15—7　步进指令 STL 的状态转移图、梯形图及指令语句表

a）状态转移图　b）梯形图　c）指令语句表

状态转移图就是用带编号的状态元件 S 代表工艺流程图中的工步，用输入/输出端口编号来代替工艺流程图中的驱动负载和转换信号。

状态元件 S 与步进指令 STL 一起使用，S0～S9 用于初始步，S10～S19 用于自动返回原点，实际控制的工作步从 S20 开始。步进指令 STL 只与状态元件 S 结合使用。该指令在梯形图上称为步进触点，用状态元件 S 的空心常开触点来表示，例如 S20 ─┤├─，也可以用图形符号 S20 ─┤STL├─ 表示，在状态转移图上用带方框的 S 元件来表示。

在步进梯形图上，步进触点直接与左母线相连，它相当于将左母线右移成子母线，接着可以在子母线上直接连接驱动线圈或通过触点驱动线圈，连接在子母线上的触点使用 LD 和 LDI 指令。若要返回原来的左母线时，使用 RET（返回）指令。在以 STL 指令为主体的程序结束时，必须要写入 RET 指令，将子母线返回到左母线。

STL 触点驱动的电路具有 3 个功能，驱动负载、指定转换条件和指定转换目标，这 3 个功能也符合顺序控制的特点。例如，图 15—7 中当 STL 指令 S20 触点接通（ON）使 S20 状态成为激活步，与此连接的电路就运作输出 Y0 为 ON。当转换条件 X2 为 ON 时，实现转移，即后续步 S21 被 SET 置位，使 STL 指令 S21 触点接通，S21 状态为激活步，同时原激活步 S20 被系统程序自动复位，触点 S20 断开，与此连接的电路停止运行。

步进指令的编程顺序为先进行驱动负载的编制，再进行转移处理；当没有负载的状态时，不必进行负载驱动处理。由于系统程序只对激活的 STL 触点状态进行扫描，而对断开的 STL 触点状态不扫描，因而在不同的状态里出现相同的驱动线圈是允许的。这就使编程者在编程时，只需要考虑一个状态的驱动功能，而不用顾及其他状态。另外，状态的顺序可以自由选择，不一定非按 S 编号的顺序选用，这样使编程更容易；同时编制的程序与实际的工艺流程更相似，便于对程序的阅读和理解。

小车自动装卸料的状态转移图如图 15—8 所示，小车自动装卸料的步进梯形图如图 15—9 所示。

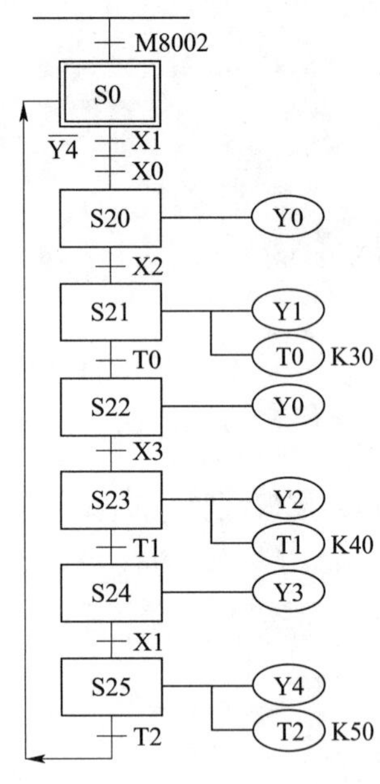

图 15—8　运料小车自动装卸料的状态转移图

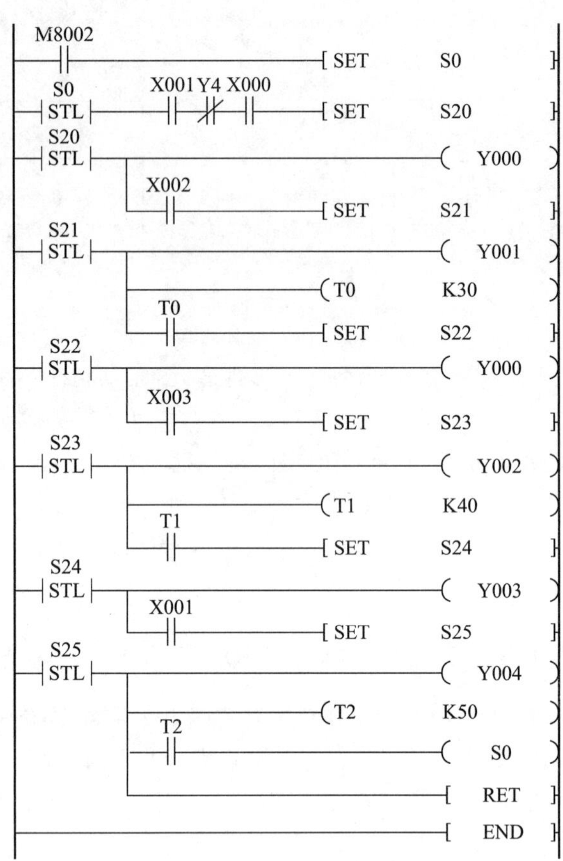

图 15—9　运料小车自动装卸料的步进梯形图

2. 用步进指令 STL 编程的要点及注意事项

（1）状态编程顺序，先进行驱动处理，再进行转移处理，不能颠倒。

（2）在以步进指令 STL 为主体的程序结束时，必须使用步进返回指令 RET 返回左母线。

（3）向分离的状态转移时，应用 OUT 指令进行状态转移。例如，小车运料由 S25 状态完成时，用 OUT S0 指令返回到初始状态。

（4）当同一负载需要连续多个状态驱动时，可以使用重复输出，也可以使用 SET 指令将负载置位，等到负载不需要驱动时用 RST 指令将其复位。

（5）在相邻的状态里不能使用同一编号的定时器或计数器。

（6）在 STL 与 RET 指令之间，不能使用 MC 和 MCR 指令。

（7）同一编号的状态元件在编程时，绝对不能重复使用。

（8）编程时，必须将初始状态编在其他状态之前。初始状态可以由其他元件驱动。但运行开始时，必须用其他方法预先做好驱动，否则状态流程不可能向下进行。一般用初始脉冲 M8002 进行驱动。

第 2 节　FX_{2N}系列 PLC 步进指令 STL 的编程

小车自动装卸料控制是最简单的顺序控制，只有一个流程路径，称为单序列顺序控制。较复杂的顺序控制有两种形式，有多个分支流程按一定条件进行选择的控制形式和多个分支流程同时并行执行的控制形式，分别称为选择序列顺控和并行序列顺控。下面用步进指令 STL 来介绍编程方法，其他编程方法可以仿照编制。

一、选择分支/汇合及其编程

在 FX_{2N} 系列 PLC 编程手册中，选择序列的顺序控制用选择分支/汇合形式来编程。

1. 选择分支/汇合的状态转移图特点

从多个流程顺序中，根据条件只选择 1 个流程执行的程序为选择分支/汇合程序。图 15—10 所示为选择分支/汇合的状态转移图。

（1）该状态转移图有 3 个分支流程顺序。

（2）状态 S20 为分支状态。当 S20 状态激活后，X0，X3，X6 中任一条件满足时，S20 状态就转移到对应的分支流程去执行。如 X0 为 ON 时，则执行 S21 和 S22 分支；X3 为 ON 时，则执行 S31 和 S32 分支；X6 为 ON 时，则执行 S41 和 S42 分支。但在同一时刻，最多只能有一个转移条件满足，也就是说，多个分支的转移条件是互相排斥的，这是必要前提。

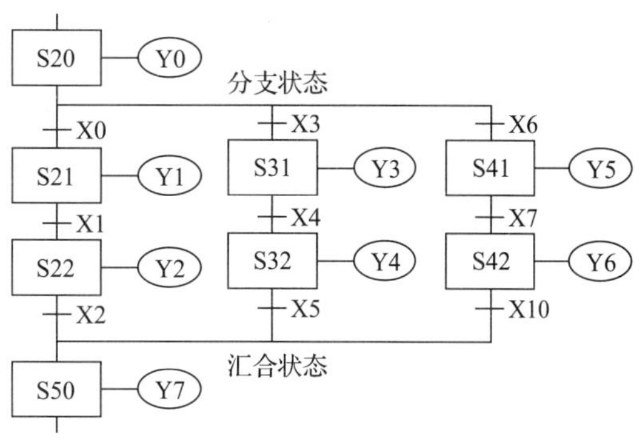

图 15—10　选择分支/汇合的状态转移图

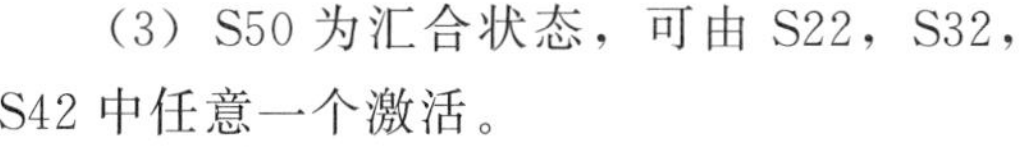
（3）S50 为汇合状态，可由 S22，S32，S42 中任意一个激活。

2. 编程方法

（1）对分支状态 S20 编程。先进行驱动处理，然后进行转移处理。编制转移程序时，必须从左到右依次对每个分支的第一个状态进行转移，不能遗漏。

（2）接着编制多个分支流程的程序。编写分支程序的次序不受约束，但为了便于查找一般按从左到右的顺序编写。

（3）编写汇合状态 S50。每个分支最后都要汇合到 S50 状态，每个分支转移到 S50 的程序都可以编在每个分支的最后，但按规则要求应将多个分支的汇合转移编写在一起。其控制指令语句表如图 15—11 所示。这是为了自动生成 SFC 画面而追加的规则。

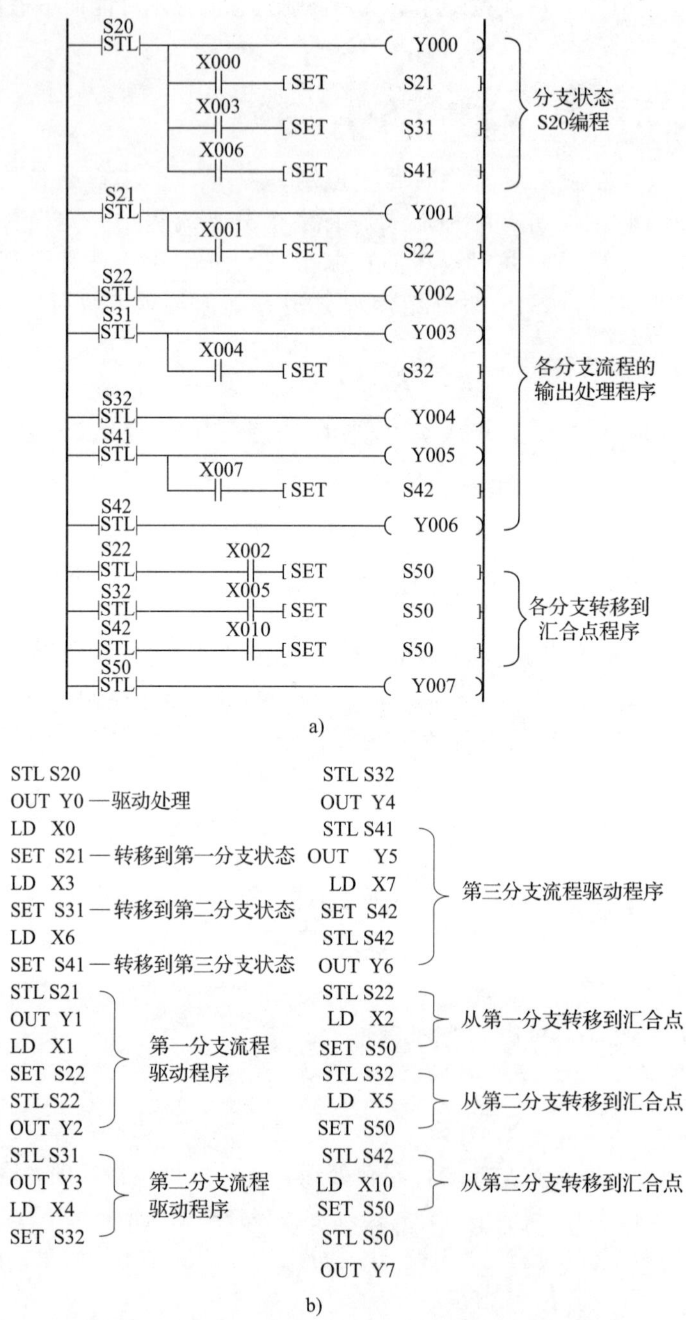

图 15—11　选择分支/汇合的步进梯形图和指令语句表

a）梯形图　b）指令语句表

二、并行分支/汇合及其编程

在 FX_{2N} 系列 PLC 编程手册中，并行序列的顺序控制用并行分支/汇合形式来编程。

1. 并行分支/汇合的状态转移图特点

当分支转移条件满足时，所有分支流程均同时执行的分支流程，称为并行分支/汇合顺序控制。图 15—12 所示为并行分支/汇合的状态转移图。

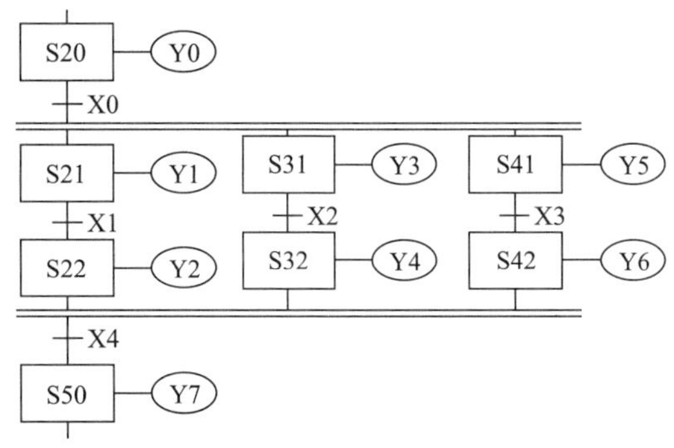

图 15—12　并行分支/汇合的状态转移图

(1) 在并行分支/汇合流程中，所有分支流程都在双划线内，分支转移条件（X0）与汇合转移条件（X4）都在双划线外部。

(2) S20 为分支状态。当 S20 状态为激活状态，同时转移条件 X0 为 ON 时，3 个分支流程的第一个状态 S21，S31，S41 同时被置位激活，3 个分支流程同时开始运行工作。

(3) S50 为汇合状态。当所有分支流程都执行完毕，即每个分支的最后一个状态 S22，S32，S42 都被激活，同时总的汇合转移条件满足（X4 为 ON），汇合状态 S50 才被激活，S22，S32，S42 全部复位为“0”状态。

2. 编程方法

(1) 并行分支状态 S20 的编程是先进行驱动处理，再按分支顺序进行状态转移处理。其步进梯形图及指令语句表如图 15—13 和图 15—14 所示。

(2) 编制各分支流程的驱动程序一般按从左到右的顺序编写。

(3) 编写并行汇合程序。并行分支流程汇合的条件是所有分支流程都执行结束，即各个分支的最后状态 S22，S32，S42 都被激活，而且总的汇合转移条件 X4 为 ON 时，汇合状态 S50 被置位，同时 S22，S32，S42 被复位。从步进梯形图及指令语句表来看，就像所有分支的最后状态 S22，S32，S42 与总汇合转移条件 X4 串联起来去激活 S50。

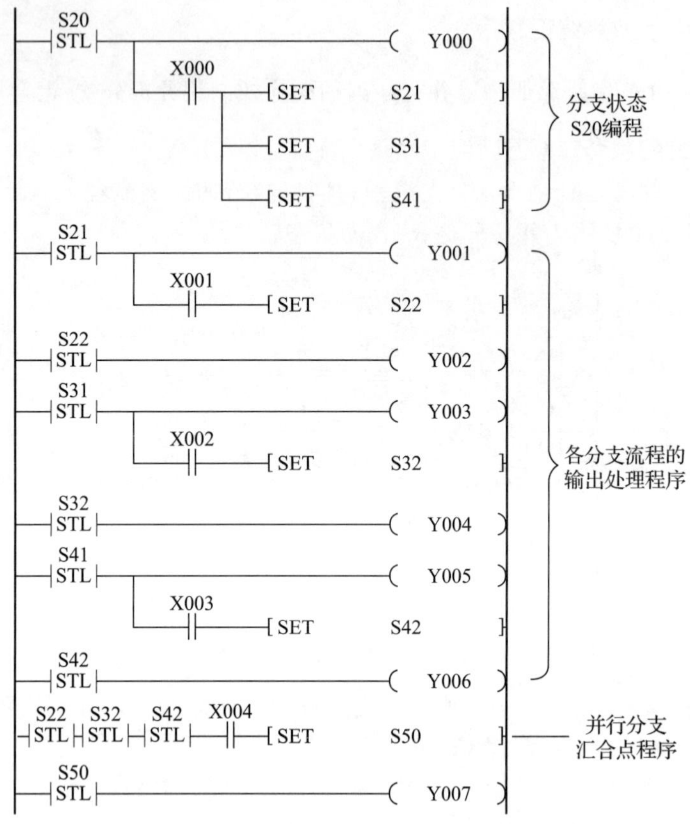

图 15—13　并行分支/汇合步进梯形图

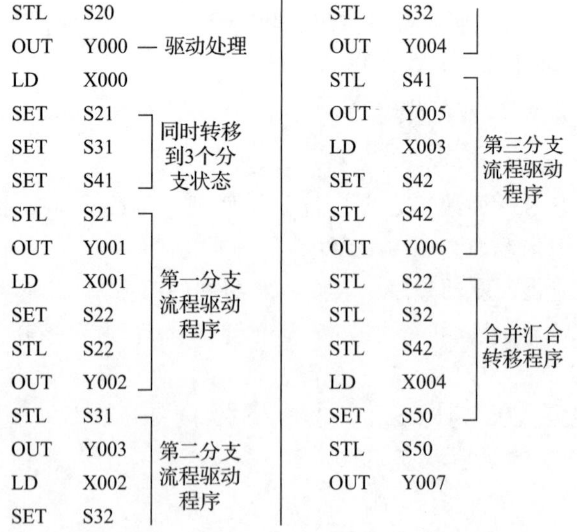

指令	元件	说明
STL	S20	
OUT	Y000	驱动处理
LD	X000	
SET	S21	同时转移到3个分支状态
SET	S31	
SET	S41	
STL	S21	第一分支流程驱动程序
OUT	Y001	
LD	X001	
SET	S22	
STL	S22	
OUT	Y002	
STL	S31	第二分支流程驱动程序
OUT	Y003	
LD	X002	
SET	S32	
STL	S32	
OUT	Y004	
STL	S41	第三分支流程驱动程序
OUT	Y005	
LD	X003	
SET	S42	
STL	S42	
OUT	Y006	
STL	S22	合并汇合转移程序
STL	S32	
STL	S42	
LD	X004	
SET	S50	
STL	S50	
OUT	Y007	

图 15—14　并行分支/汇合步进指令语句表

（4）并行分支、汇合编程应注意的问题

1）并行分支的汇合最多能实现 8 个分支的汇合，如图 15—15 所示。

2）并行分支/汇合的分支转移条件及汇合转移条件必须在双划线外面，双划线内不允许有直接与双划线相连的转移条件，以分支转移条件为例，如图 15—16 所示应改为如图 15—17 所示，方可编程。

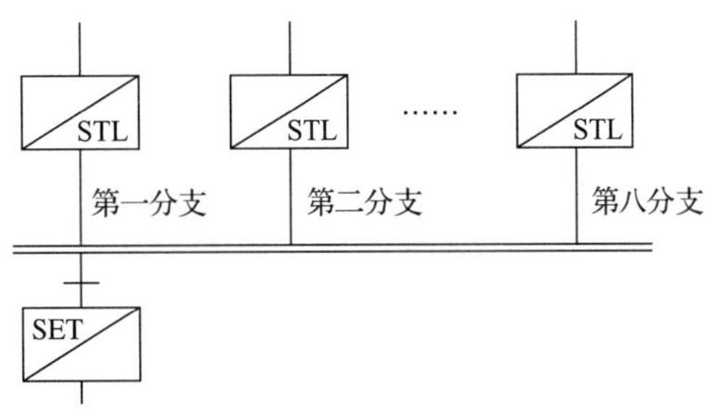

图 15—15　并行分支/汇合编程的分支数

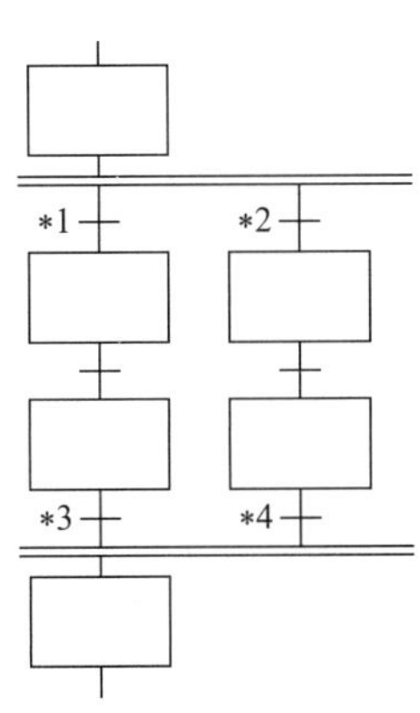

图 15—16　分支转移条件不应在平行线内

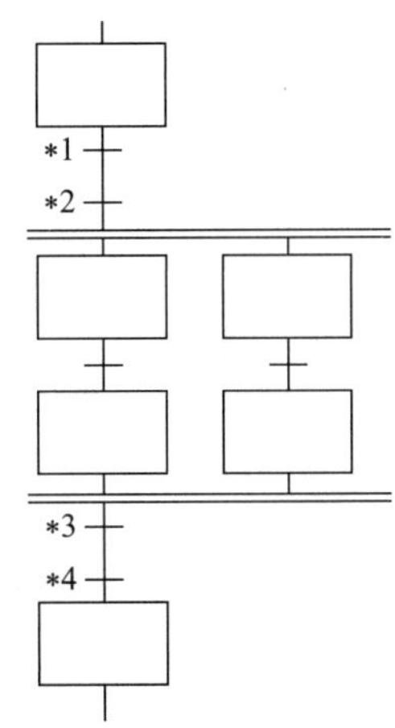

图 15—17　分支转移条件应在平行线外

三、具有多种工作方式系统的编程方法

在实际的生产流程中，要求设置多种工作方式，如手动工作方式和自动工作方式。自动工作方式中又细分为单步、单周期、连续、自动返回初始状态等工作方式。在编写控制程序时，如何将这些工作方式融合在一个程序里，确实有相当的难度，可通过机械手移送工件来说明多种工作方式程序的设计方法。

某机械手将工件从 *A* 点移送到 *B* 点，如图 15—18 所示。机械手在左上角（左限开关 X1 及上限开关 X4 压合）且夹紧装置放松（Y4 为 OFF），称为系统处于原点状态（或称初始状态），此时操作面板上的原点灯亮。机械手移送工件的顺序是首先下行，碰到下限开关 X5 后，将 *A* 处工件夹紧，时间为 1 s；然后上行碰到上限开关 X4 后，右移碰到右限开关 X2 后，再下行碰到下限开关 X5 时放松，将工件放于 *B* 处；1 s 后上行，碰到上限开关 X4，左移碰到左限开关 X1 时完成一个工件的移位操作，称为一个工作周期。控制面板如图 15—19 所示。

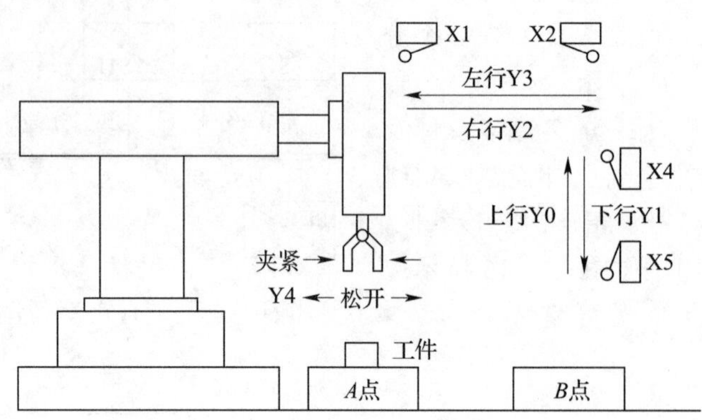

图 15—18　机械手工作示意图

对 PLC 的外部接线图，为了保证在紧急情况下（包括 PLC 发生故障时）能可靠地切断 PLC 负载电源，设置了交流接触器 KM（见图 15—19b）。在 PLC 开始运行时按下“负载电源”按钮，使 KM 线圈得电并自锁，KM 的主触点接通，给外部负载提供交流电源，出现紧急情况时用“紧急停车”按钮断开负载电源。

1. 系统工作方式

系统设有手动、单步、单周期、连续和回原点 5 种工作方式，后 4 种都属于自动方式。

（1）手动。用于检查机械手各个动作是否正常，即通过各自的按钮对各个负载单独接通或断开的工作方式。

（2）自动方式

1）单步。每按一次按钮，完成一个工步的动作。

2）单周期。在初始状态按启动按钮后，自动完成一个工作周期再回原点停止。

3）连续。在初始状态下，按启动按钮后，开始连续不断地循环工作。若中途按停止按钮时，则本次循环结束回原点停止。

4）回原点。当按启动按钮后，机械手自动向原点（机械手压合上限开关及左限开关）回归，同时机械手放松。

这 5 种工作方式不能重叠，因而用选择开关（波段开关）的 5 个位置分别对应这 5 种工作方式。

2. 用跳转指令的编程方法

为了减少程序编制的难度，便于对程序进行阅读和修改，可以将手动程序、回原点程序、自动工作程序分别编制，然后用跳转指令按设定的工作方式来执行相应的程序。其编程方法如图 15—20 所示。

这样编写的程序既简单明了，又可以避免双线圈现象。其中手动程序及回原点程序较简单，一般用逻辑推理来编制；自动程序用步进指令 STL 来编制。

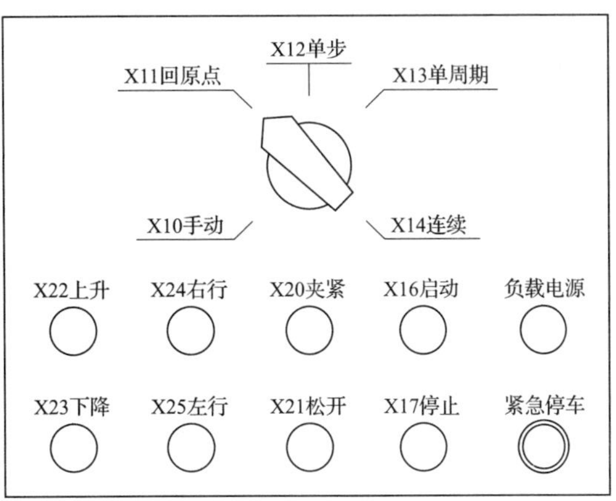

a）

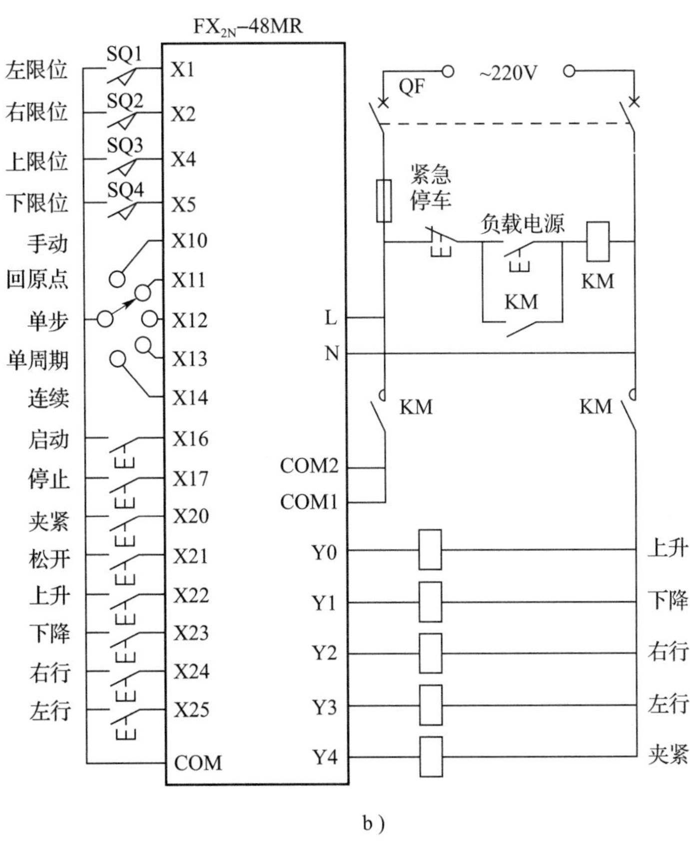

b）

图 15—19　控制面板

a）操作面板　b）外部接线图

(1) 公用程序。公用程序用于手动程序和自动程序互相切换的处理，如图 15—21 所示。公用程序中有“原点条件”符合信号 Y10，通过回原点程序的执行机械手处于左上角，即左限开关 X1 及上限开关 X4 的常开触点闭合。同时夹紧装置松开 Y4 的常闭触点闭合，则送出 Y10 信号，使面板上原点指示灯亮，表示可以进行自动工作方式。

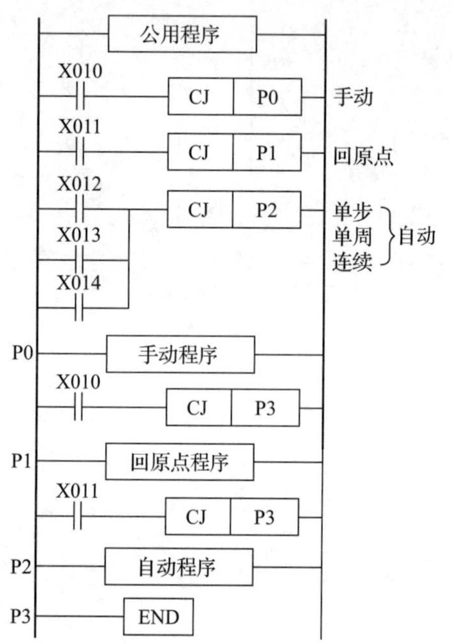

图 15—20　用跳转指令的编程方法

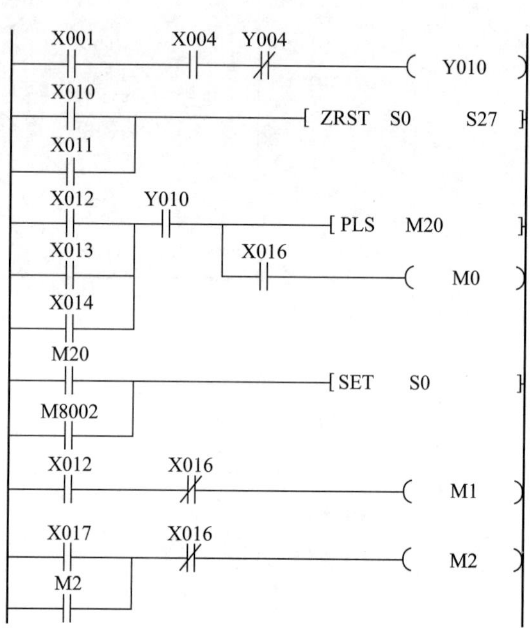

图 15—21　公用程序

系统处于手动工作方式或自动回原点方式时，必须将自动工作方式的所有 S 状态元件复位，这里使用了后面要讲的区域复位功能指令 ZRST。当 X10 或 X11 为 ON 时，执行 ZRST 指令，状态元件从 S0 一直到 S27 全部复位。

由手动方式转换到自动方式及 PLC 执行用户程序（M8002 为 ON）时将初始状态 S0 激活，为自动工作方式做好准备。

M0 是在原点条件满足时自动工作方式的启动信号，M1 是单步工作方式时的启动信号，M2 是停止标记。

(2) 手动程序。图 15—22 所示为手动程序，手动操作时用 X20～X25 对应的 6 个按钮控制机械手的夹紧和松开，及机械手的上升、下降、右行、左行。为了保证机械手的安全运行，在手动程序中设置了一些必要的联锁条件，例如上升与下降之间、左行与右行之间的互锁，以防止功能相反的两个输出继电器同时接通。左、右、上、下的 4 个限位开关 X1，X2，X4 和 X5 的常闭触点分别与控制机械手移动的 Y0～Y3 的线圈串联，以防止机械手运行超限而出事故。用上限开关 X4 为 ON 作为手动左行和右行的条件，禁止机械手在较低的位置水平运动，以避免与地上的东西碰擦。

(3) 回原点程序。图 15—23 所示为自动回原点的梯形图，采用启停保电路来设计，在回原点工作方式下（X11 为 ON）按下启动按钮 X16，M10 为 ON，机械手上升，升到上限开关时 X4 变为 ON，机械手左行，左行到左限开关时，X1 变为 ON，Y4 复位，夹紧装置复位。由公用程序可知，此时原点条件满足，原位指示灯亮。

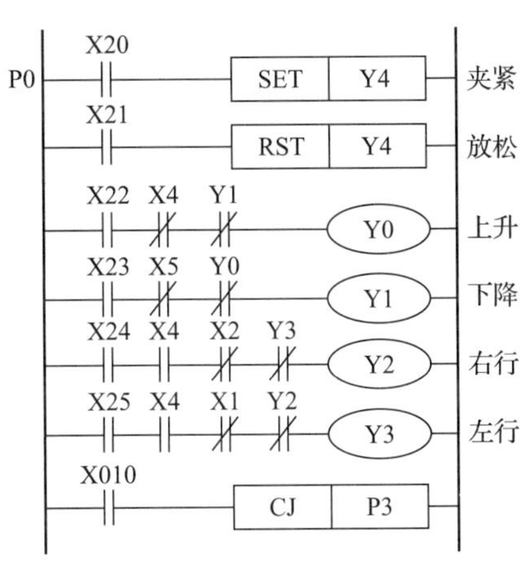

图 15—22　手动程序

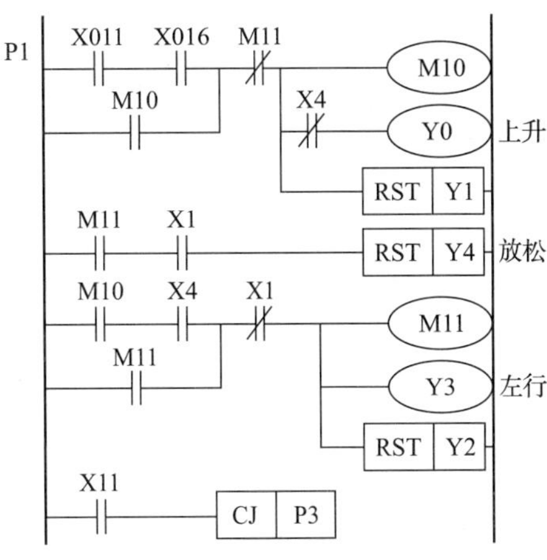

图 15—23　自动回原点程序

(4) 自动程序。自动程序是控制单周期、连续和单步操作的程序，用步进指令 STL 来编制机械手自动移送工件的程序，其状态转移图如图 15—24 所示。由图 15—21 可见，当由手动方式转移成自动工作方式而且原点条件满足时，初始状态 S0 就成为激活状态，这时按一下启动按钮 X16 启动信号 M0 就激活工作状态 S20，同时复位 S0，整个机械手就进入自动工作流程。

1) 单步的处理。当工作方式设置为单步时，则每按一次启动按钮执行一个工步。在公用程序中用单步开关在 X12 的常开触点与启动按钮 X16 的常闭触点串联后送出控制信号 M1，而用 M1 的常闭触点作为工步之间的转移条件，如图 15—25 所示。当单开关 X12 为 ON，在没有按启动按钮时 M1 为 ON，M1 的常闭触点始终是断开的，保证了任一工步执行完以后就停顿下来。当再按一次启动按钮 X16 时，使 M1 变为 OFF，M1 的常闭触点闭合，满足转移条件，激活下一个工步，本工步复位，机械手再执行下一个工步。这样在完成任一步的操作后都必须按一次启动按钮，系统才能进入下一步，达到了单步执行的要求。

在系统执行完最后工步 S27 时，由单步开关 X12 使程序返回到初始步 S0。

2) 单周期与连续的区别。单周期和连续工作方式都是在初始步 S0 为激活步时，按下启动按钮 X16 机械手开始按顺序执行工件移位操作的。当完成一个工艺流程回到原点位置时，如果是单周期就停在原点不动；如果是连续工作方式，机械手就继续执行下一个工件移位操作。

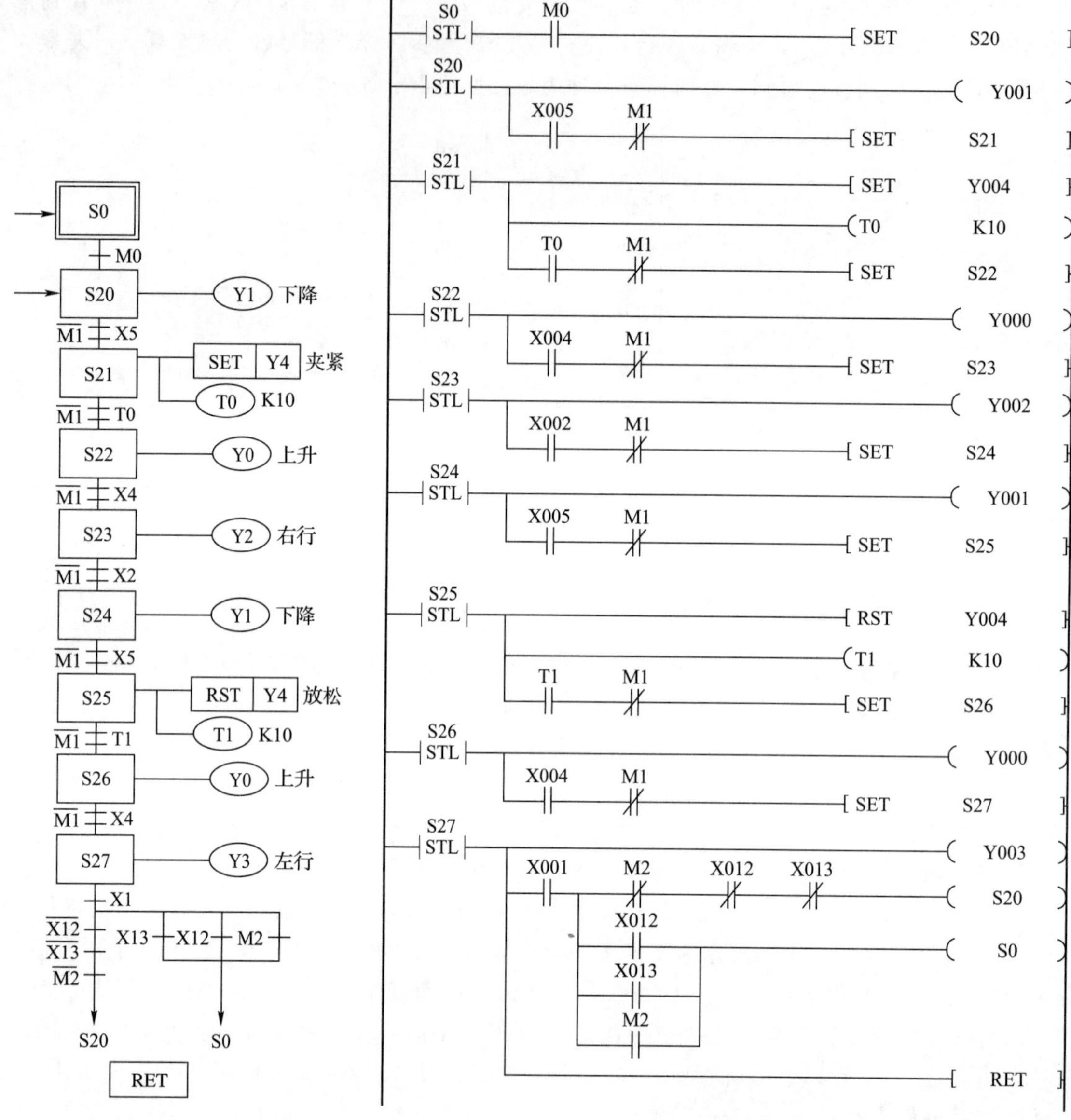

图 15—24　自动控制状态转移图

图 15—25　自动控制步进梯形图

单周期与连续工作方式的区别就在于系统执行到最后一个工步即 S27 为激活步时，如果是单周期就使其转移到初始步，用 X1（X12＋X13＋M2）作为转移到 S0 的条件，当转移条件满足时就激活 S0、复位 S27，机械手就停下来。如果是连续工作方式，就转移到第一个操作步 S20，用 X1 · $\overline{X12}$ · $\overline{X13}$ · $\overline{M2}$ 作为转移到 S20 步的条件，当转移条件满足时就激活 S20、复位 S27，机械手将连续工作。

在连续工作过程中，如果按了一下停止按钮 X17，机械手并不立即停止工作，而是在完成本次移位操作后，在 M2 信号（由公用程序送出的停止保持信号）作用下，返回并停留在初始步。

3. 用状态初始化指令 IST 来编制多种工作方式顺序控制程序的方法

状态初始化指令 IST 与 STL 指令一起使用，专门用来设置具有多种工作方式的控制系统的初始状态和设置有关的特殊辅助继电器的状态，可以简化复杂的顺序控制程序的设计工作。IST 指令只能使用一次，它应放在程序开始的地方，被它控制的 STL 电路应放在它的后面。

（1）IST 指令的优点

1）可独立编制程序。

S0：手动操作程序的初始状态元件。

S1：回原点程序的初始状态元件。

S2：自动操作程序的初始状态元件。

这样可以在规定的初始状态条件下分别独立编制手动程序、自动回原点程序及自动工作程序，不必采用跳转指令或调用子程序的程序结构。

此外，S10～S19 作为回原点程序用状态元件号。

2）使用 IST 指令后，系统中的手动、单步、单周期、连续和回原点这几种工作方式的切换是由系统程序自动完成的，不需要专门编制用于切换的程序，使复杂的顺控程序的编制得以大大简化。

（2）使用 IST 指令必须遵循的编程规则

1）IST 指令格式及编写规则。IST 指令格式如图 15—26 所示。

[S] 此项存放与工作方式有关的首元件，IST 规定的工作方式与元件编号的对应关系如下：

M0（X10）手动

M1（X11）回原点

M2（X12）单步

M3（X13）单周期

M4（X14）连续

M5（X15）回原点启动

M6（X16）自动工作启动

M7（X17）停止

为了使机械手移送工件中的输入继电器编号与 M0～M7 对应起来，需要编制的程序如图 15—27 所示。

[S] 项可以取 X，Y 和 M 这 3 个元件中的任一个，但必须是连续编号的 8 个元件。由

于在机械手移送工件中回原点启动与自动工作启动合并为 X16，如果增设 X15 为回原点启动按钮，则图 15—26 所示的 IST 指令格式也可以写成图 15—28 所示的形式，这样就不必编写上述对应关系的转换程序了。

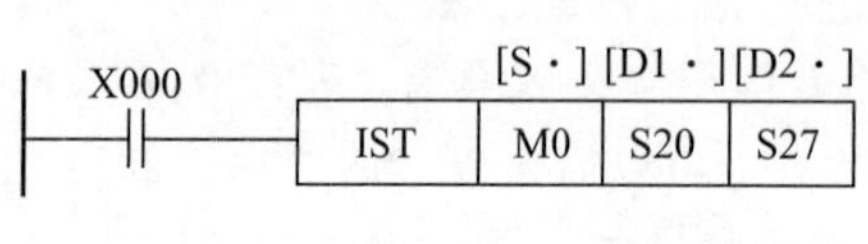

图 15—26　IST 指令格式 1

图 15—28　IST 指令格式 2

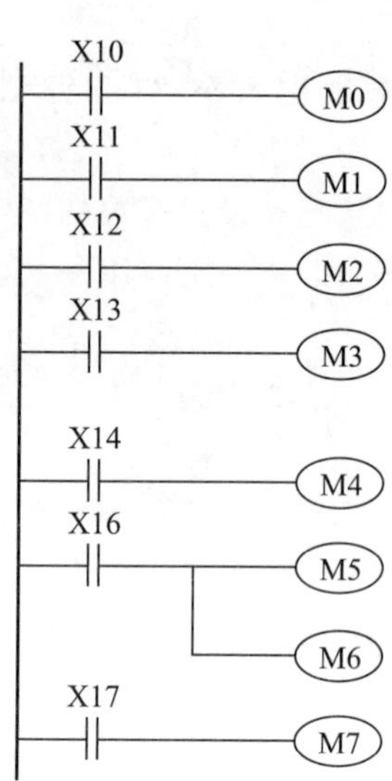

图 15—27　输入继电器程序

如果在工作方式中取消单步和回原点两种工作方式，则只要用 M8000 的常闭触点来控制 M1 和 M2 线圈就可以了，如图 15—29 所示。而与工作方式有关的 X10～X14 中，同时只能有一个为 ON 状态，故必须使用选择开关。

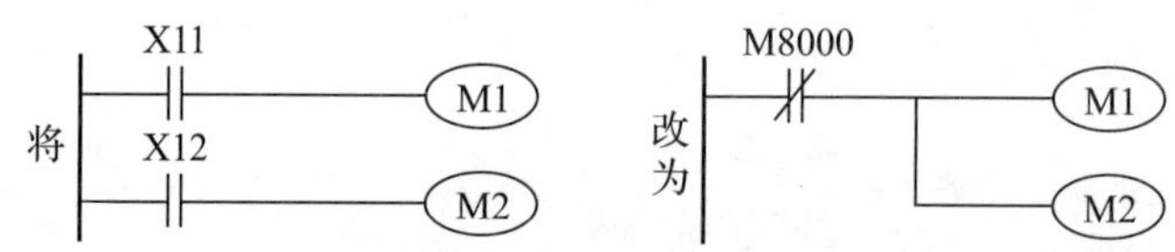

图 15—29　取消单步和回原点的程序

IST 指令中的 S20 和 S27 用来指定在自动操作中用到的最低和最高的状态元件编号。

2）IST 指令所用到的特殊辅助继电器。IST 指令执行后，使用特殊辅助继电器来实现系统内工作方式的互相转换。

①由 IST 指令自动控制的特殊辅助继电器。

M8040：禁止转移。当 M8040 为 ON 时，所有的状态转换被禁止。

手动工作方式时，M8040 始终为 ON，保证在此方式时禁止各个状态的转移。

回原点和单周期工作方式时，从按下停止按钮直到按启动按钮，M8040 一直保持为 ON。若按启动按钮，系统发出一个 M8042 启动脉冲，使 M8040 变为 OFF 并保持允许状态转移。

单步工作方式时，M8040 一直保持为 ON 禁止转移，只有在按启动按钮发出 M8042 启动脉冲时才变为 OFF，允许转移；松开启动按钮 M8040 又变为 ON，保证单工步执行。

连续工作方式时，PLC 从 STOP→RUN 切换时，M8040 为 ON。当按下启动按钮，在启动脉冲 M8042 作用下，M8040 保持为 OFF。

M8041：初始状态转换标志。它是自动程序中的初始步 S2 到下一步的转换条件之一。

手动和回原点工作方式下，M8041 不起作用。

单步、单周期工作方式下，只在按下启动按钮起作用（不保持）。

连续工作方式下，按启动按钮时，M8041 为 ON 并保持；按停止按钮，M8041 变为 OFF，保证了系统的连续运行。

M8042：启动脉冲标志。

手动工作方式时，M8042 不起作用。其他工作方式时，仅在按启动按钮时，M8042 为 ON，系统运行 1 个扫描周期。

②由用户程序控制的特殊辅助继电器。

M8043：回原点完成标志。在回原点工作方式系统自动返回原点时，通过用户程序用 SET 指令将它置位。进入自动程序之前，先进入回原点工作方式，待 M8043 变为 ON 后，切换到自动工作方式（单步、单周期和连续），其初始步 S2 才会变为 ON。

M8044：原点条件标志，在系统满足初始条件（或称为原点条件）时为 ON。

M8047：STL 监控有效标志，其线圈“通电”时，当前的激活步对应的状态元件的元件号按从小到大的顺序排列，存放在特殊数据寄存器 D8040～D8047 中，由此，可监控 8 点激活步对应的状态元件的元件号。此外，若有任何一个状态元件为 ON，特殊辅助继电器 M8046 将为 ON。

（3）用 IST 指令编制的顺控程序。根据 IST 指令的编程规则，对多工作方式机械手移位控制的程序编制如下。

初始化程序、手动程序、自动回原点状态转移图如图 15—30 所示。自动程序如图 15—31 所示。

在系统运行中，“自动程序”模式中的运行转换可以自由进行（单步→单周期→连续），而手动操作、自动回原点、自动工作方式之间的转换，要待全部输出复位后，转换后的工作模式才有效。

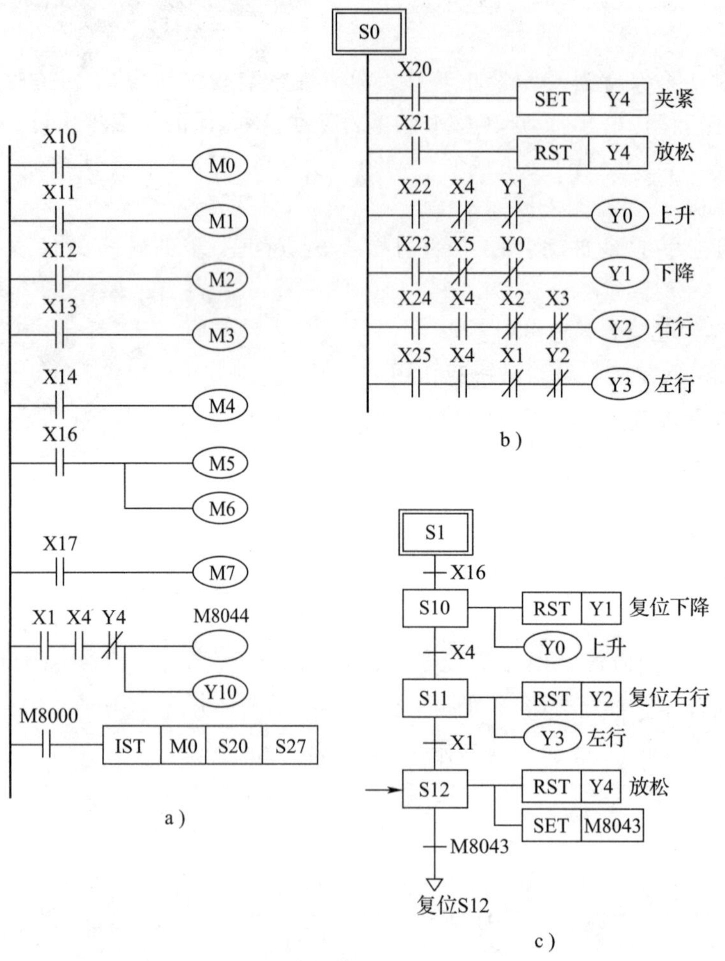

图 15—30　用 IST 指令编制的顺控程序

a）初始化程序　b）手动程序　c）自动回原点状态转移图

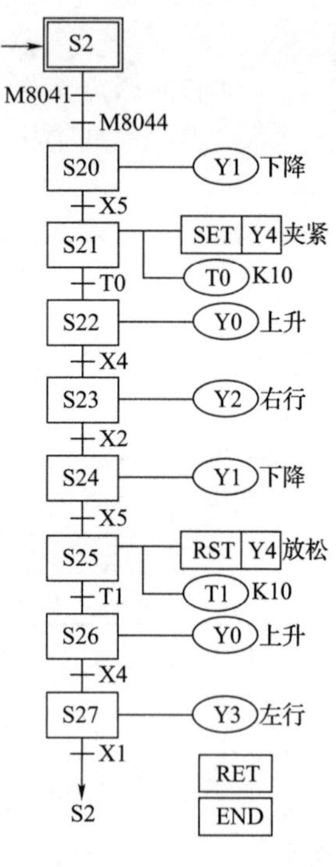

图 15—31　自动程序的状态转移图

第 3 节　FX_{2N}系列 PLC 步进指令 STL 的应用实例

用 PLC 来控制反应炉，反应炉的面板示意图如图 15—32 所示。

一、反应炉工艺过程分析

反应炉工艺共分为 3 个过程。

1. 进料过程

当液面低于下液面传感器（SL2＝1），温度低于低温传感器（ST2＝1），压力低于低压传感器（SP2＝1）时，按启动按钮 SB1 后，排气阀（YV1）和进料阀（YV2）

打开，液面上升至上液面传感器（SL1＝1），关闭排气阀和进料阀，延时 3 s 打开氮气阀（YV3），反应炉内压力上升至高压传感器（SP1＝1），关闭氮气阀，开始第二个过程。

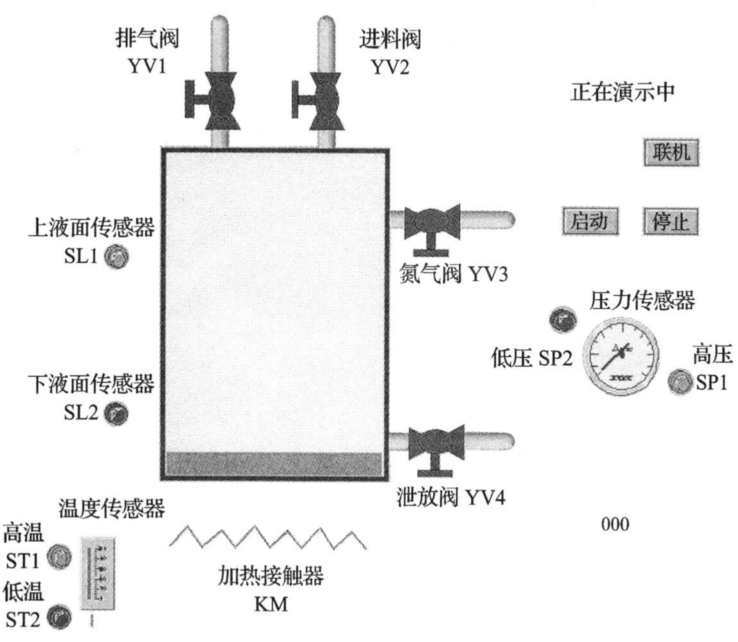

图 15—32　反应炉的面板示意图

2. 加热过程

加热接触器 KM 吸合，温度上升至高温传感器（ST1＝1），保温 4 s，然后断开加热接触器使其降温，待温度降至低温传感器（ST2＝1）时，开始第三个过程。

3. 泄放过程

打开排气阀，气压下降至低压传感器（SP2＝1），打开泄放阀，液位下降至下液面传感器（SL2＝1），关闭排气阀和泄放阀。

以上 3 个过程为一个循环。按下启动按钮，开始反应炉工艺，一直循环下去，直到按下停止按钮 SB2，反应炉工艺完成当前一个循环后停止。

在第一、第二个过程中，如按下急停按钮 SB3，则立即关闭进料阀、氮气阀、加热接触器，待温度降至低温传感器（ST2＝1）时，打开排气阀将压力降至最低（SP2＝1），再打开泄放阀将炉内液体放完后停止。

用 PLC 控制反应炉的输入/输出端口配置见表 15—2。

表 15—2 输入/输出端口配置

输入设备	输入端口编号		考核箱对应端口
	方案 1	方案 2	
高压传感器 SP1	X0	X0	计算机和 PLC 自动连接
低压传感器 SP2	X1	X1	计算机和 PLC 自动连接
高温传感器 ST1	X2	X2	计算机和 PLC 自动连接
低温传感器 ST2	X3	X3	计算机和 PLC 自动连接
上液面传感器 SL1	X4	X4	计算机和 PLC 自动连接
下液面传感器 SL2	X5	X5	计算机和 PLC 自动连接
启动按钮 SB1	X6	X10	普通按钮
停止按钮 SB2	X7	X6	普通按钮
急停按钮 SB3	X10	X7	普通按钮
输出设备	**输出端口编号**		**考核箱对应端口**
	方案 1	**方案 2**	
加热接触器 KM	Y0	Y4	计算机和 PLC 自动连接
排气阀 YV1	Y1	Y3	计算机和 PLC 自动连接
进料阀 YV2	Y2	Y2	计算机和 PLC 自动连接
氮气阀 YV3	Y3	Y1	计算机和 PLC 自动连接
泄放阀 YV4	Y4	Y0	计算机和 PLC 自动连接

二、用步进指令 STL 编制控制反应炉的程序

从反应炉的 3 个工艺过程分析可见，它属于单序列顺控形式，因此可用步进顺序指令 STL 来编制控制反应炉的程序。对于输入/输出端口配置的方案 2，图 15—33 所示为反应炉的状态转移图，图 15—34a 所示为反应炉的步进梯形图，图 15—34b 所示为反应炉的指令语句表。

由状态转移图可反映出它的编程特点，在编程中主要是解决对急停按钮的处理。加上急停按钮的处理后，该状态流程就变为跳转、循环组态形式。急停按钮一般是在发生故障时才按动，由于故障的发生是随机的，所以在任一工作状态都要考虑按急停按钮后的处理方法。按控制反应炉要求，对急停信号做 3 种处理。

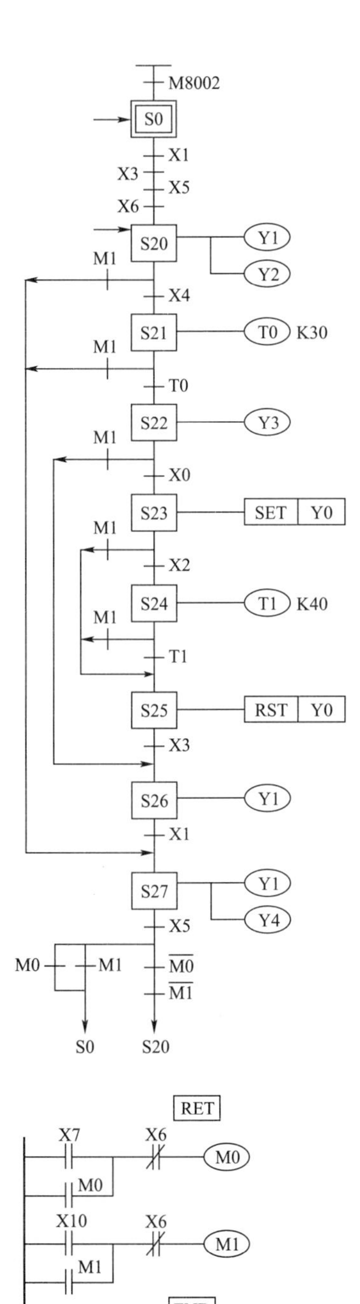

图 15—33　反应炉的状态转移图

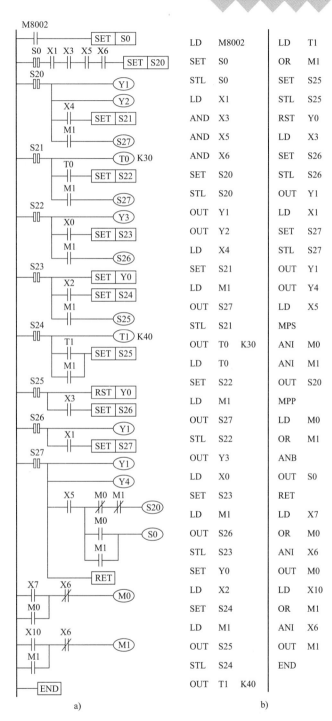

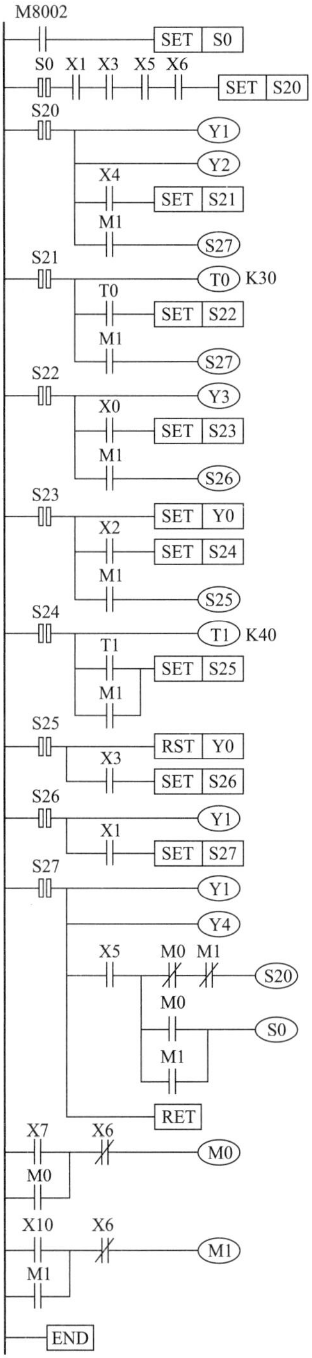

a)

b)

```
LD    M8002        LD    T1
SET   S0           OR    M1
STL   S0           SET   S25
LD    X1           STL   S25
AND   X3           RST   Y0
AND   X5           LD    X3
AND   X6           SET   S26
SET   S20          STL   S26
STL   S20          OUT   Y1
OUT   Y1           LD    X1
OUT   Y2           SET   S27
LD    X4           STL   S27
SET   S21          OUT   Y1
LD    M1           OUT   Y4
OUT   S27          LD    X5
STL   S21          MPS
OUT   T0    K30    ANI   M0
LD    T0           ANI   M1
SET   S22          OUT   S20
LD    M1           MPP
OUT   S27          LD    M0
STL   S22          OR    M1
OUT   Y3           ANB
LD    X0           OUT   S0
SET   S23          RET
LD    M1           LD    X7
OUT   S26          OR    M0
STL   S23          ANI   X6
SET   Y0           OUT   M0
LD    X2           LD    X10
SET   S24          OR    M1
LD    M1           ANI   X6
OUT   S25          OUT   M1
STL   S24          END
OUT   T1    K40
```

图 15—34　反应炉的步进梯形图和指令语句表

a）步进梯形图　b）指令语句表

1. 进料时故障

当在 S20 和 S21 进料状态时按急停按钮，则直接跳转到 S27 状态，这时就只需打开排气阀和泄放阀，将炉内液体排出炉体即可。

2. 进料完成充氮时故障

当在 S22 进氮气状态时，炉内压力在不断提升，此时按急停按钮，则跳转到 S26 状态，先打开排气阀让压力降到最低值，再开泄放阀排出炉内液体。

3. 加热反应时故障

如果在 S23 状态加热过程中按急停按钮，就转移到 S25 状态，则先降温、再降压，最后排出炉内液体。

以上 3 种处理，最后都返回到初始状态 S0 而停止。

思 考 题

1. 有 5 台电动机，启动时为了减少启动电流的冲击，在按下启动按钮后，电动机每隔 10 s 启动 1 台；在按下停止按钮后，必须等最后一台电动机启动运行 20 s 后方能全部停转；当按下急停按钮后，不管在什么状态下，5 台电动机必须立即停转。试用 PLC 程序来实现该 5 台电动机的运行控制。

2. 按图 15—35 所示状态转移图，画出步进梯形图。

3. 按图 15—36 所示步进梯形图，画出状态转移图，并指出其属于何种流程。

4. 有一个用 3 台传送带机及卸料斗组成的传输系统，分别用 3 台电动机（M1～M3）带动传送带机，卸料斗由电磁阀 M0 控制，该传输系统结构示意图如图 15—37 所示，试用 PLC 程序实现具体要求如下。

（1）启动时，先启动最末一台传送带机，经过 5 s 延时后，再依次启动其他传送带机及卸料斗。

$$\mathrm{M3}\xrightarrow{5\ \mathrm{s}}\mathrm{M2}\xrightarrow{5\ \mathrm{s}}\mathrm{M1}\xrightarrow{5\ \mathrm{s}}\mathrm{M0}$$

（2）停止时，先停止最前的卸料斗，经过 6 s 延时后，再依次停止由小编号到大编号的传送带机，防止物料堆积。

$$\mathrm{M0}\xrightarrow{6\ \mathrm{s}}\mathrm{M1}\xrightarrow{6\ \mathrm{s}}\mathrm{M2}\xrightarrow{6\ \mathrm{s}}\mathrm{M3}$$

（3）当某台传送带机发生故障时，该传送带机及其前面的传送带机及卸料斗立即停止，而该传送带机以后的传送带机待料运完后才停止。例如 M2 故障，则 M0，M1，M2 立即停止，经过 6 s 延时后，M3 停。

5. 有 1 台多工位、双动力头的组合机床，其组合机床的双动力头结构示意如图 15—38 所示。其回转台 M5 周边均匀安装了 12 个撞块，通过限位开关 SQ7 的信号可做最小为

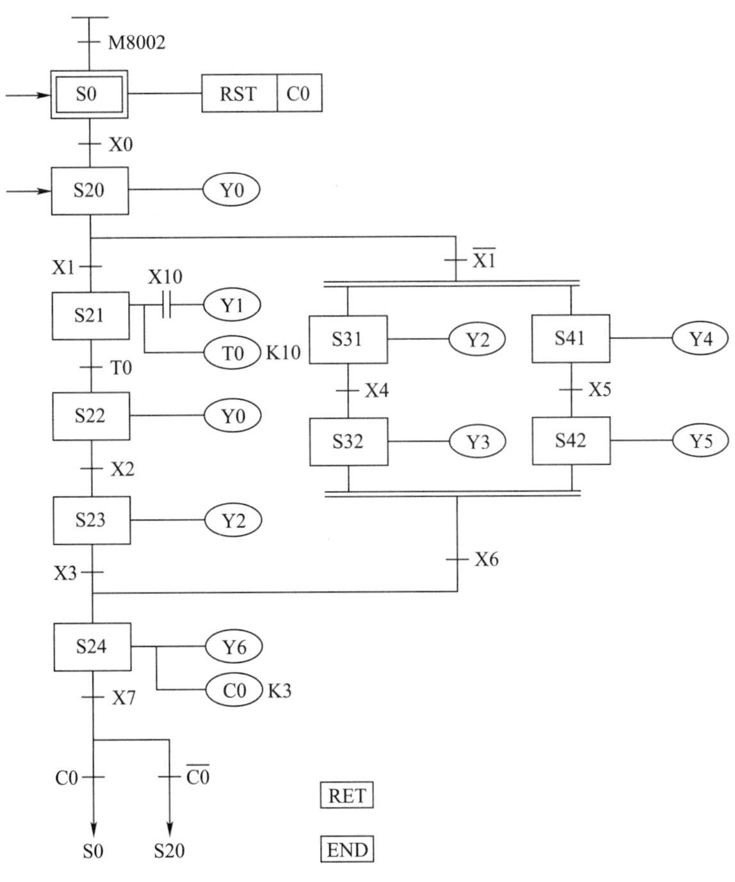

图 15—35　思考题 2 的状态转移图

30°的分度。加工前，工作台均在原位：即限位开关 SQ3 和 SQ6 被压合，回转台上夹具放松。试用 PLC 来控制组合机床的加工工艺流程，用 FX_{2N}系列 PLC 指令编制程序，对于输入/输出端口配置方案 1，画出状态转移图，画出步进梯形图或指令语句表。

该双动力头的工艺流程如下：

启动$\longrightarrow$夹具夹紧工件$\xrightarrow{\text{延时 3 s}}$

$$\left\{\begin{array}{l}\text{滑台 M1 快进}\xrightarrow{\text{SQ1}}\text{M1 工进，动力头 M2 转}\xrightarrow{\text{SQ2}}\text{动力头 M2 停，M1 快退}\xrightarrow{\text{SQ3}}\text{滑台 M1 停}\\ \text{滑台 M3 快进}\xrightarrow{\text{SQ4}}\text{M3 工进，动力头 M4 转}\xrightarrow{\text{SQ5}}\text{动力头 M4 停，M3 快退}\xrightarrow{\text{SQ6}}\text{滑台 M3 停}\end{array}\right\}$$

夹具放松$\xrightarrow{\text{延时 3 s}}$调整工位回转 90°$\xrightarrow{\text{SQ7}}$1 个零件加工结束。

按急停按钮后，两个机械滑台立即返回原点，同时动力头停转，回转台保持夹紧状态，但急停时若夹具已经放松则无须重新夹紧。设置复位按钮 SB3，急停后，经复位再按启动按钮可重新启动。其输入/输出端口配置见表 15—3。

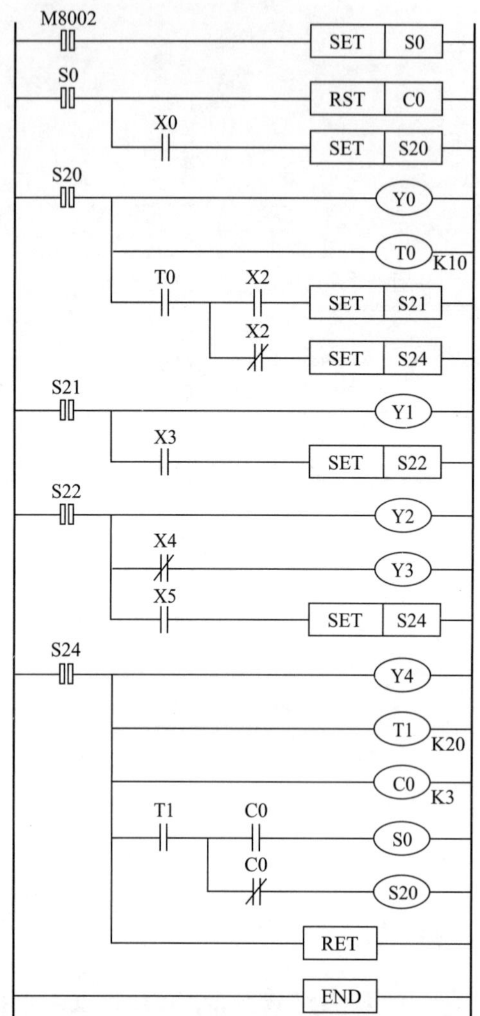

图 15—36　思考题 3 的步进梯形图

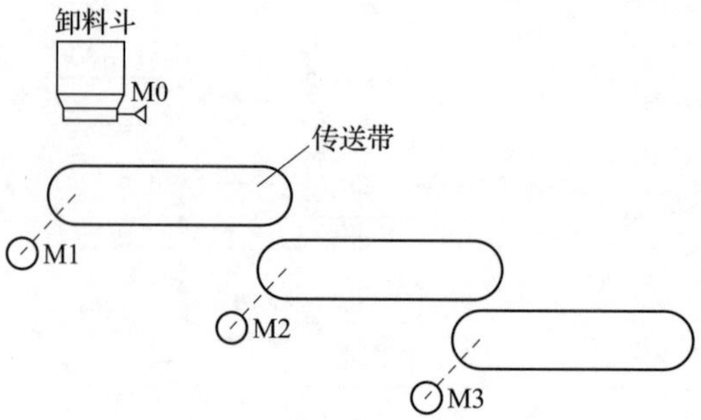

卸料斗
M0
传送带
M1
M2
M3

图 15—37　思考题 4 的传输系统结构示意图

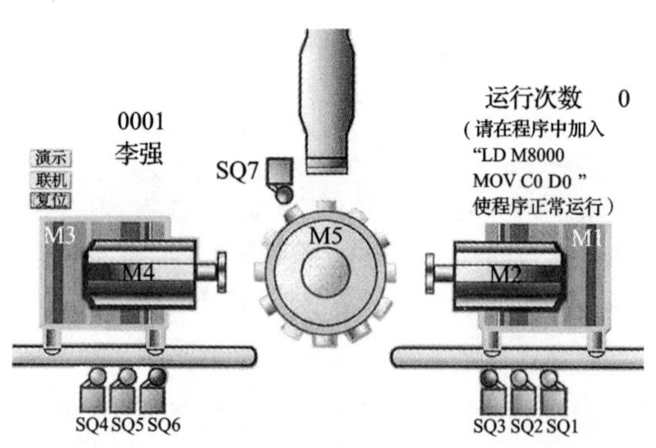

图 15—38　思考题 5 的 PLC 控制双动力头结构

表 15—3　　　　输入/输出端口配置

输 入 设 备	输入端口编号		考核箱对应端口
	方案 1	方案 2	
启动按钮 SB1	X0	X10	普通按钮
急停按钮 SB2	X10	X0	普通按钮
复位按钮 SB3	X11	X11	普通按钮
M1 滑台限位开关 SQ1	X1	X1	计算机和 PLC 自动连接
M1 滑台限位开关 SQ2	X2	X2	计算机和 PLC 自动连接

续表

输 入 设 备	输入端口编号		考核箱对应端口
	方案 1	方案 2	
M1 滑台限位开关 SQ3	X3	X3	计算机和 PLC 自动连接
M3 滑台限位开关 SQ4	X4	X4	计算机和 PLC 自动连接
M3 滑台限位开关 SQ5	X5	X5	计算机和 PLC 自动连接
M3 滑台限位开关 SQ6	X6	X6	计算机和 PLC 自动连接
回转工作台限位开关 SQ7	X7	X7	计算机和 PLC 自动连接

输 出 设 备	输出端口编号		考核箱对应端口
	方案 1	方案 2	
M1 滑台快进信号	Y0	Y1	计算机和 PLC 自动连接
M1 滑台工进信号	Y0Y1	Y1Y2	计算机和 PLC 自动连接
M1 滑台快退信号	Y2	Y3	计算机和 PLC 自动连接
动力头 M2 转动信号	Y10	Y10	计算机和 PLC 自动连接
M3 滑台快进信号	Y3	Y4	计算机和 PLC 自动连接
M3 滑台工进信号	Y3Y4	Y4Y5	计算机和 PLC 自动连接
M3 滑台快退信号	Y5	Y6	计算机和 PLC 自动连接
动力头 M4 转动信号	Y11	Y11	计算机和 PLC 自动连接
回转工作台转动信号	Y6	Y7	计算机和 PLC 自动连接
回转台夹紧信号	Y7	Y0	计算机和 PLC 自动连接

16

第 16 章

FX_{2N} 系列 PLC 的功能指令

功能指令是体现 PLC 数据处理能力的标志，是用来实现数据的传送、比较、运算、变换、程序控制等功能的指令。数据处理比逻辑运算复杂，相应的功能指令也比基本指令复杂。学习功能指令不仅要了解指令的表达形式和使用要素，还要掌握指令的数据形式和数据的流转过程。

本章介绍 FX_{2N}系列 PLC 功能指令的表达形式和使用要素，并介绍常用的功能指令的应用。

第 1 节　概述

PLC 中的基本指令及步进指令能帮助人们解决生产过程中大量的逻辑控制问题，而在现代工业控制的许多场合都需要进行数据处理，如在工艺流程中要对电动机设定不同的转速，按加工零件的性能设置不同的技术参数，显示产品的实际加工量等，这些控制都涉及数据的传送、比较、运算等数据处理功能。

为了适应工业控制的需求，PLC 开发商在早期 PLC 逻辑控制的基础上，加入了功能指令（或称“应用指令”），用来实现数据的传送、比较、运算、变换、程序控制等功能。功能指令的出现，大大拓宽了 PLC 的应用范围。

特别是近年来，功能指令又向综合性方向迈进，开发了如 PID（比例积分微分）功能、高速计数功能、网络通信功能等智能型模块，充分发挥了计算机的功能，使 PLC 真正成为了名副其实的专用计算机。从此，PLC 不仅适用于逻辑控制，而且能适用于过程控制和运动控制，成为了工业自动化控制的三大支柱之一。

一、FX_{2N}系列 PLC 中数据类软元件

在用基本指令、步进指令编程时，所用的主要是输入继电器 X、输出继电器 Y、辅助继电器 M、状态元件 S 等软元件，这类元件只能用来表示二进制的 1 位，在逻辑控制中起到开关的作用。

在用功能指令编程时，由于要对数据进行储存、运算等操作，所以用得最多的是具有 16 位的软元件，如数据寄存器 D、变址寄存器 V、变址寄存器 Z 等。

1. 数据寄存器 D

数据寄存器 D 用来储存数据和参数，每个数据寄存器由 16 位组成，可以储存 16 位二进制数或一个字，也可以用相邻的两个数据寄存器合并起来存放 32 位数据，这时为双字。在 D0、D1 组成的双字中，D0 存放低 16 位、D1 存放高 16 位。字和双字的最高位为符号位，该位为 0 时数据为正，该位为 1 时数据为负。数据寄存器可分为下列 4 种。

（1）通用数据寄存器（D0～D199，共 200 个）。对通用数据寄存器来说，只要不再写入其他数据，已写入的数据内容不会变化，但当 PLC 由运行（RUN）转化为停止（STOP）或 PLC 停电时，其数据全部被清除为 0。若将特殊辅助继电器 M8033 预先置 1，

则在 PLC 由 RUN 转为 STOP 时其数据可以保存。

（2）停电保持数据寄存器（D200～D7999，共 7 800 个）。停电保持数据寄存器有断电保持功能，PLC 从 RUN 状态转成 STOP 状态或 PLC 断电时，停电保持数据寄存器将保持原有数据不丢失，利用参数设定，可以改变停电保持数据寄存器的范围。

（3）特殊数据寄存器（D8000～D8255，共 256 个）。特殊数据寄存器用来控制和监视 PLC 内部元件的运行方式，如电池电压、扫描时间、正在动作的状态的编号等，PLC 在电源接通时，这些寄存器由系统只读存储器写入默认值。

（4）文件寄存器。文件寄存器是一类专用的数据寄存器，用于存储大量的数据，如采集数据、统计计算数据、多组控制参数等，其数据由 PLC 监控软件决定。

文件寄存器占用用户程序存储器内的一个存储区域，以 500 步为一个单位，在 FX_{2N} 系列 PLC 中最多可设置 14 个单位，即 7 000 步。在 PLC 运行时，可用数据块传送指令（FNC15 BMOV）对文件寄存器进行成批存取。

2. 变址寄存器 V 与 Z

变址寄存器 V 与 Z（V0～V7，Z0～Z7，共 16 个）同通用数据寄存器一样，是能进行数据写入、读出的 16 位数据寄存器，主要用于功能指令中对操作数地址的修改。例如，当 Z=5，执行 D20Z 时，被执行的数据寄存器的实际地址为 D25（20+5）。

变址寄存器也可以用来变更常数。例如，指定常数 K30Z 时，若 Z=5，则被执行的十进制常数的实际数值为 K35（30+5）。

图 16—1 所示为变址寄存器程序，图中的 MOV 是传送指令。当 X0 为 ON 时，执行传送指令表示，将十进制数 20 传送到变址寄存器 V2 中，将十进制数 25 传送到变址寄存器 Z5 中，指令执行后，V2=20，Z5=25。

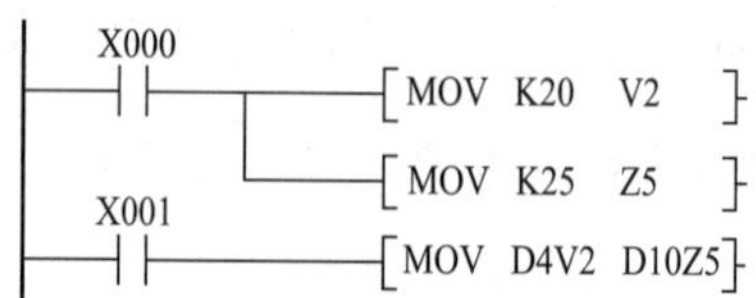

图 16—1 变址寄存器程序

当 X1 为 ON 时，执行传送指令将数据寄存器 D24（4+20）中的数据传送到数据寄存器 D35（10+25）中，这种通过 V 与 Z 来修改操作元件地址号的方法称为该地址的变址。

可利用变址寄存器进行变址的软元件有 X，Y，M，S，P，T，C，D，K，H，KnX，KnY，KnM，KnS（Kn△为位组合元件，见后文叙述），但变址寄存器不能修改 V 或 Z 本身，也不能修改位组合元件中的 Kn 参数，如 K2X0Z 有效而 K2ZX0 无效。

在 32 位操作数运算中，V 和 Z 是按同样的编号自动组对使用的，V 作为高 16 位修正、Z 作为低 16 位修正。在 32 位操作数指令中用到变址寄存器时，只需指定 Z，这时 Z 就代表 V 和 Z 的组合。

3. 指针 P 与 I

指针是用来表示跳转指令、调用指令、中断的入口地址，它指向跳转子程序、中断服务程序的首地址。

（1）分支用指针 P。在 FX_{2N} 系列 PLC 中，分支用指针共有 P0～P62，P64～P127 共

127 点，其中 P63 为结束跳转用指针。

1）条件跳转用分支指针。其程序如图 16—2 所示。如果 X0 为 ON，执行跳转指令 CJ，跳转到指针 P0 指定的步序号位置，执行随后的程序；如果 X0 为 OFF，则跳转指令 CJ 不执行，按顺序执行后续的程序。

2）调用指令用分支指针。其程序如图 16—3 所示。当 X0 为 ON 时，执行 CALL 指令中指针 P1 指定的子程序，以 SRET 指令返回原主程序执行 CALL P1 指令的下一条指令。

3）指针 P63 在使用 CJ 指令时，意味着向 END 跳转的特殊指针，不能用于其他用途。指针 P63 的使用如图 16—4 所示。

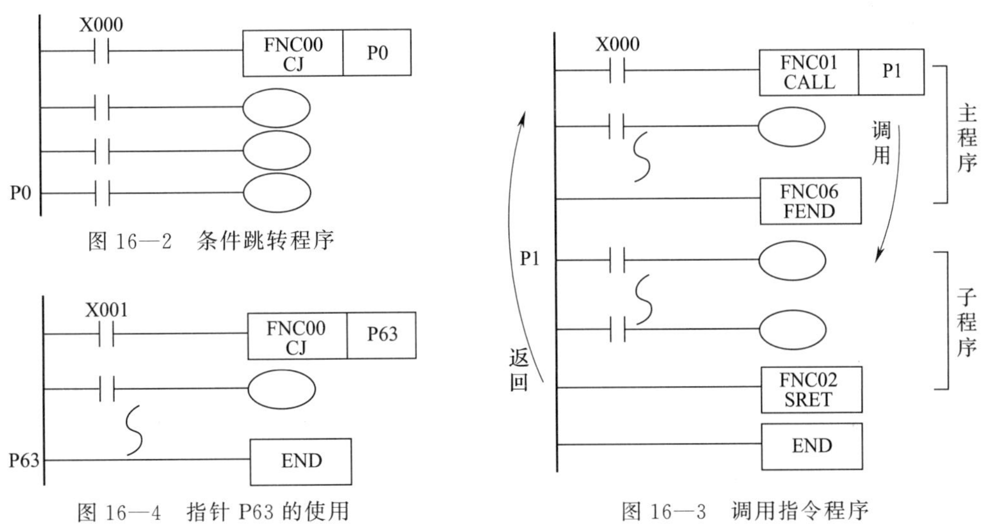

图 16—2 条件跳转程序

图 16—4 指针 P63 的使用

图 16—3 调用指令程序

（2）中断指针 I

1）输入中断用指针 I00□～I50□共 6 点，其格式如下：

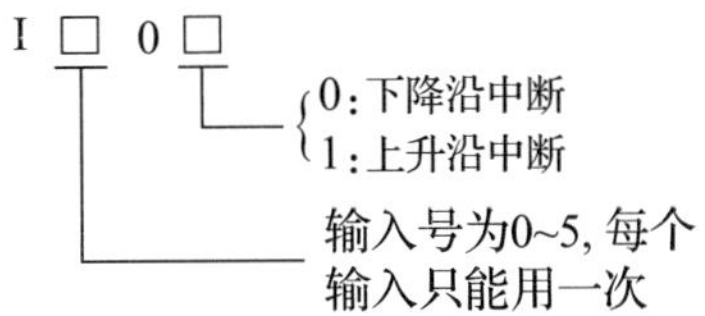

输入中断是由外界信号引起的中断，外界信号的输入口为 X0～X5，输入号也以此定义。上升沿或下降沿是对输入信号执行时间的选择，如输入中断指令为 I200。在执行主程序过程中接到输入端 X2 从 ON→OFF 变化信号时，系统立即中断主程序（此处称为断口），执行由该指针为标号后面的中断服务程序。当遇到 IRET 指令时，返回到原断口处继续执行主程序。

2）定时器中断用指针 I6□□～I8□□共 3 点，其格式如下：

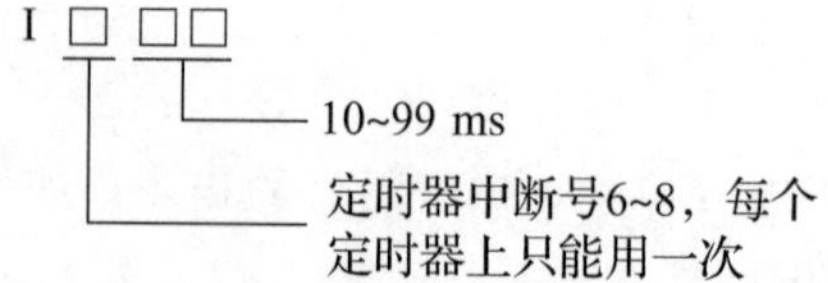

例如，I610 在执行主程序过程中，每隔10 ms就中断主程序转去执行标号 I610 后面的中断程序，并根据 IRET 指令返回主程序的断口继续执行。

3）计数器中断用指针 I010～I060 共 6 点，其格式如下：

I 0 □ 0

└── 计数器中断号1~6

计数器中断可根据 PLC 内部的高速计数器比较结果执行。

4. 常数 K 与 H

在功能指令中，表示十进制常数时，在数值前冠以“K”符号，如十进制数 784 则写成 K784；表示十六进制数时，在数值前要冠以“H”符号，如十六进制数 4FB，则写成 H4FB。

5. 数据类元件的类型

（1）位元件。位元件是存放一位二进制数据的元件，如输入继电器 X、输出继电器 Y、辅助继电器 M、状态元件 S 等，也可以看成是处理闭合或断开状态的元件。

（2）字元件。字元件是由 16 位存储单元组成的数据元件，是功能指令中存放或处理数据的基本结构，其最高位为符号位，如数据寄存器 D、定时器 T、计数器 C 的当前值都是字元件。

（3）双字元件。为了处理 32 位数据，可以用元件号相邻的两个字元件组成元件对，称为双字元件。其中低位字元件存储 32 位数据的低 16 位部分，高位字元件存储 32 位数据的高 16 位部分，最高位（第 32 位）为符号位。

在处理 32 位数据的指令中，一般只标出低位地址的字元件号（首元件号），如由 D3 和 D2 二字元件组成双字元件时，指令中只用 D2 来表示，在执行时其高位 D3 同时被指令使用。虽然双字元件的首元件号用奇数、偶数都可以，但为避免元件安排上的错误，建议首元件统一用偶数编号。

（4）位组合元件。位元件组合起来也可以用来处理和存储数据，称为位组合元件。在实际使用中，人们往往习惯于用十进制数输入及用十进制数来观察，这样就形成了用 4 位位元件来表示 1 位十进制数的方法，由此产生了位组合元件。位组合元件是以 4 位位元件为一组的形式来使用。在输入继电器、输出继电器、辅助继电器中都有使用，其组合形式由 Kn 加首元件号来表示，表达形式为 KnX，KnY，KnM，KnS 等，Kn 中的 n 表示组数，如 K1X0 组合元件表示由 X0～X3 这 4 个位元件组成的一组位组合元件，K2X0 则表示由 X0～X7 这 8 个位元件组成的两组位组合元件。

位组合元件的元件号可以是任意的，但为了避免混乱，建议使用以 0 结尾的元件（如 X0，X10，X20……）。

二、功能指令的表达形式及使用要素

1. 功能指令的表达形式

FX_{2N}系列 PLC 的功能指令在梯形图上是以功能框形式表示的，如图 16—5 和图 16—6 所示。

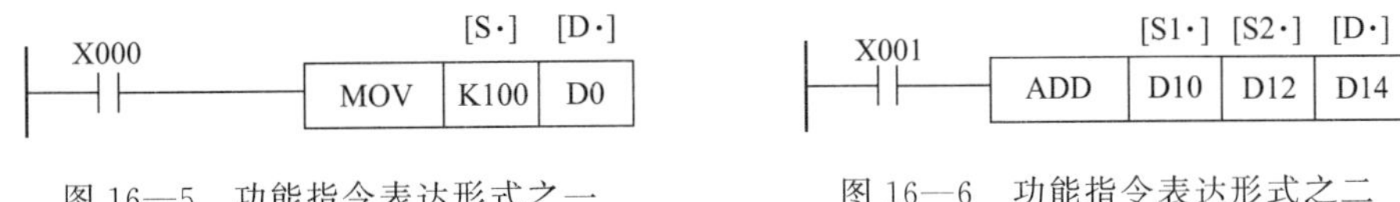

图 16—5　功能指令表达形式之一　　图 16—6　功能指令表达形式之二

图 16—5 所示为功能指令 MOV 的梯形图表达形式，其中 X0 为功能指令的控制条件，右边为功能框，在框中包含有功能指令名称 MOV，操作数据 K100 及操作数据存储的地址 D0，这种表达形式直观明了。该指令是传送指令，其功能是当 X0 为 ON 时，将十进制数 100 传送到数据寄存器 D0 中。

图 16—6 所示为加法指令，该指令 ADD 的功能是当 X1 为 ON 时，将数据寄存器 D10 与 D12 中的数值相加，其和送到数据寄存器 D14 中。

可见，功能指令主要是由功能指令名称和操作元件两大部分组成。

（1）功能指令名称。功能指令名称是用该指令的英文缩写来表示的（如加法指令 ADD 是“addition”的缩写；传送指令 MOV 是“movement”的缩写），也称为助记符或操作码。因而，看到助记符就可大致了解该指令的功能。

FX_{2N}系列 PLC 的功能指令是按照功能编号 FNC00～FNC246 来编排的，每一个功能编号表示一条功能指令，同时对应一个助记符（在用编程器编程时，可通过“HELP”键显示功能号与对应助记符的清单）。

（2）功能指令的操作元件。操作元件是功能指令中参与操作的对象，是指功能指令所涉及的或产生的数据及数据存储的地址，操作元件分为源操作数、目标操作数及其他操作数。

1）源操作数用［S］表示，是在指令执行后不改变其内容的操作数，如图 16—5 中的常数 K100，图 16—6 中的数据寄存器 D10 和 D12。

2）目标操作数用［D］表示，是在指令执行后将改变其内容的操作数，如图 16—5 中的 D0，图 16—6 中的 D14。

3）其他操作数用 m 或 n 表示，通常是常数或者对源操作数和目标操作数做出补充说明的数，表示常数时，K 后面的数是十进制数，H 后面的数为十六进制数。

例如，求平均值指令。MEAN 是求平均值的功能指令，如图 16—7 所示。当 X2 为 ON 时，表示将 D0，D1，D2 的 3 个数据寄存器中的数取平均值后，存放到数据寄存器 D42 中。D0 为源操作数的首地址，K3 是对源操作数的补充说明，指定取值个数为 3 个，即 D0，D1，D2 的 3 个数据寄存器中的数值求平均值。

在可以利用变址寄存器修改软元件编号的情况下，以加上“·”符号的［S·］，［D·］表示操作数；操作数多时，以［S1·］，［S2·］或［D1·］，［D2·］等表示。

有的功能指令，只有指令助记符而没有操作元件，如警戒时钟指令 WDT，其指令程序如图 16—8 所示。

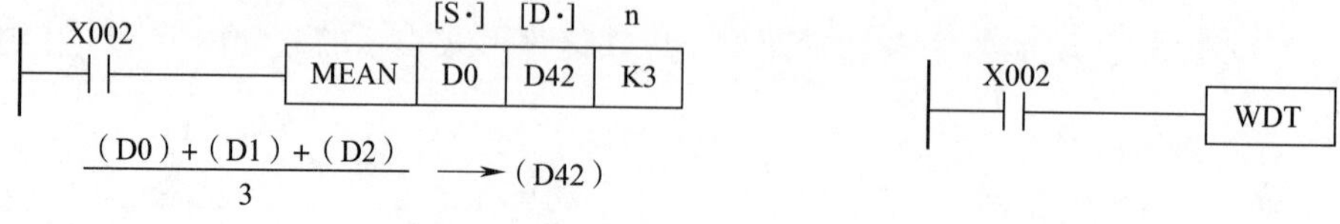

图 16—7　MEAN 指令程序　　图 16—8　WDT 指令程序

这是一条警戒时钟指令，程序只需标出指令助记符即可。但是，绝大多数功能指令在编写程序时，除了编制指令助记符外，还需编制操作元件。

2. 功能指令的使用要素

为了正确地使用功能指令，需要了解指令的使用要素。下面以加法指令 ADD 为例来说明功能指令的几个使用要素，如图 16—9 所示。

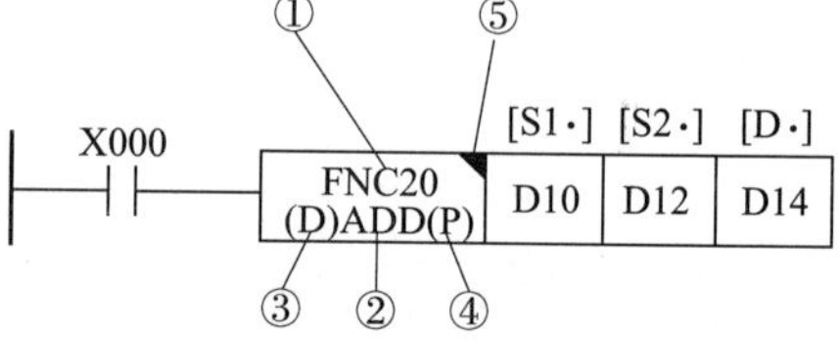

图 16—9　功能指令使用要素

（1）指令的功能编号。

（2）指令的助记符。

（3）数据长度。功能指令按处理数据的长度可分为 16 位指令或 32 位指令，功能指令前附有符号（D）时表示处理 32 位数据，32 位数据是用相邻编号的字元件组成双字元件来操作的，如图 16—10 所示的传送指令。

当 X1 为 ON 时，将 D21 和 D20 组成的 32 位数据传送到由 D23 和 D22 组成的数据寄存器中，其中 D21 是高 16 位传送到 D23 中，D20 是低 16 位传送到 D22 中。指令中 D 加上括弧表示，该符号是可选择的，实际编写时要去掉括弧，即写成 DMOV。

（4）执行形式。功能指令有连续执行型和脉冲执行型两种。

在助记符后附有“P”符号时表示是脉冲执行，脉冲执行型功能指令只有在控制条件 X0 由 OFF 变为 ON 的第一个扫描周期内执行一次，在以后的扫描周期里都不执行，其指令格式如图 16—11 所示。

图 16—10　32 位指令表达形式　　图 16—11　脉冲执行型表达形式

助记符后不带“P”符号时是连续执行型，连续执行型功能指令当控制条件为 ON 状态时，在每个扫描周期里都被重复执行。

图 16—11 所示的加 1 指令 INC（即指令执行时 Z+1→Z），在一般情况下都采用脉冲执行型；如果用连续执行方式时，则当 X0 为 ON 时，每扫描一次，Z 都要加 1，则 Z 内的

数就无法确定。因而，对 INC，DEL，XCH 等这些指令用连续执行方式时，要特别留意指令，在指令标示栏中用“◥”警示，如图 16—9 中的⑤。

功能指令还有一个要素是步序数，每一条指令都占有一定的存储空间，其占有存储空间的量采用程序步数来反映。

一般功能指令的助记符占用一个程序步，操作数占用 2 或 4 个程序步（16 位数占 2 个程序步，32 位数占 4 个程序步），一步相当于一个字节，如 ADD 指令占用 7 个程序步，DADD 指令占用 13 个程序步。从打印的指令语句表的步序号上可以反映出每条指令的步序数。

```
0    LD     X0
1    ADD    D10    D12    D14
8    LD     X1
9    ……
```

了解了功能指令的使用要素后，就可以正确地使用这些指令来进行程序编制了。

第 2 节　功能指令的编程

FX_{2N}系列 PLC 包含有 128 种、298 条功能指令，本节仅介绍了部分常用功能指令的使用方法及应用。

一、传送比较类指令

1. 比较指令

比较指令的使用要素见表 16—1。比较指令 CMP 是将两个源操作数［S1·］和［S2·］中的数据进行比较，其比较结果将驱动目标操作数［D］中相邻 3 个位元件的状态。比较指令 CMP 的功能说明如图 16—12 所示。

表 16—1　　比较指令的要素

指令名称	助记符	指令代码位数	操作数范围			程序步
			［S1·］	［S2·］	［D·］	
比较	CMP CMP（P）	FNC10 （16/32）	K，H KnX，KnY，KnM，KnS T，C，D，V，Z		Y，M，S	CMP，CMPP……7 步 DCMP，DCMPP……13 步

当控制条件 X0 为 ON 时，执行比较指令，将源操作数［S1·］内的数与源操作数［S2·］内的数做代数比较，比较的结果驱动目标操作数中的位元件 M0，M1，M2。当 K100＞C20 的当前值时，M0 接通（M0＝1）；当 K100＝C20 的当前值时，M1 接通（M1＝1）；当 K100＜C20 的当前值时，M2 接通（M2＝1）。

［S1·］，［S2·］，［D·］内的数据均做二进制数据处理。当 X0 为 OFF 时，比较指令 CMP 不执行，M0，M1，M2 的状态保持不变。

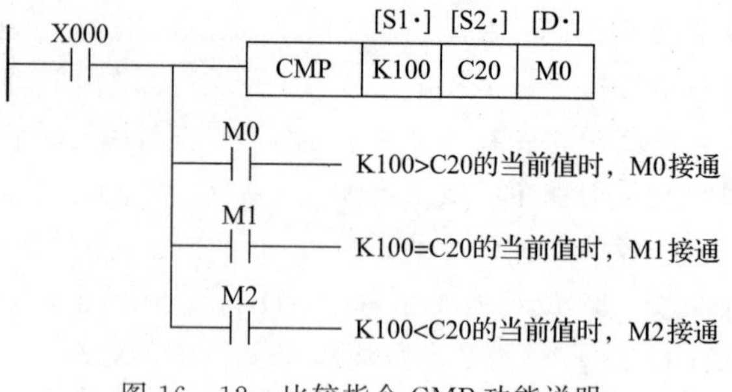

图 16—12　比较指令 CMP 功能说明

2．区域比较指令

区域比较指令的使用要素见表 16—2，区域比较指令 ZCP 的功能说明如图 16—13 所示。

表 16—2　　区域比较指令的要素

指令名称	助记符	指令代码位数	操作数范围			程序步
			［S1·］	［S2·］	［D·］	
区域比较	ZCP ZCP（P）	FNC11 （16/32）	K，H KnX，KnY，KnM，KnS T，C，D，V，Z		Y，M，S	ZCP，ZCPP……9 步 DZCP，DZCPP……17 步

区域比较指令 ZCP 是将源操作数［S·］中的数与两个源操作数［S1·］和［S2·］中的数据进行代数比较，其比较结果驱动目标操作数中相邻 3 个位元件的状态。

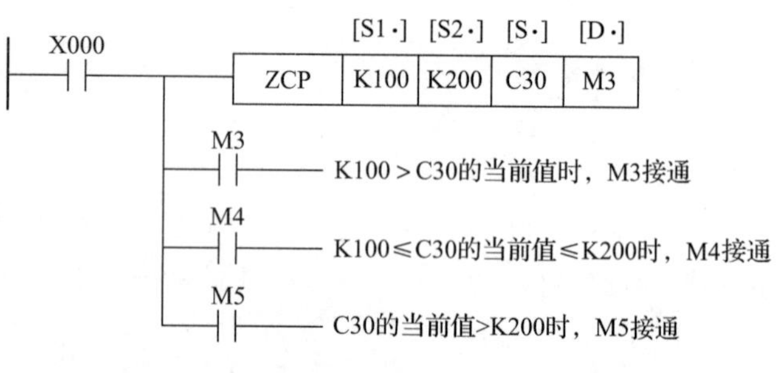

图 16—13　区域比较指令 ZCP 的功能说明

在图 16—13 中，当控制条件 X0 为 ON 时，执行 ZCP 指令，当K100＞C30 的当前值时，M3 接通（M3＝1）；当 K100≤C30 的当前值≤K200 时，M4 接通（M4＝1），当 C30 的当前值＞K200 时，M5 接通（M5＝1）。

当 X0 为 OFF 时，M3，M4，M5 的状态保持不变，编程时源操作数［S1·］内的数必须小于源操作数［S2·］内的数，否则将把［S2·］看作与［S1·］一样大。

3．触点型比较指令

触点型比较指令相当于一个触点，指令执行时，对源操作数［S1·］和［S2·］进行比较，当满足比较条件时，触点闭合。以 LD 开始的触点型比较指令接在左母线上，以 AND 开始的触点型比较指令，相当于串联触点；以 OR 开始的触点型比较指令，相当于并联触点。

触点型比较指令的助记符和命令见表 16—3，其程序如图 16—14 和图 16—15 所示。

表 16—3　　　　触点型比较指令的助记符和命令

功能号	助记符	命令名称	功能号	助记符	命令名称
224	LD＝	(S1)＝(S2)时运算开始的触点接通	236	AND＜＞	(S1)≠(S2)时串联触点接通
225	LD＞	(S1)＞(S2)时运算开始的触点接通	237	AND＜＝	(S1)≤(S2)时串联触点接通
226	LD＜	(S1)＜(S2)时运算开始的触点接通	238	AND＞＝	(S1)≥(S2)时串联触点接通
228	LD＜＞	(S1)≠(S2)时运算开始的触点接通	240	OR＝	(S1)＝(S2)时并联触点接通
229	LD＜＝	(S1)≤(S2)时运算开始的触点接通	241	OR＞	(S1)＞(S2)时并联触点接通
230	LD＞＝	(S1)≥(S2)时运算开始的触点接通	242	OR＜	(S1)＜(S2)时并联触点接通
232	AND＝	(S1)＝(S2)时串联触点接通	244	OR＜＞	(S1)≠(S2)时并联触点接通
233	AND＞	(S1)＞(S2)时串联触点接通	245	OR＜＝	(S1)≤(S2)时并联触点接通
234	AND＜	(S1)＜(S2)时串联触点接通	246	OR＞＝	(S1)≥(S2)时并联触点接通

在图 16—14 中，当计数器 C10 的当前值等于 200 时，驱动 Y0。当数据寄存器 D20 内的数小于－10 且 X1 为 ON 时，置位 Y1。

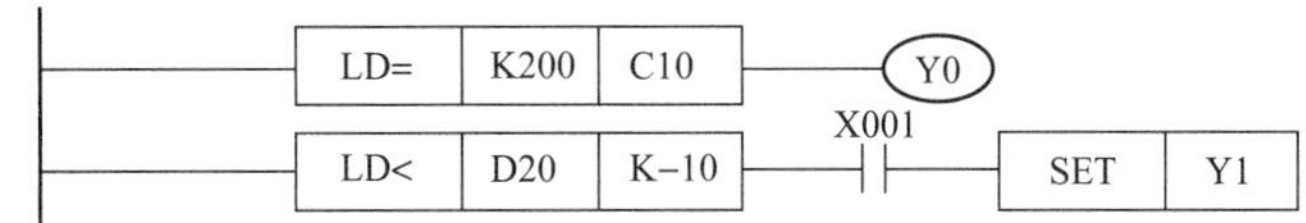

图 16—14　触点比较指令程序之一

在图 16—15a 中，当 X1 处于 OFF，且数据寄存器 D0 内的数不等于－10 时，驱动 Y10。

在图 16—15b 中，当 X2 和 M30 处于 ON 时，或者数据寄存器 D101 和 D100 内的数为 100 000 以上时，驱动 M6。

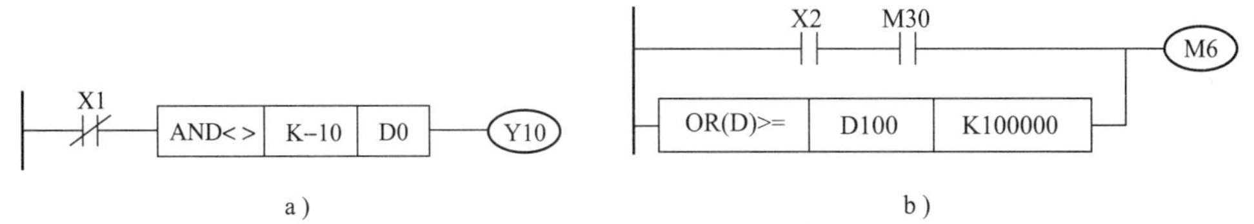

图 16—15　触点比较指令程序之二

a）串联比较触点　b）并联比较触点

4. 传送指令

传送指令的使用要素见表 16—4，传送指令程序如图 16—16 所示。

表 16—4　　　　传送指令的使用要素

指令名称	助记符	指令代码位数	操作数范围		程序步
			[S·]	[D·]	
传送	MOV MOV（P）	FNC12 （16/32）	K，H KnX，KnY，KnM，KnS T，C，D，V，Z	KnY，KnM，KnS T，C，D，V，Z	MOV，MOVP……5 步 DMOV，DMOVP……9 步

传送指令 MOV 是将源操作数内的数据传送到指定的目标操作数内，即［S·］→［D·］。

在图 16—16 中，当 X0 为 ON 时，源操作数［S·］中的常数 K100 传送到目标操作元件 D0 中。当指令执行时，常数 K100 自动转换成二进制数；当 X0 断开时，指令不执行，数据保持不变。

图 16—16　传送指令程序

5. 多点传送指令

多点传送指令的使用要素见表 16—5，其程序如图 16—17 所示。多点传送指令 FMOV 是将源操作数中的数据送到目标操作数指定地址开始的 n 个元件中，指令执行后 n 个元件中的数据完全相同。如果元件号超出允许范围，数据仅送到允许的范围中。

表 16—5　　多点传送指令的使用要素

指令名称	助记符	指令代码位数	操作数范围			程序步
			［S·］	［D·］	n	
多点传送	FMOV FMOV（P）	FNC16 （16/32）	K，H KnX，KnY， KnM，KnS T，C，D， V，Z	KnY，KnM， KnS T，C，D， V，Z	K，H ≤512	FMOV， FMOVP……7 步 DFMOV， DFMOVP……13 步

在图 16—17 中，当 X0 为 ON 时，将常数 0 送到 D5～D14 这 10 个（n=10）数据寄存器中。

该指令常用于初始化程序中对某一批数据寄存器清零或置相同数的场合。

X000　　FMOV　K0　D5　K10（[S·]　[D·]　n）

图 16—17　多点传送指令程序

6. 数据交换指令

数据交换指令的使用要素见表 16—6，其程序如图 16—18 所示。数据交换指令 XCH 是将两个目标操作数［D1·］和［D2·］中的数据互相交换。

表 16—6　　数据交换指令的要素

指令名称	助记符	指令代码位数	操作数范围		程序步
			［D1·］	［D2·］	
数据交换	XCH XCH(P)	FNC17 （16/32）	KnY，KnM，KnS T，C，D，V，Z	KnY，KnM，KnS T，C，D，V，Z	XCH，XCHP……5 步 DXCH，DXCHP……9 步

在图 16—18 中，当 X0 为 ON 时，D10 中的数与 D11 中的数互相交换，例如：

执行前（D10）=100→执行后（D10）=96

(D11)＝96　　(D11)＝100

数据交换指令一般采用脉冲执行方式（指令助记符后附有 P)，否则每一个扫描周期都要交换一次。

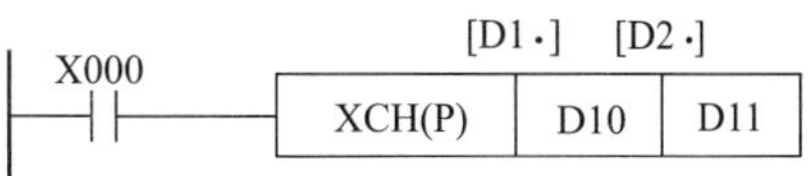

图 16—18　数据交换指令程序 1

7. **数据变换指令**

(1) BCD 变换指令。BCD 变换指令的使用要素见表 16—7，其程序如图 16—19 所示。BCD 变换指令的作用是将源操作数［S·］内的二进制数转换成 BCD 码数后送到目标操作数[D·］的元件中。

表 16—7　　BCD 变换指令的使用要素

指令名称	助记符	指令代码位数	操作数范围		程序步
			[S·]	[D·]	
BCD 变换	BCD BCD (P)	FNC18 (16/32)	KnX，KnY，KnM，KnS T，C，D，V，Z	KnY，KnM，KnS T，C，D，V，Z	BCD，BCDP……5 步 DBCD，DBCDP……9 步

在图 16—19 中，当 X0 为 ON 时，执行 BCD 指令将数据寄存器 D10 中的二进制数转换成 BCD 码数，并送到 Y0～Y7 元件中。

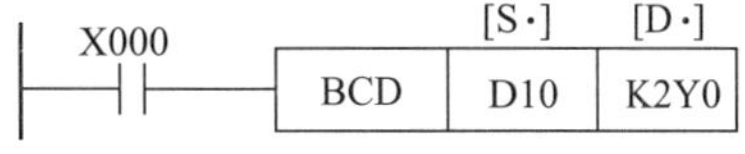

图 16—19　BCD 变换指令程序

由于 PLC 内部的算术运算是按二进制数进行的，可以用 BCD 指令将二进制数变换为 BCD 码数后送七段数码管显示。

注意，如果指令执行的变换在 16 位操作时超出 0～9 999 的范围或在 32 位操作时超出 0～99 999 999 的范围，就会出错。

(2) BIN 变换。BIN 变换指令的使用要素见表 16—8，其程序如图 16—20 所示。BIN 变换指令的作用是将源操作数中的 BCD 码数转换成二进制数后送到目标操作数的元件中。

表 16—8　　BIN 变换指令的使用要素

指令名称	助记符	指令代码位数	操作数范围		程序步
			[S·]	[D·]	
BIN 变换	BIN BIN(P)	FNC19 (16/32)	KnX，KnY，KnM，KnS T，C，D，V，Z	KnY，KnM，KnS T，C，D，V，Z	BIN，BINP……5 步 DBIN，DBINP……9 步

在图 16—20 中，当 X0 为 ON 时，BIN 指令执行将 K2X0 位组合元件中的 BCD 码数转换成二进制数，并送到数据寄存器 D10 中。

如果源操作数不是 BCD 码时，则 M8067 为 ON（运算错误），M8068（运算错误锁存）不工作，为 OFF。

图 16—20　数据交换指令程序 2

二、四则及逻辑运算指令

1. 四则运算指令

四则运算包括 ADD，SUB，MUL，DIV（二进制加法、减法、乘法、除法）指令，所有的运算都是代数运算。如果目标操作元件和源操作数元件相同时，为避免每个扫描周期都执行一次指令，应采用脉冲执行方式。四则运算指令程序如图 16—21 所示。

如果运算结果为 0，零标志 M8020 置 1；16 位运算结果超过 32 767 或 32 位运算结果超过 2 147 483 647，进位标志 M8022 置 1；16 位运算结果小于－32 768 或 32 位运算结果小于－2 147 483 648，借位标志 M8021 置 1。

如果目标操作数（如 KnM）的位数小于运算结果，将只保存运算结果的低位。

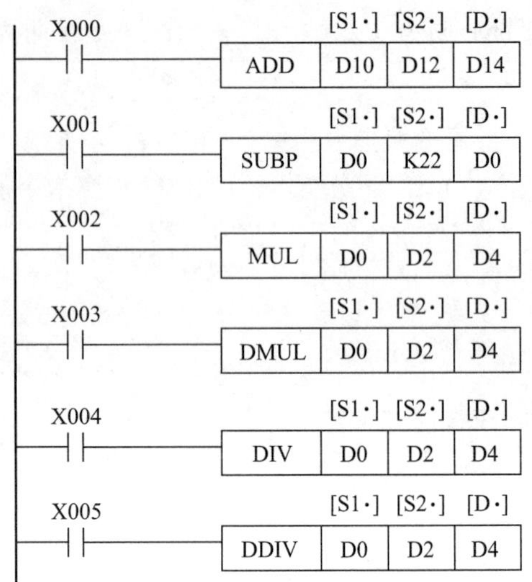

图 16—21 四则运算指令程序

在 32 位运算中，指令中被指定的字元件是低 16 位元件，而下一字元件为高 16 位元件，建议指定操作元件时采用偶数元件号。

（1）加法指令。加法指令的使用要素见表 16—9。加法指令 ADD 是将两个源操作数元件中的二进制数相加，其结果送到目标操作数元件中。在图 16—21 中当 X0 为 ON 时，执行(D10)＋(D12)→D14。

表 16—9　加法指令的使用要素

指令名称	助记符	指令代码位数	操作数范围			程序步
			[S1·]	[S2·]	[D·]	
加法	ADD ADD（P）	FNC20 （16/32）	K，H KnX，KnY，KnM，KnS T，C，D，V，Z		KnY，KnM，KnS T，C，D，V，Z	ADD，ADDP……7 步 DADD，DADDP……13 步

（2）减法指令。减法指令的使用要素见表 16—10。减法指令 SUB 是将［S1·］指定的元件中的数减去［S2·］指定的元件中的数，其差值送到［D·］指定的元件中。如图 16—21 中，当 X1 为 ON 时，执行（D0）－22→D0。因为要将运算结果送入存放源操作数的 D0 中，所以必须使用脉冲执行方式。

表 16—10　　减法指令的使用要素

指令名称	助记符	指令代码位数	操作数范围			程序步
			[S1·]	[S2·]	[D·]	
减法	SUB SUB（P）	FNC21 （16/32）	K，H KnX，KnY，KnM，KnS T，C，D，V，Z		KnY， KnM，KnS T，C， D，V，Z	SUB，SUBP……7 步 DSUB，DSUBP……13 步

（3）乘法指令。乘法指令的使用要素见表 16—11。乘法指令 MUL 是将两个源操作元件中的二进制数相乘，结果送到目标元件中。在图 16—21 中，当 X2 为 ON 时，执行 16 位乘法运算，(D0)×(D2)→D5D4，源操作数是 16 位，其乘积目标操作数是 32 位，其中 D4 中存放低 16 位，D5 中存放高 16 位。

表 16—11　　乘法指令的使用要素

指令名称	助记符	指令代码位数	操作数范围			程序步
			[S1·]	[S2·]	[D·]	
乘法	MUL MUL（P）	FNC22 （16/32）	K，H KnX，KnY，KnM，KnS T，C，D，V，Z		KnY，KnM， KnS T，C，D， V，Z	MUL，MULP……7 步 DMUL， DMULP……13 步

在图 16—21 中，当 X3 为 ON 时，执行 32 位乘法运算，(D1D0)×(D3D2)→D7D6D5D4，源操作数是 32 位，目标操作数（乘积）为 64 位，其中 D5D4 中存放低 32 位，D7D6 中存放高 32 位。

如果用位组合元件作为目标操作元件（如 KnM）时，限于 K 的取值只能保存运算结果的低 32 位。

（4）除法指令。除法指令的使用要素见表 16—12。除法指令 DIV 是将指定的两个源操作数相除，[S1·] 为被除数，[S2·] 为除数，其商送到指定的目标元件 [D·] 中去，而余数送到 [D·] 的下一个目标元件。

表 16—12　　除法指令的使用要素

指令名称	助记符	指令代码位数	操作数范围			程序步
			[S1·]	[S2·]	[D·]	
除法	DIV DIV(P)	FNC23 （16/32）	K、H KnX，KnY，KnM，KnS T，C，D，V，Z		KnY，KnM， KnS T，C， D，V，Z	DIV，DIVP……7 步 DDIV，DDIVP……13 步

在图 16—21 中，当 X4 为 ON 时，执行（D0）÷（D2）→商放于 D4 中，余数放于 D5 中；当 X5 为 ON 时，执行 32 位除法运算，（D1D0）÷（D3D2）→商放于 D5D4 中，余数放于 D7D6 中。

若除数为 0 则出错（不执行该指令），若位组合元件被指定为目标元件时，则不能得到余数，商和余数的最高位为符号位。

2. 二进制加 1、减 1 指令

加 1 指令 INC 和减 1 指令 DEL 均不影响零标志、借位标志和进位标志。

（1）加 1 指令。加 1 指令 INC 的功能是将目标元件中的数加 1 后再回送到该目标元件中。加 1 指令程序如图 16—22 所示，当 X0 由 OFF 变为 ON 时，执行（D0）＋1→D0 运算。该指令如果不用脉冲执行方式，则每一次扫描周期（D0）都要加 1。

在 16 位运算时＋32 767 再加 1 就变成－32 768；在 32 位运算时＋2 147 483 647 再加 1 就变成－2 147 483 648，不会影响标志位。

（2）减 1 指令。减 1 指令 DEL 的功能是将目标元件中的数减 1 后再回送到目标元件中。减 1 指令程序如图 16—23 所示，当 X1 由 OFF 变为 ON 时，执行（D2）－1→D2 运算，同样该指令也应采用脉冲执行方式。

图 16—22　加 1 指令程序　　图 16—23　减 1 指令程序

在 16 位运算时－32 768 再减 1 就变成＋32 767；在 32 位运算时，－2 147 483 648 再减 1 就变成＋2 147 483 647，同样不影响标志位。

3. 字逻辑运算指令

字逻辑运算是将两个源操作元件中的数，以位为单位做相应的逻辑运算，结果存于目标元件中。

（1）逻辑与指令。逻辑与指令 WAND，对应位的逻辑运算为“全 1 出 1，有零出零”。

（2）逻辑或指令。逻辑或指令 WOR，对应位的逻辑运算为“有 1 出 1，全零出零”。

（3）逻辑异或指令。逻辑异或指令 WXOR，对应位的逻辑运算为“不同出 1，相同出零”。

逻辑运算指令程序如图 16—24 所示，当 X0，X1，X2 为 ON 时，其逻辑运算的结果见表 16—13。

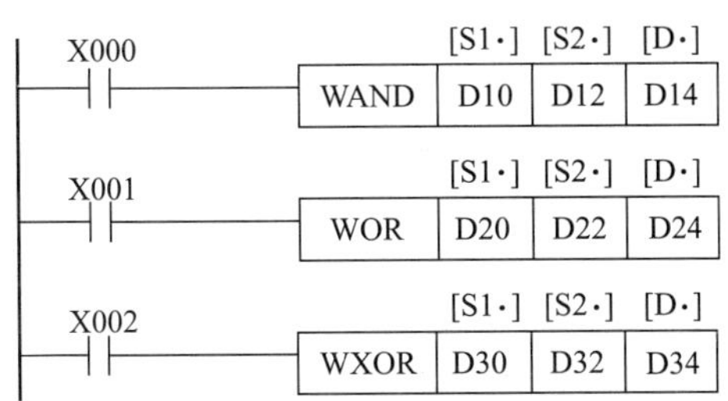

图 16—24 逻辑运算指令程序

表 16—13 字逻辑运算的结果

源操作数 S1	0101 1001 0011 1011
源操作数 S2	1111 0110 1011 0101
“与”的结果	0101 0000 0011 0001
“或”的结果	1111 1111 1011 1111
“异或”的结果	1010 1111 1000 1110

三、循环移位与移位指令

1. 循环移位指令

ROR 和 ROL 分别为右、左循环移位指令，它们只有目标操作数。现以循环右移指令 ROR 为例，其使用要素见表 16—14，其程序如图 16—25 所示，当 X0 由 OFF 变为 ON 时，[D·] 内各位数据向右移 n 位，最后一次从最低位移出的状态存于进位标志 M8022 中。

表 16—14 循环右移指令的要素

指令名称	助记符	指令代码位数	操作数范围		程序步
			[D·]	n	
循环右移	ROR ROR(P)	FNC30 (16/32)	KnY，KnM，KnS T，C，D，V，Z	K，H 移位量 $n \leqslant 16$(16 位) $n \leqslant 32$(32 位)	ROR，RORP……5 步 DROR，DRORP……9 步

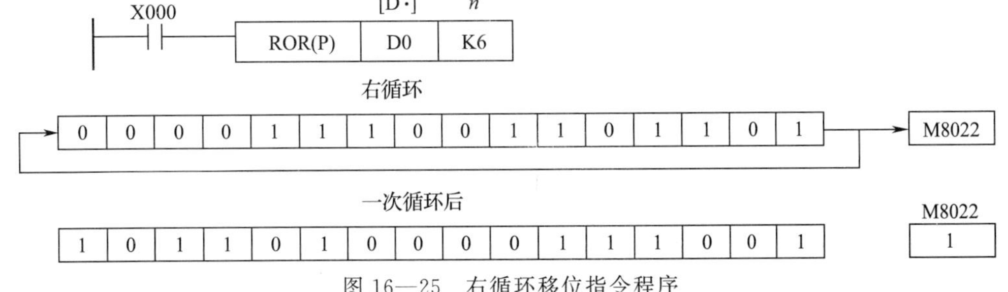

图 16—25 右循环移位指令程序

循环指令一般采用脉冲执行方式，如果用连续执行方式，则循环移位操作每个扫描周期都执行一次。

若在目标操作数中指定为位组合元件时，其组数只有 K4（16 位指令）和 K8（32 位指令）有效，如 K4Y0 和 K8M0。

2. 位右移指令和位左移指令

位右移指令 SFTR 和位左移指令 SFTL 是属于非循环的线性移位指令，数据移出部分丢失、移入部分从其他数据获得。现以位右移指令 SFTR 为例进行说明，其使用要素见表 16—15，其程序如图 16—26 所示。

表 16—15　　位右移指令的使用要素

指令名称	助记符	指令代码位数	操作数范围				程序步
			[S·]	[D·]	$n1$	$n2$	
位右移	SFTR SFTR(P)	FNC34 (16)	X，Y，M，S	Y，M，S	K，H		SFTR，SFTRP……9 步

位右移指令是对 $n1$ 位 [D·] 所指定的位元件进行 $n2$ 位的位右移，右移后的高位由 [S·] 所指定的位元件移入。如图 16—26 所示，当 X10 由 OFF 变为 ON 时，位右移指令按图示顺序移位。位移位指令一般采用脉冲执行方式，如用连续执行方式，则移位指令是每个扫描周期都执行一次。

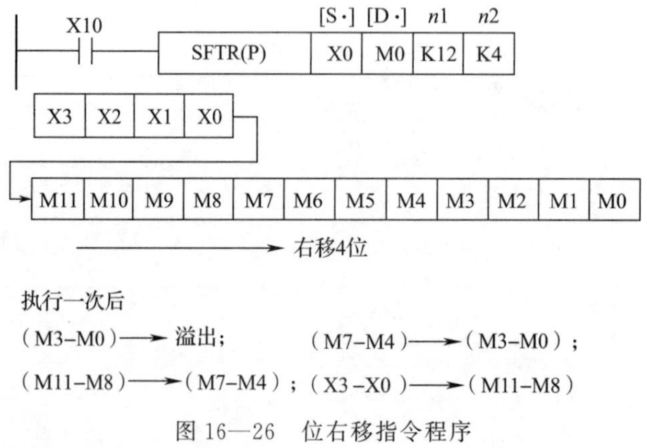

图 16—26　位右移指令程序

四、数据处理类指令

1. 区域复位指令

区域复位指令 ZRST 又称成批复位指令，其使用要素见表 16—16，其程序如图 16—

27 所示。当 M8002 由 OFF 变为 ON 时，将［D1·］～［D2·］指定的元件号范围内的同类元件成批复位，即位元件 M500～M510 全部复位；字元件 C0～C10 全部复位；状态元件 S20～S30 全部复位。

表 16—16　　　　区域复位指令的使用要素

指令名称	助记符	指令代码位数	操作数范围		程序步
			［D1·］	［D2·］	
区域复位	ZRST ZRST（P）	FNC40 （16）	Y，M，S，T，C，D（D1<＝D2）		ZRST，ZRSTP……5 步

［D1·］和［D2·］指定的应是同一类元件，［D1·］的元件号应小于等于［D2·］的元件号，如果［D1·］指定的元件号大于［D2·］的元件号，则只有［D1·］指定的元件被复位，单个位元件和字元件可以用 RST 指令复位。

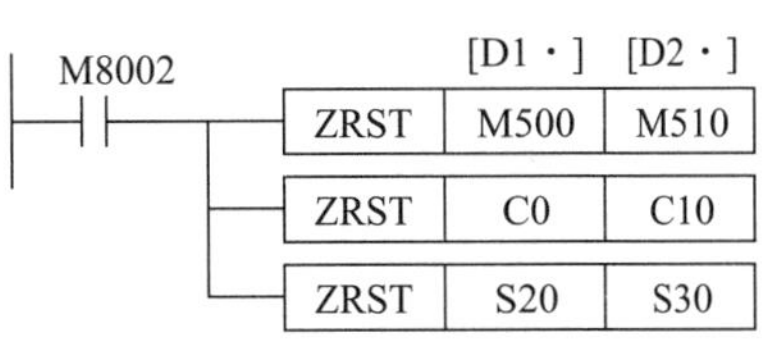

图 16—27　区域复位指令程序

2. 平均值指令

平均值指令 MEAN 是将［S·］元件号开始的 n 个源操作数数据的平均值（代数和除以 n）送到［D·］指定的目标元件中，余数被略去。其使用要素见表 16—17，其程序如图 16—28 所示。

表 16—17　　　　平均值指令的使用要素

指令名称	助记符	指令代码位数	操作数范围			程序步
			［S·］	［D·］	n	
平均值	MEAN MEAN（P）	FNC45 （16）	KnX，KnY，KnM，KnS T，C，D	KnY，KnM，KnS T，C，D，V，Z	K，H 1～64	MEAN，MEANP……7 步

超出软元件编号时，n 值自动减小，n 值超出 1～64 范围则出错。

X000　[S·]　[D·]　n

MEAN　D0　D10　K3

$$\frac{(D0)+(D1)+(D2)}{3} \longrightarrow D10$$

图 16—28　平均值指令程序

五、程序流控制指令

程序流控制指令包含跳转指令、子程序指令、中断指令、程序循环指令等，这些指令用于对程序流程进行控制，可以影响程序的流向和内容。

编程时，对这些指令的合理应用可以使编制的程序结构紧凑、流程合理、简练明了，同时有效地提高程序的编制技巧，增强程序的功能。

1. 条件跳转指令

（1）条件跳转指令的含义。条件跳转指令 CJ 的功能是，当跳转条件满足时，在每个扫描周期中，PLC 将不执行从跳转指令到跳转指针 P△间的程序，而跳到以指针 P△为入口的程序段中执行；当跳转条件不满足时，则不执行跳转，程序按原顺序执行。△＝0～127，但 P63 是特指 END 处，跳转到 P63 即是跳转到 END 处。

条件跳转指令程序如图 16—29 所示，当 X0 为 ON 时，跳转指令 CJ P8 执行条件满足。程序将从 CJ P8 指令处跳至标号 P8 处，仅执行该梯形图中最后 3 行程序；当 X0 为 OFF 时，不进行跳转，按顺序执行下面的指令。

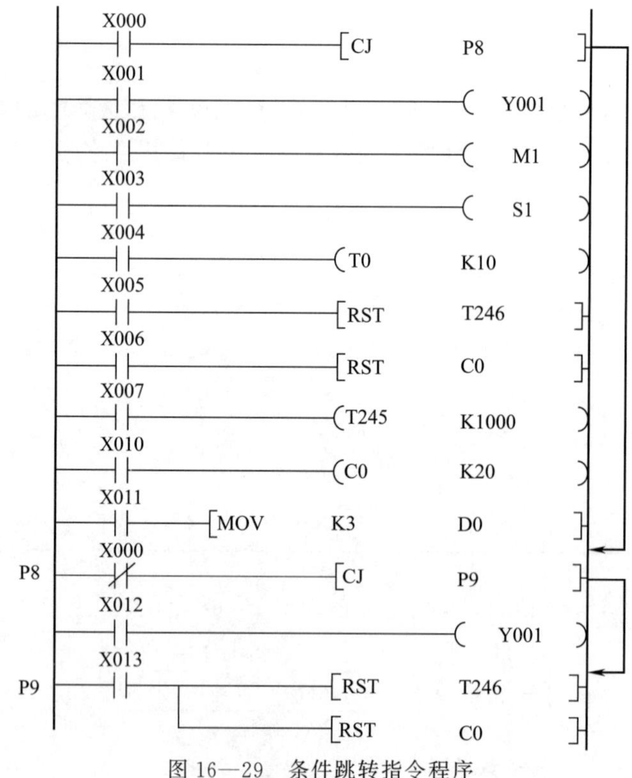

图 16—29 条件跳转指令程序

（2）跳转程序段中元件在跳转执行过程中的工作状态

1）处于跳转程序段中的输出继电器（Y1）、辅助继电器（M1）、状态元件（S1），由于该程序段不执行，即使梯形图涉及的工作条件发生变化，它们的工作状态仍保持跳转前的状态。

2）处于跳转段中的定时器和计数器，它们将停止定时和计数，积算型定时器 T246 和计数器 C0 的当前值将被锁定。

3）处于跳转程序段中的复位指令 RST 具有优先权，即使在跳转过程中，只要复位指令的执行条件满足时，复位工作也将进行，如 RST T246 和 RST C0，只要 X5 为 ON 或 X6 为 ON，这两条指令照常执行。

（3）使用跳转指令时的注意事项

1）由于跳转指令具有选择程序段的功能，在同一程序且位于因跳转而不会被同时执行程序段中的同一线圈不被视为双线圈（如图 16—29 中的 Y1）。

2）多条跳转指令可以使用相同的指针，其程序如图 16—30 所示。但一个跳转指针标号在程序中只能出现一次，如出现多于一次就会出错。

3）指针标号可以出现在跳转指令后面，也可以出现在跳转指令前面，其位置如图 16—31 所示。但要注意，如果由于指针标号在前面造成程序执行时间超过警戒时间设定值，则程序会出错。

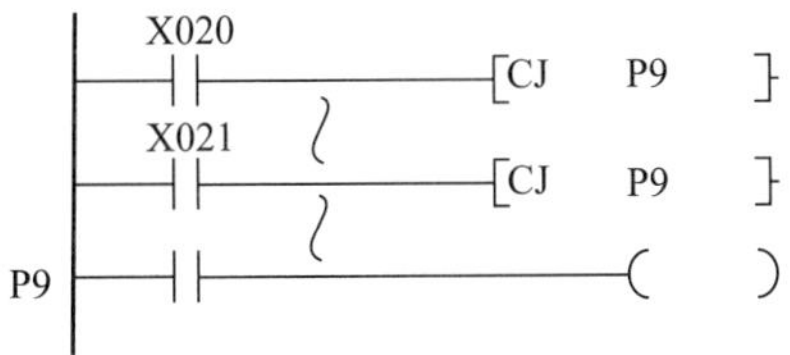

图 16—30　多条跳转指令程序

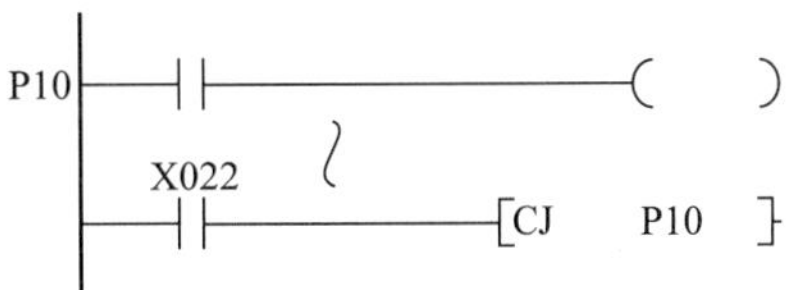

图 16—31　跳转指令程序的位置

4）在编写指令语句表时，指针标号需占一行，指针 P20 的语句表如下。

```
LD X30
CJ P20
LD X31
OUT Y10
P20
LD X3
OUT Y1
```

（4）跳转指令的应用

1）跳转指令可用于需要安插临时执行的程序段的编制上，其应用如图 16—32 所示，检测程序只有在 X10 由 OFF 变为 ON 后执行一个扫描周期，在以后的扫描周期中就被跳过。

2）跳转指令常用于程序段的选择上。如在设计机械加工控制程序时，一般都有自动程序和手动程序，为了提高软、硬件可靠性及便于调试，往往编制自动和手动两套程序，放于不同的存储区。在操作面板上设置一个自动/手动的转换开关，这样就可以通过跳转指令来选择不同的加工程序了，其应用如图 16—33 所示。

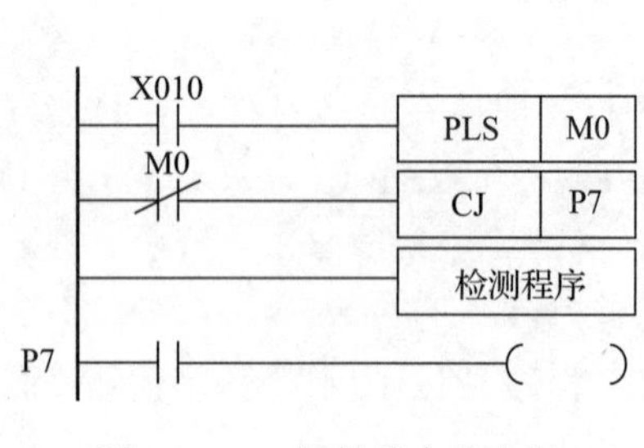

图 16—32 跳转指令的应用

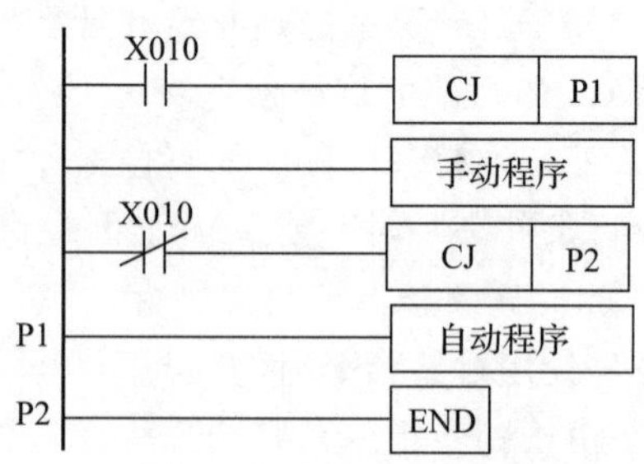

图 16—33 跳转指令的转换开关应用

2. 子程序调用与子程序返回指令

在编制控制程序时，往往会遇到一些重复执行的功能程序段，如一台机械设备在加工了一定数量的产品后，为了减少加工中的累积误差，需要将各加工轴返回机械原点（称为归零），然后再加工，回原点的这段程序在整个控制程序中需要反复执行。为此，可以把回原点程序单独地提出来存放在专门的存储区，当需要时，调用它来执行就可以了。

这种具有某种功能，在需要时常被其他程序调用的程序称为子程序，调用子程序的程序称为主程序，这样编制的程序结构简洁明了。

在编程时，规定主程序排在前面，子程序应放在 FEND（主程序结束）指令之后。

子程序调用指令 CALL 的操作数，即标号为 P0～P127，这个标号是子程序的指针，也是子程序的起始地址。由于子程序执行完后要返回主程序继续执行，所以子程序结束后必须编写子程序返回指令 SRET，其使用说明的程序如图 16—34 所示。

当 X0 由 OFF 变为 ON 时，CALL 指令使程序跳到标号 P10 处，执行子程序；当执行到 SRET 返回指令时，程序返回到 CALL P10 指令的下一步（即 104 步）处继续执行。子程序的指令标号应写在 FEND 指令后面。

同一标号不能出现多于 1 次，CJ 指令中用过的标号不能重复再用，但不同的 CALL 指令可调用同一标号的子程序。

在子程序执行过程中再调用其他子程序，称为子程序嵌套，其使用嵌套程序如图 16—35 所示。

当 X1 条件满足（为 ON）时，执行 CALL P11 指令，程序转去执行 P11。在执行 P11 子程序的过程中，如果 CALL P12 指令被执行，则程序跳到标号为 P12 的子程序去执行，这种在子程序中调用子程序的行为称为子程序嵌套。在执行到 SRET（2）指令后，程序返回到子程序 P11 中 CALL P12 指令的下一步执行。在 SRET（1）指令执行后，再返回到主程序。

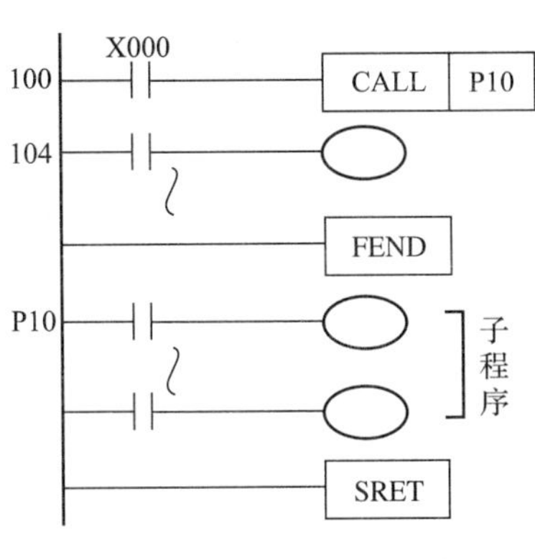

图 16—34　调用指令程序

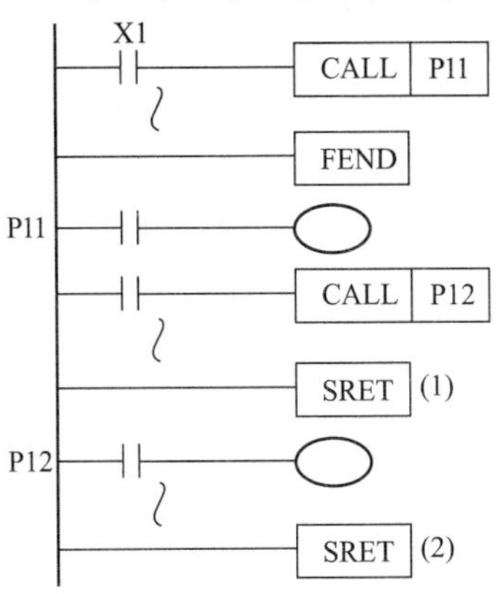

图 16—35　调用指令程序的嵌套

子程序嵌套最多为 5 级，子程序使用的定时器应在 T192～T199 和 T246～T249 之间选择。

3. 中断技术

中断技术是计算机的一个很重要的技术，是高速运行的计算机和慢速（相对而言）的外部设备之间进行联系的最有效的方法。

（1）中断过程。当 PLC 在执行程序的过程中，某一外设需要 PLC 为其服务时，向 CPU 发出中断请求信号。在允许中断的条件下，CPU 暂时停止执行当前的程序，而转去执行为该外设服务的中断子程序，执行完以后，返回被中断的地方，继续执行原来的程序，这一过程称为中断过程。由于中断请求信号是随机产生的，不是程序运行生成的，中断过程不受 PLC 扫描周期的影响。同时，CPU 响应中断的时间小于机器的扫描周期，能迅速处理中断事件，从而达到实时控制的需要。

（2）中断源。发出中断请求的信号称为中断源，FX_{2N}系列 PLC 共有 3 种中断源，即外部输入中断源、定时器中断源及计数器中断源。

外部输入中断源是从输入端子（X0～X5）送入的中断，用于处理外部设备随机事件引起的中断。定时器中断源是机内中断，由设定的定时器引起，一般都用于周期性工作的场合。计数器中断源是配合高速计数器工作引入的中断，由高速计数器比较指令引出。

每个中断子程序都有一个中断入口地址，即中断指针（见本章第 1 节）。同时在它结束时，有一条中断返回指令 IRET，以便 CPU 能返回到原程序的断口处。中断子程序放在 FEND 指令后面。

（3）与中断有关的指令。并不是中断源发出中断请求，PLC 就会立即响应。只有当中断请求信号处于 PLC 程序允许中断指令 EI（开中）后的程序段中，以及与该中断源对应的特殊辅助继电器 M805△是开通状态（即 OFF 状态）时，PLC 才会响应该中断请求。如果中断请求信号处于程序不允许中断指令 DI（关中）后的执行段中，或者对应的特殊辅助继电器 M805△为关断状态（即 ON 状态），则 PLC 就不响应该中断源的请求。这就好比中断源的请求信号要经过两个开关才能使PLC响应它的请求。如图16—36所示，输入中断源X0发来的中断请求信号，只有当总开关EI合上及对应的特殊辅助继电器M8050=0时，PLC才会响应并执行指针标号I001后面的中断子程序。

中断指令使用程序如图16—37所示，与中断有关的指令为：中断返回指令IRET、允许中断指令EI、禁止中断指令DI。另外，特殊辅助继电器M805△为ON时（△=0～8），禁止执行相应的中断I△□□（□□是与中断有关的数字）。M8059为ON时，关闭所有的计数器中断。

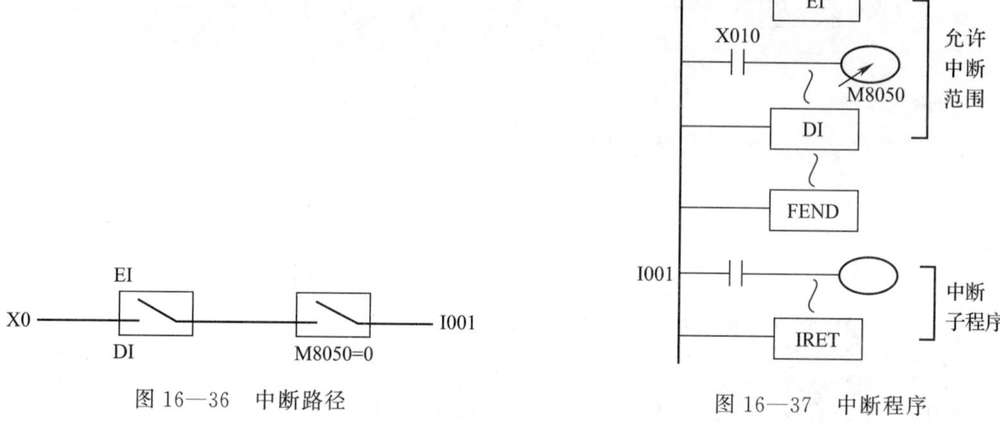

图16—36　中断路径

图16—37　中断程序

4. 循环指令

循环指令由FOR和NEXT两条指令构成，FOR指令用来表示循环区的起点，它的源操作数用来表示循环次数；NEXT指令是循环区终点指令，无操作数。FOR与NEXT之间的程序被反复执行，执行次数由FOR指令的源操作数设定，执行完后，执行NEXT后面的指令。FOR与NEXT指令总是成对使用，FOR指令应放在NEXT指令前面。

循环指令也可嵌套使用，如图16—38所示，在梯形图中相距最近的FOR和NEXT指令是一对（如①），其次是相距较远的一对（如②），每一对FOR和NEXT之间包含了一定的程序。

在图16—38中，外循环程序②执行3次，每执行一次外循环就要执行5次内循环①，因此内循环一共要执行15次。

六、方便指令

1. 交替输出指令

交替输出指令ALT的操作元件为Y，M，S，其功能如图16—39所示。每当X0由OFF变为ON时，M0的状态改变一次。采用连续交换输出指令ALT时，M0的状态每个扫描周期都改变一次。

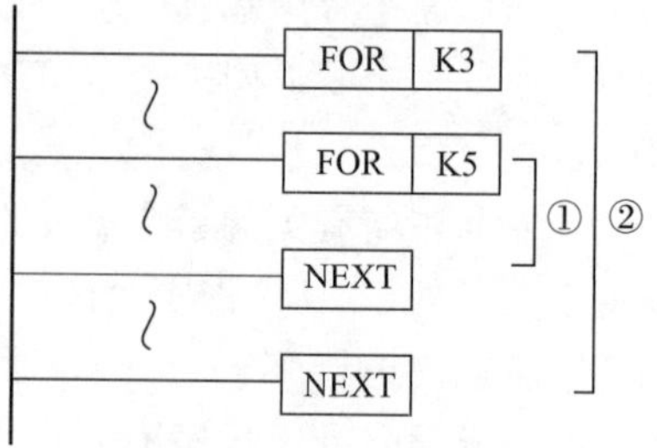

图16—38　循环程序

ALT 还具有分频的效果，使用 ALT 指令可用一个按钮 X0 来控制外部设备的启动和停止，其应用如图 16—40 所示。

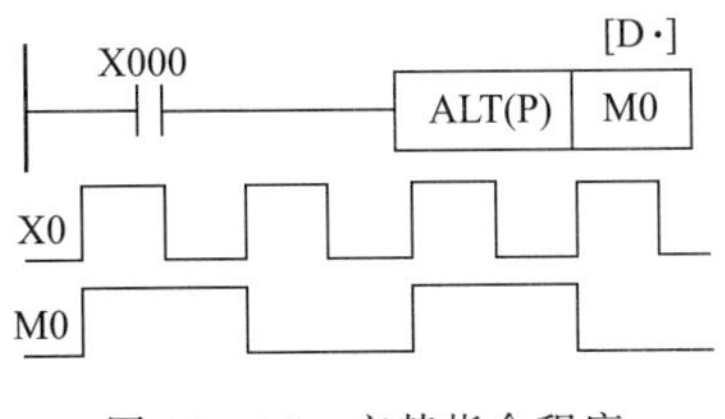

图 16—39　交替指令程序

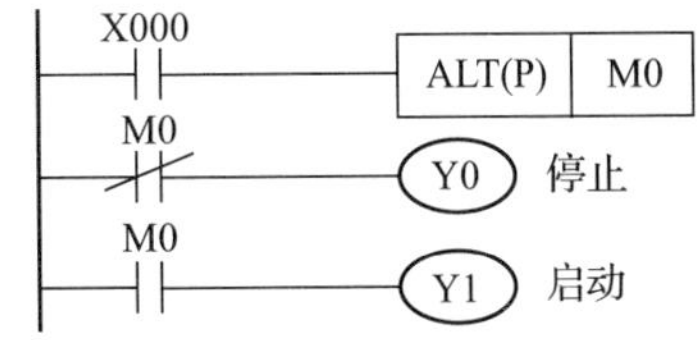

图 16—40　交替指令应用

2. 数据排序指令

数据排序指令 SORT 用于将源操作数的编号按指令的内容进行由小到大的重新排列。其使用说明如图 16—41 所示。

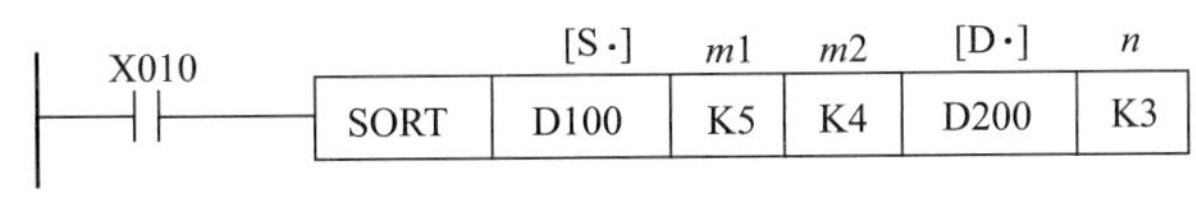

图 16—41　排序指令程序

源操作数［S·］和其他操作数 $m1$，$m2$ 表示，由 K5 行、K4 列组成的一个表格，存放在以 D100 为首元件的 20 个数据寄存器中，即放在 D100～D119，如图 16—42 所示。执行指令 SORT 时，表示由 n 所指定的列 K3（第 3 列）按由小到大的顺序重新排列（保持原有行的内容），排列好的表格存放在目标操作数所指定首元件开始的数据寄存器中，即 D200～D219 中，如图 16—43 所示。

*m*2个列

*m*1个行

列号 / 行号	1	2	3	4
	人员号	身高	体重	年龄
1	D100	D105	D110	D115
	1	150	45	20
2	D101	D106	D111	D116
	2	180	50	40
3	D102	D107	D112	D117
	3	160	70	30
4	D103	D108	D113	D118
	4	100	20	8
5	D104	D109	D114	D119
	5	150	50	45

图 16—42　排序前表格

行号 \ 列号	1	2	3	4
	人员号	身高	体重	年龄
1	D200	D205	D210	D215
	4	100	20	8
2	D201	D206	D211	D216
	1	150	45	20
3	D202	D207	D212	D217
	2	180	50	40
4	D203	D208	D213	D218
	5	150	50	45
5	D204	D209	D214	D219
	3	160	70	30

图 16—43　排序后表格

当 X10 为 ON 时开始数据排序，执行完毕、标志 M8029＝ON 时，停止运行。在指令执行过程中，X10 要保持 ON 状态。

该指令的源操作数、目标操作数只使用数据寄存器 D，其他操作数 $m1$，$m2$，n 只使用常数 K 或 H。

SORT 指令没有脉冲执行方式，同时在指令执行过程中，不能改变操作数与数据内容。

该指令很有实用价值，当需要对表格中的某一种属性进行排序时，只需要使用一次该指令就能实现。

七、外部 I/O 设备指令

外部 I/O 设备指令是指通过外部数字键将数据输入 PLC，以及将 PLC 内数据输出到外部数码管时所用的一些指令，这些指令的应用可以减少 I/O 端口的配置并简化程序编制。

1．数字开关指令

数字开关指令 DSW 是输入 BCD 码开关数据的专用指令，用来读入 1 组或 2 组 4 位数字开关的设定值。其使用要素见表 16—18，其梯形图如图 16—44 所示。

表 16—18　数字开关指令的使用要素

指令名称	助记符	指令代码位数	操作数范围				程序步
			[S·]	[D1·]	[D2·]	n	
数字开关	DSW	FNC72 (16)	X	Y	T，C，D、V，Z	K，H n=1，2	DSW……9 步

其中，[S·] 用来指定选通输入点的首位元件号，[D1·] 用来指定选通输出点的首位元件号，[D2·] 指定存储数据的元件，*n* 用来指定开关的组数 1 或 2。

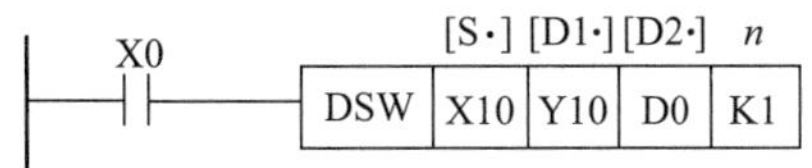

图 16—44　数字开关指令程序

每组开关由 4 个数码拨盘组成，拨盘也就是 BCD 码数字开关，接线如图 16—45 所示。

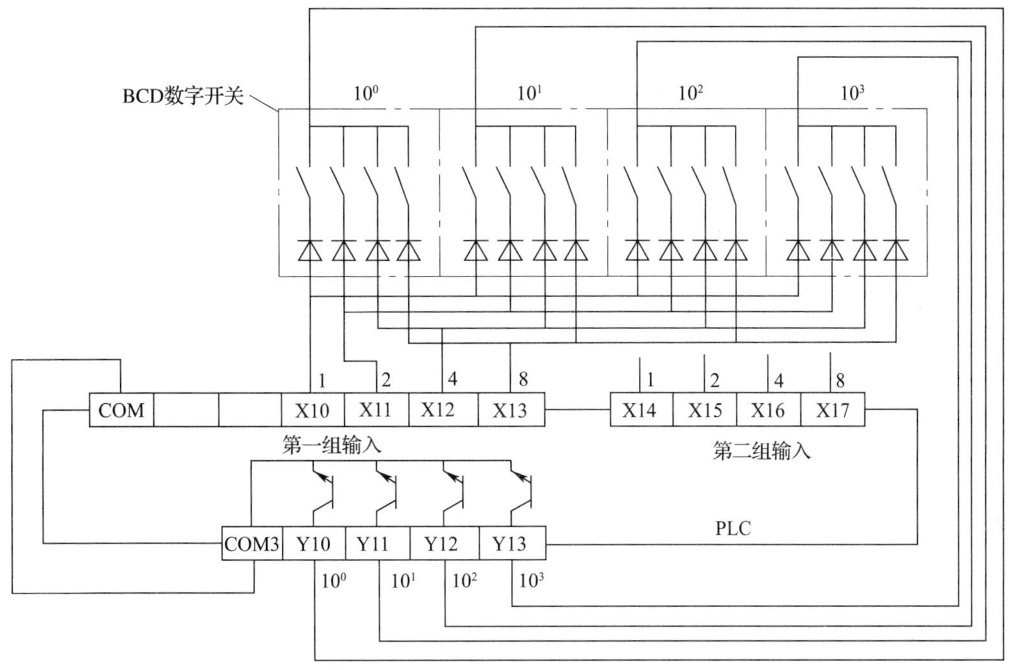

图 16—45　数字开关接线图

在梯形图 16—44 中，*n*=1 表示 1 组 BCD 码数字开关，开关的数据线合并后接到 X10～X13，每只数码拨盘的选通线按权值大小分别接到 Y10～Y13；指令执行时，由 Y10～Y13 顺次发出选通信号，每一位的数字由 X10～X13 端口读入；读入的数字转换成二进制码（BIN 码）形式存入 [D2·] 指定的元件 D0 中。若 *n* 为 K2，则表示有 2 组 BCD 码数字开关，第二组数字开关接到 X14～X17 上，仍由 Y10～Y13 顺次选通读入，其数据以 BIN 码形式存入 D1 中。当 X0 为 ON 时，Y10～Y13 依次发出 0.1 s 宽的选通脉冲，一个周期完成后，标志 M8029 产生 1 个脉冲，其时序图如图 16—46 所示。

当使用继电器输出端口时，使用一组 BCD 码开关的 DSW 指令梯形图及语句表如图 16—47 所示。

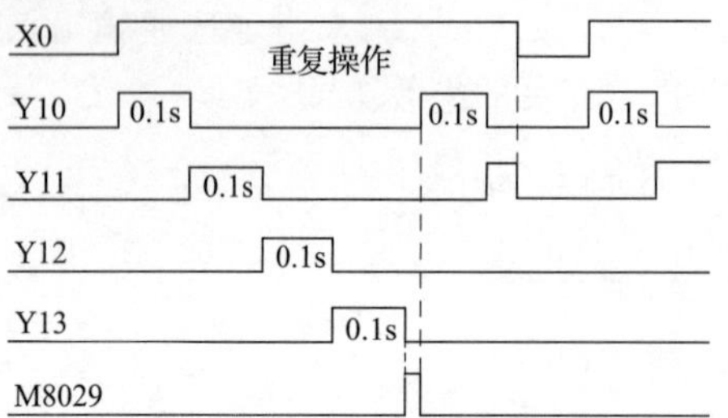

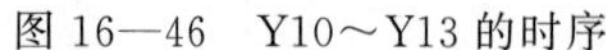
图 16—46 Y10～Y13 的时序

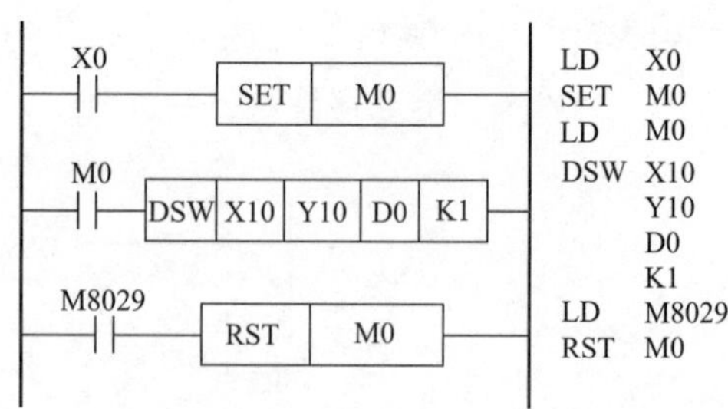

图 16—47 DSW 指令的使用说明

2．七段译码指令

七段译码指令 SEGD 是驱动七段数码管的指令。其指令格式的梯形图如图 16—48 所示，当 X0 为 ON 时，将源操作数［S·］指定的单元中低 4 位的十六进制数翻译成七段数码管对应的字符存于［D·］所指定的元件中，［D·］的高 8 位保持不变。该译码表见表 16—19。

图 16—48 七段译码指令程序

表 16—19 译码表

［S·］		七段码构成	［D·］								显示数据
十六进制	二进制		B7	B6	B5	B4	B3	B2	B1	B0	
0	0000	B0 B5 B1 B6 B4 B2 B3	0	0	1	1	1	1	1	1	0
1	0001		0	0	0	0	0	1	1	0	1
2	0010		0	1	0	1	1	0	1	1	2
3	0011		0	1	0	0	1	1	1	1	3
4	0100		0	1	1	0	0	1	1	0	4
5	0101		0	1	1	0	1	1	0	1	5
6	0110		0	1	1	1	1	1	0	1	6
7	0111		0	0	0	0	0	1	1	1	7
8	1000		0	1	1	1	1	1	1	1	8
9	1001		0	1	1	0	1	1	1	1	9
A	1010		0	1	1	1	0	1	1	1	A
B	1011		0	1	1	1	1	1	0	0	b
C	1100		0	0	1	1	1	0	0	1	C
D	1101		0	1	0	1	1	1	1	0	d
E	1110		0	1	1	1	1	0	0	1	E
F	1111		0	1	1	1	0	0	0	1	F

该指令替代了硬件七段译码器的功能。

3. 带锁存的七段显示指令

带锁存的七段显示指令 SEGL 是将源操作数指定的元件中的二进制数转换成 BCD 码，通过目标操作数指定的 Y 元件的选通信号送到带锁存的七段数码管的每一位上。其指令格式的梯形图如图 16—49 所示。

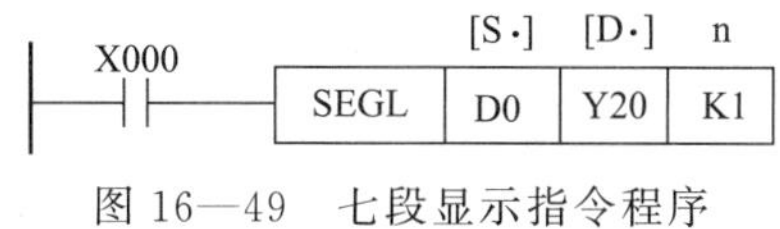

图 16—49　七段显示指令程序

SEGL 控制 4 位一组或二组的带锁存的七段码的指令，当 4 位一组时 $n=0\sim3$，4 位二组时 $n=4\sim7$。图 16—49 中 SEGL 指令控制 4 位一组，当 X0 为 ON 时，将 D0 中的二进制数转换成 BCD 码（0～9 999），BCD 码的各位依次送到 Y20～Y23；同时 Y24～Y27 依次发出选通信号，将 BCD 码送到对应的带锁存的七段数码管。如果 SEGL 显示 4 位二组数字（$n=4\sim7$）时，这时 D0 中的数据送到 Y20～Y23，D1 中的数据送到 Y30～Y33，选通信号仍然为 Y24～Y27 提供。其外部接线图如图 16—50 所示，该指令完成 4 位（一组或二组）的显示，需要 12 个扫描周期的时间，4 位数输出结束后，完毕标志 M8029 产生 1 个脉冲。

SEGL 指令的输出需使用晶体管输出型的 PLC，参数 n 的值由显示器的组数、PLC 与七段显示器的逻辑是否相同来确定。

PLC 的晶体管输出有漏输出（即 NPN 晶体管输出）和源输出（即 PNP 晶体管输出）两种，如图 16—51 所示。漏输出时，当输出继电器为 ON，输出低电平称为负逻辑；源输出时，当输出继电器为 ON，输出高电平称为正逻辑。

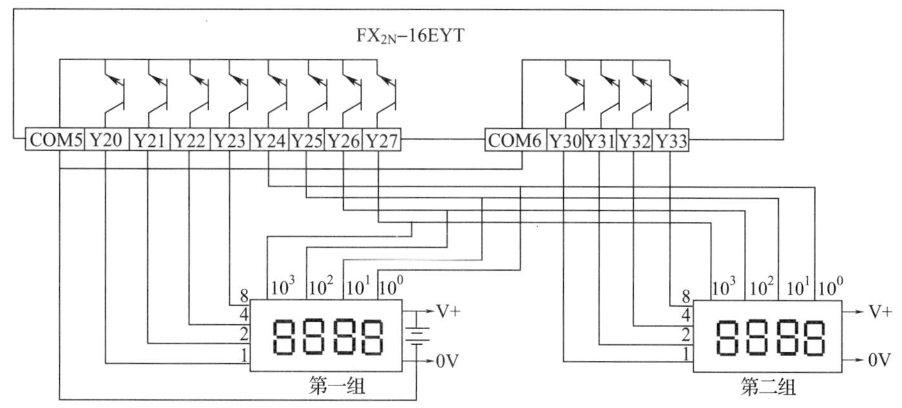

图 16—50　带锁存的七段显示器接线图

七段显示器的数据输入（由 Y20～Y22 和 Y30～Y33 提供）和选通信号（由 Y24～Y27 提供）也有正逻辑和负逻辑之分，若数据输入以高电平为“1”，则为正逻辑，反之为负逻辑。选通信号若在上升沿时锁存数据，则为正逻辑，反之为负逻辑。

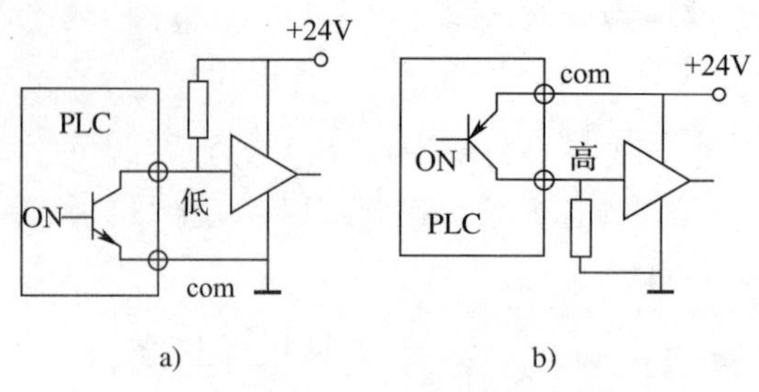

图 16—51 晶体管输出类型

a）NPN 晶体管输出（负逻辑） b）PNP 晶体管输出（正逻辑）

在编制程序时，要根据 PLC 和七段显示器的逻辑及显示器的组数来确定参数 n 的值。

4．脉冲输出指令 PLSY

脉冲输出指令 PLSY 是以指定的频率从指定的输出端口输出规定数量脉冲的专用指令，用来向外部驱动器输出给定脉冲。

脉冲输出指令的使用要素，见表 16—20。

表 16—20 脉冲输出指令的使用要素

指令名称	助记符	指令代码 位数	操作数范围			程序步
			[S1·]	[S2·]	[D·]	
脉冲输出	PLSY	FNC57 (16/32)	K，H KnX，KnY， KnM，KnS T，C，D，V，Z	K，H KnX，KnY， KnM，KnS T，C，D，V，Z	Y (只可用 Y0，Y1)	PLSY……7 步 DPLSY……13 步

脉冲输出指令 PLSY 的梯形图格式和输出脉冲波形，如图 16—52 所示。

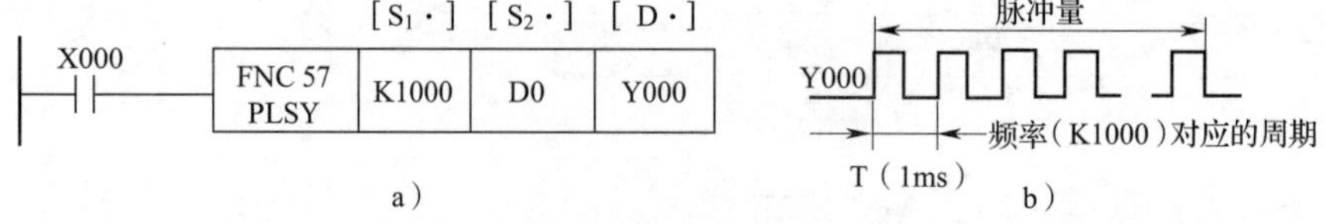

图 16—52 脉冲输出指令 PLSY

a）指令格式 b）输出脉冲波形

在指令格式中，[S1·] 用于指定输出脉冲的频率，设定值范围为 2～20 000（Hz），在指令执行中，改变 [S1·] 的内容，输出频率就随之被改变。

[S2·] 用于指定输出的脉冲量，对 16 位指令，设定值范围为 1～32 767（PLS）；对 32 位指令，设定值范围为 1～2 147 483 647（PLS）。如果 [S2·] 的设定值为 0，则输出的脉冲数量就不做限制。

[D·] 指定输出脉冲的输出端口号，只能指定为 Y0 或 Y1，且只能使用晶体管输出类型。

按图 16—52 所示的指令，当控制触点 X0 接通后，PLC 即从 Y0 输出频率为 1 000 Hz、占空比为 50%的连续脉冲，输出的脉冲量由 D0 中的数值决定，输出脉冲不受扫描周期的影响。在输出脉冲的过程中若 X0 断开，则 Y0 停止输出脉冲；当 X0 再次接通时，Y0 又开始输出脉冲，脉冲量重新开始计数。当输出脉冲数达到指定的脉冲量时，Y0 停止输出，同时指令结束标志 M8029 动作，产生一个脉冲。

从 Y0 或 Y1 输出的脉冲将保存在以下特殊数据寄存器中。

D8140（低位）
D8141（高位） 从Y000输出的脉冲总数
［FNC59（PLSR），FNC57（PLSY）指令的输出脉冲总数］

D8142（低位）
D8143（高位） 从Y001输出的脉冲总数
［FNC59（PLSR），FNC57（PLSY）指令的输出脉冲总数］

D8136（低位）
D8137（高位） 从Y000和Y001输出的脉冲总数

各个数据寄存器的内容可以使用“DMOV K0 D81 * *”加以清除。

5. 带加减速脉冲输出指令 PLSR

PLSR 是带加减速功能的定尺寸传送用的脉冲输出指令。针对指定的最高频率，进行定加速，在达到所指定的输出脉冲量后，进行定减速。

带加减速脉冲输出指令的使用要素见表 16—21。

表 16—21　　带加减速脉冲输出指令的使用要素

指令名称	助记符	指令代码	操作数范围				程序步
		位数	[S1·]	[S2·]	[S3·]	[D·]	
带加减速脉冲输出	PLSR	FNC59 (16/32)	K，H KnX，KnY，KnM，KnST，C，D，V，Z	K，H KnX，KnY，KnM，KnST，C，D，V，Z	K，H KnX，KnY，KnM，KnST，C，D，V，Z	Y（只可用 Y0，Y1）	PLSR……9 步 DPLSR……17 步

带加减速脉冲输出指令 PLSR 的梯形图格式和输出脉冲频率变化曲线分别如图 16—53、图 16—54 所示。

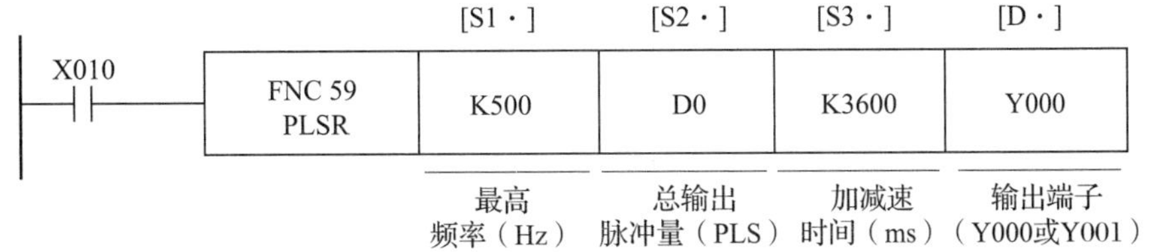

图 16—53　带加减速脉冲输出指令格式

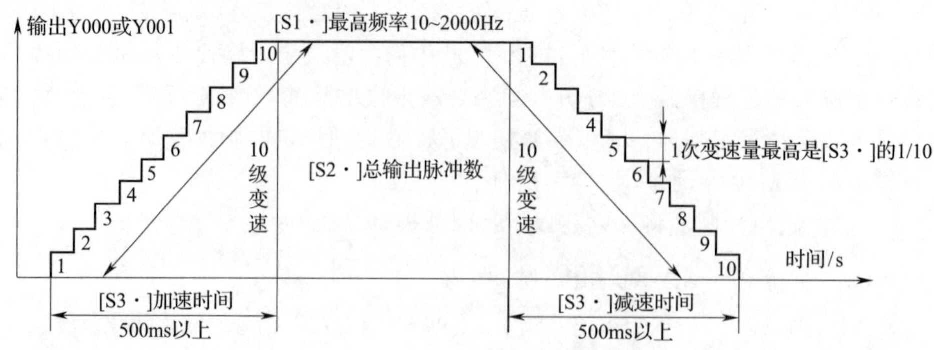

图 16—54 输出脉冲频率变化曲线

在指令格式中，［S1・］用于指定输出脉冲的最高频率，设定值范围为 10～2 000 (Hz)，必须以 10 的倍数进行设定。最高频率中设定值的 1/10 是作为加速或减速时的一次变速量（频率）。因此，如果驱动的对象是步进电动机时，必须设定在使步进电动机不失调的范围内。

［S2・］用于指定输出的脉冲量，对 16 位指令，设定值范围为 110～32 767（PLS）；对 32 位指令，设定值范围为 110～2 147 483 647（PLS）。设定不满 110 值时，脉冲不能正常输出。

［S3・］用于指定加减速度时间，单位为 ms。加速时间和减速时间以相同的设定值动作。设定范围为 5 000 ms 以下时，按照以下要求进行设定。

（1）加减速时间请设定在 PLC 的最大扫描周期（D8012 中数值，单位是 0.1 ms）的 10 倍以上。设定值不到 10 倍时，加/减速的实际时间不保证准确。

（2）加减速时间可以设定的最小值应按如下公式计算。

$$[S3\cdot] \geqslant \frac{90\ 000}{[S1\cdot]} \times 5$$

当设定值小于上述公式的计算值时，加减速时间的误差增大。此外，设定不到“90 000/［S1・］”的值时，对“90 000/［S1・］”的计算值进行四舍五入。

（3）加减速时间可以设定的最大值应按如下公式计算。

$$[S3\cdot] \leqslant \frac{[S2\cdot]}{[S1\cdot]} \times 818$$

（4）加减速时的变速级数固定在 10 级（见图 16—54），每 1 级的频率变化量为 1/10 最高频率（［S1・］），每 1 级所用的时间为 1/10 加减速时间（［S3・］）。

在不能按这些要求设定时，请降低最高频率。

［D・］指定输出脉冲的输出端口号，只能指定为 Y0 或 Y1，且只能使用晶体管输出类型。

如图 16—53 所示的指令，当控制触点 X10 接通后，PLC 即从 Y0 开始输出脉冲，脉冲频率从 0 Hz 开始，用 3 600 ms 时间以每级 50 Hz 的变化量加速到 500 Hz，然后保持

500 Hz 的频率输出连续脉冲。当距离由 D0 中数值所确定的脉冲总数还剩 500 时开始降速，用 3 600 ms 时间以每级 50 Hz 的变化量降速到 0 Hz 为止，停止输出脉冲。输出脉冲不受扫描周期的影响。在输出脉冲的过程中若 X10 断开，则 Y0 停止输出脉冲；当 X10 再次接通时，Y0 又开始输出脉冲，脉冲量重新开始计数。当输出脉冲总数达到指定的脉冲量时，Y0 停止输出，同时指令结束标志 M8029 动作，产生一个脉冲。

此指令的输出频率为 10～20 000 Hz，若最高频率、加减速时的变速速度超过此范围时，会自动在频率范围内进行调整。

在指令执行过程中即使改变操作数的设定值，也不会影响当前的运行。只是在下一次控制触点接通，再次执行此指令时，变更的内容才开始有效。

第 3 节　功能指令的应用

【例 16—1】 在图 16—55 所示梯形图程序中，X0，X1，X10，X 11按钮的作用是什么？Y0 输出是什么信号？其周期变化的范围是多少？

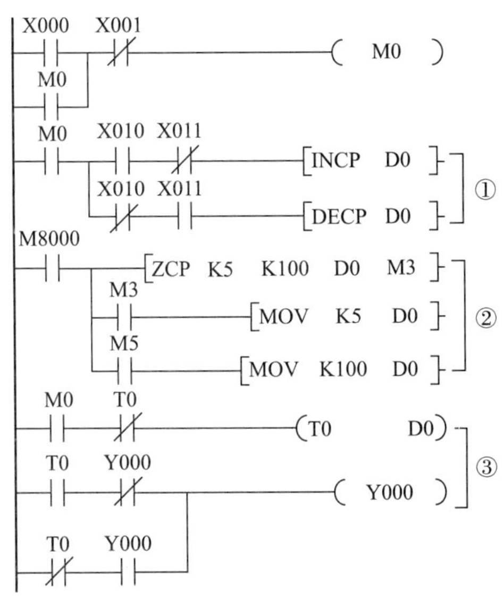

图 16—55　3 段程序的梯形图

由梯形图分析可知，X0 为启动按钮，X1 为停止按钮，M0 为启动保持信号。当按动 X0 后，M0=1，下列程序开始工作；当按动 X1 后，M0=0，则下列程序停止工作。现以 M0=1 的状态分析下列程序的功能（该梯形图可看成是由 3 个程序段组成的）。

第①程序段用于修改数据寄存器 D0 内的数值。每按动一次 X10 时，D0 内的数值加 1；每按一次 X11 时，D0 的数值减 1。

第②程序段则限制了数据寄存器 D0 内数值的范围。由区域比较指令及两条传送指令的分析可知，当 D0＜5 时，则将数 5 送入 D0 内；当 D0＞100 时，则将数 100 送入 D0 中，通过第②程序段的执行，限制了数据寄存器 D0 内的数只能在 5～100 之间。

第③程序段是一个典型的二分频电路，其中第一个梯级是 T0 发出周期为 D0 内数值的狭脉冲，而 Y0 是 T0 脉冲的二分频脉冲，即 Y0 输出是周期为 2（D0）的连续脉冲。

由于 D0 内数值在 5～100 之间变化，所以 Y0 输出的是周期在 1～20 s 之间可以变化的连续脉冲。而按动 X10 会使 Y0 脉冲的周期增加，按 X11 则会使 Y0 输出脉冲的周期减小。

【例 16—2】设计一个测心律的仪器，心律的脉动通过测试仪输出端送入 PLC 的 X0 端口，每一次脉动 X0 端口闭合一次。将测试仪探头放于手腕处，按一次启动按钮，经 10 s 就可算出受试者每分钟的心律数，并以 BCD 码数由 K2Y0 组件输出。X1 为启动按钮端口，每按一次重新测试一遍。试写出 PLC 的控制程序。

图 16—56 所示为心律仪的控制程序。在程序中用数据寄存器 D0 来存放心律仪测得的脉动数。当 X1 启动按钮按动后，首先用传送指令将 0 送到 D0 中，对 D0 清零（注意这里必须用脉冲执行型）同时将 M0 置 1，开始下面的测量程序。

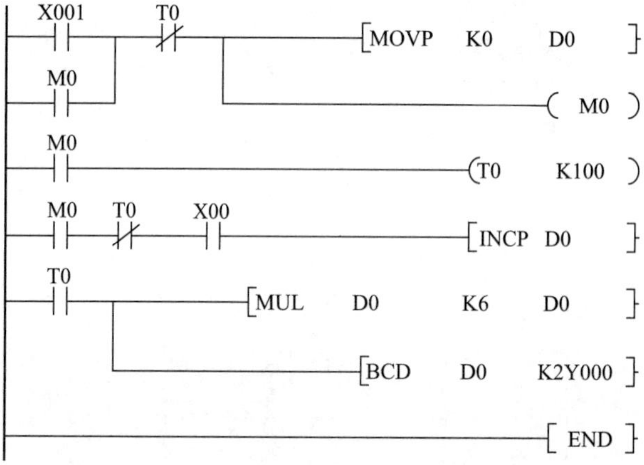

```
X001    T0
─┤├──┬──┤/├──┬──────────[MOVP  K0   D0 ]
 M0  │       │
─┤├──┘       └──────────( M0 )
 M0
─┤├─────────────────────(T0   K100 )
 M0    T0    X00
─┤├───┤/├───┤├──────────[INCP D0 ]
 T0
─┤├──┬──────[MUL  D0   K6   D0 ]
     │
     └──────[BCD  D0   K2Y000 ]
────────────────────────[ END ]
```

图 16—56　心律仪的梯形图

从 M0＝1 启动，在 10 s 时间内每来一次脉动信号，即 X0 由 OFF→ON 时，D0 内的数加 1；当 10 s 时间到，T0 的常闭触点断开，停止测量，此时 D0 内存放的是 10 s 内测得的心律脉动数。当 T0 常开触点接通时，用乘法指令 MUL 将 D0 内的数乘以 6 变换为 1 min 内的心律脉动数。再通过 BCD 指令将 D0 内的二进制数转换成 BCD 码，通过 K2Y0 由外部的七段数码管显示。

注意：在程序中用 T0 的常闭触点来控制 M0，这样可以保证在测量进行中再按 X1 无效，只有当测量完毕、T0 常闭触点断开、撤消 M0 信号后，才可以重新测量。

思 考 题

1. 有一组编号为m1，m2，m3，m4，m5，m6，m7和m8的8台电动机，当按了一次X0启动按钮后，电动机由小编号开始每隔2 s依次启动；当按了一次X1停止按钮后，启动的电动机由大编号开始每隔1 s依次停止。试编写控制程序。

2. 某液体必须保温在100～300℃之间，当温度小于100℃时，要打开加热器；当温度大于300℃时，要关闭加热器并打开排风扇。液体的当前温度通过测温仪以X0～X7的8位二进制数输入PLC，每隔1 min采样一次。X10为开机按钮，X11为停机按钮。试用功能指令写出该控制程序。

3. 某PLC控制的梯形图如图16—57所示，试分析其梯形图程序，简述程序的逻辑含义。程序执行完毕后，数据寄存器D20中放的是什么数？输入/输出端是什么类型的数？

4. 设计一个程序每3 s读取输入口K2X0数据一次，每隔1 min计算一次平均值，并送K2Y0以BCD码显示。

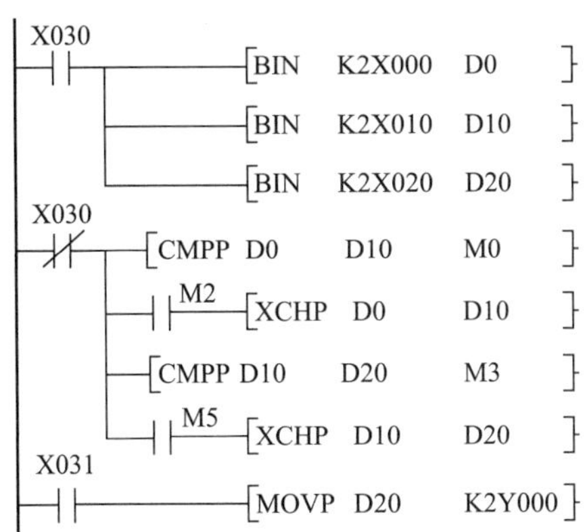

图16—57 思考题3的梯形图

5. 用PLC来控制反应炉的工艺调制。某反应炉装满液体后需做如下的工艺调制：当温度小于100℃时由甲、乙两个加热炉加热；当温度在100～200℃之间时，由甲加热炉加热并注进氮气；当温度大于200℃时，停止加热，停注氮气开动搅拌机搅拌30 s，然后在炉体外进行喷淋冷却，直到温度小于50℃时调制结束，排放液体。液体温度由测温仪通过K2X0组合元件以二进制代码数据送入PLC。X10为启动按钮信号输入端。输出端口编号见表16—22。

表16—22 反应炉输出端口编号

甲加热炉	乙加热炉	氮气泵	搅拌机	喷淋泵
Y0	Y1	Y2	Y3	Y4

6. 某控制发光二极管的梯形图如图 16—58 所示，根据梯形图程序，试分析当 X2＝0 及 X2＝1 时，Y0～Y7 的 8 个发光二极管的发光状态。X0 为启动按钮，X1 为停止按钮。

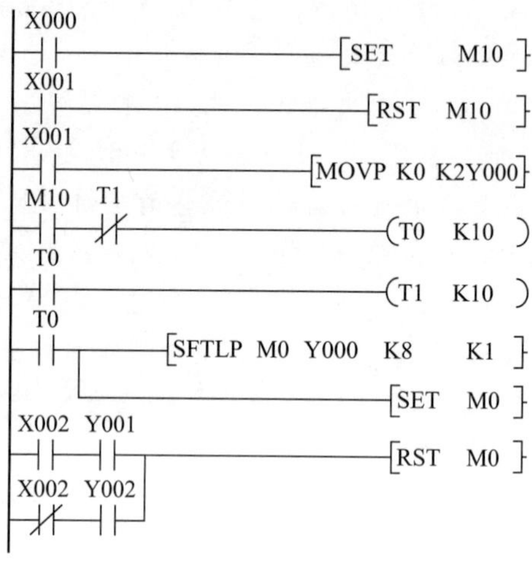

图 16—58 思考题 6 的梯形图

7. 试编写一个数据输入程序：面板上有两个数码拨盘，当数据设定好后，每按下“输入”按钮 X10，数据通过 K2X0 组合元件依次输入到 PLC 内自 D0 开始的数据寄存器中，要求输入 10 个数据；若超过 10 个数据时，多余的数据将自动从第一个数据寄存器开始依次替换。数据寄存器内为二进制数。

8. 用 X0 控制接在 Y0～Y17 上的 16 个彩灯是否移位，每 1 s 移 1 位，用 X1 控制左移或右移，用 MOV 指令将彩灯的初值设定为十六进制数 HOOOF（仅 Y0～Y3 为 1）。设计出该梯形图程序。

9. 面板上有两个数码拨盘，当数据设定好后，每按下“输入”按钮 X10，数据通过 K2X0 组合元件依次输入到 PLC 内自 D0 开始的数据寄存器中，要求输入 10 个数据；若超过 10 个数据时，多余的数据将自动从第一个数据寄存器开始依次替换。数据输入完毕后，按“排序”按钮，PLC 内的 10 个数据自动按由小到大的数值顺序排列，排列完成，则排序指示灯亮。

当按下“显示”按钮时，PLC 将排序后的数依次进行显示，每位数显示 1 s，停熄 1 s，一遍显示完后停熄 5 s 再显示，反复显示 3 遍后结束。

10. 数码拨盘输入数据顺序显示如图 16—59 所示。在数码拨盘上任意设定一个三位数，按下输入按钮 SB1 后，数据进入 PLC，同时在数码管上显示出来，依次输入不大于 10 个的数，然后按下显示按钮 SB2，数码管将按输入顺序依次显示输入的数据（每个数显示 1 s，中间停熄 0.5 s），显示一遍后结束。如再按显示按钮，则再显示一遍。按了复位按钮 SB3 后，可以重新输入数。其输入/输出端口配置见表 16—23。

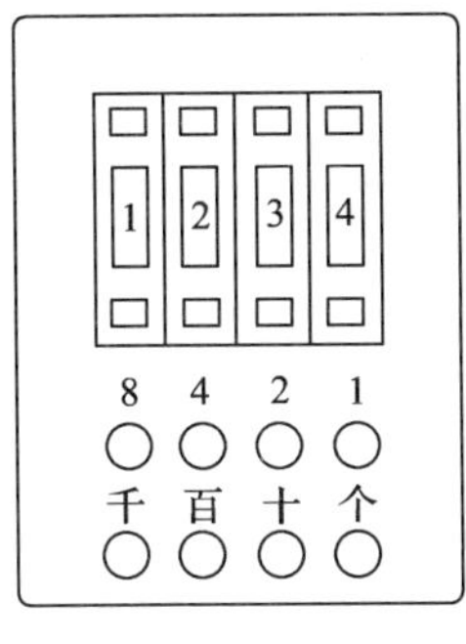

a）

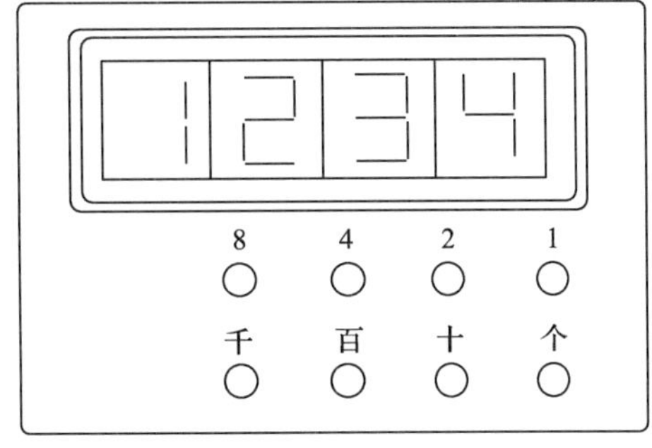

b）

图 16—59 数码拨盘输入数据顺序显示

a）数码拨盘开关 b）串行 BCD 码显示器

表 16—23 **输入/输出端口配置**

输入设备	输入端口编号		考核箱对应端口
	方案 1	方案 2	
数据输入按钮	X10	X0	SB1
显示按钮	X11	X1	SB2
复位按钮	X12	X2	SB3
拨盘数码 1	X0	X10	拨盘开关 1
拨盘数码 2	X1	X11	拨盘开关 2
拨盘数码 4	X2	X12	拨盘开关 4
拨盘数码 8	X3	X13	拨盘开关 8
输出设备	**输出端口编号**		**考核箱对应端口**
	方案 1	**方案 2**	
拨盘位数选通信号个	Y10	Y0	拨盘开关个
拨盘位数选通信号十	Y11	Y1	拨盘开关十
拨盘位数选通信号百	Y12	Y2	拨盘开关百
BCD 码显示管数 1	Y20	Y20	BCD 码显示器 1
BCD 码显示管数 2	Y21	Y21	BCD 码显示器 2
BCD 码显示管数 4	Y22	Y22	BCD 码显示器 4
BCD 码显示管数 8	Y23	Y23	BCD 码显示器 8

续表

输出设备	输出端口编号		考核箱对应端口
	方案 1	方案 2	
显示数位数选通个	Y24	Y24	BCD码显示器个
显示数位数选通十	Y25	Y25	BCD码显示器十
显示数位数选通百	Y26	Y26	BCD码显示器百
电源 24 V	—	—	BCD码显示器 24 V
电源 0 V	—	—	BCD码显示器 0 V

对输入/输出端口配置的方案 1 或方案 2，用 FX_{2N} 系列 PLC 指令编制程序、画出流程图并写出梯形图或语句表。

第 17 章

模拟量输入/输出模块

模拟量输入/输出（I/O）模块是在 PLC 中应用较普遍的功能模块。本章介绍模拟量输入模块 FX_{2N}－4AD，FX_{2N}－2AD 和模拟量输出模块 FX_{2N}－4DA，FX_{2N}－2DA 的结构特点、技术指标，以及它们与基本单元的通信方式，并举例说明这些模块的使用方法。通过本章的学习，读者将学会功能模块的使用模式，拓宽 PLC 的应用领域。

第 1 节　概述

一、功能模块概述

模拟量输入/输出模块是 FX_{2N}系列 PLC 功能模块中的一种。FX_{2N}系列 PLC 的功能模块种类繁多、功能齐全，能适应模拟量处理、闭环控制、设备间通信等各种控制的需要。

功能模块一般都是自身带有 CPU 的智能型模块，它有自身的系统程序、存储器，以及与外部设备连接的接口环节，能按照模块本身的功能完成数据运算和信息处理。

功能模块的工作和 PLC 的基本单元的工作可以并行进行，通过总线接口来实现联系。基本单元将命令、预置数等送给模块，模块根据基本单元 CPU 的要求将有关状态信息或数据传送给基本单元。功能模块在基本单元的协调管理下，独立地进行工作。

二、功能模块与基本单元的联系

1. 模块的连接与编号

功能模块通过扩展电缆与基本单元相连接，为了使 PLC 能准确地查找到指定的模块，每个功能模块都有一个确定的地址编号，编号的方法是从最靠近 PLC 基本单元右边的那个功能模块开始顺次向右编号，最多可连接 8 个功能模块（对应编号为 0～7 号）。注意其中 PLC 的扩展单元不记录在内。

如图 17—1 所示，FX_{2N}－48MR 基本单元通过扩展总线与特殊功能模块（如模拟量输入模块 FX_{2N}－4AD、模拟量输出模块 FX_{2N}－4DA、温度传感器模拟量输入模块FX_{2N}－4AD－PT）连接。当各个控制单元接好后，各功能模块的编号也就确定了。

FX2N-48MR	FX2N-4AD	FX2N-16EX	FX2N-4DA	FX2N-32ER	FX2N-4AD-PT
	0号		1号		2号

图 17—1　FX_{2N}－48MR 与特殊功能模块的连接示意图

2. 功能模块与 PLC 之间的读/写操作

FX_{2N}系列 PLC 与功能模块之间的通信是通过 FROM/TO 指令执行的，FROM 指令用于 PLC 基本单元读取功能模块中的数据，TO 指令用于将 PLC 基本单元数据写到功能模块中，读/写操作都是针对功能模块中的缓冲寄存器 BFM 进行的。

（1）功能模块读指令。功能模块读指令 FROM 的使用要素见表 17—1，其程序格式如图 17—2 所示。

表 17—1　　　　　　　　功能模块读指令的使用要素

指令名称	助记符	指令代码	操作数				程序步
			*m*1	*m*2	[D·]	*n*	
读特殊功能模块指令	FROM	FNC78 (16/32)	K，H (*m*1＝0～7)	K，H (*m*2＝0～32＞67)	KnY，KnM，KnS，T，C，D，V，Z	K，H (*n*＝1～32＞67)	FROM……9 步 (D) FROM……17 步

当 X3 为 ON 时，执行 FROM 指令，将编号为 *m*1 的功能模块中编号自 *m*2 开始的 *n* 个缓冲寄存器（BFM）的数据读入 PLC 并存入以［D］指定的首元件开始的 *n* 个数据寄存器中，指令中操作元件的说明如下。

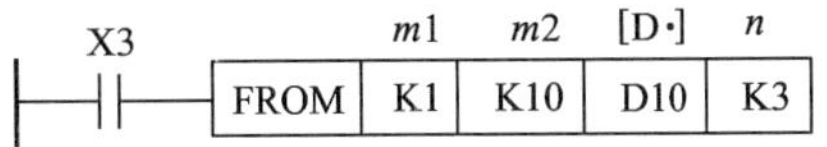

图 17—2　FROM 指令程序

*m*1：功能模块编号 *m*1＝0～7。

*m*2：功能模块中缓冲寄存器首元件编号 *m*2＝0～32＞67。

［D·］：指定存入在 PLC 中的数据寄存器的首元件号。

n：指定功能模块与 PLC 之间传送的字数。*n*＝1～32＞67。

（2）功能模块写指令。TO 是功能模块写指令，其使用要素见表 17—2，其程序格式如图 17—3 所示。

表 17—2　　　　　　　　功能模块写指令的使用要素

指令名称	助记符	指令代码	操作数				程序步
			*m*1	*m*2	[S·]	*n*	
写特殊功能模块指令	TO	FNC79 (16/32)	K，H (m1＝0～7)	K，H (m2＝0～32＞67)	K，H，KnX，KnY，KnM，KnS T，C，D，V，Z	K，H (n＝1～32＞67)	TO……9 步 (D) TO……17 步

当 X0 为 ON 时，执行 TO 指令，将 PLC 基本单元中从［S·］指定元件号开始的 *n* 个数据寄存器中的数写到编号为 *m*1 的功能模块中，存入该功能模块中编号 *m*2 开始的 *n* 个缓冲寄存器中，指令中操作元件的说明如下。

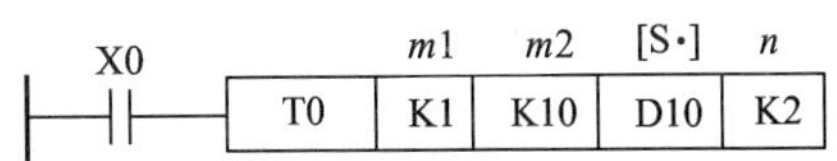

图 17—3　TO 指令程序

*m*1：功能模块编号 *m*1＝0～7。

*m*2：功能模块中缓冲寄存器首元件编号 *m*2＝0～32＞67。

［S·］：PLC 中指定读取数据的首元件号。

n：指定功能模块 PLC 基本单元之间传递的字数。n=1～32>67。

第 2 节　模拟量输入模块及其应用

模拟量是一个连续变化的物理量，此物理理可以是电量（电流或电压），也可以是非电量（如速度、温度等）。一般都是通过传感器来检测出当时的物理量，再通过变送器转换成标准的直流电流或直流电压信号，然后送到 PLC 模拟量输入模块，经 A/D 转换变为数字量供 PLC 来处理。

变送器分为电流输出型和电压输出型，电流输出具有恒流源的性质，电压输出具有恒压源的性质。PLC 模拟量输入模块的输入信号可以是电流型，也可以是电压型。

PLC 模拟量输入模块的输入信号，在实际应用中是采用电流信号还是电压信号，一方面，取决于变送器送出信号的类型；另一方面，由于 PLC 模拟量输入模块的电压输入端的输入阻抗很高，如果变送器距离 PLC 较远，通过线路间的分布电容和分布电感，感应的干扰信号电流在模块的输入阻抗上将产生较高的干扰电压，所以对远程传送不适宜采用模拟量电压信号，而应使用模拟量电流信号。

一、模拟量输入模块 FX_{2N}-4AD 及 FX_{2N}-2AD 的技术指标

1. 技术指标及端子连接

（1）模拟量输入模块的一般技术指标

1）通道数。FX_{2N}-4AD 模块有 4 个通道，FX_{2N}-2AD 模块有 2 个通道，每个通道都可以独立地指定为电压输入或电流输入。

2）分辨率。PLC 模拟量输入模块的分辨率用转换后的二进制数的位数来表示，主要有 8 位和 12 位。FX_{2N}-4AD 和 FX_{2N}-2AD 都是 12 位高精度模拟量输入模块，转换后的数字量范围为-2 048～2 047。

FX_{2N}-4AD 的输入信号有 3 种可选量程：-10～+10 V，4～20 mA 和-20～20 mA。输入后的数字量的预置值分别为-2 000～2 000，0～1 000 和-1 000～1 000，例如，输入电压信号与 0～10 V 对应的数字为 0～2 000，则分辨率为 10 V/2 000=5 mV。

3）转换速度。转换速度是指当输入端加入信号到转换成稳定的相应数码所需的时间。PLC 模拟量输入模块的转换速度较单片机内的 A/D 转换器来得慢，FX_{2N}-4AD 正常的转换速度为 15 ms/通道，高速转换速度为 6 ms/通道。

另外，模块还有综合精度指标，综合精度与分辨率是两个不同的概念。综合精度除了与分辨率有关外，还与很多因素（如非线性）有关。模拟量输入模块 FX_{2N}-4AD 的综合精度为满量程的 1%。

FX_{2N}-4AD 的技术指标见表 17—3。FX_{2N}-2AD 的技术指标见表 17—4。

表 17—3　　　　FX_{2N}-4AD的技术指标

<table>
<tr><th rowspan="2">项　　目</th><th>电压输入</th><th>电流输入</th></tr>
<tr><th colspan="2">4 通道模拟量输入，通过输入端子变换可选电压或电流输入</th></tr>
<tr><td>模拟量输入范围</td><td>DC －10～＋10 V（输入电阻 200 kΩ）绝对最大输入±15 V</td><td>DC－20～＋20 mA（输入电阻 250 Ω）绝对最大输入±32 mA</td></tr>
<tr><td>数字量输出范围</td><td colspan="2">带符号位的 16 位二进制（有效数值 11 位）数值范围－2 048～＋2 047</td></tr>
<tr><td>分辨率</td><td>50 mV（10 V×1/2 000）</td><td>20 μA（20 mA×1/1 000）</td></tr>
<tr><td>综合精确度</td><td>±1%（在-10～＋10 V 范围）</td><td>±1%（在-20～＋20 mA 范围）</td></tr>
<tr><td>转换速度</td><td colspan="2">15 ms 通道（高速转换方式时为 6 ms 通道）</td></tr>
<tr><td>隔离方式</td><td colspan="2">模拟量与数字量间用光电隔离，从基本单元来的电源经 DC/DC 转换器隔离。各输入端子间不隔离</td></tr>
<tr><td>模拟量用电源</td><td colspan="2">DC24（1±10%）V，50 mA</td></tr>
<tr><td>I/O 占有点数</td><td colspan="2">程序上为 8 点（计输入或输出点均可），由 PLC 供电的消耗功率为 5 V×30 mA</td></tr>
</table>

表 17—4　　　　FX_{2N}-2AD的技术指标

<table>
<tr><th>项　　目</th><th>电压输入</th><th>电流输入</th></tr>
<tr><td>模拟量输入范围</td><td>DC0～10 V，DC0～5 V（输入电阻 200 kΩ）
输入容量不得超过 DC－0.5～＋15 V 范围</td><td>DC4～20 mA（输入电阻 250 Ω）
输入容量不得超过 DC－2～＋60 mA 范围</td></tr>
<tr><td>数字量输出范围</td><td colspan="2">12 位</td></tr>
<tr><td>分辨率</td><td>2.5 mV（10 V/4 000）
1.25 mV（5 V/4 000）</td><td>4 μA［（20－4）mA/4 000］</td></tr>
<tr><td>综合精确度</td><td>±1%（0～10 V 范围内）</td><td>±1%（4～20 mA 范围内）</td></tr>
<tr><td>转换速度</td><td colspan="2">2.5 ms/通道</td></tr>
<tr><td>隔离方式</td><td colspan="2">模拟量和数字量间用光电耦合隔离，从基本单元的电源经 DC/DC 变换器隔离，模拟量通道之间不隔离</td></tr>
<tr><td>模拟量用电源</td><td colspan="2">DC24（1±10%）V，50 mA（由基本单元内部电源供给）</td></tr>
<tr><td>I/O 占有点数</td><td colspan="2">占有 8 点（计输入或输出点计算）</td></tr>
</table>

（2）端子连接。FX_{2N}-4AD的端子接线图如图 17—4 所示，FX_{2N}-2AD的端子接线图如图 17—5 所示。

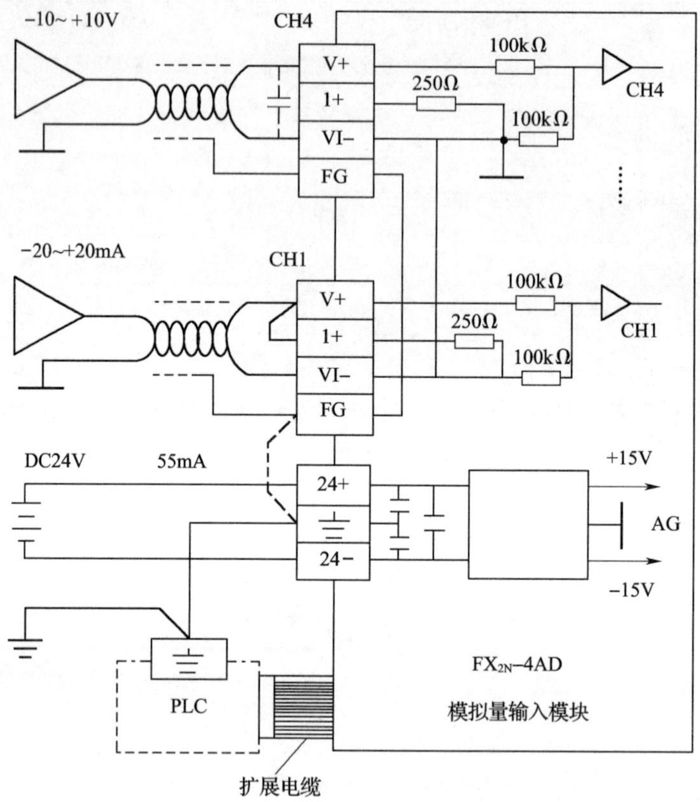

图 17—4　FX$_{2N}$-4AD 接线图

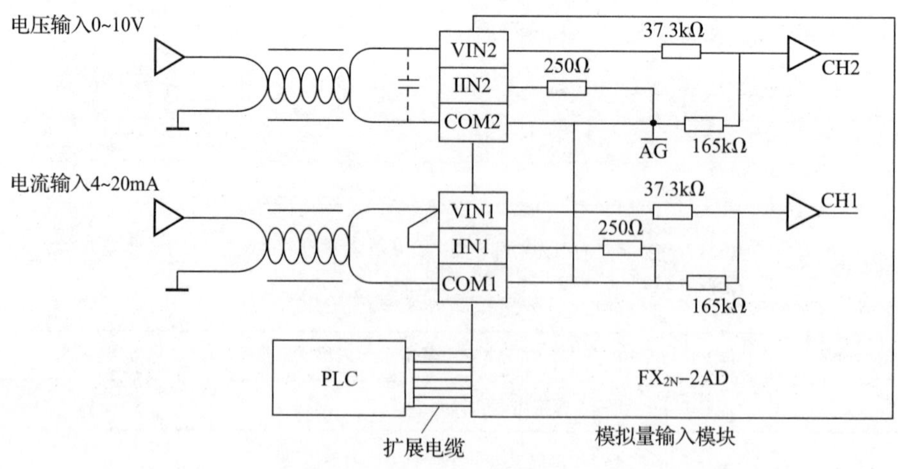

图 17—5　FX$_{2N}$-2AD 接线图

模拟量输入端口均通过双绞线屏蔽电缆线来接收信号，电缆应远离电力线和其他可能产生电磁感应干扰的导线。电压输入时或电流输入时接线不一样，电流输入时需将 V+和 I+（或 VIN 和 IIN）端短接，同时应将此模块的接地端子和 PLC 基本单元的接地端子连接到一起后接地。如果有较强的干扰信号，应将“FG”（FX_{2N}-4AD 中）端接地，在电压信号输入时可在输入两端接一个 0.1～0.47 μF/25 V 的小电容。

2. 模拟量输入模块内缓冲寄存器设置

（1）FX_{2N}-4AD 内缓冲寄存器设置

1）缓冲寄存器（BFM）是功能模块工作方式设置及与 PLC 基本单元进行通信的数据中介单元，是 FROM 及 TO 指令读和写的操作目标。FX_{2N}-4AD 的缓冲寄存器由 32 个 16 位的寄存器组成，编号为 BFM#0～#31，其分配表见表 17—5。

表 17—5　　FX_{2N}-4AD 模块 BFM 分配表

<table>
<tr><th>BFM</th><th colspan="2">内　容</th></tr>
<tr><td>*#0</td><td colspan="2">通道初始化，默认设定值－H0000</td></tr>
<tr><td>*#1</td><td>CH1</td><td rowspan="4">平均值取样次数（取值范围 1～4 096）
默认值＝8</td></tr>
<tr><td>*#2</td><td>CH2</td></tr>
<tr><td>*#3</td><td>CH3</td></tr>
<tr><td>*#4</td><td>CH4</td></tr>
<tr><td>*#5</td><td>CH1</td><td rowspan="4">分别存放 4 个通道的平均值</td></tr>
<tr><td>*#6</td><td>CH2</td></tr>
<tr><td>*#7</td><td>CH3</td></tr>
<tr><td>*#8</td><td>CH4</td></tr>
<tr><td>*#9</td><td>CH1</td><td rowspan="4">分别存放 4 个通道的当前值</td></tr>
<tr><td>*#10</td><td>CH2</td></tr>
<tr><td>*#11</td><td>CH3</td></tr>
<tr><td>*#12</td><td>CH4</td></tr>
<tr><td>#13～#14
#16～#19</td><td colspan="2">保留</td></tr>
<tr><td rowspan="2">#15</td><td rowspan="2">A/D 转换速度的设定</td><td>当设定为 0 时，A/D 转换速度为 15 ms/CH，为默认值</td></tr>
<tr><td>当设定为 1 时，A/D 转换速度为 6 ms/CH，为高速值</td></tr>
</table>

续表

<table>
<tr><th>BFM</th><th colspan="9">内　容</th></tr>
<tr><td>* #20</td><td colspan="9">恢复到默认值或调整值，默认值=0</td></tr>
<tr><td>* #21</td><td colspan="9">禁止零点和增益调整，默认设定值=0.1（允许）</td></tr>
<tr><td rowspan="2">* #22</td><td rowspan="2">零点（Offset），增益（Gain）调整</td><td>b7</td><td>b6</td><td>b5</td><td>b4</td><td>b3</td><td>b2</td><td>b1</td><td>b0</td></tr>
<tr><td>G4</td><td>O4</td><td>G3</td><td>O3</td><td>G2</td><td>O2</td><td>G1</td><td>O1</td></tr>
<tr><td>* #23</td><td colspan="9">零点值默认设定值=0</td></tr>
<tr><td>* #24</td><td colspan="9">增益值默认设定值=5 000</td></tr>
<tr><td>#25～#28</td><td colspan="9">保留</td></tr>
<tr><td>#29</td><td colspan="9">出错信息</td></tr>
<tr><td>#30</td><td colspan="9">识别码 K2010</td></tr>
<tr><td>#31</td><td colspan="9">不能使用</td></tr>
</table>

注：(1) 带 * 号的缓冲寄存器中的数据可由 PLC 通过 TO 指令改写，改写带 * 号的 BFM 的设定值就可以改变 FX_{2N}-4AD 模块的运行参数，调整其输入方式、输入增益、零点等。

(2) 从指定的模拟量输入模块读出数据前应先将设定值写入，否则按默认设定值执行。

(3) PLC 用 FROM 指令可将不带 * 号的 BFM 内的数据读入。

2) 分配表设置说明

BFM#0：写成 4 位十六进制数 H0000，用来对通道 1～通道 4 的量程进行设置，最低位对应通道 1（CH1），最高位对应通道 4（CH4），每位数值的量程含义如下。

0：设定输入量程为－10～＋10 V。

1：设定输入量程为 4～20 mA。

2：设定输入量程为－20～20 mA。

3：关闭该通道。

例如，设置 BFM#0=H3310，则各通道量程设置如下。

CH1：设定输入量程为－10～＋10 V。

CH2：设定输入量程为 4～20 mA。

CH3：关闭。

CH4：关闭。

BFM#1～#4：各通道平均值的取样次数，取样次数范围为 1～4 096，默认值为 8。如果取 1，则为高速运行（未取平均值）。

BFM#5～#8：分别为通道 1～4 的转换数据的平均值。

平均值是模拟量输入模块的数据滤波功能，由于模拟量输入模块的转换速度较快，可能采集到缓慢变化的模拟量信号中的干扰噪声，这些噪声往往以窄脉冲的方式出现。为了减轻噪声信号的影响，可以对连续若干次采集到的值取平均值，用平均值来代替当前采集到的数据，这样的数据更真实。但平均值的取样次数太大会降低 PLC 对外部输入信号的响应速度。例如，FX_{2N}-4AD 在高速转换方式时，每一通道的转换时间为 6 ms，4 通道为 24 ms，设平均值取样次数为 10，从模块中读取的平均值实际上是前 10 次（即前240 ms）输出的平均值。因此，在闭环控制系统中，如果平均值的次数设置过大，将使模拟量输入模块的反应迟缓，会影响闭环系统的动态稳定性。

BFM＃9～＃12：分别是通道 1～4 的转换数据的当前值。

BFM＃15：转换速度。设置为 0 时，是正常转换速度（15 ms/通道）；设置为 1 时，是高速转换（6 ms/通道）。

BFM＃20：该位置 1 时，则整个 FX_{2N}-4AD 的设定值均恢复为默认值（即缺省设定值），其默认值为 0。这是快速擦除不需要的偏移量和增益值的方法。

BFM＃21：为禁止或允许调整偏移量和增益的缓冲寄存器。该条寄存器只用到 b1，b0 二位。当（b1，b0）＝1，0 时，则禁止调整偏移量和增益的设定值；当（b1，b0）＝0，1 时，则允许调整偏移量和增益的设定值。默认值为 0，1。

BFM＃22：需要调整的通道的偏移量（O）和增益（G）由 BFM＃22 低 8 位的状态决定，置 1 表示需要调整，置 0 表示不要调整。

其中，b0 表示 O1，b1 表示 G1，b2 表示 O2，b3 表示 G2，b4 表示 O3，b5 表示 G3，b6 表示 O4，b7 表示 G4。

例如，（b1，b0）＝1，1，则表示通道 1 的增益和偏移量需要调整，则将 BFM＃23，BFM＃24 内的增益和偏移量的设定值送到通道 1 的增益和偏移量寄存器中。

各通道的增益和偏移量可以独立调整，也可以统一调整，使 4 个通道具有相同的增益和偏移量。

BFM＃23：存放指定通道的偏移量，默认值为 0。

BFM＃24：存放指定通道的增益，默认值为 5 000。

BFM＃23 和 BFM＃24 中的设定值以 mV 和 μA 为单位。由于分辨率的原因，实际可以响应的调整单位为 5 mV 和 20 μA。

模拟量输入模块对偏移量和增益做如下规定。

偏移量：通道的数字量输出为 0 时，对应模拟量输入的值。例如，模拟量电压的测量范围为 5～10 V，则偏移量可设定为 5 V。

增益：通道的数字量输出为 1 000 时，对应的模拟量输入值（有点类似放大倍数的概念）。

偏移量的设置范围为 DC－5～＋5 V 或－20～＋20 mA。增益的设置范围为 DC1～15 V 或 4～32 mA。

BFM＃29：为 FX_{2N}-4AD 状态信息缓冲寄存器。其中：

b0＝1 表示有错误（只要 b1，b2，b3 中任一为 1 时，b0 即为 1）；

b1＝1 表示存在偏移或增益错误；

b2＝1 表示存在 DC24 V 电源故障；

b3＝1 表示存在硬件故障；

b10＝1 表示数字输出值超出范围；

b11＝1 表示平均值采样次数超出允许范围（1～4 096）；

注：以上各位为 0 时表示正常。

b12＝1 表示偏移量和增益调整禁止；

b12＝0 表示偏移量和增益调整允许；

其余各位没有意义。

BFM＃30：存放 FX_{2N}－4AD 模块的标识码（即 K2010），可以用 FROM 指令读出。

（2）FX_{2N}－2AD 缓冲寄存器设置。FX_{2N}－2AD 缓冲寄存器分配表见表 17—6。

表 17—6　　FX_{2N}－2AD 缓冲寄存器分配表

BFM	b15～b8	b7～b4	b3	b2	b1	b0
＃0	备用	输入数据的当前值（低 8 位）				
＃1	备用	输入数据的当前值（高 4 位）				
＃2～＃16	备用					
＃17	备用				模拟量到数字量转换开始	模拟量到数字量转换通道
＃18～＃31	备用					

BFM＃0：按 BFM＃17 指定的通道输入数据当前值的低 8 位，并按二进制数储存。

BFM＃1：按 BFM＃17 指定的通道输入数据当前值的高 4 位，并按二进制数储存。

BFM＃17：指定（CH1 和 CH2）通道作为模拟量到数字量的转换。其中，b0＝0 表示为 CH1 通道，b0＝1 表示为 CH2 通道，b1 位由 0 变为 1 时，转换过程开始。

3. 应用举例

（1）FX_{2N}－4AD 模拟量输入模块应用举例。设 FX_{2N}－4AD 模拟量输入模块安装于紧靠基本单元的右侧（即编号为 0 号），现只使用通道 1 和通道 2。通道 1 接 4～20 mA 电流输入，通道 2 接－10～10 V 电压输入，计算 4 次取样的平均值，其结果存入基本单元的数据寄存器 D0 和 D1 中。按控制要求设计的梯形图如图 17—6 所示，图中①～⑤说明如下。

①此两条指令是对功能模块型号的确认，从“0”号位置的功能模块的 BFM＃30 中读出标识码，如果模块确实为 FX_{2N}－4AD 则 M1＝1，下列程序予以执行。这两条指令对完成模拟量的读出来说不是必需的，但它们确实是有用的检查，因此推荐使用。

②将 H3301 写入 BFM＃0，建立模拟通道 CH1 和 CH2 的量程。

③分别将 4 写入 BFM＃1 和 BFM＃2，将 CH1 和 CH2 的平均采样数设为 4。

④将 FX_{2N}－4AD 的状态信息由 BFM＃29 中读出并存放在 K4M10 位组合元件中。

⑤M10 和 M20 中存放的是 BFM＃29 中的 b0 和 b10 位的状态信息，M10＝0 表示

FX_{2N}-4AD 正常，M20=0 表示数字输出量没有超出范围。该指令说明在 FX_{2N}-4AD 状态正常的条件下，将 BFM＃5（CH1）的平均值读出并保存于 D0 中，同时将 BFM＃6（CH2）的平均值读出并保存于 D1 中。

上述程序自 PLC 处于运行（RUN）状态时，始终在执行，可按需要从 D0 和 D1 中取出数据。

（2）FX_{2N}-2AD 模拟量输入模块应用举例。FX_{2N}-2AD 模拟输入量的类型是由接线端子的连接形式决定的，因而在程序中不需要考虑其输入模拟量是电压型还是电流型。其模数转换编程梯形图如图 17—7 所示，图中①～⑧说明如下。

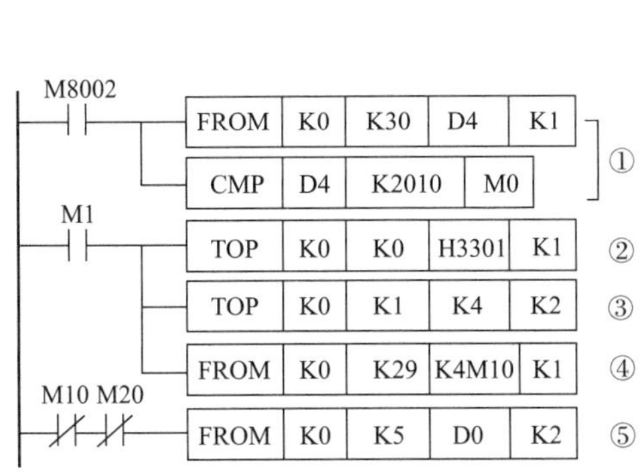

图 17—6　FX_{2N}-4AD 应用梯形图

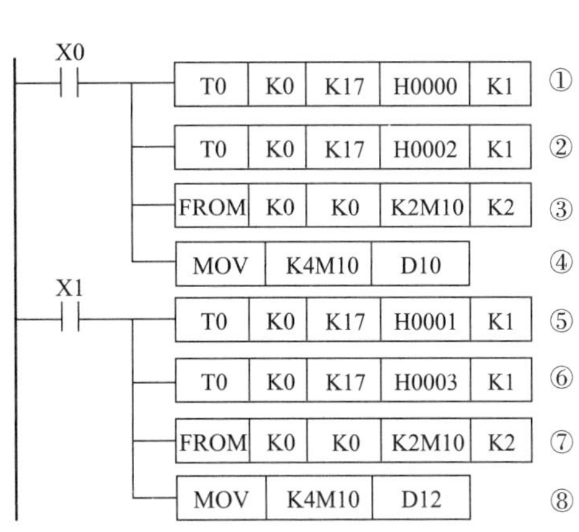

图 17—7　FX_{2N}-2AD 应用梯形图

①将 H0000 写入 BFM＃17 使 b0=0，选择通道 1。

②将 H0002 写入 BFM＃17 使 b1 由 0 变为 1，通道 1 转换过程开始。

③因其他操作数 n 为 K2，故要读取两个字，读取 BFM＃0 中数据低 8 位存入 K2M10 位组合元件中，读取 BFM＃1 中数据高 4 位存入 K2M18 位组合元件中。

④CH1 的高 4 位移至低 8 位上并储存于数据寄存器 D10 内。

⑤～⑧是控制通道 2（CH2）数据转换过程的程序，并将数据储存于数据寄存器 D12 中，可参照①～④的说明来理解。

为了消除模拟量输入端干扰信号的影响，提高数据的真实性，可以在上述程序后面增加求平均值的程序，如图 17—8 所示，图中有关说明如下。

①部分程序是对有关数据寄存器清零，数据寄存器 D18 内存放取样次数共 20 次。

③指令中的双字元件 D15D14 内存放 CH1 通道取样 20 次的累加和（D10 内存放 CH1 的转换数据）。

⑥指令将 D15D14 内的数除以累加次数（D19D18）得到 CH1 通道的平均值，并存放于 D31D30 内。

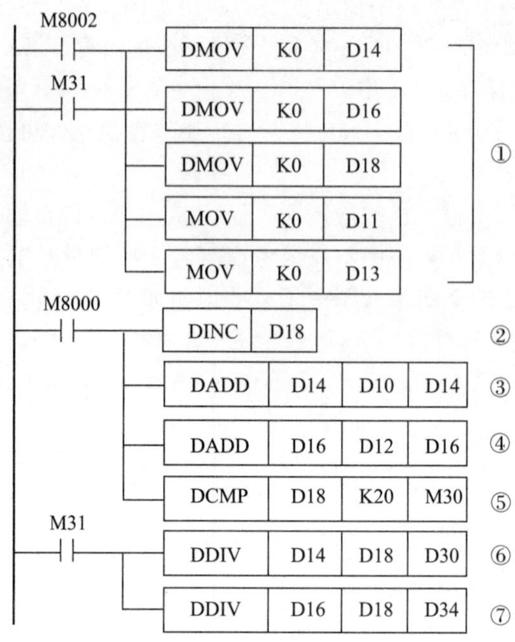

图 17—8　消除模拟量输入端干扰信号梯形图

⑦同样，双字元件 D17D16 内存放 CH2 通道取样 20 次的累加值，D35D34 内存放 CH2 通道的平均值。

CH1 通道 A/D 转换数存于 D10 内，CH2 通道 A/D 转换数存于 D12 内。取样次数放于 D18 内。CH1 通道平均值在 D31D30 内，CH2 通道平均值在 D35D34 内。

二、模拟量输入模块的使用

模拟量输入模块在实际使用中，除了要对使用通道的输入模拟量类型（电压型或电流型）和量程进行设定外，还需对模块的偏移量和增益进行校准，同时要进行将输出值转化为实际物理量的换算。

1. 模拟量输入模块的校准

（1）FX_{2N}-4AD 模拟量输入模块校准。FX_{2N}-4AD 模拟量输入模块是用程序代替电位器来校准偏移量和增益的，当它定义通道的数字量输出为 0 时，模拟输入量的值为偏移量；通道的数字量输出为 1 000 时，对应的模拟输入量的值为增益。

前面缓冲寄存器 BFM＃21～＃24 是有关偏移量和增益调整的设置规定。

例如，将 FX_{2N}-4AD 的 1 号通道（CH1）的偏移量设为 0 V，增益设为 2.5 V（2 500 mV）。假设 FX_{2N}-4AD 模块安装在紧靠基本单元的地方，其模块编号为 0 号。该偏移量和增益调整的程序编制如下。

LD X10

```
SET M0;                          //调节开始
LD  M0
TOP K0  K0  H0     K1;           //设定各通道的量程为－10～＋10 V
TOP K0  K21 K1     K1;           1→BFM＃21 允许调整偏移量和增益
TOP K0  K22 K0     K1;           0→BFM＃22 复位调节位
OUT T0 K4
LD  T0
TOP K0  K23 K0     K1;           0→BFM＃23，令偏移量为 0
TOP K0  K24 K2500 K1;            2500→BFM＃24，令增益为 2.5 V
TOP K0  K22 H3     K1;           3→BFM＃22，调节通道 1
OUT T1 K4
LD  T1
RST M0;                          调节结束
TOP K0  K21 K2     K1;           (1，0) →BFM＃21，禁止调整偏移量和增益
```

（2）FX_{2N}-2AD 模拟量输入模块的校准。FX_{2N}-2AD 模拟量输入模块是采用硬件校准法，即偏移量和增益是通过调节偏移量电位器、增益电位器来设定的。

对于模拟输入量为电压 DC0～10 V，对应转换成数字输出量为 0～4 000，其偏移量和增益在工厂出厂前就已调整好，可以理解为偏移量是数字量输出为 0 时，对应模拟量输入量为 0；增益是数字量输出为 4 000 时，对应模拟输入量为 10 V。在这样的设定方式下，FX_{2N}-2AD 模拟量输入模块的分辨率为 10 V/4 000＝2.5 mV。

FX_{2N}-2AD 的模拟输入量如果采用 DC0～5 V 电压输入或 DC4～20 mA 电流输入时，其偏移量和增益要通过模块面板上的电位器来调节。

由于 FX_{2N}-2AD 的两个通道是使用同一类型和同样量程的模拟输入量，所以在FX_{2N}-2AD 模块面板上只有一个偏移量调节电位器和一个增益调节电位器。

调节时，应准备高精度的测量仪表和稳定的输入信号源，如设定 FX_{2N}-2AD 模拟输入量为 0～5 V 电压模拟量，则增益的调节可按以下步骤进行。

1）将一台 DC0～5 V 直流恒压源，按端子连接形式接于输入通道 1（或通道 2），并将电压调到稳定的 5 V。

2）从 FX_{2N}-2AD 读出通道 1 转换后的数据，并将该数据通过七段数码管显示。

3）反复调节增益电位器直到七段数码管上显示 4 000 为止（由于 FX_{2N}-2AD 最大分辨率为 12 位，这样可以达到最大精度）。

偏移量调节时，只需将上述恒压源调到 0 V，同时调节偏移量电位器使七段数码管显示的数为 0 即可。

如果 FX_{2N}-2AD 的模拟输入量为 4～20 mA 电流模拟量，增益和偏移量的调整也可参照上述方法进行。增益调整时，将恒流源信号稳定在 20 mA，调节增益电位器使数码管显

示数字 4 000；偏移量调整时，将恒流源信号稳定在 4 mA，调节偏移量电位器使数码管显示为 0。此时，模拟量输入与数字量输出的变化关系曲线如图 17—9 所示。

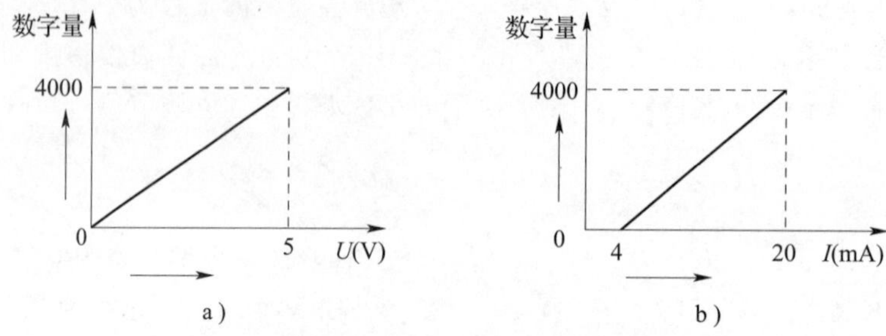

图 17—9　模拟量输入与数字量输出的变化关系曲线

a）电压模拟量　b）电流模拟量

0～5 V 电压模拟输入量的分辨率为 5 V/4 000＝1.25 mV，4～20 mA 电流模拟输入量的分辨率为（20－4）mA/4 000＝4 μA。

偏移量调整和增益调整对 CH1 和 CH2 是同时完成的。使用时，CH1 和 CH2 应输入同一类型和同样量程的模拟量。

2. 将模拟量输入模块的输出值转化为实际的物理量

当用调整好的模拟量输入模块去检测一个模拟量时，其输出的量最好是实际测得的物理量，而不是一个抽象的数字量。例如，要检测某一电动机的转速，电动机的转速范围为 0～1 400 r/min，经变送器转换输出信号对应为 DC0～5 V。选择 FX_{2N}-2AD 的模拟输入量为 0～5 V 的直流电压值，转换后对应的数字量为 0～4 000。如某时刻 FX_{2N}-2AD 测得的模拟量转换后输出的数字量为 1 000，将这 1 000 显示出来，还是不知道电动机此时的转速为多少。此时应将 1 000 转化为实际的电动机转速 350 r/min 显示出来，就直观明了。

设转换后的数字量为 N，则电动机转速转化的计算公式为 $n=1\ 400/4\ 000\times N$。因此在程序编制时，为了能显示实际测得的物理量，需要编制转化程序。

第 3 节　模拟量输出模块及其应用

一、模块量输出模块的技术指标

模拟量输出模块是将数字量转换成模拟量（电压或电流）输出的 D/A 转换模块，其技术指标（偏移量及增益）调整都与模拟量输入模块相仿，可参照模拟量输入模块的有关说明来理解。

1. 技术指标及端子连接

（1）模拟量输出模块的技术指标。

1）FX_{2N}-4DA 模拟量输出模块的技术指标。FX_{2N}-4AD 是具有 4 个 D/A 转换输出通道，可将 12 位数字信号转换为模拟量电压或电流输出的模块，3 种输出量程为 DC−10～+10 V，0～20 mA，4～20 mA，每个通道都可以独立地指定为电压输出或电流输出。其技术指标见表 17—7。

表 17—7　FX_{2N}-4DA 技术指标

项　目	电压输出	电流输出
模拟量输出范围	DC−10～+10 V （外部负载电阻 1 kΩ～1 MΩ）	DC4～20 mA （外部负载电阻 500 Ω 以下）
数字输入	电压为−2 048～+2 047	电流为 0～+1 024
分辨率	5 mV（10 V×1/2 000）	20 μA（20 mA×1/1 000）
综合精度	满量程 10 V 的±1%	满量程 20 mA 的±1%
转换速度	2.1 ms/4 通道	
隔离方式	模拟电路与数字电路之间有光电耦合隔离，从基本单元来的电源经 DC/DC 转换器隔离，通道之间不隔离	
模拟量用电源	DC24（1±10%）V，130 mA	
I/O 占有点数	程序上为 8 点（作输入或输出点计算），由 PLC 供电的消耗功率为 5 V×30 mA	

2）FX_{2N}-2DA 模拟量输出模块的技术指标。FX_{2N}-2DA 是具有 2 个 D/A 转换输出通道，可将 12 位数字信号转换为模拟量电压或电流输出的模块，3 种输出量程 DC0～10 V，0～5 V 和 4～20 mA。两个通道采用公共的模拟量输出，其技术指标见表 17—8。

表 17—8　FX_{2N}-2DA 技术指标

项　目	电压输出	电流输出
模拟量输出范围	DC0～10 V，0～5 V （外部负载电阻 2 kΩ～1 MΩ）	4～20 mA （外部负载电阻 400 Ω 以下）
数据输入	12 位	
分辨率	2.5 mV（10 V/4 000） 1.25 mV（5 V/4 000）	4 μA [(20−4) mA/4 000]
综合精确度	满量程 10 V 的±1%	满量程 20 mA 的±1%
转换速度	4 ms/通道	
模拟量用电源	DC24（1±10%）V，85 mA（由基本单元内部电源供给）	
隔离方式	模拟量与数字量之间用光电耦合隔离，从基本单元来的电源经 DC/DC 变换器隔离，模拟量通道之间不隔离	
I/O 占有点数	程序上为 8 点（作输入或输出点计算），由 PLC 供电的消耗功率为 5 V×30 mA	

（2）端子连接。FX_{2N}-4DA 和 FX_{2N}-2DA 两个模拟量输出模块的端子连接方式是一样的，区别仅在于通道不同，如图 17—10 所示。

模拟输出端通过双绞线屏蔽电缆与负载相连接，使用电压输出时，负载的一端接在“VOUT”端，另一端接在短接后的“IOUT”和“COM”端；电流型负载接在“IOUT”和“COM”端。

为了减少输出线路上干扰信号对负载的影响，可以在电压输出的负载端并联一个 0.1～0.47 μF/25 V 小电容。

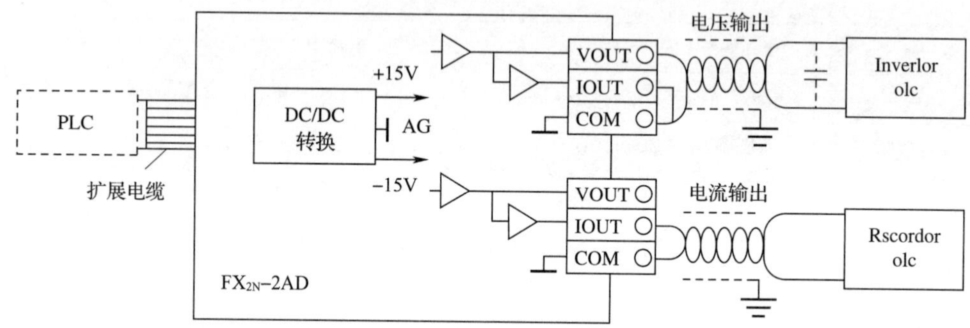

图 17—10　FX_{2N}-2DA 接线图

2. 模拟量输出模块内缓冲寄存器设置

（1）FX_{2N}-4DA 内缓冲寄存器设置。FX_{2N}-4DA 模块 BFM 分配表见表 17—9。

表 17—9　**FX_{2N}-4DA 模块 BFM 分配表**

BFM	内　容	
*#0（E）	模拟量输出模式选择，默认值=H0000	
*#1	CH1 输出数据	
*#2	CH2 输出数据	
*#3	CH3 输出数据	
*#4	CH4 输出数据	
*#5（E）	输出保持或回零，默认值=H0000	
#6，#7	保留	
*#8（E）	CH1，CH2 的零点和增益设置命令，初始值为 H0000	
*#9（E）	CH3，CH4 的零点和增益设置命令，初始值为 H0000	
*#10	CH1 的零点值	单位：mV 或 mA 如采用输出模式 3 时，各通道的初始值： 零点值=0 增益值=5 000
*#11	CH1 的增益值	
*#12	CH2 的零点值	
*#13	CH2 的增益值	
*#14	CH3 的零点值	
*#15	CH3 的增益值	
*#16	CH4 的零点值	
*#17	CH4 的增益值	

续表

BFM	内　容
＃18，＃19	保留
* ＃20（E）	初始化　初始值＝0
* ＃21（E）	I/O 特性调整禁止，初始值＝1
＃22～＃28	保留
＃29	出错信息
＃30	识别码 K3010
＃31	保留

注：（1）带 * 号的 BFM 缓冲寄存器可用 TO 指令将数据写入。

（2）带 E 表示数据写入到 EEPROM 中，具有断电记忆。

分配表设置说明如下。

BFM＃0：应写成 4 位十六进制数 H××××，用来对 CH1～CH4 的输出模式进行设置，由低位到高位分别控制 CH1，CH2，CH3，CH4。

每位数值输出模式的规定如下。

0：设定为电压输出－10～＋10 V。

1：设定为电流输出 4～20 mA。

2：设定为电流输出 0～20 mA。

例如，设置 BFM＃0＝H1200，则表示 CH1 和 CH2 为电压输出（－10～＋10 V），CH3 为电流输出（0～20 mA），CH4 为电流输出（4～20 mA）。

BFM＃1～＃4：分别存放 CH1～CH4 的输出数据，默认值全部为“0”。

BFM＃5：在 PLC 由 RUN 转为 STOP 状态后，FX_{2N}-4DA 的输出是保持最后的输出值还是回零点，则取决于 BFM＃5 中的 4 位十六进制数值，其中 0 表示保持输出值，1 表示恢复到 0。

例如，H1001 则表示 CH4 回零，CH3 保持，CH2 保持，CH1 回零。

BFM＃8 和 BFM＃9：为偏移量和增益调整的设置命令，均以 4 位十六进制数表示。其中 BFM＃8 的 4 位十六进制数（从低位到高位）分别对应 CH1 和 CH2 的偏移量和增益调整的设置命令，如图 17—11a 所示。BFM＃9 的 4 位十六进制数（从低位到高位）分别对应 CH3 和 CH4 的偏移量和增益调整的设置命令，如图 17—11b 所示。图中对应位的状态“1”为允许调整，“0”为不调整。

BFM#8	BFM#9
H 0 0 0 0 (G2 02 G1 01)	H 0 0 0 0 (G4 04 G3 03)
a)	b)

17—11　偏移量和增益调整设置命令

a) CH1 和 CH2 设置　b) CH3 和 CH4 设置

BFM＃10～BFM＃17：分别存放 4 个通道需要调整的偏移量和增益的数据（单位为 mA 或 V）。

BFM#20：复位命令。当将数据1写入到BFM#20时，缓冲寄存器BFM中的所有数据恢复到出厂时的初始设置，其优先权大于BFM#21。

BFM#21：I/O状态禁止调整的控制。当BFM#21不为1时，BFM#1～BFM#20的I/O状态禁止调整，以防止由于疏忽造成的I/O状态改变；当BFM#21=1时，允许调整，默认值为1。

BFM#29：表示FX_{2N}-4DA运行正常与否的状态信息缓冲寄存器。其中各位表示的含义除了没有b11位之外与FX_{2N}-4AD相同。

BFM#30：存放FX_{2N}-4DA模块的标识码为K3010，用户在编制程序时，可利用标识码对模块进行确认。

(2) FX_{2N}-2DA模块内缓冲寄存器设置。FX_{2N}-2DA模块BFM分配表见表17—10。

表17—10　　FX_{2N}-2DA模块BFM分配表

BFM	b15～b8	b7～b3	b2	b1	b0
#0～#15	备用				
#16	备用	输出数据的当前值（低8位）			
#17	备用		D/A数据被锁存	通道1（CH1）D/A转换开始	通道2（CH2）D/A转换开始
#18～#31	备用				

BFM#16：通道的D/A转换数据分成两部分，先输入数据的低8位以二进制形式按BFM#17的规定锁存，数据的高4位以二进制形式在BFM#16中。

BFM#17：当b0位从“1”变为“0”时，通道2的D/A转换开始；当b1位从“1”变为“0”时，通道1的D/A转换开始；当b2位从“1”变为“0”时，D/A转换的低8位数据被锁存。

由于FX_{2N}-2DA模块的偏移量和增益调整是通过面板上的电位器调节来进行的，所以在FX_{2N}-2DA模块的BFM中没有偏移量和增益调整的内容。

3. 应用举例

(1) FX_{2N}-4DA模拟量输出模块编程举例。设FX_{2N}-4DA的编号为1号，现要将FX_{2N}-48MR中数据寄存器D20，D21，D22，D23中的数据通过FX_{2N}-4DA的4个通道输出，要求CH1和CH2为电流输出（4～20 mA），CH3和CH4为电压输出（−10～10 V）；并且FX_{2N}-48MR从RUN转为STOP状态后，CH1和CH2的输出回零，而CH3和CH4的输出值保持不变，试编写程序。其模拟转换编程梯形图如图17—12所示，图中①～⑥说明如下。

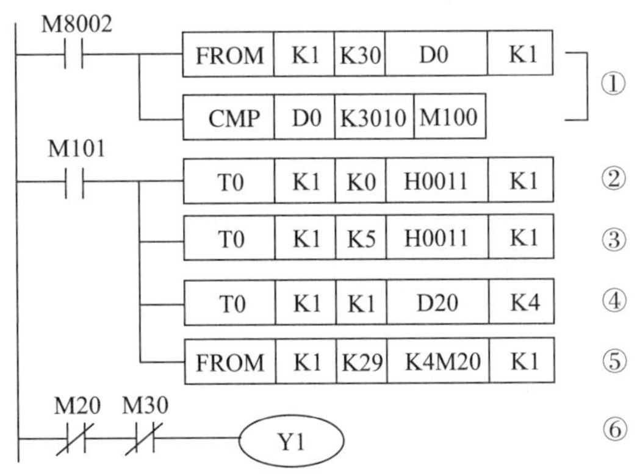

图 17—12　FX_{2N}-4DA 模数量输出模块应用

①此两条指令是对功能模块型号的确认，如果模块确实为 FX_{2N}-4DA，则 M101＝1，下列程序予以执行。

②将 H0011 写入 BFM＃0 建立模块通道的量程，CH1 和 CH2 为电流输出（4～20 mA），CH3 和 CH4 为电压输出（－10～10 V）。

③将 H0011 写入 BFM＃5，当模块由 RUN 转为 STOP 状态后，CH1 和 CH2 的输出回零，而 CH3 和 CH4 的输出值保持不变。

④将以 D20 为首元件的 4 个数据寄存器内的数据写入 BFM＃1～BFM＃4 缓冲寄存器内，以确定各通道的输出数据。

⑤从 BFM＃29 中读取模块的状态信息，保存于 K4M20 位组合元件中。

⑥若 FX_{2N}-4DA 运行正常（M20＝0）且输出数据没有超出范围（M30＝0），则 Y1 为 ON（表示输出正常）。

（2）FX_{2N}-2DA 模拟量输出模块应用举例。FX_{2N}-2DA 模拟量输出模块的输出模拟量的类型是由接线端子的连接形式决定的，故在程序编写中不需要考虑其输出模拟量是电压型还是电流型。

假设 FX_{2N}-2DA 模块的编号为 1 号，要写入通道 1 的数据存放在数据寄存器 D10 中，通道 2 的数据存放于数据寄存器 D20 中。当 X0 接通时，启动通道 1 的 D/A 转换；当 X1 接通时，启动通道 2 的 D/A 转换。其模拟转换编程梯形图如图 17—13 所示，图中①～⑩说明如下。

①将 D10 中的数字量传送到 M10～M25。

②将 D10 的低 8 位数据（M10～M17）写入 BFM＃16。

③此两条指令使 BFM＃17 的 b2 位由 1→0，以便锁存低 8 位数据。

④写入 D10 的高 4 位数据（M18～M21）。

⑤此两条指令使 BFM＃17 的 b1 位由 1 转换为 0，通道 1 执行 D/A 转换。

⑥～⑩是通道 2 的转换程序，可参照通道 1 的转换程序进行分析。

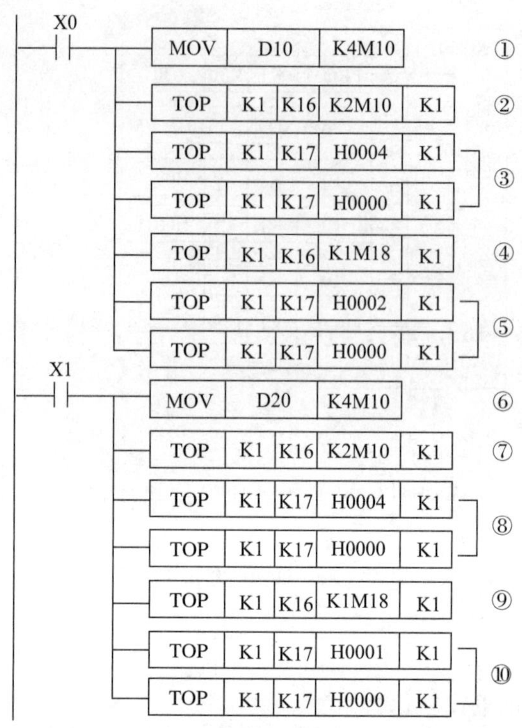

图 17—13　FX_{2N}-2DA 模数量输出模块应用

二、模拟量输出模块的使用

在使用模块时，必须先对使用通道的偏移量和增益按照所需量程进行调整，只有偏移量和增益确定后，才能在应用程序中编制相应的换算公式。

1. FX_{2N}-4DA 模块偏移量和增益的校准

FX_{2N}-4DA模拟量输出模块对偏移量和增益的定义如下。

偏移量：输入数字为 0 时对应的模拟输出量。

增益：输入数字为 1 000 时对应的模拟输出量。

FX_{2N}-4DA 偏移量和增益的调整，是通过程序对 BFM 相关字进行设置来完成的。

例如，设 FX_{2N}-4DA 的编号为 1 号，通道 CH1 为电流输出（4～20 mA），设置移偏量为4 mA，增益为 20 mA，其偏移量和增益的调整程序如图 17—14 所示。

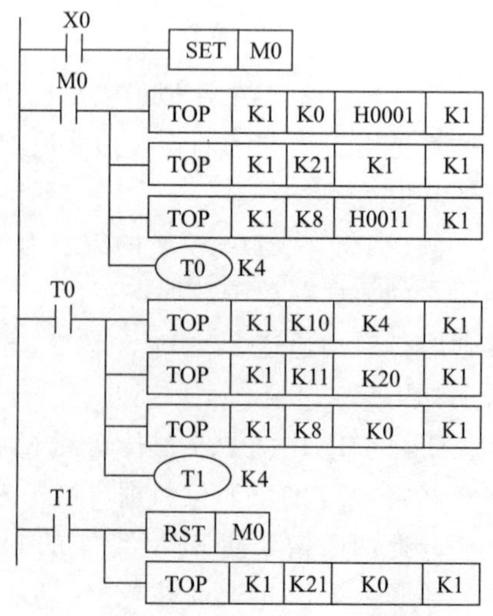

图 17—14　FX_{2N}-4DA 偏移量和增益调整程序

2. FX_{2N}-2DA 模拟量输出模块的校准

FX_{2N}-2DA 模拟量输出模块的偏移量和增益是通过调节偏移量电位器和增益电位器来设定的。

FX_{2N}-2DA 模块在出厂时，调整为输入数字值 0～4 000 对应于输出电压 0～10 V，若用于电压输出 0～5 V 或电流输出，则需使用 FX_{2N}-2DA 上的调节电位器对偏移量和增益重新进行调整，电位器向顺时针方向旋转时，数字值增加。

增益可以设置为任意值，为了充分利用 12 位的数字值，建议输入数字范围为 0～4 000，这样可得到最高的分辨率。例如，4～20 mA 电流输出时，调节 20 mA 模拟量输出时，对应的数字输入值为 4 000。

偏移量在电压输出时，其偏移量为 0；电流输出时，数字输入值为 0 时，对应的模拟输出量为 4 mA。

思 考 题

模拟量电流输出的数码拨盘和电流表如图 17—15 所示。

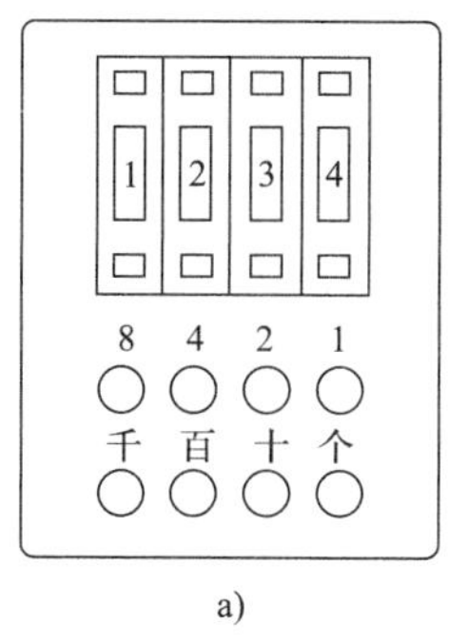

a)

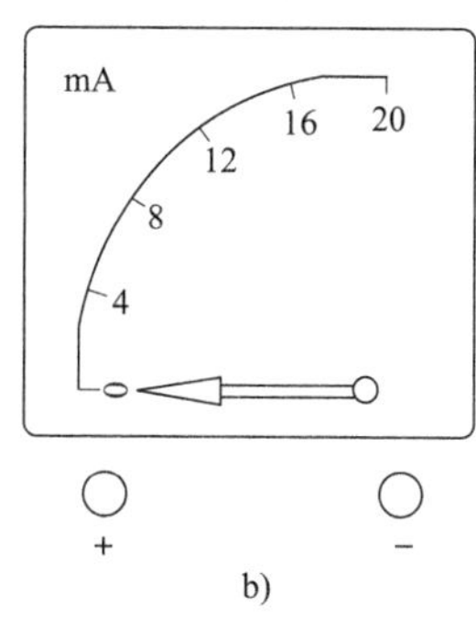

b)

图 17—15　数码拨盘输出的电流表显示

a）数码拨盘开关　b）电流表

通过数码拨盘和数据输入按钮 SB1 输入任意个数的电流值（输入范围 4～20，单位为 mA），由模拟量输出模块 FX_{2N}-2DA 输出到电流表上反映数码拨盘输入的数值。当按下显示按钮 SB2 后，模拟量输出模块输出的是所有输入电流值的平均值，只有按了 SB3 复位按钮后，方可重新操作。复位后电流表的读数应为 4 mA。其输入/输出端口配置见表 17—11。

表 17—11　　输入/输出端口配置

输入设备	输入端口编号		考核箱对应端口
	方案 1	方案 2	
数据输入按钮	X0	X10	普通按钮
显示按钮	X1	X11	普通按钮
复位按钮	X2	X12	普通按钮

续表

输入设备	输入端口编号		考核箱对应端口
	方案 1	方案 2	
拨盘数码 1	X10	X0	拨盘开关 1
拨盘数码 2	X11	X1	拨盘开关 2
拨盘数码 4	X12	X2	拨盘开关 4
拨盘数码 8	X13	X3	拨盘开关 8
输出设备	**输出端口编号**		**考核箱对应端口**
	方案 1	**方案 2**	
拨盘位数选通信号个	Y10	Y0	拨盘开关个
拨盘位数选通信号十	Y11	Y1	拨盘开关十
拨盘位数选通信号百	Y12	Y2	拨盘开关百
FX_{2N}-2DA	CH2 通道	CH2 通道	电流表+，−端口

对输入/输出端口配置的方案 1 或方案 2，用 FX_{2N} 系列 PLC 指令编制程序，画出流程图及梯形图或写出语句表。

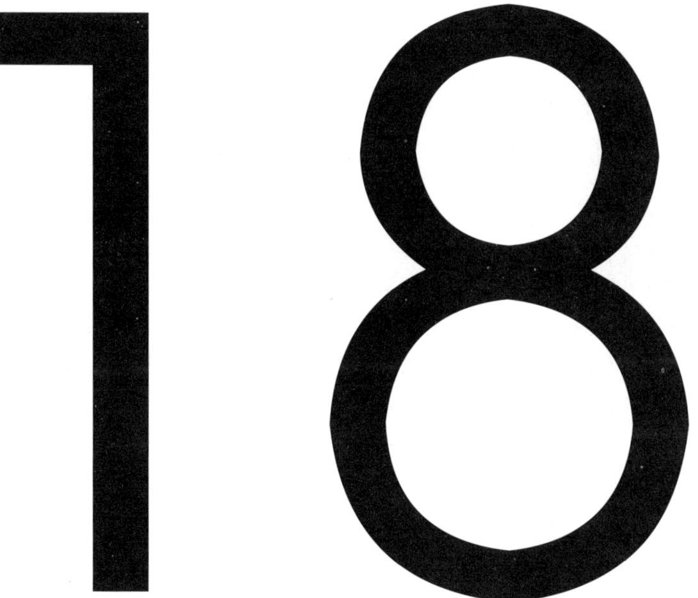

第 18 章

人 机 界 面

人机界面是操作人员与PLC之间双向沟通的桥梁。操作人员通过人机界面触摸屏画面上的软按钮来控制PLC的运行，通过画面上的输入区域来修改控制系统的参数，通过动态画面了解工业现场的运行状态。人机界面使操作变得简单生动，使机器设备的配线标准化、规范化。人机界面已成为现代工业必不可少的设备之一。

本章简要介绍了人机界面的组态方法及应用。

第1节　概述

一、人机界面的基本概述

人机界面（Human Machine Interface，HMI）是操作人员与PLC之间双向沟通的桥梁。很多工业控制对象要求控制系统具有很强的人机界面功能，用来实现操作人员与计算机（PLC是专用计算机）控制系统之间的对话和互动作用。

过去都是通过操作面板上的开关、按钮、指示灯等人机界面装置来操纵控制对象，但这种人机界面信息量少，操作烦琐，需要熟练的操作人员来控制。如果用七段数码管来显示数据，用数码拨盘输入参数，这样将占用PLC很多I/O点，提高硬件成本。当控制要求改变时，需重新制作操作面板。

随着计算机技术的发展，在环境条件较好的控制室内，计算机已经被用作人机界面装置。早期的工业控制计算机用CRT（阳极射线显像管）显示和薄膜键盘做工业现场的人机界面，但它的体积大，安装困难，对现场环境的适应能力差，控制程序编制较复杂，所以很难在一般的工业现场推广使用。

当前由触摸屏组成的人机界面是按工业现场环境应用来设计的，其稳定性和可靠性与PLC相当，能够在恶劣的工业环境中长期连续运行，操作人员可通过人机界面触摸屏上的按钮、开关向控制对象发出控制命令和设置参数，可通过触摸屏上的动态画面了解工业现场的运行状态，使操作变得简单生动，并可减少操作上的失误。人机界面还可以使机械设备的配线标准化、规范化，已成为现场工业必不可少的控制设备之一。

二、人机界面的功能

人机界面主要具有以下功能。

1. 操作员对过程的控制

操作人员通过操作图形界面来控制过程。例如，操作员可以用触摸屏画面上的按钮来启动电动机，用画面上的输入区域来修改控制系统的参数等。

2. 显示过程的状态

通过画面上的指示灯来显示设备的运行状态，通过动画显示控制过程的进程状态。

3. 报警和故障处理功能

控制过程到达临界状态会自动报警，例如当温度变量超过设定值等。

4. 统计功能

例如，在某一轮班结束时打印输出生产报表等。

5. 过程和设备的参数管理

将过程和设备的参数存储在配方中，当需要更换产品品种时，只需一次性地将这些参数从人机界面传送到 PLC 就可以实现。

在使用人机界面时，需要解决画面设计和与 PLC 通信的问题，人机界面生产厂家用组态软件很好地解决了这两个问题。组态软件使用方便，易学易用。使用组态软件可以很容易地生成人机界面的画面，还可以实现某些动画功能。人机界面用文字或图形动态地显示 PLC 中开关量的状态和数字量的数值，通过各种输入方式将操作人员的开关量命令和数字量设定值传送到 PLC。

各种品牌的人机界面一般都可以和各自生产厂商的 PLC 通信，用户不用编写 PLC 和人机界面的通信程序，只需要在 PLC 的编程软件和人机界面的组态软件中对通信参数进行简单的设置，就可以实现人机界面和 PLC 的通信。

各主要控制设备生产厂商，如西门子、罗克韦尔（AB）、施耐德、三菱、欧姆龙等公司，均有各自的人机界面系列产品。此外，还有一些专门生产 HMI 产品的公司，它们的产品则与常用的 PLC 都能连接，如日本 DIGITAL 公司的 GP 系列、中国台湾地区 EV 公司的 EB 系列等。

三、人机界面的工作原理

人机界面最基本的功能是显示现场设备（通常为 PLC）中开关量的状态和寄存器数字量的值，用监控画面向 PLC 发出开关量命令，并修改 PLC 寄存器中的参数。人机界面工作原理如图 18—1 所示，其工作一般可以分为 4 部分。

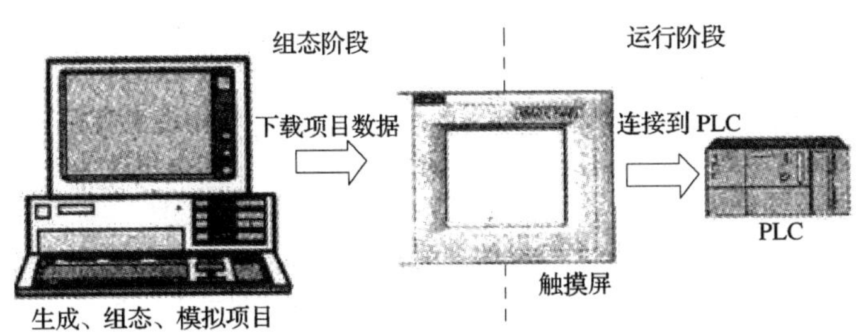

图 18—1　人机界面的工作原理

1. 对监控画面组态

“组态”（Configration）一词有配置和参数设置的意思。人机界面用个人计算机上运行的组态软件来生成满足用户要求的监控画面，用画面中的图形对象来实现其功能，用项目来管理这些画面。

使用组态软件可以很容易地生成人机界面的画面，用文字或图形动态地显示 PLC 中的开关量的状态和数字量的数值，通过各种输入方式将操作人员的开关量命令和数字量设定值传送到 PLC。画面的生成是可视化的，一般不需要用户编程。组态软件的使用简单方便，很容易掌握。

在画面中生成图形对象后，只需将图形对象与 PLC 中的存储器地址联系起来，就可以实现控制系统运行时 PLC 与人机界面之间的自动数据交换。

2．编译和下载项目文件

编译项目文件是指将建立的画面及设置的信息转换成人机界面可以执行的文件。编译成功后，需要将组态计算机中的可执行文件下载到人机界面的 Flash（闪存）EPROM 中，这种数据传送称为下载。

3．编制 PLC 应用程序

操作人员在计算机上用编程软件完成 PLC 应用程序的编制，并传送到 PLC 内。

人机界面是操作人员与 PLC 之间的桥梁，而真正控制现场运行过程的是 PLC 内的应用程序，虽然这个环节不属于人机界面范畴，但对于用人机界面操作控制对象的目的来讲是必不可少的，否则触摸屏上的监控画面将失去意义。

4．控制系统运行通信

在控制系统运行时，人机界面和 PLC 之间通过通信来交换信息，从而实现人机界面的各种功能。不用为 PLC 与人机界面的通信编程，只需要在组态软件中和人机界面中设置通信参数，就可以实现人机界面与 PLC 之间的通信。

人机界面具有很强的通信功能，配备有多个通信接口，使用各种通信接口和通信协议。人机界面能与各主要生产厂家的 PLC 通信，还可以与运行组态软件的计算机通信。通信接口的个数和种类与人机界面的型号有关。用得最多的是 RS－232C 和RS－422/RS－485串行通信接口（简称串口）。有的人机界面还可以实现一台触摸屏与多台 PLC 通信，或多台触摸屏与一台 PLC 通信。

四、触摸屏的工作原理

触摸屏是人机界面最直观的操作设备，只要用手指触摸屏幕上的图形对象，计算机便会执行相应的操作。人的行为和机器的动作变得简单、直接、自然，达到完美的统一。用户可以用触摸屏上的文字、按钮、图形、数字信息等，来处理或监控不断变化的信息。此外，触摸屏还具有坚固耐用、节省空间等优点。

触摸屏是人机界面发展的主流方向，几乎成了人机界面的代名词。

1．触摸屏的基本工作原理

触摸屏是一种透明的绝对定位系统，首先，它必须是透明的，透明是通过材料科学来实现的；其次，它能给出手指触摸处的绝对坐标，而鼠标属于相对定位系统。绝对坐标系统的特点是每一次定位的坐标与上一次定位的坐标没有关系，触摸屏在物理上是一套独立的坐标定位系统，每次触摸的位置转换为屏幕上的坐标。要求不管在什么情况下，同一点输出的坐标数据是稳定的，坐标值的漂移值应在允许范围内。

触摸屏的基本工作原理如下：用户用手指或其他物体触摸安装在显示器上的触摸屏时，触摸位置的坐标被触摸屏控制器检测，并通过通信接口（如 RS－232C 或 RS－485 串口）将触摸信息传送到 PLC，从而得到输入的信息。

触摸屏系统一般包括两个部分：触摸检测装置和触摸屏控制器。触摸检测装置安装在显示器的显示表面，用于检测用户的触摸位置，再将该处的信息传送给触摸屏控制器。触摸屏控制器的主要作用是接收来自触摸检测装置的触摸信息，并将它转换成触点坐标，判断出触摸的意义后送给 PLC；同时还能接收 PLC 发来的命令并加以执行，如动态地显示开关量和模拟量等。

2. 触摸屏的种类

触摸屏可以按照触摸检测装置所用材质的不同而分为以下 4 种。

（1）电阻式触摸屏。

（2）表面声波触摸屏。

（3）电容式触摸屏。

（4）红外线触摸屏。

第 2 节　WEINVIEW MT500 人机界面及其应用

一、EB500 组态软件包简介

使用人机界面最主要的是要组建监控画面，而监控画面的组建是通过组态软件来实现的，Easy Builder 500 软件包是 MT500 系列人机界面的组态工具。在计算机上安装 Easy Builder 500 软件包后桌面上会出现“ ”图标，双击该图标，在桌面上就会弹出“Easy Manager”对话框，如图 18—2 所示。

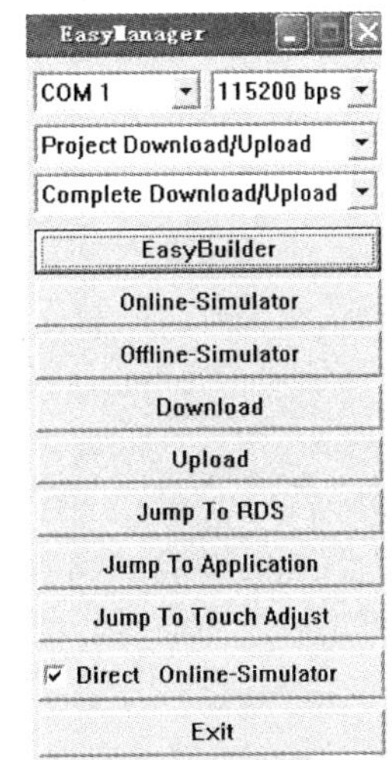

图 18—2　“Easy Manager”对话框

1. Easy Manager

Easy Manager 是整套 Easy Builder 500 软件的系统综合软件，整个 Easy Builder 500 系统共包含 3 个模块。

（1）Easy Load 模块。它包括 Upload（上传）和 Download（下载）。

（2）Easy Window 模块。它是在线模拟和离线模拟。

（3）Easy Builder 模块。它是组态软件。

Easy Builder 是组态软件，用来配置各种元件，一般简称为 EB500。在 Easy Builder 中也可以下载及在线（或离线）模拟，但是它是通过 Easy Manager 来调用其他两个模块的方式来实现的。在 Easy Builder 中下载或在（离）线模拟时，并不需要打开 Easy Manager 窗口，但是必须先设定好 Easy Manager 上的相关参数（如通信口、通信速率等），否则这些操作可能会不能进行。Easy Manager 的结构关系如图 18—3 所示。

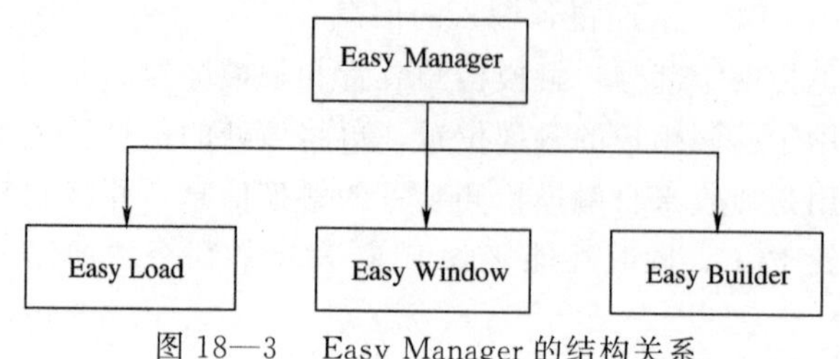

图 18—3　Easy Manager 的结构关系

在 Easy Manager 上的通信参数是计算机和触摸屏之间的通信参数，各个选项的具体定义如下。

通信口选择：选择计算机上和触摸屏相连接的串口为 COM1 或 COM2（可选择 COM1～COM10）。

通信口速率选择：在下载/上传时决定计算机和触摸屏之间的数据传输速率，建议选择 115 200 bit/s（一般对于一些老型机器或特殊要求时才选用 38 400 bit/s）。

Project Download/Upload or Recipe Download/Upload：下载/上传工程相关文件或下载/上传配方资料数据。

Project：工程相关文件。

Recipe：配方资料数据。

Complete or Partial Download/Upload：对于下载，选择“Complete”将包含工程文件（*.eob）和系统文件（*.bin)，一起下载速度较慢；“Partial”则仅下载工程文件（*.eob)，速度较快。对于上传，则只上传工程文件（*.eob)，选择“Complete”和“Partial”都是一样的。

Easy Builder：Easy Builder 是用来配置 MT500 系列触摸屏元件的综合设计软件，或者称为组态软件。按下这个按钮，可以进入 EB500 组态软件的编辑画面。

Online - Simulator：Online（在线）工程经由 EB500 编译后（其编译后的文件为 *.eob文件)，Simulator（模拟）可经由 MT500 读取 PLC 的数据，并在 PC 屏幕上直接模拟 MT500 操作。在调试过程中，使用在线模拟功能可以节省大量程序重复下载的时间。

Offline - Simulator：Offline（离线）模拟可以离线模拟程序运行，其读取的数据都是触摸屏内部的静态数据。

Download（下载）：将编译过的程序下载到 MT500。

Upload（上传）：从 MT500 上传工程文件到一个存档文件（*.eob)，这个存档文件并不能用 EB500 打开，但可以传送到其他的 HMI。这可以用来在需要使用相同程序的 HMI 之间传送文件。

Jump To RDS 模式（远端在线模式）：用于在线模拟或远端侦错，下载或上传时也会自动使用这一模式。

Jump To Application 模式（应用程序状态模式）：这是触摸屏的正常操作模式。按下这个按钮时，触摸屏将首先显示下载的工程文件中所设定的起始窗口。如果在触摸屏中没有工程文件（或工程文件损坏），开机后会自动切换到 RDS 模式，这时可以下载一个完整的工程到触摸屏中，然后再返回操作模式状态。

Jump To Touch Adjust（触控校准模式）：用于校准触摸屏。更换主机板或触摸屏时，必须使用这一模式来校准触摸屏，MT500 系列将会显示相关向导说明来引导用户完成这一校准操作。

Exit：离开。

2. EB500 界面

在“Easy Manager”对话框中，按下［Easy Builder］按钮，将弹出 EB500 界面，如图 18—4 所示。EB500 界面中每一项的名称及功能说明如下。

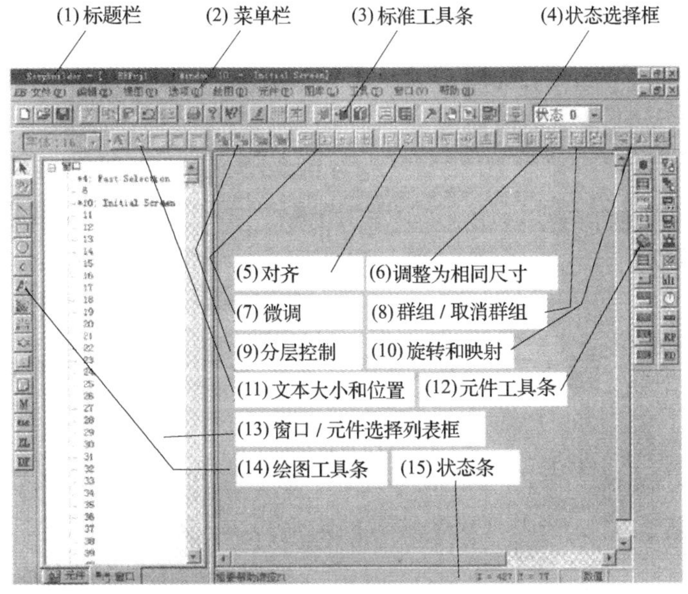

图 18—4　EB500 界面功能说明

（1）标题栏。标题栏显示工程的名称、窗口编号和窗口名称。

（2）菜单栏。菜单栏即用来选择各项命令的菜单。选择这些菜单会弹出相应的下拉菜单。每一个下拉菜单执行一项命令的操作。

（3）标准工具条。这里显示文件、编辑、图库、编译、模拟、下载等功能的相应按钮。

（4）状态选择框。状态选择框可以切换屏幕上的所有元件到指定的状态。

（5）对齐。此项功能用于使多个选择的元件向上、向下、向左或向右对齐，还有水平居中、垂直居中。

（6）调整为相同尺寸。它可以调整所选择的多个元件，使之变成大小相同、宽度相同或高度相同。

（7）微调。微调可以调整所选元件的位置，分别为上移一格、下移一格、左移一格、右移一格。

（8）群组/取消群组。群组功能可以将所选择的多个元件或图形组合在一起，当成一个元件来使用，也可以保存到群组图库中，以便下次调用。已组合的群组可通过取消群组功能取消。

（9）分层控制。分层控制用于调整所选元件的显示层次，分别为向上一层、向下一层、设为最上一层、设为最下一层。

（10）旋转和映射。用此项功能可以把图形水平或垂直映射或旋转 90°。

（11）文本大小和位置。此项功能用于改变所选文本的字体大小和位置。

（12）元件工具条。元件工具条中的每个图标代表一个元件，单击任一个图标会弹出对应元件的属性设置对话框，可以在对话框里设定元件的属性，然后把这些元件配置到屏幕上。

（13）窗口/元件选择列表框。在这里可以很方便地选择一个窗口或元件。

（14）绘图工具条。绘图工具条中的每个图标代表所显示的绘图工具。所提供的绘图工具包括线段、矩形、椭圆/圆、弧形、多边形、刻度、位图、向量图等。

（15）状态条。状态条显示目前鼠标所在的位置及辅助说明。

二、制作一个工程项目的应用实例

下面通过一个工程项目的制作，来了解如何通过 Easy Builder 组态软件来制作监控画面并下载到 MT500 触摸屏，以及通过触摸屏对 PLC 运行进行控制的过程。

【例 18—1】 在人机界面屏幕上设置 8 个指示灯对应 Y0～Y7，设置两个按钮 SB1 和 SB2。要求按下启动按钮 SB1 后，8 个指示灯按两亮两熄的顺序由小到大循环移位 10 s，然后再由大到小循环移位 10 s，每 1 s 移位一次。如此反复，直到按停止按钮 SB2，则全部熄灭。

屏幕设置示意如图 18—5 所示，控制要求示意如图 18—6 所示。

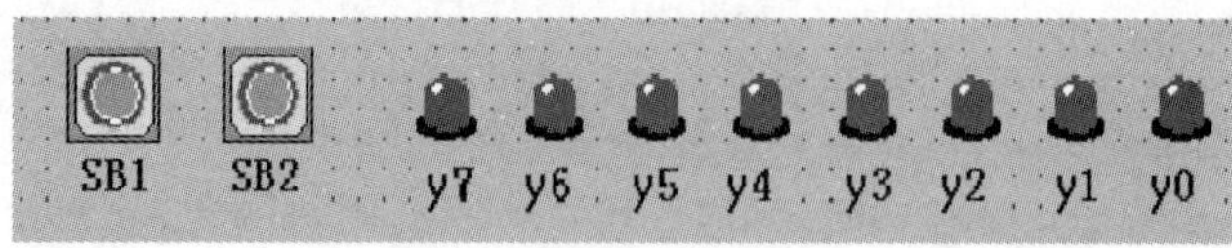

图 18—5 屏幕设置示意图

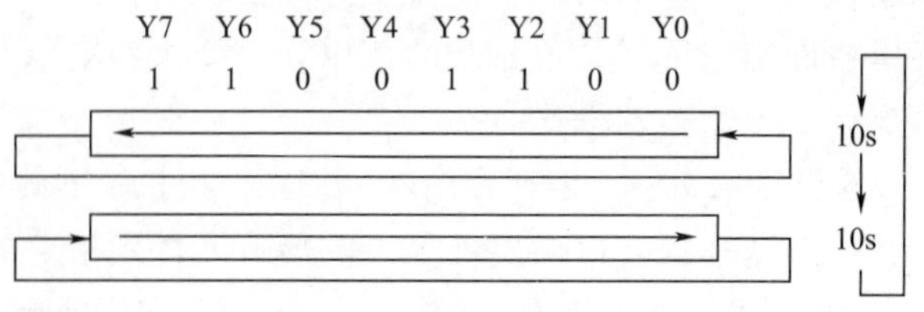

图 18—6 控制要求示意图

1. 创建一个新的工程

双击桌面上“ ”图标，弹出“Easy Manager”对话框，按下［Easy Builder］按钮，进入EB500组态软件的编辑画面，如图18—7所示。选择菜单［文件］/［新建］来新建一个工程，首先弹出触摸屏类型选择对话框，如图18—8所示。在这里选择［MT510T 640×480］（按使用的人机类型设定），按下［确定］按钮，这时将弹出一个空白的工程编辑画面，如图18—9所示。

在编辑画面的标题栏中，输入工程文件名EBPrj2，窗口10属于基本窗口，也是起始窗口，如图18—9所示。

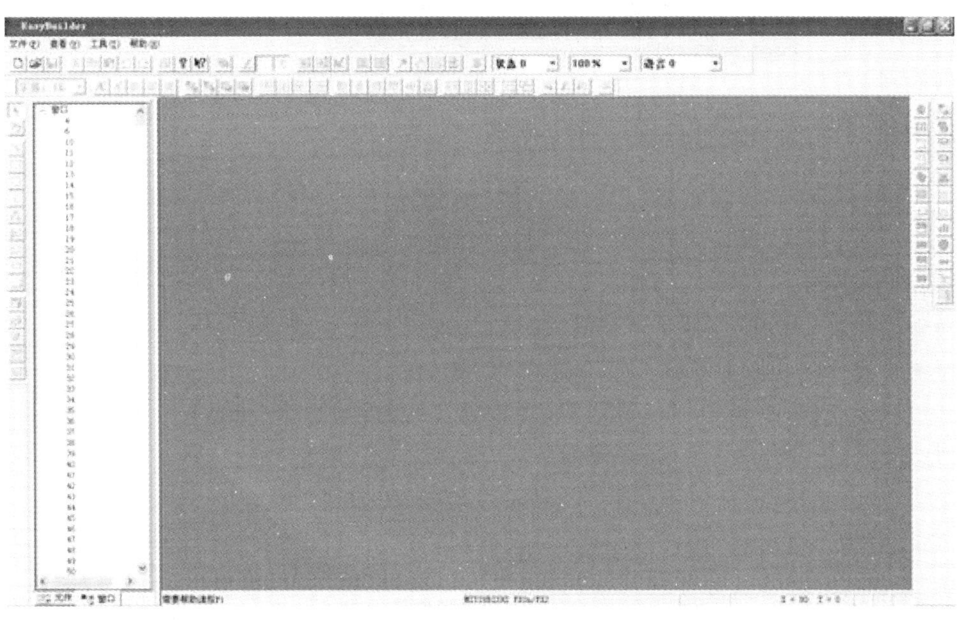

图18—7　EB500组态软件的编辑画面

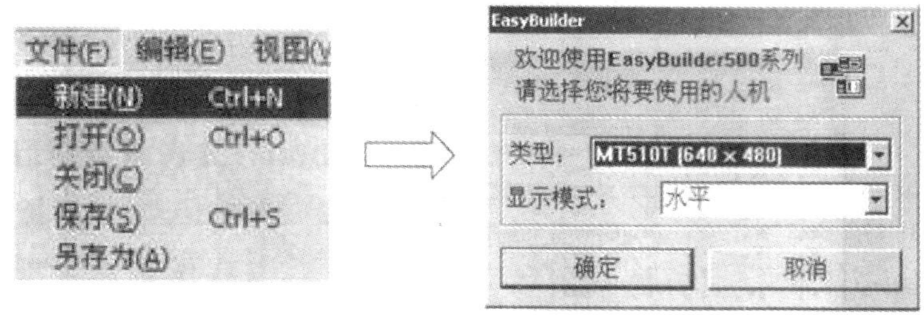

图18—8　触摸屏类型选择对话框

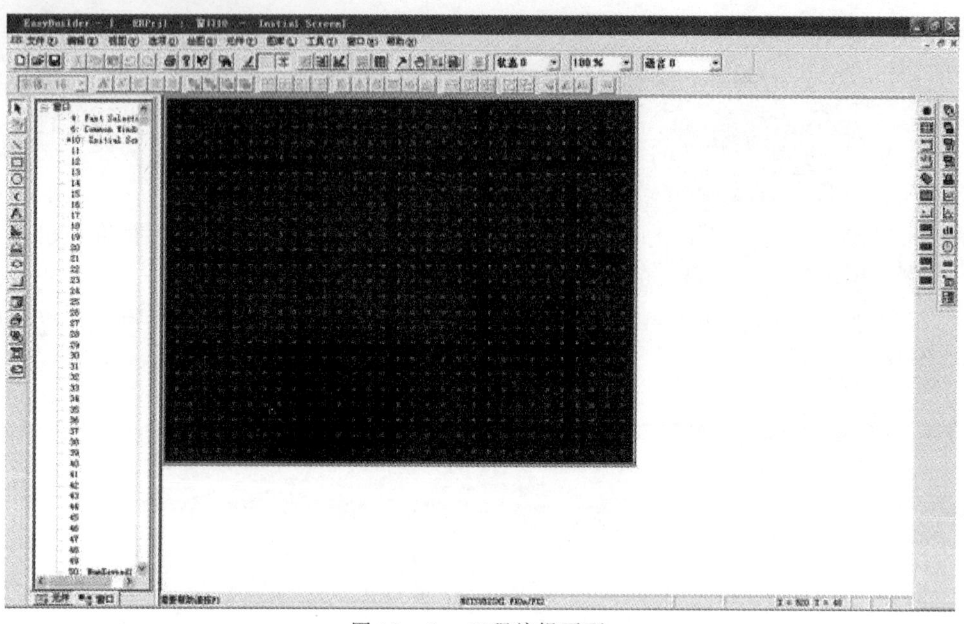

图 18—9　工程编辑画面

2. 选择 PLC 型号

设置好选定的 PLC 型号，才能保证触摸屏与 PLC 的正常通信。在菜单［编辑］中选择［系统参数］项，将出现对话框，如图 18—10 所示，在此对话框中有 6 个选项卡，分别为［PLC 设置］［一般］［指示灯］［安全等级］［编辑器］和［硬件］。当仅使用一台触摸屏时，只需对［PLC 设置］进行设定。

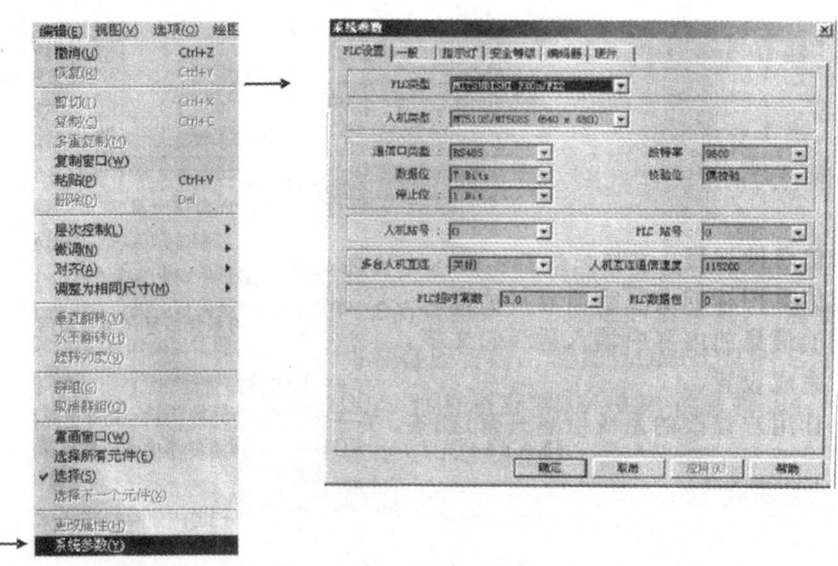

图 18—10　在“系统参数”对话框中设定 PLC 型号

PLC类型：可以从图18—11所示的PLC选择列表中选择合适的PLC类型。

人机类型：选择合适的触摸屏类型，如图18—12所示。

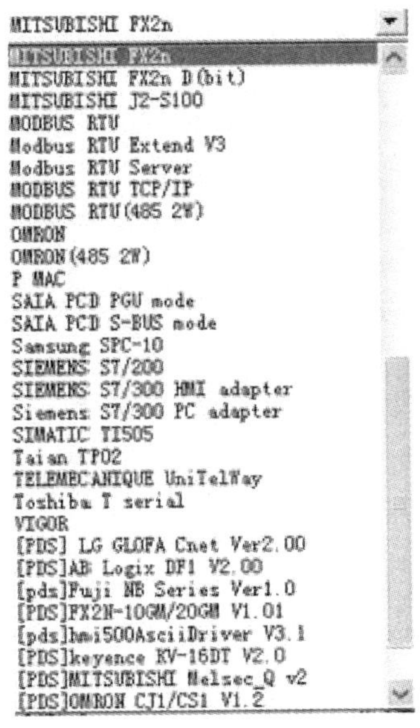

图18—11　PLC选择列表

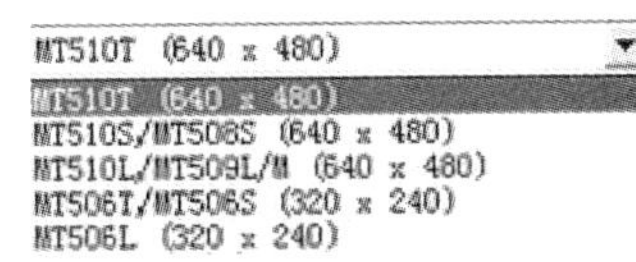

图18—12　触摸屏类型列表

通信口类型：选择触摸屏和PLC的通信方式，可选用RS-232或RS-485。

波特率、检验位、数据位和停止位：选择和PLC匹配的通信参数。

人机站号、PLC站号：只使用一台触摸屏时，不需设定。

PLC超时常数（s）：这个参数决定了触摸屏等待PLC响应的时间。当PLC与触摸屏通信时的延时时间超过超时常数的时间，触摸屏将出现系统信息（PLC NO RESPONSE）。通常PLC超时常数应设置为3.0（s）。

PLC数据包：用于选择触摸屏读取PLC中数据时，数据存放地址之间允许的间隔，不需要设定。

PLC类型设置好以后，在运行过程中触摸屏将会自动根据PLC的型号与PLC中的元件进行通信。

3. 组态监控画面

（1）组建1个指示灯元件。单击菜单［元件］选项拖出一个下拉菜单，在下拉菜单中单击［位状态指示灯］，此时出现该元件的属性对话框，如图18—13所示。

1）填写［一般属性］选项的内容。

描述：分配给全状态指示灯的参考名称（不显示）。

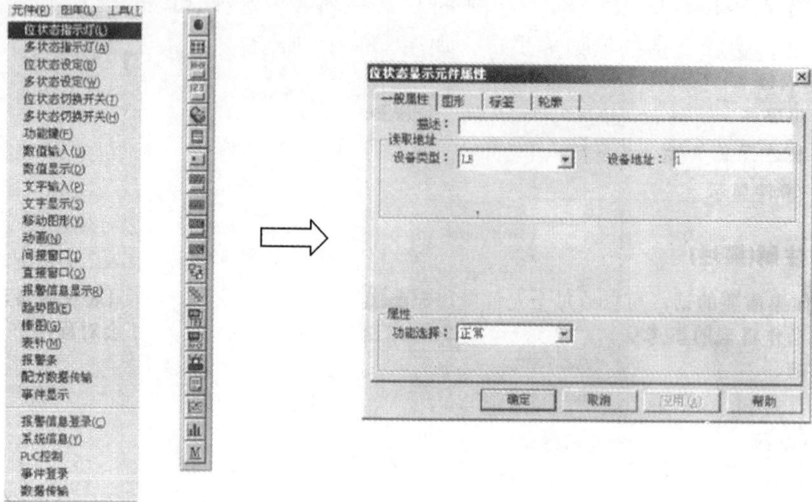

图 18—13 “位状态显示元件属性”对话框

读取地址：控制位状态指示灯的状态、图形、标签等的 PLC 的位地址。单击［设备类型］，弹出如图 18—14 所示的位元件列表。

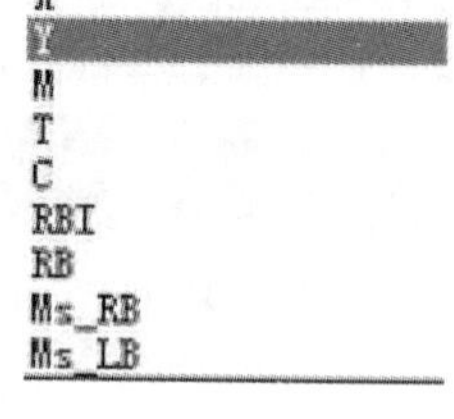

图 18—14 位元件列表

对于本题选择 Y，设备地址为 7。

正常：只显示对应状态的图形，该图形不闪烁。

闪烁状态 0（或 1）时的图形：当读取地址状态为 OFF 时，显示稳定的状态为 0 的图形；当状态为 ON 时，显示状态为 1 的图形，并且其显示效果是闪烁的，闪烁频率由“闪烁频率”设置。

2）填写［图形］选项：由图 18—15 中选［使用向量图］，然后按下［向量图库］按钮，这时弹出如图 18—16 所示“向量图库”对话框，在弹出的对话框中选择一个向量图，并按下［确定］按钮，如图 18—17 所示，确认状态号为“0”的指示灯的图形。

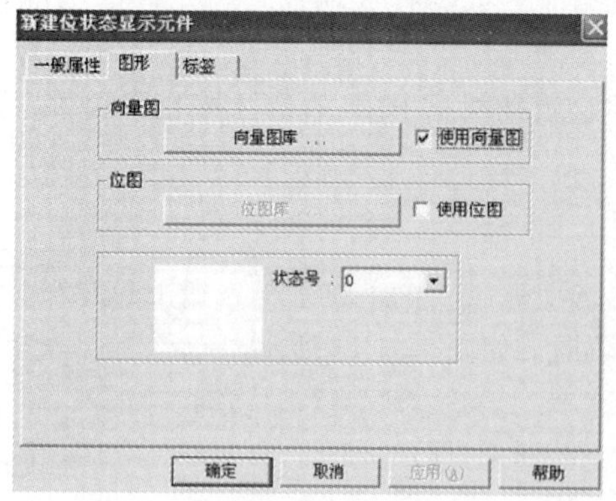

图 18—15 “新建位状态显示元件”对话框

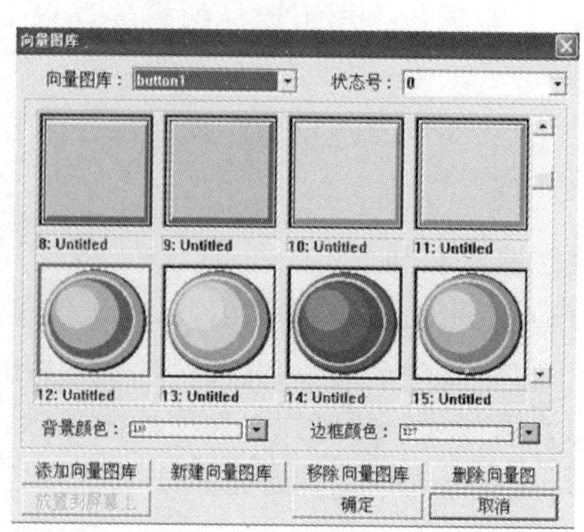

图 18—16 “向量图库”对话框

该选项是选择向量图或位图来表示位地址的 OFF 和 ON 状态的对应的图形。

3）填写［标签］选项。对应 OFF 和 ON 状态，填入相应的文本，如图 18—18 所示。

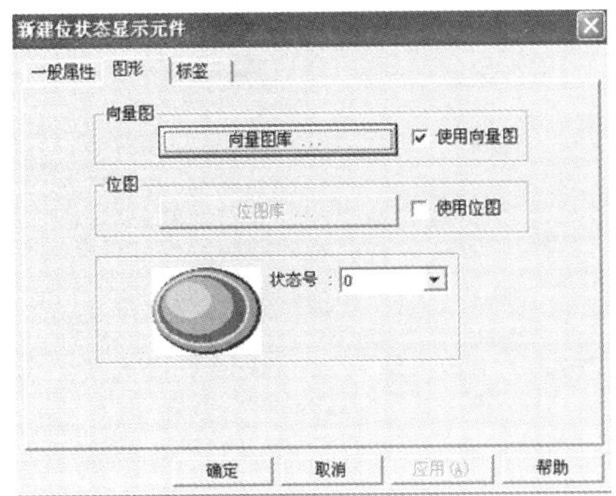

图 18—17　确认 1 个指示灯的图形

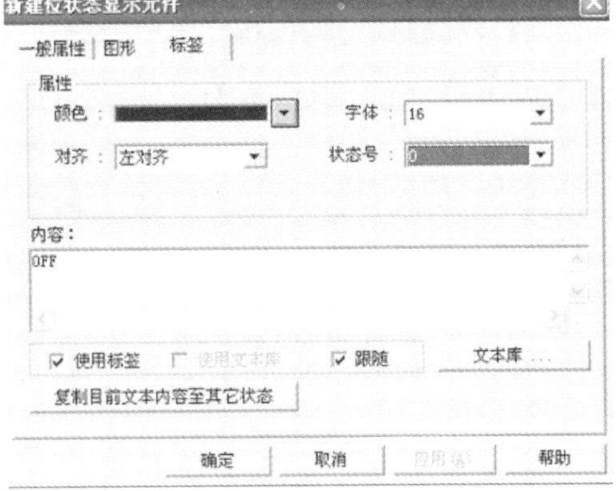

图 18—18　在［标签］选项卡中设定 ON 或 OFF 状态

4）按下［确定］按钮，该指示灯元件就出现在工程编辑画面上，如图 18—19 所示。在屏幕上按下鼠标左键，把该元件拖移到设定的位置上。

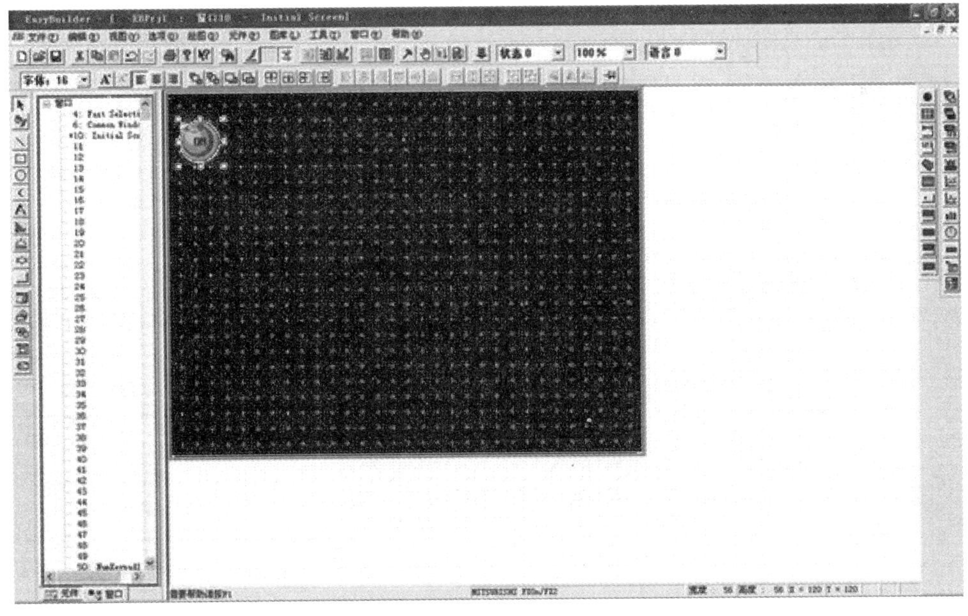

图 18—19　在工程编辑画面上完成 1 个指示灯的编辑

（2）用多重复制组建 8 个指示灯。多重复制可以用来把 1 个元件复制为多个，并按一定方式排列。首先将组建的第一个元件放在编辑画面的左上方，然后选择菜单［编辑］/［多重复制］，弹出如图 18—20 所示的“多重复制”对话框，对话框中各项参数说明如下。

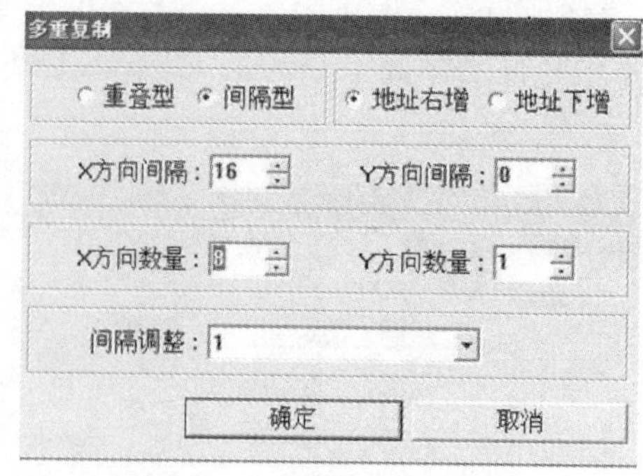

图 18—20　多重复制参数设定

重叠型：复制的多个元件重叠在一起。

间隔型：复制的多个元件有间隔地排列在一起。

地址右（下）增：复制的多个元件的地址是按向右（下）增加的方式递加排列的，其递加值为［地址间隔］所设置的内容。

X（*Y*）方向间隔：复制的多个元件排列在一起时的 *X*（*Y*）方向元件之间的间隔。

X（*Y*）方向数量：复制的元件在 *X*（*Y*）方向的数量。

间隔调整：复制的多个元件的地址排列间隔。

按照本例题，设置为：间隔型、地址右增、*X* 方向间隔为 16、*Y* 方向间隔为 0、*X* 方向数量为 8、*Y* 方向数量为 1、间隔调整为－1。

按下［确定］按钮，复制后效果图如图 18—21 所示。查看每个元件属性，将会发现它们的地址分别为 Y0，Y1，Y2，Y3，Y4，Y5，Y6 和 Y7，共 8 个指示灯。

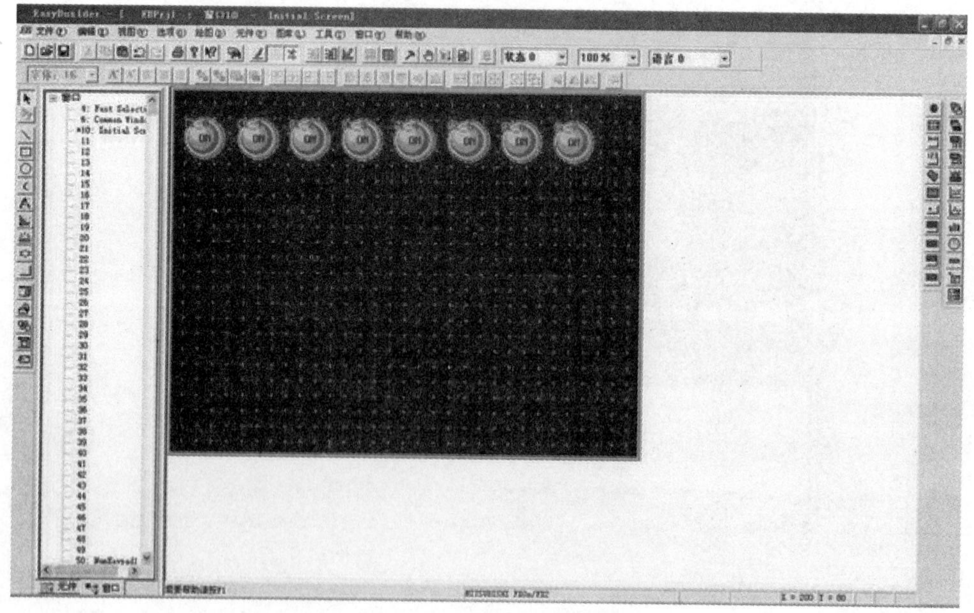
图 18—21　完成 8 个指示灯的编辑图

(3) 组建1个切换开关。按下［元件］/［位状态切换开关］，出现如图18—22所示的属性对话框。它包括［一般属性］［图形］和［标签］3个选项卡。

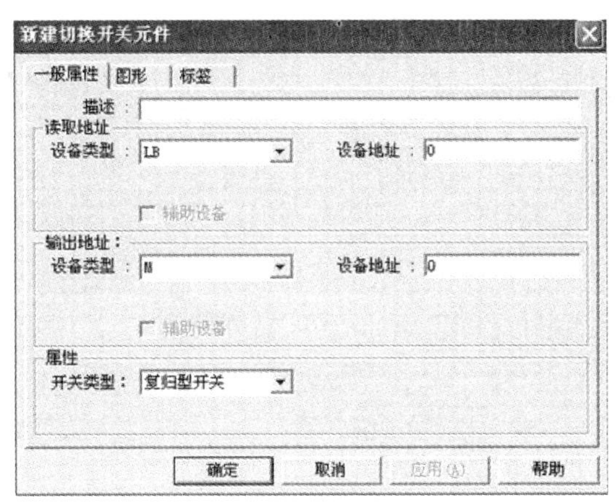

图18—22 “新建切换开关元件”对话框

1)［一般属性］各项说明

读取地址：控制位状态切换开关的状态、图形和标签在PLC中的相应的地址。

输出地址：在PLC中的由位状态切换开关控制的设备地址。

属性：所采用的开关元件类型，见表18—1。

表18—1　　开关类型

类　型	说　　明
ON	当元件被按下后，指定的PLC的位地址置为ON，放开后状态不变
OFF	当元件被按下后，指定的PLC的位地址置为OFF，放开后状态不变
切换开关	每按下一次元件，指定的PLC位地址状态改变一次（ON→OFF→ON）
复归型开关	当元件被按住时，PLC位地址状态置为ON；而放开后，又变为OFF。相当于复位型开关

按照本例题，对读取地址、输出地址均为M0，开关类型为复归型开关。

2)［图形］设定。选中［使用位图］复选框，如图18—23所示，并按下“位图库”按钮。这时将弹出“位图库”对话框，如图18—24所示。然后按下［添加位图库］按钮，打开选择位图的列表，如图18—25所示。

选择合适的位图名称，这里选择“bmp1.blb”。按下［打开］按钮，弹出如图18—26所示的对话框，选择第一个位图。按下［确定］按钮，这时将返回到图形选择对话框，如图18—27所示，按下［确定］按钮后返回编辑画面。在编辑画面屏幕上按下鼠标左键，将元件拖到需要的位置，如图18—28所示。

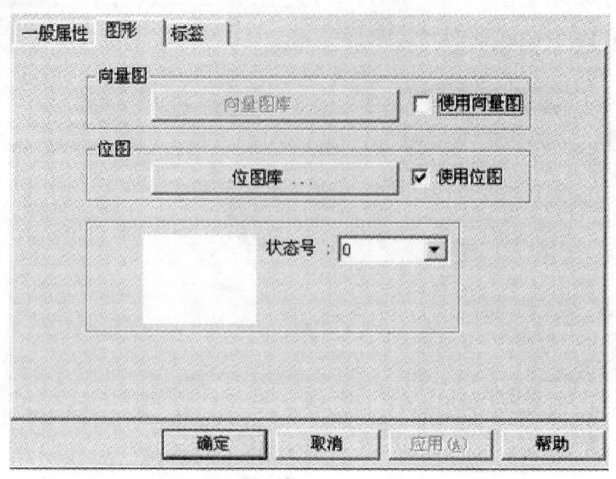

图 18—23 “新建位状态显示元件”对话框

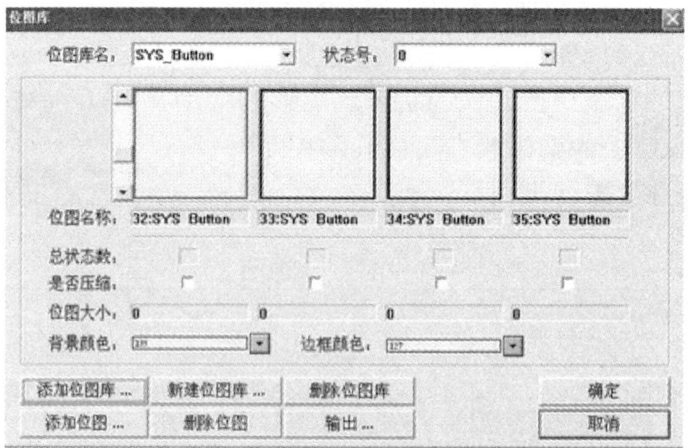

图 18—24 “位图库”对话框

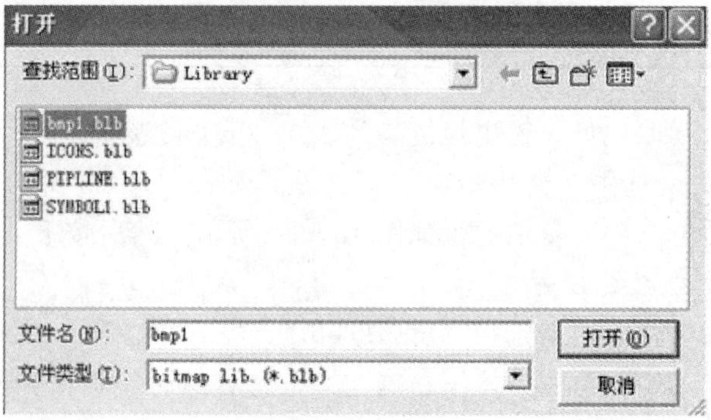

图 18—25 选择位图列表

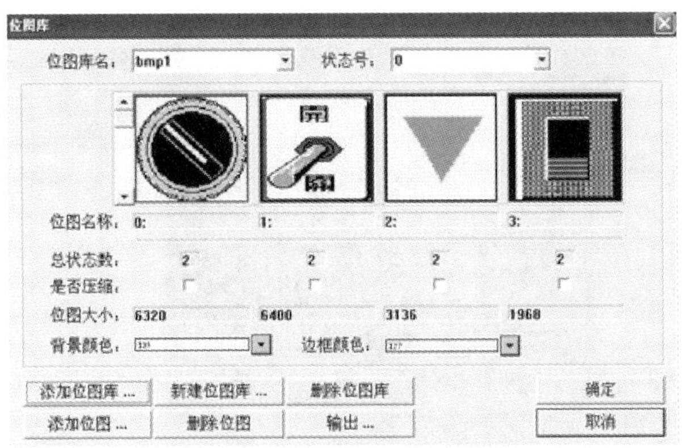

图 18—26　位图库

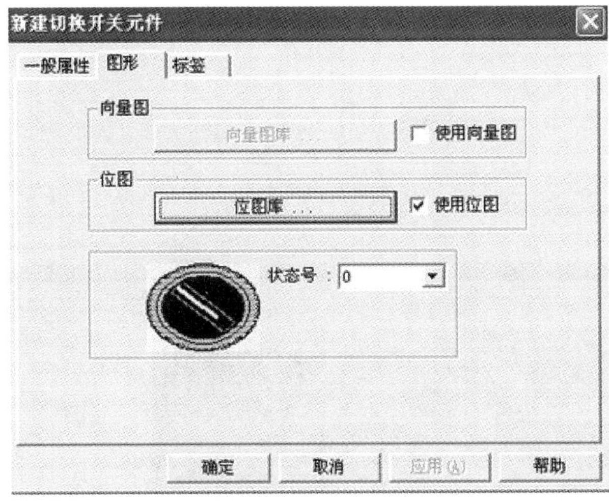

图 18—27　确认 1 个开关的图形

（4）用多重复制组建 2 个切换开关。参照指示灯的多重复制步骤操作，完成切换开关的复制，最后创建的监控画面如图 18—29 所示。

4. 编制 PLC 应用程序

在计算机桌面上用三菱编程软件，按例 18—1 要求编制应用程序，其梯形图程序如图 18—30 所示，并传送到 PLC 中。

5. 编译和下载

在工程项目创建好后，选择菜单［文件］/［保存］，可保存工程文件。然后选择菜单［工具］/［编译］，这时将弹出“编译”对话框，如图 18—31 所示，按下［编译］按钮，编译完毕后，按［关闭］按钮，关闭“编译”对话框。

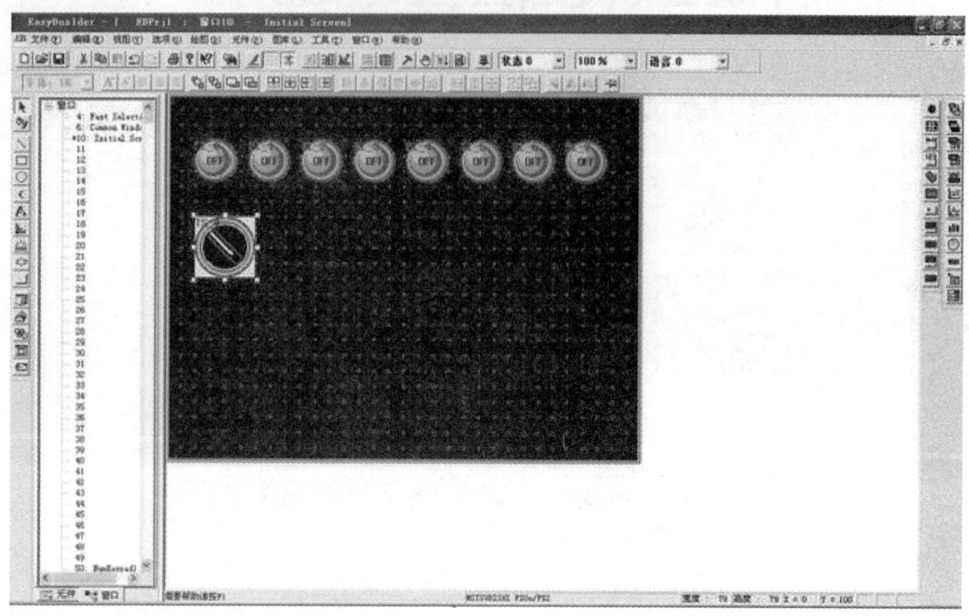

图 18—28　在工程编辑画面上完成 1 个开关元件的编辑

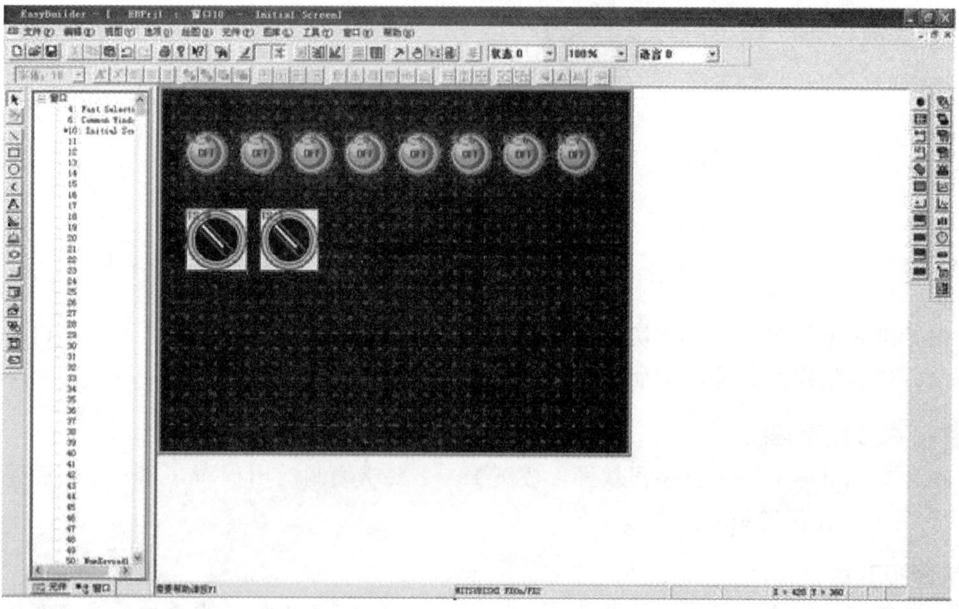

图 18—29　完成指示灯及切换开关的编辑

```
M0 (上升沿)                  [MOV H00CC K2Y000]
                             [MOV K7 K1M10]
M1 (上升沿)                  [ZRST M10 M12]
                             [MOV K0 K2Y000]
M10   T0                     (T0 K10)
T0    T10                    [SFTLP M11 Y000 K8 K1]
                             [SET M11]
      T10                    [SFTRP M12 Y000 K8 K1]
                             [SET M12]
M10   T11                    (T10 K100)
T10                          (T11 K100)
M10   Y001  T10              [RST M11]
      Y006  T10              [RST M12]
                             [END]
```

图 18—30　控制 8 个指示灯两亮两熄循环的梯形图

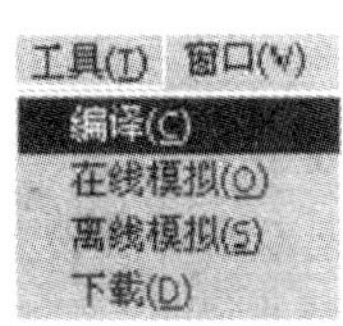

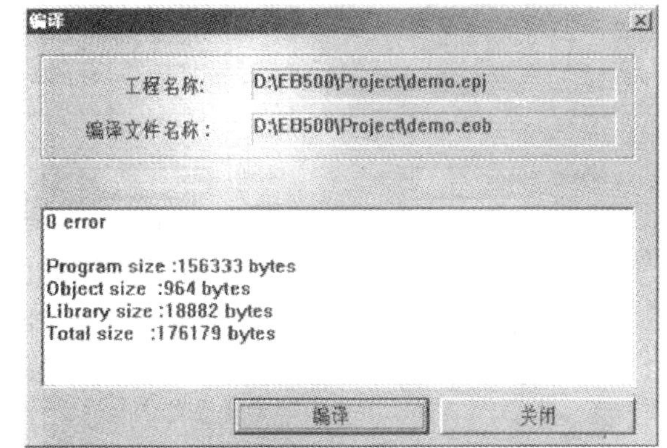

图 18—31　“编译”对话框

在编译对话框中，可以看到工程文件的后缀是 [＊.epj]，而编译文件的后缀为 [＊.eob]。

关闭“编译”对话框后，接着选择菜单 [工具] / [下载]，将弹出如图 18—32 所示的下载显示条，待完成后按下 [确定] 按钮，这样就完成了整个工程的下载。

图 18—32　下载显示

6. 运行

把触摸屏复位或利用 Easy Manager 的 Jump To Application 功能切换到应用程序模式，在 PLC 装载了应用程序的情况下，就可以通过触摸屏运行该程序了。

思　考　题

人机界面应用如图 18—33 所示。所有的操作按钮、开关及输出信号指示均在人机界面屏幕上显示。

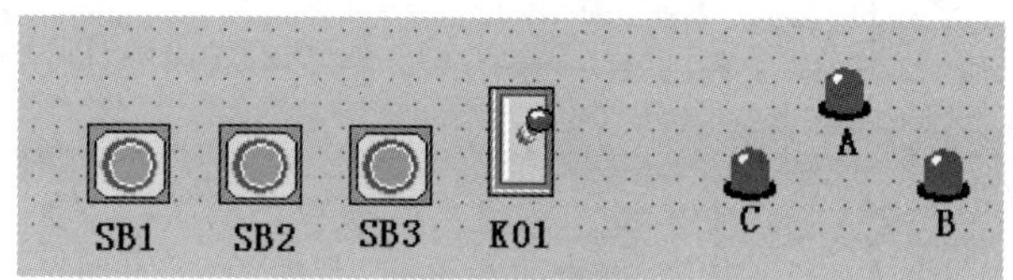

图 18—33　思考题的人机界面

设 Y0，Y1，Y2 为三相步进电动机的 A，B，C 三相绕组信号，其正转励磁顺序为 AB→B→BC→C→CA→A，反转励磁顺序为 AB→A→CA→C→BC→B。当开机或按下复位按钮 SB3 后，电动机处于初励相 A，B 状态；当按下启动按钮 SB1 后，电动机按照设定的方向开关 K01（K01=1 为正转，K01=0 为反转）状态进行旋转；当按下停止按钮 SB2 后，电动机停于当前的励磁相状态并锁定，而后可在此状态下启动。电动机旋转三相切换频率为 0.5 Hz。

试编制可实现该控制要求的人机界面和其程序梯形图。

第 19 章

可编程序控制器应用技术技能操作实例

可编程序控制器应用技术技能操作是学习可编程序控制器应用技术的重要环节，通过对可编程序控制器应用实例电路的编程设计、接线、调试等各个步骤的操作，使学员能真正学到实际操作的技能，为进行可编程序控制器实际应用打下一定的基础。

第 1 节　顺序控制步进指令应用实例

用 PLC 控制机械手来分拣大、小球并装盒的仿真动画画面动作过程示意图如图 19—1 所示。吸盘原始位置在左上方，左限开关 LS1、上限开关 LS3 压合。按计算机仿真动画画面中“选球”按钮，选择大球或小球。按 SB1 按钮，下降电磁阀 KM0 吸合并延时 6 s 后，下降电磁阀 KM0 断开，吸合电磁阀 KM1 吸合并延时 1 s。若是小球，吸盘碰到下限开关 LS2 压合；若是大球，则碰不到下限开关 LS2，上升电磁阀 KM2 吸合，然后吸盘碰到上限开关 LS3 压合，上升电磁阀 KM2 断开，右移电磁阀 KM3 吸合；若是小球，吸盘碰到小球右限开关 LS4 压合，右移电磁阀 KM3 断开，下降电磁阀 KM0 吸合；若是大球，吸盘碰到大球右限开关 LS5 压合，右移电磁阀 KM3 断开，下降电磁阀 KM0 吸合。然后吸盘碰到下限开关 LS2 压合，吸合电磁阀 KM1 断开，下降电磁阀 KM0 断开，上升电磁阀 KM2 吸合；吸盘碰到上限开关 LS3 压合，上升电磁阀 KM2 断开，左移电磁阀 KM4 吸合；吸盘碰到左限开关 LS1 压合，左移电磁阀 KM4 断开，如此完成一个循环。

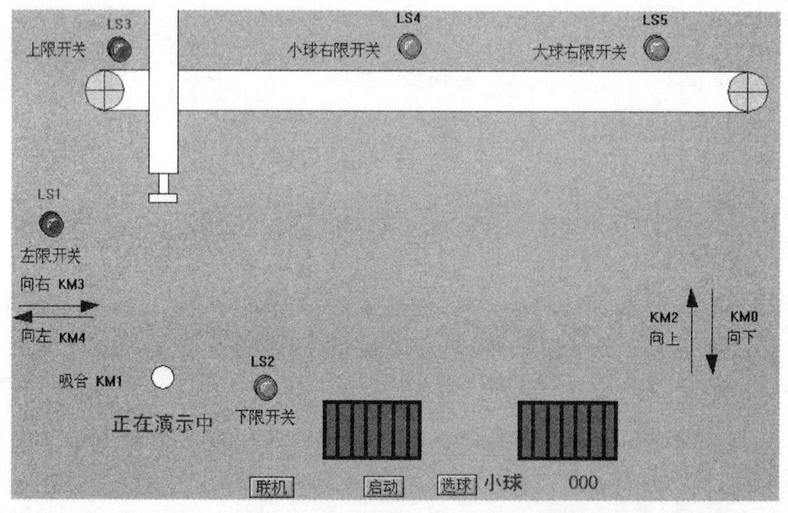

图 19—1　机械手分拣大、小球动作过程示意图

按下启动按钮 SB1 后，吸盘按上述规律连续工作，当小球盒装满 6 只或大球盒装满 4 只时，均要暂停 5 s，将满盒搬走并放上空盒，吸盘继续工作；当按下停止按钮 SB2 后，吸盘在完成当次循环后停止。其输入/输出端口配置见表 19—1。

表 19—1　　输入/输出端口配置

输入设备	输入端口编号		考核箱对应端口
	方案 1	方案 2	
启动按钮 SB1	X0	X6	普通按钮
停止按钮 SB2	X6	X7	普通按钮
左限开关 LS1	X1	X1	计算机和 PLC 自动连接
下限开关 LS2	X2	X2	计算机和 PLC 自动连接
上限开关 LS3	X3	X3	计算机和 PLC 自动连接
小球右限开关 LS4	X4	X4	计算机和 PLC 自动连接
大球右限开关 LS5	X5	X5	计算机和 PLC 自动连接
输出设备	**输出端口编号**		**考核箱对应端口**
	方案 1	**方案 2**	
下降电磁阀 KM0	Y0	Y1	计算机和 PLC 自动连接
吸合电磁阀 KM1	Y1	Y2	计算机和 PLC 自动连接
上升电磁阀 KM2	Y2	Y3	计算机和 PLC 自动连接
右移电磁阀 KM3	Y3	Y4	计算机和 PLC 自动连接
左移电磁阀 KM4	Y4	Y5	计算机和 PLC 自动连接

对此可采用步进顺序指令 STL 来编制程序，图 19—2 所示为该控制输入/输出端口配置方案 1 的状态转移图，图 19—3 所示为其梯形图。由状态转移图可知，程序主要是由选择分支与并行分支两部分组成。

对于选择分支/汇合部分，状态 S20 是分支分流的工作状态。在初始条件满足（左限开关合上 X1=1，上限开关合上 X3=1）的前提下，按下启动按钮 X0，流程就从 S0 转移到 S20 状态，这时机械手下降，下降 6 s 后一定会碰到球。如果在碰到球的同时还碰到下限开关（X2=1），则肯定是小球，就转移到 S21 状态；如果在碰到球的同时没有碰到下限开关（X2=0），则肯定是大球，就转移到 S31 状态。这说明大、小球的区别必须在机械手下降 6 s 的时刻来鉴别，错过这一时刻就无法区分大小球，这时是选择分支的必要条件。

状态 S24 是汇合状态。两个分支中当机械手右移碰到各自的右限开关后，接下来的动作都相同，即机械手下降，下降到位后放球，然后机械手上升，上升到位后左移，左移到位后再工作（或停止）。因此，自 S24 状态开始，动作相同部分作为汇合的条件。

对于并行分支/汇合部分在 S25 状态后面采用了并行分支/汇合。球放到盒子里面后要做两件事：一件事是机械手上升、左移到原点；另一件事是判断大、小球盒子里的球是否装满了，如果装满了则要等 5 s 时间更换成空盒子。这两件事可以并行进行，所以才用了并行分支/汇合形式来编写。

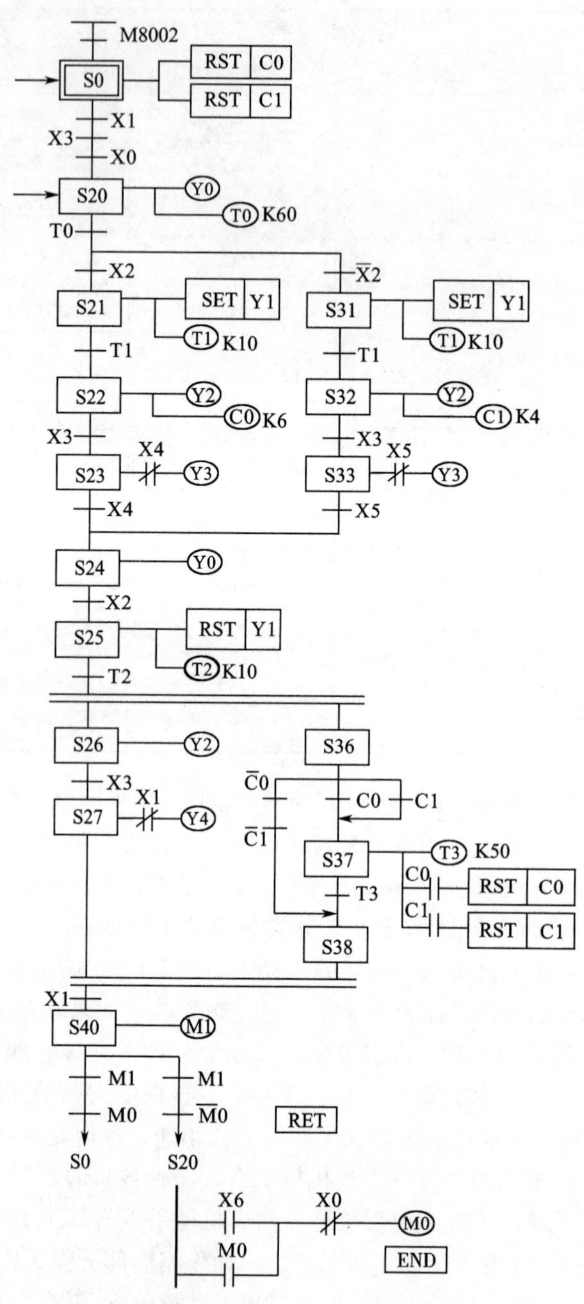

图 19—2　机械手分拣大、小球的状态转移图

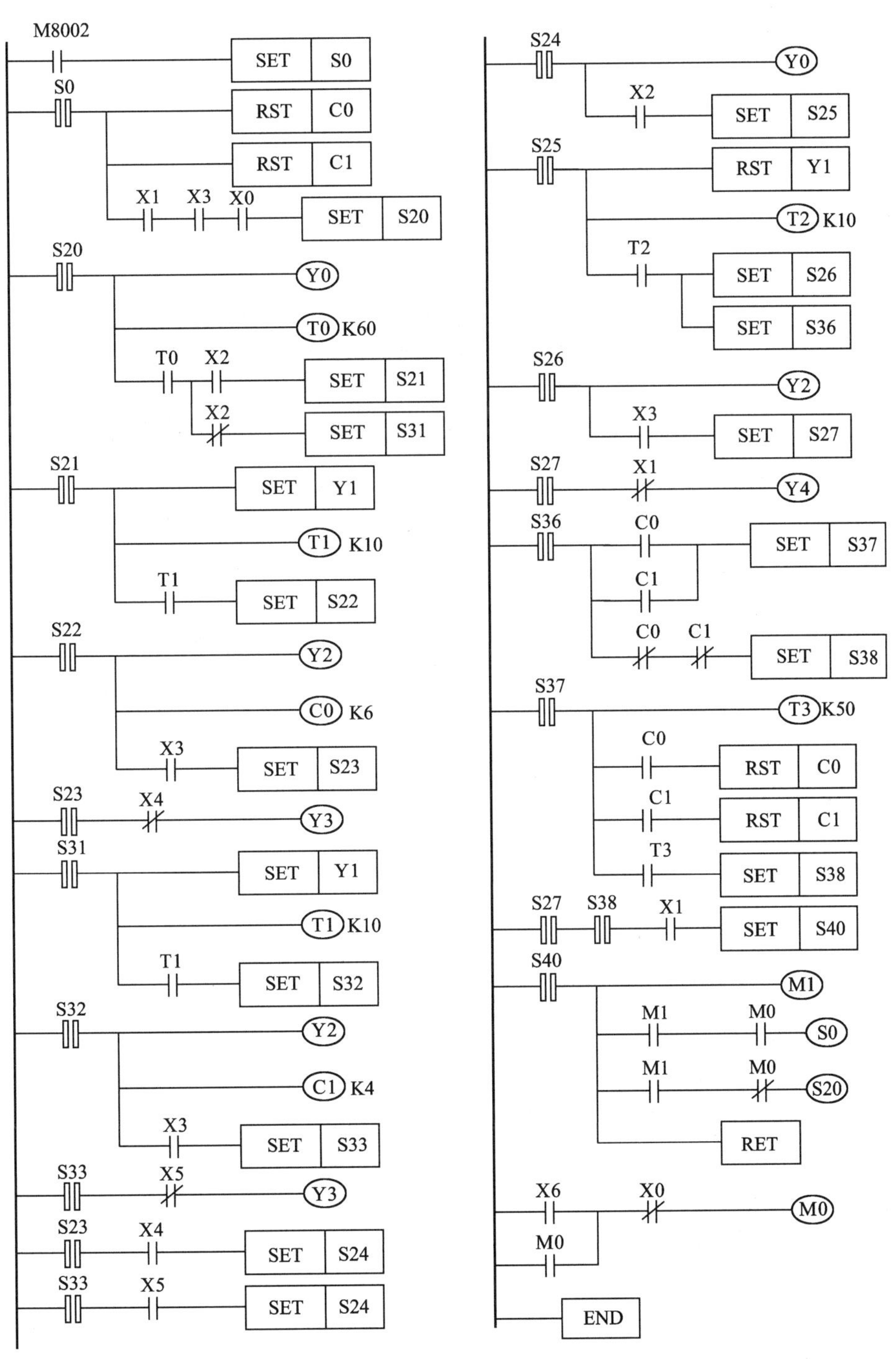

图 19—3　机械手分拣大、小球的梯形图

在判断计数器是否计满的分支程序上及并行分支/汇合点后，为遵循并行分支的编程规则，增加了 3 种虚拟状态 S36，S38 及 S40。

第 2 节　人机界面应用实例

用 PLC 程序和人机界面配合控制，显示输入数据的最小值。其数码拨盘和人机界面画面样图如图 19—4 所示。

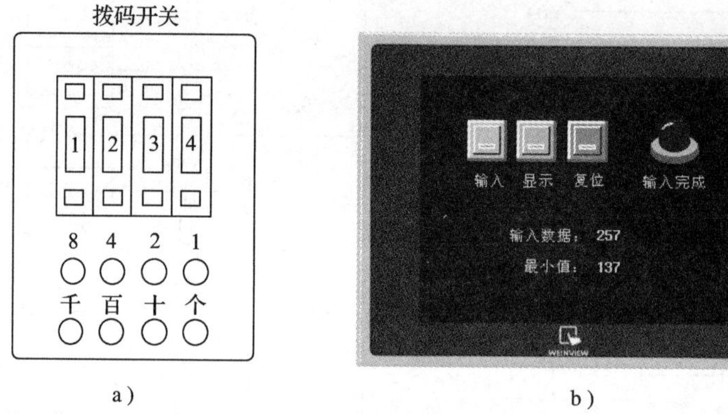

a)　　b)

图 19—4　人机界面应用实例图

a）数码拨盘　b）人机界面画面样图

通过设置在人机界面上的输入按钮输入由数码拨盘任意设定的 5 个 3 位数，每按一次输入按钮输入 1 个数，输入的数由人机界面显示出来。当输入数字满 5 个时输入完成指示灯亮，此时不能再继续输入。输入数字不满 5 个则显示按钮无效。输入完毕按显示按钮，则人机界面上显示出 5 个数中的最小值，按了复位按钮后，人机界面上数据都清零，可以重新输入数据。其输入/输出端口配置见表 19—2。

表 19—2　　输入/输出端口配置

	输入设备	输入端口编号	考核箱对应端口
输入端口配置	数据输入按钮	M1	人机界面中
	显示按钮	M2	人机界面中
	复位按钮	M3	人机界面中
	拨盘数码 1	X0	拨盘开关 1
	拨盘数码 2	X1	拨盘开关 2
	拨盘数码 4	X2	拨盘开关 4
	拨盘数码 8	X3	拨盘开关 8

续表

	输出设备	输出端口编号	考核箱对应端口
输出端口配置	拨盘位数选通信号个	Y10	拨盘开关个
	拨盘位数选通信号十	Y11	拨盘开关十
	拨盘位数选通信号百	Y12	拨盘开关百
	输入完成指示灯	Y7	人机界面中
	输入数据显示	D10	人机界面中
	最小值显示	D20	人机界面中

首先根据例题的要求制作人机界面的画面。在画面上，3 个按钮用“位状态设定”元件制作，设备类型选择用 M，设备地址分别选 1～3，即数据输入按钮设为 M1，显示按钮设为 M2，复位按钮设为 M3。开关类型选择“复归型开关”，图形在“向量图库”的“BUTTOM1”图库中选取。指示灯用“位状态指示灯”元件制作，设备地址选择 Y7，图形在“向量图库”的“BUTTOM3”图库中选取（需使用［添加向量图库］按钮，在文件夹“EB500/V274chs/Library”中选择“BUTTOM3”打开）。“输入数据”和“最小值”2 个显示数据的文本框用“数值显示”元件制作，设备类型选用 D，设备地址分别选择 10 和 20，即“输入数据”设置为 D10，“最小值”设置为 D20，其他参数均使用默认值，如图 19—5 所示。

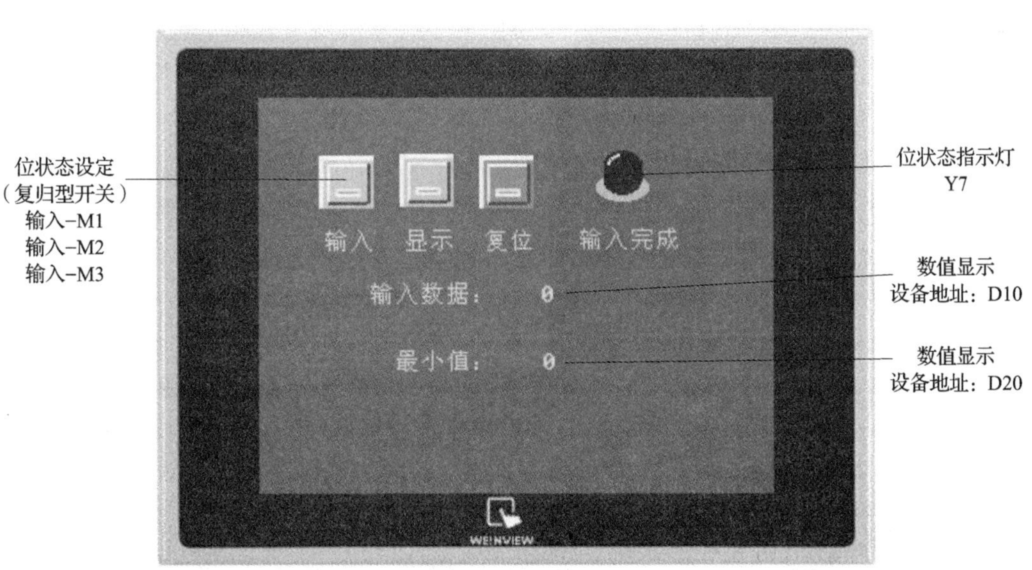

图 19—5　人机界面实例画面制作

根据实例的控制要求可画出控制流程图（见图 19—6）。用数码拨盘输入数据，用人机界面显示其中最小值的梯形图程序，如图 19—7 所示。

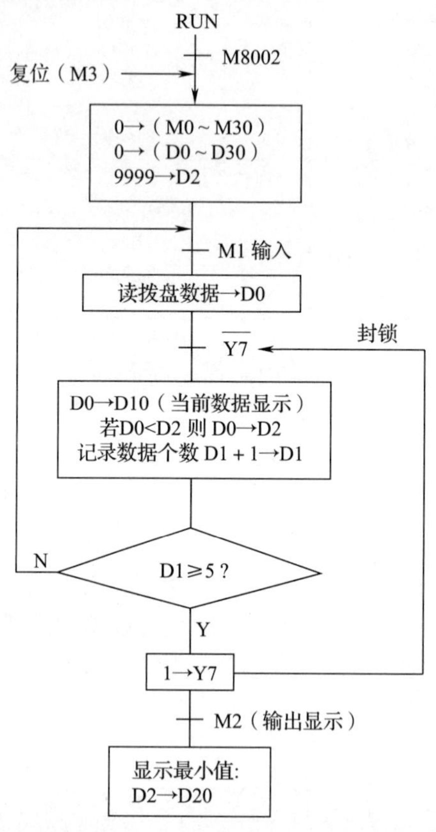

图 19—6　人机界面实例控制流程图

在程序中，第一个梯级是初始化，其中 D2 是保存最小值的数据寄存器。将 D2 的初始值设为 9 999，是为了保证能将所输入的数据（均为小于 9 999 的数值）送到 D2 中去。第 17～31 步的程序是从拨码开关输入数据，暂存到 D0 中，并判断出最小值。M30 的下降沿脉冲触点是在 DSW 指令完成后才被接通的，利用此触点，将 D0 中的数据转存到 D10 中，可在人机界面屏幕上显示当前输入的数据。D1 用来对输入数据的个数进行计数，D2 中保存的始终为输入数据中的最小值。当输入数据的个数达到 5 个时，步序号为 53 的比较触点接通，对 Y7 进行输出，人机界面屏幕上指示灯点亮，而与 M30 下降沿脉冲触点串联的 Y7 常闭触点断开，将输入通道断开，即起到了封锁输入的作用。显示按钮 M2 串联在 53 步的比较触点之后，因此在输入数据个数少于 5 个时显示按钮无效，只有在输入个数达到 5 个时按下显示按钮才能起作用，将存储在 D2 中的最小值传送到 D20 中，即在人机界面屏幕上显示最小值。按下复位按钮 M3 时，重新进行初始化，人机界面上数据（D10，D20）都清零，程序中使用过的 D0，D1，D2 及 Y7 都被复位，封锁解除，可以重新输入数据。

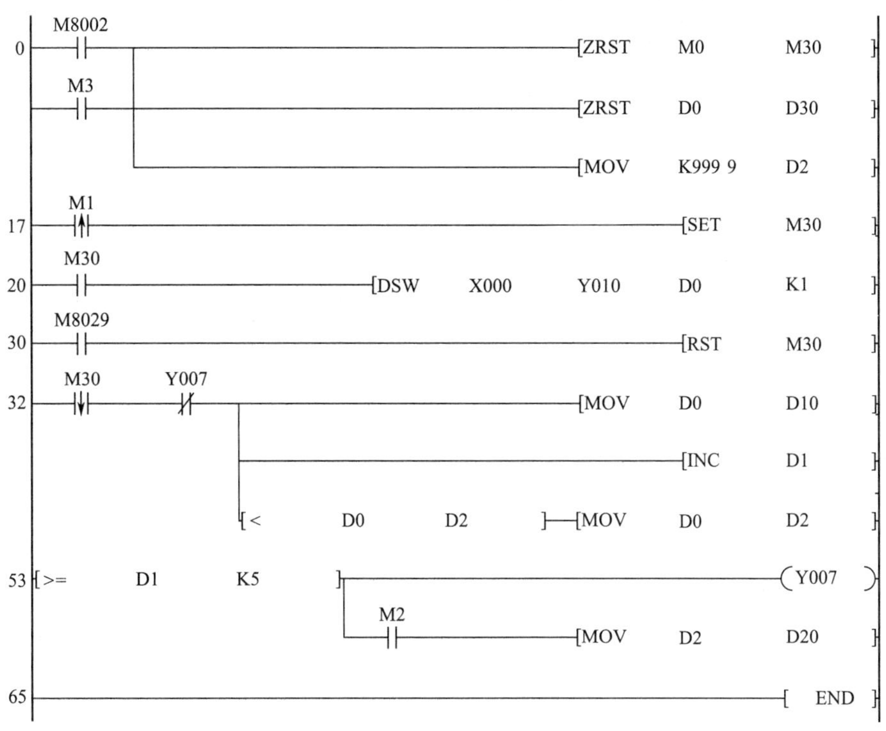

图 19—7　人机界面应用实例梯形图

第 3 节　模拟量输入/输出模块应用实例

模拟量电压采样的可调电压源旋钮及显示器如图 19—8 所示。在 0～10 V 的范围内任意设定电压值（电压值可由数字电压表反映），在按下启动按钮 SB1 后，PLC 每隔 10 s 对设定的电压值采样一次，同时数码管显示采样值；按下停止按钮 SB2 后，可重新启动（显示电压值单位为 0.1 V）。

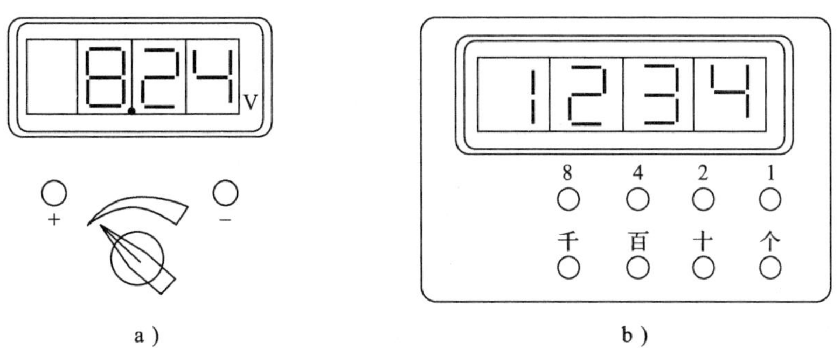

图 19—8　模拟量电压采样的可调电压源旋钮及显示器

a）可调电压源旋钮　b）串行 BCD 码显示器

其输入/输出端口配置见表 19—3。

表 19—3　　输入/输出端口配置

输入设备	输入端口编号		考核箱对应端口
	方案 1	方案 2	
启动按钮 SB1	X0	X2	普通按钮
停止按钮 SB2	X1	X3	普通按钮
FX_{2N}-2AD	CH1 通道	CH1 通道	可调电压源＋，－端口
输出设备	**输出端口编号**		**考核箱对应端口**
	方案 1	**方案 2**	
BCD 码显示管数 1	Y20	Y20	BCD 码显示器 1
BCD 码显示管数 2	Y21	Y21	BCD 码显示器 2
BCD 码显示管数 4	Y22	Y22	BCD 码显示器 4
BCD 码显示管数 8	Y23	Y23	BCD 码显示器 8
显示数位数选通个	Y24	Y24	BCD 码显示器个
显示数位数选通十	Y25	Y25	BCD 码显示器十
显示数位数选通百	Y26	Y26	BCD 码显示器百
电源 24 V	—	—	BCD 码显示器 24 V
电源 0 V	—	—	BCD 码显示器 0 V

按 I/O 端口配置表可知，用的是 FX_{2N}-2AD 模拟量输入模块，其模块地址编号为 0，模拟量输入类型为 DC0～10 V，偏移量及增益均由厂方出厂时调整好。转换成数字量范围为 0～4 000，使用 CH1 通道采集模拟量，经 A/D 转换后由指令 FROM 读取 CH1 的数值，将 BFM♯0 号寄存器内的低 8 位数存于 K2M100 中，并将 BFM♯1 号寄存器内的高 4 位数存于 K2M108 中，并通过传送指令存放于数据寄存器 D10 中。

用定时器 T0 来控制每隔 10 s 显示一次电压值，为了使显示的数据为实际测得的电压值（以 0.1 V 为单位），需将 D10 内的数值经过换算后再送去显示。设检测到的模拟量转换成数值为 N，显示的电压为 U，则换算公式为

$$100 : 4\ 000 = U : N$$

$$U = \frac{100\ N}{4\ 000} = \frac{N}{40}$$

在程序中，将 D10 内的数除以 40，换算成实际电压值后存放于 D20 中，由指令 SEGL 送七段数码管显示。

停止按钮 X1 按下时，重新进行初始化，同时将十六进制数 H00FF 传送到 D20，实际就是将 Y20～Y27 全部置 1，而 BCD 码显示器得到全 1 的数为非 BCD 码，显示器即熄灭。

模拟量电压采样梯形图程序（I/O 端口方案 1）如图 19—9 所示。

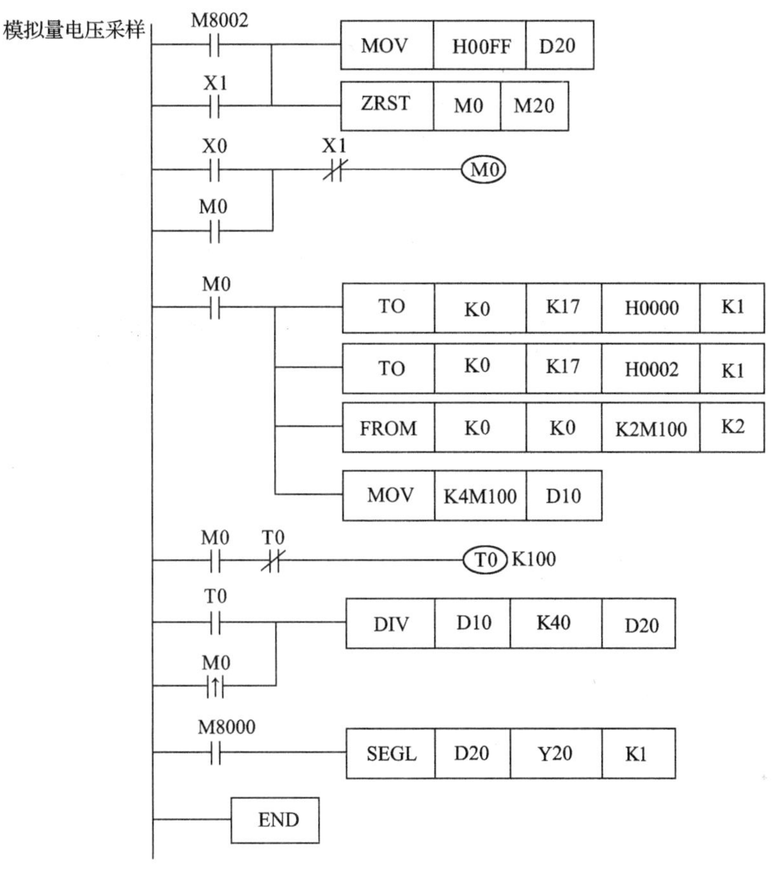

图 19—9　模拟量电压采样梯形图程序（I/O 端口方案 1）

技能测试题

试题一

试题名称　用 PLC 控制汽车喷漆

规定用时：90 min。

1. 操作条件

（1）装有 FX_{2N}-32MR，带有模拟输入开关及按钮和输出指示灯的考核箱。

（2）装有三菱编程软件（SWOPC-FXGP/WIN-C）的计算机 1 台。

（3）考核箱上配有调试用的仿真动画程序。

2. 操作内容

汽车喷漆过程示意图如图 19—10 所示。该编程要求：按 SB3（红色）、SB4（黄色）、

SB5（绿色）选择按钮选择要喷漆的颜色（只有在喷漆时不可以选择），由 Y01（红色）、Y02（黄色）、Y03（绿色）分别控制喷漆的颜色。按 SB1 启动按钮启动流水线，轿车到一号位，则计算机发出一号位到位信号，流水线停止，延时 1 s；一号门开启，延时 2 s，流水线重新启动。轿车到二号位，由计算机发出二号位到位信号，流水线停止，一号门关闭并延时 2 s 后开始喷漆，喷漆延时 6 s 后停止；二号门开启并延时 2 s，流水线重新启动。轿车到三号位，由计算机发出三号位到位信号，二号门关闭，计数器累加 1，继续开始第二辆轿车。当计数器累加到 3 时，延时 4 s，整个工艺停止，计数器自动清零。当按下 SB2 停止按钮时，轿车到三号位后，延时 4 s，整个工艺停止，计数器自动清零。其控制汽车喷漆的输入/输出端口配置见表 19—4。

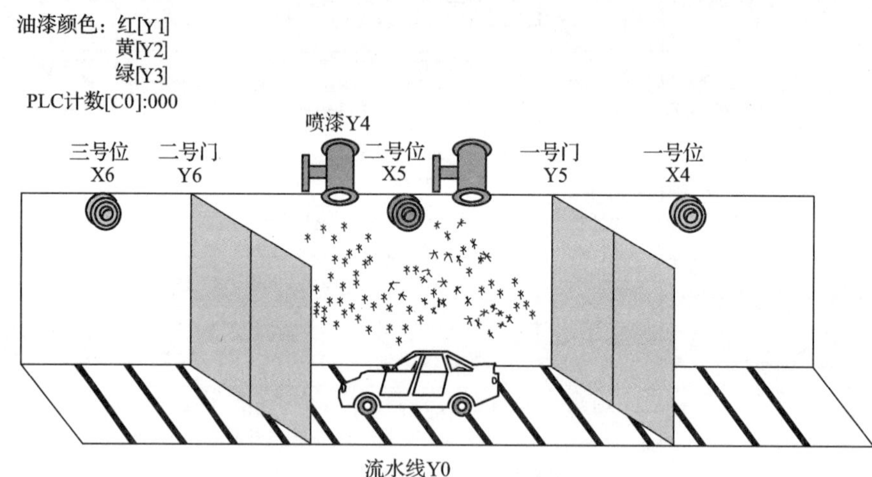

图 19—10　汽车喷漆过程示意图

表 19—4　输入/输出端口配置

输入设备	输入端口编号		考核箱对应端口
	方案 1	方案 2	
启动按钮 SB1	X0	X3	普通按钮
选择红色按钮 SB3	X1	X0	自锁按钮
选择黄色按钮 SB4	X2	X1	自锁按钮
选择绿色按钮 SB5	X3	X2	自锁按钮
一号位到位信号	X4	X4	计算机和 PLC 自动连接
二号位到位信号	X5	X5	计算机和 PLC 自动连接
三号位到位信号	X6	X6	计算机和 PLC 自动连接
停止按钮 SB2	X7	X7	普通按钮

续表

输出设备	输出端口编号		考核箱对应端口
	方案 1	方案 2	
流水线运行	Y0	Y6	计算机和 PLC 自动连接
红色喷漆	Y1	Y1	计算机和 PLC 自动连接
黄色喷漆	Y2	Y2	计算机和 PLC 自动连接
绿色喷漆	Y3	Y3	计算机和 PLC 自动连接
喷漆阀门开启	Y4	Y0	计算机和 PLC 自动连接
一号门开启	Y5	Y4	计算机和 PLC 自动连接
二号门开启	Y6	Y5	计算机和 PLC 自动连接
计数	C0	C0	计算机和 PLC 自动连接

3. 操作要求

（1）用 FX_{2N}系列 PLC 指令编制程序，按工艺流程写出顺序功能图，写出梯形图或语句表。

（2）将编制的程序输入 PLC，在考核箱上接线、调试。

（3）用仿真动画图像调试、检查程序，实现汽车喷漆工艺的控制要求。

（4）故障排除。在 PLC 外部设备接线或用户程序中设置 1 个故障，考生通过观察故障现象，分析故障原因，经过测试和监控找出故障点。

（5）按照规定的时间内完成的工作是否达到了全部或部分要求，由考评员按评分标准进行评分，考核不得延时。

试题二

试题名称：模拟量电流输出平均值

规定用时：90 min。

1. 操作条件

（1）PLC 鉴定装置一台。

（2）计算机一台（必须装有鉴定软件和编程软件）。

（3）鉴定装置专用连接电线若干根。

（4）调试完成后在外部接线或用户程序中设置 1 个故障。

2. 操作要求

模拟量电流输出的数码拨盘和电流表，如图 19—11 所示。

通过数码拨盘、数据输入按钮 SB1 输入任意个数的电流值（输入范围 4～20，单位为 mA），由模拟量输出模块 FX_{2N}- 2DA 输出到电流表上反映拨盘输入的数值。当按一下显示

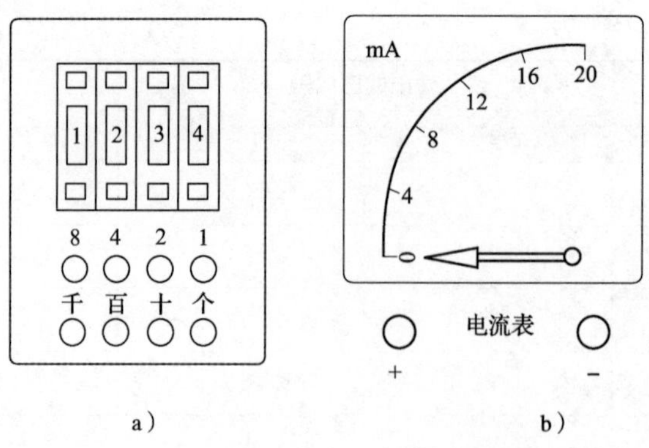

a)　　b)

图 19—11　模拟量电流输出的数码拨盘和电流表

a）数码拨盘　b）电流表

按钮 SB2 后，由模拟量输出模块输出的是所有输入电流值的平均值，只有按了 SB3 复位按钮后，方可重新操作。复位后电流表的读数应为 4 mA。其输入/输出端口配置见表 19—5。

表 19—5　　输入/输出端口配置表

输入设备	输入端口编号	考核箱对应端口
数据输入按钮	X0	普通按钮
显示按钮	X1	普通按钮
复位按钮	X2	普通按钮
拨盘数码 1	X10	拨盘开关 1
拨盘数码 2	X11	拨盘开关 2
拨盘数码 4	X12	拨盘开关 4
拨盘数码 8	X13	拨盘开关 8
输出设备	**输出端口编号**	**考核箱对应端口**
拨盘位数选通信号个	Y10	拨盘开关个
拨盘位数选通信号十	Y11	拨盘开关十
拨盘位数选通信号百	Y12	拨盘开关百
FX_{2N}-2DA	CH2 通道	电流表＋，－端口

（1）根据控制要求画出控制流程图。

（2）写出梯形图程序或指令语句表（可自选其一）。

（3）使用计算机软件进行程序输入并向 PLC 下载程序。

（4）在鉴定装置上接线并进行调试。

（5）故障排除。在 PLC 外部设备接线或用户程序中设置 1 个故障，考生通过观察故障现象，分析故障原因，经过测试和监控找出故障点。

评 分 表

评价要素		配分	等级	评分细则	评定等级	得分
否决项		未经允许擅自通电，造成设备损坏者，该项目记为零分				
1	接线	10	A	接线完全正确		
			B	接线错 1 次		
			C	接线错 2 次		
			D	接线错误不能纠正或未完成接线		
			E	未答题		
2	流程图或状态转移图	20	A	流程图设计可正确表达控制要求的实现过程		
			B	流程图设计错 1～2 处		
			C	流程图设计错 3～4 处		
			D	流程图设计错 4 处以上		
			E	未答题		
3	编写梯形图或指令语句表	15	A	梯形图或语句表编写完全正确		
			B	梯形图或语句表编写错 1～2 处		
			C	梯形图或语句表编写错 3～4 处		
			D	梯形图或语句表编写错 4 处以上，或未完成编写		
			E	未答题		
4	程序输入	15	A	程序输入步骤和内容完全正确		
			B	程序输入步骤或内容错 1 次		
			C	程序输入步骤或内容错 2～3 次，或程序输入步骤正确但输入内容未能通过演示证实其正确性		
			D	程序输入步骤或内容错 3 次以上，或未完成输入		
			E	未答题		
5	通电调试	30	A	程序功能达到全部控制要求		
			B	系统运行失败 1 次		
			C	系统运行失败 2～3 次，或可实现转换功能，但显示数值误差在 1 mA 之内		
			D	系统运行失败 3 次以上，未完成主要功能，或可实现转换功能，但显示数值误差超过 1 mA		
			E	未答题		
6	故障排除	10	A	故障分析全面、正确，故障排除处理妥当		
			B	找出并排除故障点，但故障分析遗漏 1～2 个故障原因		
			C	找出并排除故障点，但不会分析故障原因，或遗漏 2 个以上故障原因		
			D	未找出故障点		
			E	未答题		
合计配分		100	合计得分			

附注：(1) 表中每个评价要素如该项目未操作或未答题评定等级为 E。

(2)“评价要素”得分=配分×等级比值。

附　　　　等级比值参考对照表

等级	A（优）	B（良）	C（及格）	D（差）	E（未答题）
比值	1.0	0.8	0.6	0.2	0

第 20 章

定位控制模块 FX_{2N}－20GM

第1节 概述

一、位置控制

在自动控制中，用步进电动机或伺服电动机驱动机械装置按照预定的速度及路径移动到指定的位置，称为位置控制。许多自动控制设备中，都需要用到位置控制，如数控机床的进给系统、轧钢机或冷挤压机床中的飞剪、机械手的控制等。位置控制也是 PLC 应用中一个很重要的方面，用于生产机械的点位控制或轮廓控制。为了实现位置控制，三菱 FX_{2N}系列 PLC 提供了多种技术手段。例如，在基本单元中提供了可向步进驱动器或伺服驱动器输出驱动脉冲的晶体管输出端子（Y0，Y1）；利用脉冲输出指令 PLSY 或 PLSR，可以向步进电动机驱动器（简称“步进驱动器”）或伺服电动机驱动器（简称“伺服驱动器”）提供驱动脉冲，实现单轴或独立 2 轴的定位控制。又如，FX_{2N}系列 PLC 的特殊功能模块——脉冲发生器单元 FX_{2N}-1PG，可用于 1 个独立轴的简单定位。FX_{2N}系列 PLC 中还配备了具有各种定位运行模式作为单轴定位的专用模块 FX_{2N}-10GM 和具有直线插补、圆弧插补功能的 2 轴定位专用模块 FX_{2N}-20GM。在本教材中仅对 2 轴定位模块 FX_{2N}-20GM 的组成及其应用进行简单介绍。

二、FX_{2N}-20GM 的功能特点及性能指标

FX_{2N}-20GM 配备了各种定位运行模式，可以连接并控制步进电动机驱动器或伺服电动机驱动器。配备了绝对位置检测功能和手动脉冲发生器连接功能。可对独立的 2 轴分别进行定位控制，也可用同步 2 轴的方式同时执行 2 轴直线插补、圆弧插补的控制，可输出最高达 200 kHz 的脉冲串（插补时最高为 100 kHz）。作为 FX_{2N}系列 PLC 的特殊功能模块，可连接到FX_{2N}基本单元上，专门用于 2 轴定位。连接 2 台以上 FX_{2N}-20GM 时（最多连接 8 台），还可以进行多轴控制。此外，FX_{2N}-20GM 本身就具有 16 点开关量 I/O 端子(可扩展到 64 点)，内部具有输入继电器（X）、输出继电器（Y）、辅助继电器（M）、数据寄存器（D）、变址寄存器（V，Z）等编程元件可供编程使用，其指令系统中包含了 11 条顺序指令、30 条功能指令和 19 条定位指令，可以使用这些指令编制定位程序及顺控程序，程序可保存在内置的 7.8 千步容量的程序存储器（RAM），也可以配用 EEPROM 存储器板以长期保存程序。因此 FX_{2N}-20GM 也完全可以不连接 PLC 而独立运行。

FX_{2N}-20GM 通过模块自带的扩展电缆与 FX_{2N}的基本单元相连接，基本单元可以通过 FROM/TO 指令与 FX_{2N}-20GM 中的缓冲寄存器 BFM 进行信息的交换：以 FROM 指令读取 FX_{2N}-20GM 的各种运行状态；用 TO 指令向 FX_{2N}-20GM 发出各种命令使其执行定位程序从而实现定位控制。

FX_{2N}-20GM 具有系统设定、I/O 控制、定位控制 3 类共 58 种参数。通过这些参数可确定各输入输出端子的功能，设定各种功能的工作条件，设置定位控制中的各种工艺参数

及系统的功能参数等，从而决定 FX_{2N}-20GM 中定位程序的运行条件。定位程序依据这些参数的设定值控制输出，实现定位控制。参数的设置既可以通过 FX_{2N}-20GM 的程序对相关的特殊辅助继电器及特殊数据寄存器加以更改，也可以使用与其相关联的 BFM 由 PLC 基本单元通过 FROM/TO 指令进行设定，而更为便捷的方法是使用定位模块专用的图形化编程软件 FX-VPS 进行设置。通过可视化的定位软件 FX-VPS，不仅可以设置各种参数，还可以用画控制流程图的方式来编制定位程序，下载到定位模块 FX_{2N}-20GM 后加以执行，以实现位置控制。

FX_{2N}-20GM 是通过向电动机驱动器输出脉冲信号，再由电动机驱动器实现对电动机的运行控制。输出到电动机驱动器的脉冲格式可以设定为正向/反向 2 路脉冲，也可以设定为 1 路脉冲加 1 路方向信号。当定位模块的各种操作命令有效时，即从脉冲输出端输出具有指定频率和一定数量的正/反向脉冲信号或脉冲及方向信号，通过电动机驱动器控制伺服电动机或步进电动机按照定位模块中的程序及参数所设定的速度、转向旋转，转过设定的角位移后停止。

在 FX_{2N}-20GM 的指令系统中，除了定位指令、顺控指令及功能指令之外，还具有 m 代码，可以在定位程序中执行定位指令的同时输出 m 代码（m00～m99，共 100 个，其中 m00 为暂停，m02 为 END，其余的 m 代码可以随意使用），外部设备或 PLC 从定位模块的输出端子或通过 FROM/TO 指令得到 m 代码的编号并译码后，就可以根据不同的 m 代码号执行不同的辅助控制功能。

FX_{2N}-20GM 采用了具有多种编程方法的程序结构，包括定位程序、子程序、子任务、m 代码输出等，可以满足实际定位控制系统的编程需要。

在程序结构中，定位程序主要以定位指令编制，通过定位模块中 FP 和 RP 端子输出脉冲，以驱动伺服电动机驱动器或步进电动机驱动器，实现实际机械部件的点位控制（使用独立 2 轴控制模式）或轨迹控制（使用同步 2 轴控制模式）。在定位程序中，如果有某些操作需要重复执行，则可以把这些操作以子程序的形式进行编程，而在定位程序中加以调用。如果在执行定位程序中某条定位指令的同时（使用 With 执行方式），或者在执行某条定位指令之后（使用 After 执行方式），需要外围设备（包括与定位模块连接的 PLC）进行某种辅助操作，就可以在定位指令中以 m 代码的形式将 m 代码号从通用输出端传送到外围设备；或通过缓冲寄存器 BFM 将 m 代码号传送到 PLC，由外围设备或 PLC 对 m 代码号进行识别后执行对应的操作，以配合不同定位指令的执行。

在 FX_{2N}-20GM 中，可以根据实际定位操作的需要编制多段以不同程序号开始的定位程序。而具体在什么时候执行哪段定位程序，可以通过各种途径加以指定。通常总是从程序号为 0 的定位程序开始执行，也可以使用连接在通用 I/O 端子上的数字拨码开关指定程序号。在与定位模块所连接的 PLC 程序中，可以根据不同的控制条件，对相关的缓冲寄存器写入不同的程序号。而在定位模块中使用子任务，也可以根据不同的控制条件，对相关的特殊数据寄存器写入不同的程序号。一旦程序号被指定后，当定位模块接到定位开始信号 START 后，就执行指定程序号的那段定位程序。如果程序号改变时正在执行某段定位程序，则要等到当前的定位程序执行完成后才能启动新指定的定位程序。

定位模块中的子任务用于编制顺控程序，子任务只有 1 个，是与定位程序并行执行的。可以通过参数的设置，使子任务在定位模块的工作模式从手动（MANU）变为自动（AUTO）时或指定的通用输入端子有信号输入时开始执行；在定位模块的工作模式从自动（AUTO）变为手动（MANU）时或指定的另一个通用输入端子有信号输入时停止执行。在子任务程序中，除了可以选择程序号之外，也可以对定位模块的 I/O 端口进行各种操作，或者读/写定位模块中各个允许读/写的特殊继电器及特殊数据寄存器，实现对定位模块工作状态的设置或进行监控。

FX_{2N} - 20GM 的性能指标见表 20—1。

表 20—1　FX_{2N} - 20GM 的性能指标

项目	性能规格
控制轴数目	2 轴（同步 2 轴或独立 2 轴）
应用 PLC	FX_{2N} 和 FX_{2NC} 系列 PLC 的母线连接。所占的 I/O 点数目为 8 点。连接 FX_{2NC} 系列 PLC 时需要 FX_{2NC} - CNV - IF
程序存储器	内置 RAM 7.8 千步，可选存储器板 FX_{2NC} - EEPROM - 16（7.8 千步），不能使用带有时钟功能的存储器板
电池	带有内置 FX_{2NC} - 32BL 型锂电池，大约 3 年的长寿命（1 年质保）
定位单元	命令单位：mm，deg，in，pls（相对/绝对） 最大命令值＋999 999（当间接规定时为 32 位）
累积地址	－2 147 483 648 到 2 147 483 647 脉冲
速度指令	最大 200 kHz，153 000 cm/min（200 kHz 或更小）。自动梯形模式加速/减速（插补驱动为 100 kHz 或更小）
零点回归	手动操作或自动操作。DOG（近点信号）机械零点回归（提供 DOG 搜索功能）。通过电气启动点设置可进行自动电气零点回归
绝对定位检测	采用具有 ABS（绝对位置）检测功能的 MR - J2 和 MR - H 型伺服电动机时，可进行绝对位置检测
控制输入	操作系统：FWD（手动正转），RVS（手动反转），ZRN（机械零点回归） START（自动开始），STOP（停止）， 手动脉冲发生器（最大 2 kHz），单步操作输入（依赖参数设定） 机械系统：DOG，LSF（正向旋转极限），LSR（反向旋转极限） 中断：4 点 伺服系统：SVRDY（伺服准备），SVEND（伺服结束），PG0（零点信号）
	一般用途：主体有 X0～X7。使用扩展模块可使 X10～X67 为输入（最大点数：48 点）
控制输出	伺服系统：FP（正向旋转脉冲），RP（反向旋转脉冲），CLR（清除偏差计数器）
	一般用途：主体有 Y0～Y7。使用扩展模块可使 Y10～Y67 为输出（最大点数：48 点）

续表

<table>
<tr><th colspan="2">项目</th><th>性能规格</th></tr>
<tr><td colspan="2">控制方法</td><td>编程方法：程序通过专用编程工具写入 FX_{2N}-20GM，就可进行定位操作</td></tr>
<tr><td colspan="2">程序号</td><td>O00～O99（同步 2 轴），Ox00～Ox99 和 Oy00～Oy99（独立 2 轴）。O100（子任务程序）</td></tr>
<tr><td rowspan="3">指令</td><td>定位</td><td>cod 编号系统（通过指令 cods 使用）19 种</td></tr>
<tr><td>顺序</td><td>LD，LDI，AND，ANI，OR，ORI，ANB，ORB，SET，RST 和 NOP</td></tr>
<tr><td>应用</td><td>30 种 FNC 指令</td></tr>
<tr><td colspan="2" rowspan="2">参数</td><td>12 种系统设置，27 种定位设置，19 种 I/O 控制设置</td></tr>
<tr><td>可通过特殊数据寄存器来更改程序设置（系统设置除外）</td></tr>
<tr><td colspan="2">m 代码</td><td>m00：程序停止（WAIT）。m02：定位程序结束（END）。m01 和 m03～m99 可以任意使用。（AFTER 模式和 WITH 模式）
m100（WAIT）和 m102（END）被子任务程序使用</td></tr>
<tr><td colspan="2">软元件</td><td>输入：X0～X67，X372～X377
输出：Y0～Y67
辅助继电器：M0～M99（通用），M100～M511（通用和电池备用区），M9000～M9175（专用）
指针：P0～P255
数据寄存器：D0～D99（通用），D100～D3999（通用和电池备用区），D4000～D6999（文件寄存器和锁存继电器），D9000～D9599（专用）
变址寄存器：V0～V7（16 位），Z0～Z7（32 位）</td></tr>
<tr><td colspan="2">自我诊断</td><td>“参数错误”“程序错误”和“外部错误”可通过显示和错误码来诊断</td></tr>
</table>

注：1 in=25.4 mm

第 2 节　FX_{2N}-20GM 的组成及操作

一、FX_{2N}-20GM 的组成

1. FX_{2N}-20GM 的面板布置

FX_{2N}-20GM 的外形如图 20—1 所示，各个组成部件与面板布置如图 20—2 所示。

图 20—1　FX_{2N}-20GM 的外形

2. FX_{2N}-20GM 运行状态的指示及手动/自动开关

FX_{2N}-20GM 面板左上角有 7 个 LED 及 1 个手动/自动工作模式选择开关，如图 20—3 所示。

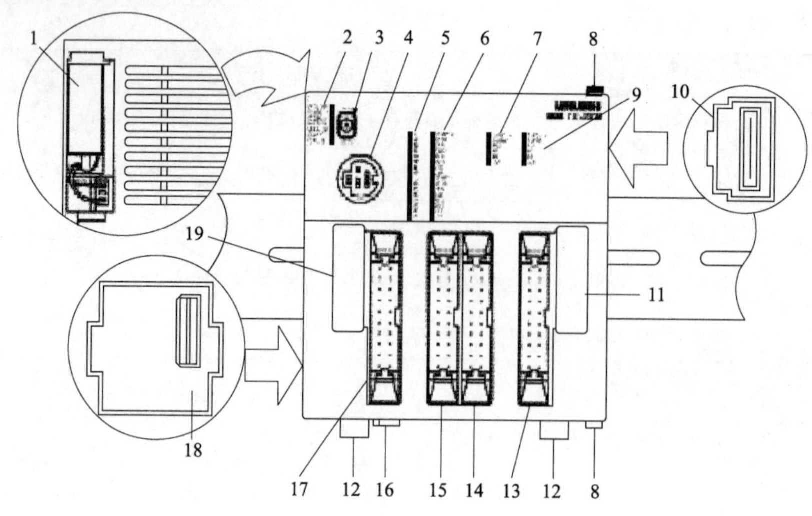

图 20—2　FX_{2N}-20GM 的组成

1—模块侧面安装锂电池处　2—模块正面的运行状态指示 LED　3—手动/自动开关　4—编程接口
5—通用 I/O 端口状态指示 LED　6—设备输入状态指示 LED　7— *X* 轴状态指示 LED
8—模块侧面安装固定扩展 I/O 模块的挂钩　9—*Y* 轴状态指示 LED
10—模块侧面安装 FX_{2N}—20GM 扩展 I/O 模块的连接器插座　11—安装 PLC 扩展模块的连接器插座
12—模块侧面底部用于 DIN 导轨安装的挂钩　13—连接器插座（*Y* 轴电动机驱动器的连接器 CON4）
14—连接器插座（*X* 轴电动机驱动器的连接器 CON3）　15—连接器插座（输入设备连接器 CON2）
16—模块侧面的电源连接器　17—连接器插座（通用 I/O 连接器 CON1）
18—模块侧面的存储卡插座　19—连接到 PLC 去的电缆插座

手动/自动开关用于选择 FX_{2N}-20GM 的工作模式。在输入程序或设定参数时选择手动（MANU）模式，在手动模式下不执行定位程序和子任务程序，但可进行点动操作。而需要运行程序时应选择自动（AUTO）模式，在自动模式下当开关从 AUTO 切换到 MANU 时定位单元执行当前定位程序和子任务程序，当完成当前定位操作后等待结束 m02（END）指令。在自动模式下的 m02（END）待机期间，也可以进行正向/反向的点动操作。

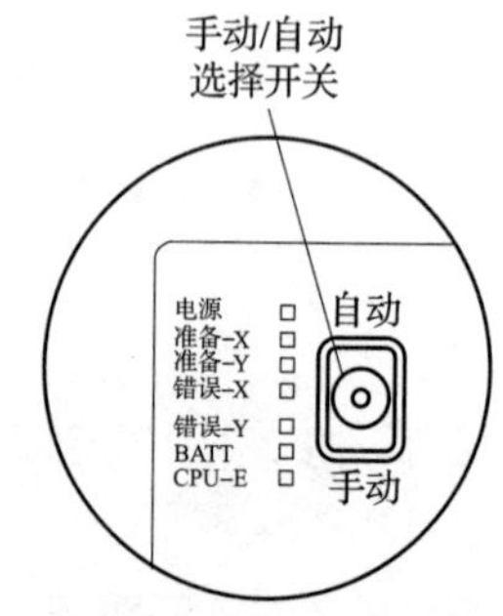

图 20—3　运行状态指示灯及手动/自动开关

状态指示 LED 显示定位模块的运行状态，见表 20—2。

表 20—2　状态指示 LED 的定义

LED	定义
电源	当正常供电时发亮，如果此 LED 熄灭表示供电电压可能不正常或电源线路可能由于导电异物或其他物体的进入而不正常
准备-X	当 FX_{2N}-20GM 的 *X* 轴准备接收各种操作命令时发亮，当正在进行 *X* 轴定位也就是当脉冲正在输出时或存在错误时熄灭

续表

LED	定义
准备-Y	当 FX_{2N}-20GM 的 Y 轴准备接收各种操作命令时发亮，当正在进行 Y 轴定位也就是当脉冲正在输出时或存在错误时熄灭
错误-X	当在 X 轴定位操作中存在错误时发亮或闪烁，用户可在外部单元上读出错误代码以检查错误内容
错误-Y	当在 Y 轴定位操作中存在错误时发亮或闪烁，用户可在外部单元上读出错误代码以检查错误内容
电池（BATT）	锂电池电压过低时发亮
CPU-E	当发生监视计时器错误时发亮 可能的原因为导电异物的侵入、非正常噪声或 FX_{2N}-20GM 中的锂电池电压低

3. FX_{2N}-20GM 的通用 I/O 端口

FX_{2N}-20GM 配有 8 个输入点（X00～X07）和 8 个输出点（Y00～Y07 ）作为通用用途，它们能连接到外部 I/O 设备上。如果 I/O 点不够，FX_{2N}系列 PLC 的扩展 I/O 模块（不包括继电器输出型）可作为扩展 I/O 连接于 FX_{2N}-20GM 右边的扩展连接器上，但最多可添加 48 点（也就是总共可有 64 个 I/O 点）。

当连接 FX_{2N}-20GM 到 PLC 的基本单元时，FX_{2N}-20GM 单元被看作 PLC 的专用单元，FX_{2N}系列 PLC 能连接最多 8 个专用单元（包括 FX_{2N}-20GM、模拟量 I/O 、高速计数器等功能模块，通过 PLC 扩展模块连接器连接）。FX_{2N}-20GM 中的通用 I/O 点与 PLC 中的 I/O 点相隔离，输入和输出的地址各自独立编制，如图 20—4 所示。

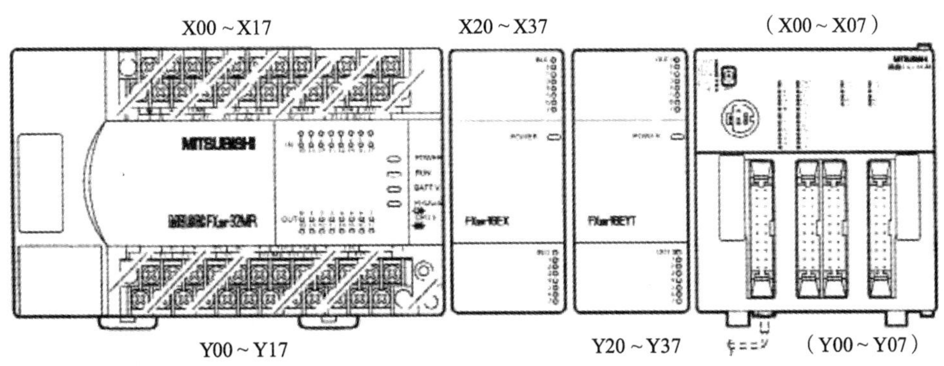

图 20—4 输入/输出地址的编制

二、FX_{2N}-20GM 的连接器及其接线

1. FX_{2N}-20GM 的连接器

在 FX_{2N}-20GM 中，有 4 个连接器 CON1～CON4，分别用于与 I/O 设备、PLC 及驱动器的连接，如图 20—5 所示。

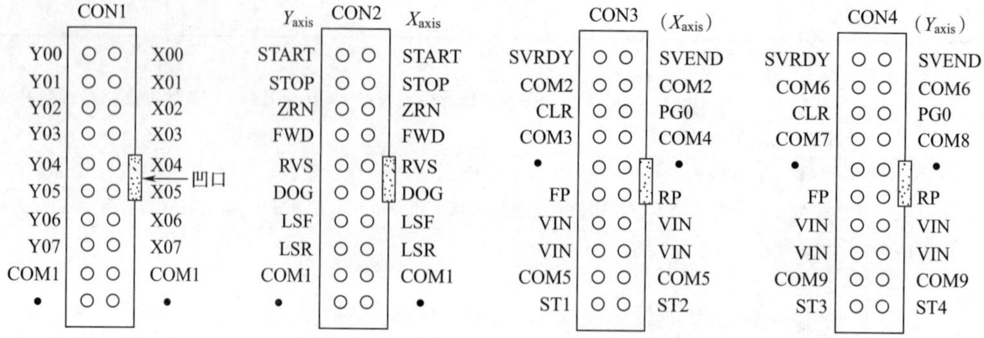

图 20—5　FX_{2N}-20GM 的连接器

注意，在 CON1～CON4 中，所有同一轴上具有相同名称的端子是内部连通的（如 COM1～COM1，VIN～VIN 等），并注意在空端子“•”上不要连接任何导线。

（1）通用 I/O 连接器 CON1。FX_{2N}-20GM 具有 8 点开关量输入 X0～X7 和 8 点开关量输出 Y0～Y7，作为通用 I/O，可与 FX_{2N}系列 PLC 中的开关量输入/输出点以相同的方法加以使用。但与 FX_{2N}基本单元有所区别的是，FX_{2N}-20GM 的通用开关量输入输出端口使用同一个公共端 COM1，在连接外部 DC24 V 电源时，COM1 是连接在电源负极端的。

对于通用输入端 X0～X7，除了可以根据需要连接各种输入器件之外，还可以通过某些参数的设置使这些输入端子被分配给数字开关的输入、m 代码的 OFF 命令、手动脉冲发生器的脉冲输入及使能、绝对位置（ABS）检测数据、步进模式等使用。而通用输出端 Y0～Y7 同样也可以通过参数的设置被分配给数字开关的位选输出、准备信号、m 代码、绝对位置（ABS）检测控制信号等使用。

（2）输入设备连接器 CON2。CON2 连接用于位置控制的输入器件，以取得定位控制的主令信号及限位信号。CON2 的 20 个针脚分别用于 *X* 轴和 *Y* 轴，各针脚号的定义及功能说明见表 20—3。

表 20—3　　输入设备连接器 CON2 的信号定义

针脚号		符号名称	功能/应用
X 轴	*Y* 轴		
1	11	START	自动操作开始信号 在自动模式的准备状态下（脉冲尚未输出时），当 START 信号从 OFF 变为 ON 时定位开始命令被设置且运行开始。此信号被停止命令 m00 或 m02 复位
2	12	STOP	自动操作停止信号 当 STOP 信号从 OFF 变为 ON 时定位停止命令被设置且操作停止。STOP 信号的优先级高于 START，FWD 和 RVS 信号，停止操作的模式根据参数 23 的设置（0～7）不同而不同

续表

针脚号		符号名称	功能/应用
X 轴	Y 轴		
3	13	ZRN	（手动）机械回零开始信号 当 ZRN 信号从 OFF 变为 ON 时回零命令被设置，机器开始回到零点。当回零结束或发出停止命令时 ZRN 信号被复位
4	14	FWD	（手动）正向旋转信号 当 FWD 信号变为 ON 时，定位单元发出一个最小命令单位的前向脉冲。当 FWD 信号保持 ON 状态 0.1 s 以上时，定位单元发出持续的前向脉冲
5	15	RVS	（手动）反向旋转信号 当 RVS 信号变为 ON 时，定位单元发出一个最小命令单位的反向脉冲。当 RVS 信号保持 ON 状态 0.1 s 以上时，定位单元发出持续的反向脉冲
6	16	DOG	DOG 近点信号输入
7	17	LSF	正向旋转行程结束信号输入
8	18	LSR	反向旋转行程结束信号输入
9	19	COM1	公共端子
10	20	·	不用

CON2 中的 START，STOP，ZRN，FWD，RVS 都是主令信号，由操作面板上的开关器件或 PLC 的输出端子提供；而近点信号 DOG 及行程结束信号 LSF 和 LSR 是由安装在位置控制装置中的限位开关（或接近开关）提供的。其中 LSF 和 LSR 作为极限位置保护信号，而 DOG 是使运动机构回归零点时提前从零点回归速度开始减速到爬行速度的信号，再经过一定的位移后回到零点停止，如图 20—6 所示。

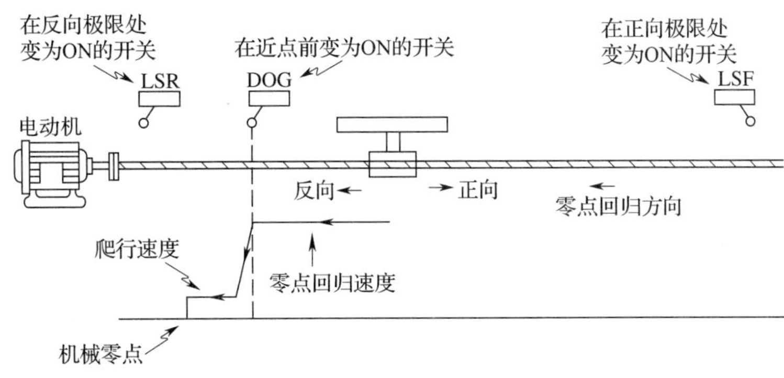

图 20—6　极限位置 LSF，LSR 和近点开关 DOG 的布置

（3）X 轴电动机驱动器的连接器 CON3 和 Y 轴电动机驱动器的连接器 CON4。CON3 和 CON4 分别用于连接 X 轴和 Y 轴的电动机驱动器，以实现对驱动器的控制。此驱动器可以是步进电动机驱动器，也可以是伺服电动机驱动器。CON3/CON4 各针脚号的定义及功能说明见表 20—4。

表 20—4　　电动机驱动器连接器 CON3/CON4

针脚号	符号名称	功能/应用
1	SVRDY	伺服准备好信号 从驱动器接收 READY 信号（这表明操作准备已经完成）
11	SVEND	定位结束信号 从驱动器接收 INP（定位完成）信号
2/12	COM2（COM6）	SVRDY 和 SVEND 信号的公共端，X 轴用 COM2，Y 轴用 COM6
3	CLR	输出偏差计数器清除信号
4	COM3（COM7）	CLR 信号公共端，X 轴用 COM3，Y 轴用 COM7
13	PG0	从驱动器接收的零点信号
14	COM4（COM8）	PG0 的公共端，X 轴用 COM4，Y 轴用 COM8
6	FP	正向旋转脉冲输出
16	RP	反向旋转脉冲输出
7/8/17/18	VIN	FP 和 RP 的电源输入（5～24 V）
9/19	COM5（COM9）	FP 和 RP 信号公共端，X 轴用 COM5，Y 轴用 COM9
10/20	ST1/ST2 （ST3/ST4）	在使用步进电动机时，如 PG0 连接到 5 V 电源上，应将端子 ST1 和 ST2 短接（Y 轴为 ST3 和 ST4），此时 PG0 的输入电阻从 3.3 kΩ 改为 1 kΩ

注：符号名称中括号内是在 CON4 中的名称。

在对驱动器进行连接时，由于各种驱动器的控制端子名称不同，应根据连接器中各针脚的功能及输入/输出电流的回路，连接到驱动器对应的各个端子上。连接时应注意，FX_{2N}-20GM 与 FX_{2N}的基本单元相同，其输入和输出接口电路都是漏型的，即当输入或输出回路接通时，输入电流的方向是流出输入端口的，而输出电流的方向是流进输出端口的。图 20—7 所示的例子就是一种 FX_{2N}-20GM 各连接器与松下 minas-A5 伺服驱动器对应端口的连接图。

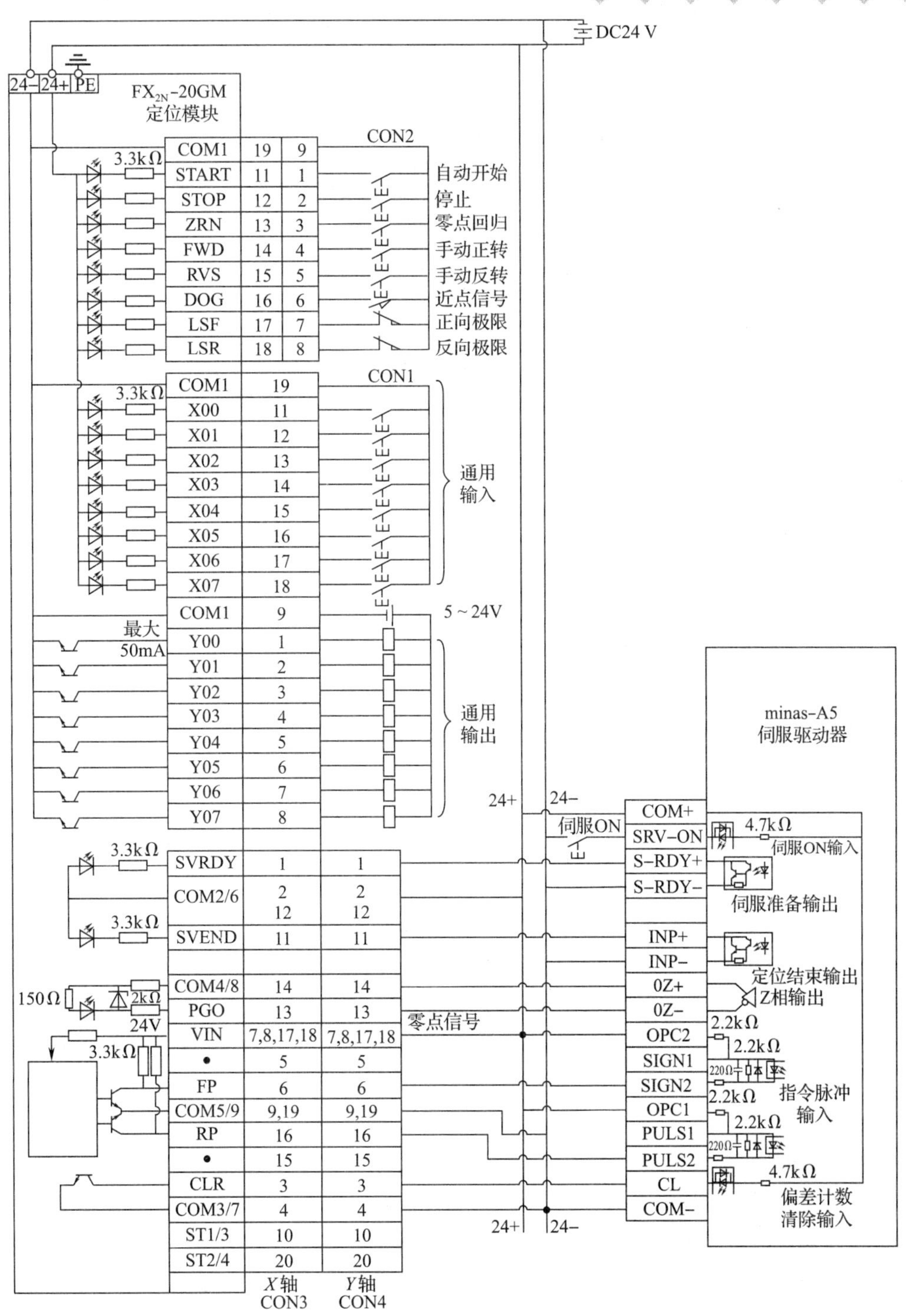

图 20—7 FX_{2N}-20GM 与松下 minas-A5 伺服驱动器的连接

2. FX_{2N}-20GM 电源的接线

当 FX_{2N}-20GM 独立使用时，由直流 24 V 电源供电，若还接有扩展输入/输出模块，则扩展模块与定位模块 FX_{2N}-20GM 使用同一组电源。定位模块的接地与 PLC 相同，应采用独立接地，允许使用共用接地，但不允许与强电设备公共接地。FX_{2N}-20GM 独立使用时电源的连接如图 20—8 所示。

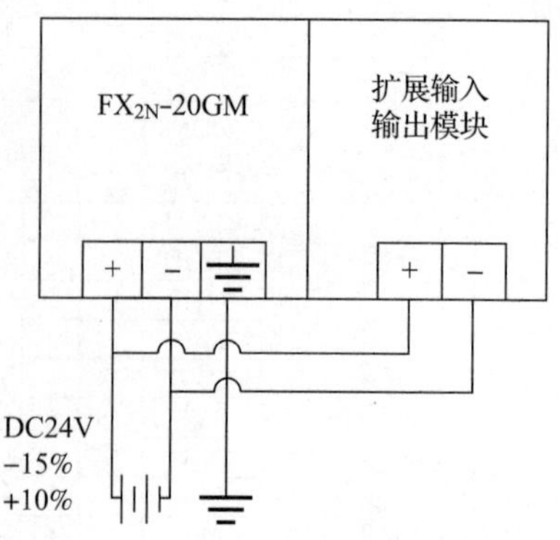

图 20—8　FX_{2N}-20GM 独立使用时电源的连接

当 FX_{2N}-20GM 连接到 FX_{2N} 系列 PLC 上，作为 PLC 的专用模块使用时，PLC 与定位模块各自分开连接电源。PLC 一般使用交流电源，而定位模块由直流 24 V 电源供电，定位模块的扩展模块与定位模块 FX_{2N}-20GM 使用同一组电源。如果 PLC 也使用直流 24 V 供电，则应另外使用一组直流电源，与定位模块的电源分开。PLC 的输入公共端 COM（连接 PLC 内部直流 24 V 电源的负极）应和定位模块电源的负极端连接在一起。FX_{2N}-20GM 连接到 PLC 时电源的连接如图 20—9 所示。

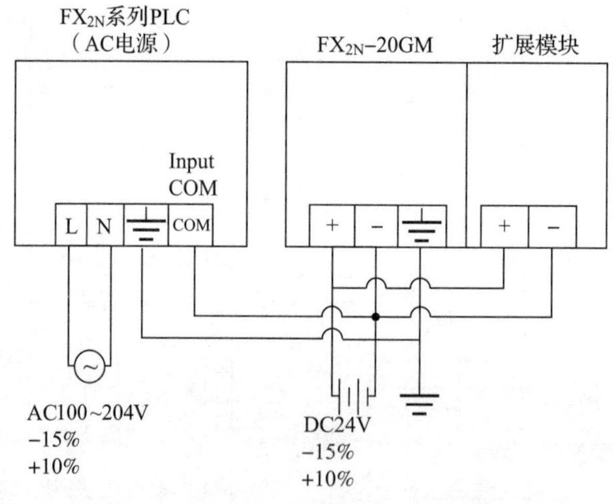

图 20—9　FX_{2N}-20GM 连接到 PLC 时电源的连接

3. 手动脉冲发生器的接线

在 FX_{2N}-20GM 上可连接手动脉冲发生器，以便对伺服电动机或步进电动机实行手动进给。手动脉冲发生器的外形及其底部的接线端子如图 20—10 所示。

在使用手动脉冲发生器时，手动脉冲发生器输出的脉冲从指定的通用输入端子输入到定位模块中（只用 1 个手动脉冲发生器时，指定为 X0 和 X1；使用 2 个手动脉冲发生器时，*X* 轴指定为 X0 和 X1；*Y* 轴指定为 X2 和 X3），同时还要通过对参数的设置指定连续

图 20—10 手动脉冲发生器的外形及接线端子

的 2 个通用输入端子作为手动脉冲发生器的使能信号输入端，只有当使能端子的状态为 1 时，来自手动脉冲发生器的脉冲信号才能输入定位模块。手动脉冲发生器必须使用 NPN 集电极开路型的。有关参数的设置见本章第 3 节，手动脉冲发生器与 FX_{2N}-20GM 的接线如图 20—11 所示。

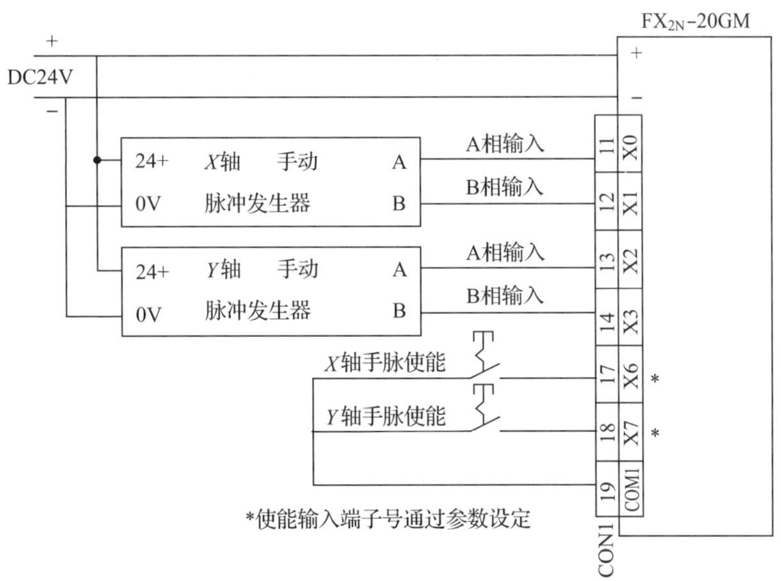

图 20—11 手动脉冲发生器与 FX_{2N}-20GM 的接线

三、FX_{2N}-20GM 的各种操作

FX_{2N}-20GM 可以进行自动、单步、点动、回零等多种操作，这些操作需要对程序、参数进行不同的设置，并使用各种外部设备对定位模块发出相应的输入信号。下面对这些操作的条件及进程加以介绍。

1. 自动操作

定位程序及子任务程序是在自动（Auto）运行模式下执行的。

在自动模式下，可通过下述操作命令（任选一种）来执行定位程序。

（1）由外部输入器件对 START 端子发出开始操作命令。即 START 的状态变为 ON。

（2）由子任务发出命令。在子任务中将特殊辅助继电器 M9001（*X* 轴）或 M9017（*Y* 轴）置为 1，即相当于使 START 的状态变为 ON。

（3）从与定位模块连接的 PLC。通过缓冲寄存器写命令将 BFM ♯20 的 b1 位（*X* 轴）或 BFM ♯21 的 b1 位（*Y* 轴）置 1，起到使 START= ON 的同样作用。

当通过上述途径发出开始操作命令时，定位模块即根据参数 30 的设置读取程序号，并从此程序号开始逐行执行定位程序中的指令。在执行指令的过程中，如果执行到 m00（WAIT）指令（m00 指令在程序中可以设置 1 个或多个，也可以不设置），则程序暂停执行；当再次接收到开始操作命令 START 时，程序从暂停处继续执行，直到执行到 m02（END）时停止运行定位程序。

在 FX_{2N}-20GM 中，定位程序为主任务。定位程序的第 1 行要以字母“O”（同步 2 轴方式）、“Ox”（独立 2 轴方式的 *X* 轴）或“Oy”（独立 2 轴方式的 *Y* 轴）开头，再加上 1 个数字（0～99），形成 1 个程序号，如“O00”“Ox02”“Oy12”等。根据不同的需要，定位程序可以编制多个，并对每个定位程序冠以不同的程序号，在运行程序时，通过参数 30 所设定的方法指定程序号，即可执行相应的那个定位程序。定位程序的形式如下所示。

```
      0x20
N0000 cod28 (DRVZ);
N0001 cod00 (DRV) X1000 f2000;
N0002 m00 (WAIT);
N0003 cod04 (TMR) K100;
N0004 m02 (END);
```

除了定位操作的任务之外，系统往往还可能需要执行其他任务，这些任务就由子任务来执行。子任务是一个主要由顺序指令所组成的程序，它不执行定位控制，任何和定位操作没有直接联系的指令代码都可以放到子任务程序中。

在 FX_{2N}-20GM 中，主任务可以有多个，但子任务只能有一个，选定的主任务和子任务是同步执行的。子任务的程序号规定为 O100 ，应写在子任务程序的第一行中。在子任务程序的最后要添加 m102（END）结束，程序中间可以用 m100（WAIT）来暂停子任务程序的执行，m102 和 m100 是固定用法。编制程序时，为了容易识别，一般在定位程序编写完后再编写子任务程序。

子任务的开始、停止和单步操作等是由参数所设定的（参考本章第 4 节）。和定位程序的执行方式一样，子任务也是每次执行一行指令，当输入开始信号后，子任务从第一行开始执行，遇到 m102（END）后结束，然后等待下一个开始信号。如果要实现循环操作，可使用一条如下所示的“JMP（FNC04）”跳转指令，但要注意不能从子任务中跳转到定位程序主程序。

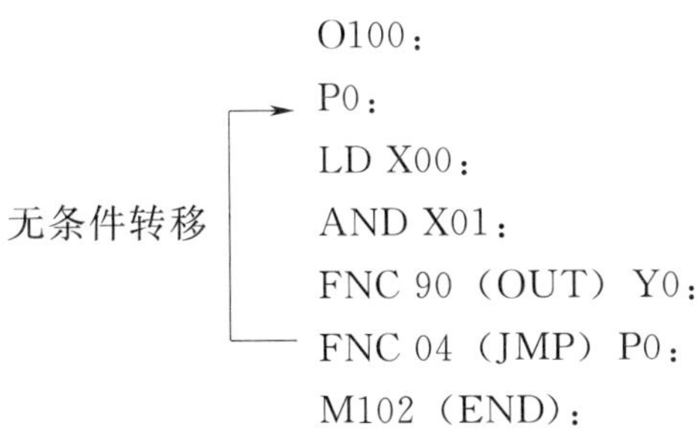
O100；
P0；
LD X00；
AND X01；
FNC 90（OUT）Y0；
FNC 04（JMP）P0；
M102（END）；
无条件转移

关于特殊辅助继电器及缓冲寄存器 BFM 的含义及其使用方法，将在本章第 5 节中介绍。

2. 单步操作

在单步操作命令有效时，每次输入启动（START）信号，都会执行一行定位程序。

为了执行单步操作，参数 53 必须设定为 1（单步操作有效）。在自动模式下，可通过选择下述操作命令之一来使单步操作有效。

（1）使参数 54（单步操作模式输入号）设定的输入端子状态为 ON。此方式在手动模式（MANU）下无效，只在自动模式（AUTO）下有效。

（2）从子任务发出命令。在子任务中将特殊辅助继电器 M9000（X 轴）或 M9016（Y 轴）置为 1，即相当于使单步操作模式输入端子的状态变为 ON。

（3）从 PLC 发出命令。通过 PLC 中的缓冲寄存器写命令，将 FBM ＃20 的 b0 位（X 轴）或 BFM ＃21 的 b0 位（Y 轴）置 1，起到使单步操作模式输入端子的状态变为 ON 的同样作用。此方式在手动模式（MANU）下无效，只在自动模式（AUTO）时有效。

当单步操作有效时，每接通一次启动（START）命令，即执行一行程序。在当前正在执行的定位指令完成前，不接受下一个启动命令的输入。

3. 点动（JOG）操作

在手动（MANU）模式下，或自动（AUTO）模式在 m02（END）待机期间可以进行点动操作。

当 FWD（手动正向）或 RVS（手动反向）输入信号接通时，会产生一个与最小命令单位（参数 3 所设置）相对应的正向或反向脉冲。如果这 2 个输入信号保持的时间超过 0.1 s，则将持续产生脉冲。注意 FWD 与 RVS 这 2 个输入信号不能同时接通。

可选择使用如下方法之一进行正向/反向点动操作。

（1）用外部输入器件向 FWD/RVS 端子发出信号。FWD/RVS 输入信号应分别输入到 X 轴和 Y 轴。

（2）由子任务发出命令。在子任务中将特殊辅助继电器 M9005（X 轴 FWD）和

M9021（Y 轴 FWD）或 M9006（X 轴 RVS）和 M9022（Y 轴 RVS）置为“1”，即相当于使输入端子 FWD/RVS 的状态变为 ON。

（3）由 PLC 发出命令。通过 PLC 中的缓冲寄存器写命令，将 FBM ＃20 的 b5 位（X 轴 FWD）和 BFM ＃21 的 b5 位（Y 轴 FWD）或 FBM ＃20 的 b6 位（X 轴 RVS）和 BFM ＃21 的 b6 位（Y 轴 RVS）置 1，起到与 X 轴和 Y 轴的 FWD/RVS 输入端子为 ON 时同样的作用。

当采取上述各种方法将点动信号输入时，定位模块根据输入的命令执行图 20—12 所示的操作。图 20—12 所示的是正向点动 FWD 信号发出时正向脉冲输出端 FP 的输出波形，此状况同样适合于 RVS 输入时反向脉冲输出端 RP 的变化情况。

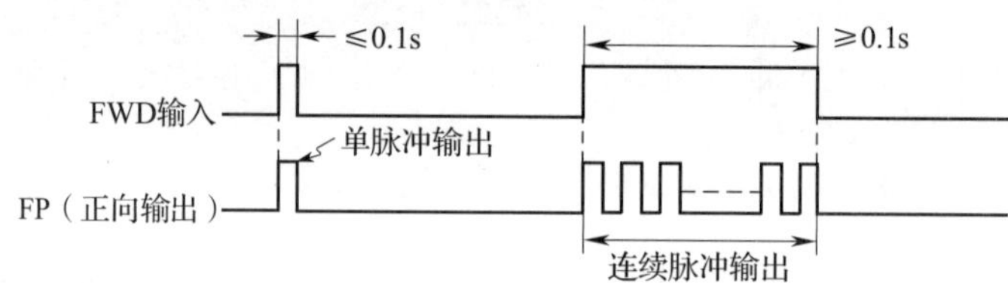

图 20—12　FWD 信号发出时 FP 端的输出波形

连续脉冲输出的频率（即点动速度）在参数 5 中设置。在点动操作时所产生的脉冲数被加到定位模块的当前值寄存器中（或从当前值寄存器中减去）。其中，X 轴的当前值寄存器由 D9005 和 D9004 组成（32 位整数值），Y 轴的当前值寄存器是 D9015 和 D9014。

4．回零操作

定位模块中的当前值寄存器用于记录定位控制过程中，由步进电动机或伺服电动机驱动的运动部件的绝对位置。在控制过程中，只要读出当前值寄存器中的数值，就可以知道运动部件的位置。当定位单元处于原点位置时，当前值寄存器中的内容是原点位置的坐标值，即机械零点地址。而在定位控制过程中，其中的数值会随着定位模块输出的正向或反向旋转脉冲数而增大或减小。

由于在关闭电源时当前值寄存器中的数据会被清除，所以定位装置每次开启电源首次进行启动时，必须先执行回零操作，使运动部件回到原点，并将机械零点地址写入当前值寄存器。但是对于绝对位置检测 ABS（ABSolute Positioning System）则不需要每次都进行回零操作，因为它使用带有电池的绝对值编码器，不管 PLC 的电源处于 ON 或 OFF 状态，绝对位置编码器都能够实时检出伺服电动机的绝对位置，并通过电池供电的计数器备份数据。因而在机械安装后只要进行一次回零操作，以后接通电源时不需要进行原点复归也能工作。

定位模块的回零操作按如下步骤进行。

（1）给出定位模块回零命令。

（2）定位模块按照参数 13 指定的回零速度和参数 15 指定的回零方向做零位返回

移动。

(3) 当DOG撞块的前端到达DOG开关处时产生近点信号，定位模块开始减速至由参数14指定的爬行速度，继续向回零方向做返回移动。

(4) 当DOG撞块的前端或后端（由参数18设定）到达DOG开关处时开始零点信号计数（PG0），零点信号的计数值达到由参数17指定的数目时，定位装置停止移动，发出清零信号CLR，将伺服电动机驱动器中的偏差量计数器清零，并将设定在参数16中的机械零点地址写入当前值寄存器，回零操作完成。

回零操作的过程及有关参数的关系如图20—13所示。

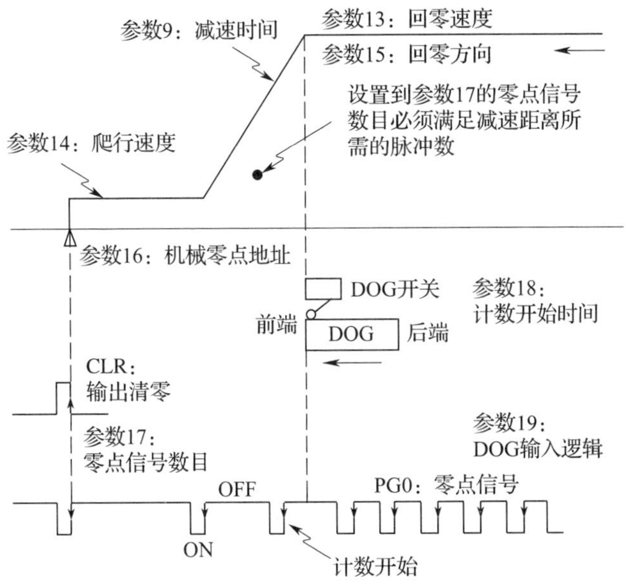

图20—13 回零操作过程及有关参数

定位模块的回零命令可由下述任一种方法产生。

1) 由外部输入器件向ZRN端子发出信号。ZRN信号应同时输入到 FX_{2N}-20GM的 *X* 和 *Y* 轴上。此方式在手动模式时始终有效，在自动模式时当m02 END待机时有效。

2) 在执行定位程序时，执行定位指令cod28 DKVZ（返回机械零点位置）。此方式对手动模式无效。

3) 由子任务发出命令。自动模式时，在子任务中将特殊辅助继电器M9004（*X* 轴）和M9020（*Y* 轴）置1，即起到与ZRN＝ON同样的作用。此方式在手动模式下无效。

4) 由PLC发出命令。通过PLC中的缓冲寄存器写命令，将BFM ＃20的b4位（*X* 轴）和BFM ＃21的b4位（*Y* 轴）置1，即起到与 *X* 轴和 *Y* 轴的ZRN输入端子为ON时同样的作用。此方式对手动模式始终有效，在自动模式时当m02 END待机时有效。

第3节 FX_{2N}-20GM的参数

一、FX_{2N}-20GM中参数的作用及类型

1. 参数的作用

在定位模块FX_{2N}-20GM中有58个参数，通过对这些参数的设置，可以决定定位模块的运行条件。通过设置与实际使用的设备及控制要求相符的参数值，使定位模块按照所设置的状态运行，即可实现所需要的控制要求。除了一些专用情况外，每一个参数都被分配了一个特殊数据寄存器D，而这些特殊数据寄存器又被分配了对应的缓冲寄存器BFM。在实际应用中，可以通过手持式编程器E-20TP或在计算机中运行编程软件FX-PCS-VPS/WIN，对FX_{2N}-20GM中的参数存储器或与参数相关的特殊数据寄存器进行设置，也可以在与定位模块相连接的PLC程序中使用FROM/TO指令通过相关的缓冲寄存器对参数进行改写。在定位模块的电源变为ON时，或定位模块的工作模式从手动（MANU）切换成自动（AUTO）时，特殊数据寄存器会被参数存储器中存储的数据所初始化。在运行时，特殊数据寄存器中的数据可使用定位程序来加以改变，然后定位模块即按照改变后的参数值开始运行。

当输入的参数值超过了允许范围时，如果是用外部设备设置的，定位模块将停止工作，同时定位模块面板上的ERROR-x和/或ERROR-y LED发亮，必须重新写入一个正确值到此参数中才能清除错误状态。而如果是用定位程序来改写参数的，那么定位模块不会停止工作，但当输入值大于有效范围时，与时间和速度相关的参数被设为最大值；当输入值小于有效范围时，与时间和速度相关的参数被设为最小值。

在FX_{2N}-20GM中，对于独立2轴操作的定位参数和I/O控制参数，必须对X轴和Y轴都进行设置；而对于同步2轴操作的参数，则仅需对X轴进行设定，这时Y轴不需要再加以设定。

2. 参数的分类

FX_{2N}-20GM中的参数分为以下3种类型。

（1）定位参数。这类参数的作用是确定定位控制的单位、速度、旋转方向、输入信号的逻辑等与定位控制过程有关的指标，共有27个参数，参数号为0～26。

（2）I/O控制参数。这一类参数的作用是确定与定位模块上的I/O端口相关的内容，如程序编号的规定方法、手动脉冲发生器的接线端子号、FWD/RVS/ZRN信号使用通用输入端的有效性等，共有19个参数，参数号为30～56。

（3）系统参数。这一类参数的作用是用于确定程序的存储器大小、文件寄存器的数目、电池状态、子任务的执行等系统的性能。共有12个参数，参数号为100～111。

所有这58个参数的名称、编号及功能见表20—5。

表 20—5 **参数表**

类别	参数编号	参数名称	功能	初始值
定位参数	0	单位体系	0 单位的机械体系 1 单位的电机体系 2 单位的综合体系	1
	1	脉冲率*	1 到 65 535 [PLS/REV]	2 000
	2	进给率**	1 到 999 999 [μm/REV，mdeg/REV，10^{-1} minch（毫英寸）/REV]	2 000
	3	最小命令单位	0：10^{0} [mm]，10^{0} [deg（度）]，10^{-1} [in（英寸）]，10^{3} [PLS]	2
			1：10^{-1} [mm]，10^{-1} [deg]，10^{-2} [in]，10^{2} [PLS]	
			2：10^{-2} [mm]，10^{-2} [deg]，10^{-3} [in]，10^{1} [PLS]	
			3：10^{-3} [mm]，10^{-3} [deg]，10^{-4} [in]，10^{0} [PLS]	
	4	最大速度	1～153 000 [cm/min，10 deg/min，in/min] 1～200 000 [Hz] （对步进电动机推荐 5 000 Hz 左右）	200 000
	5	点动速度	1～153 000 [cm/min，10 deg/min，in/min] 1～200 000 [Hz] （对步进电动机推荐 1 000 Hz 左右）	20 000
	6	最小速度	1～153 000 [cm/min，10 deg/min，in/min] 1～200 000 [Hz]	0
	7	偏移矫正	0～65 535 [PLS]	0
	8	加速时间	1～5 000 [ms]	200
	9	减速时间	1～5 000 [ms]	200

续表

类别	参数编号	参数名称	功能	初始值
定位参数	10	插补时间常数	0～5 000 [ms]	100
	11	脉冲输出类型	0：FP＝正向旋转脉冲，RP＝反向旋转脉冲 1：FP＝旋转脉冲，RP＝方向规定	0
	12	旋转方向	0：通过正向旋转脉冲（FP）增加当前值 1：通过正向旋转脉冲（FP）减少当前值	0
	13	零点回归速度	1～153 000 [cm/min，10 deg/min，in/min] 1～200 000 [Hz]	100 000
	14	爬行速度	1～153 000 [cm/min，10 deg/min，in/min] 1～200 000 [Hz]	1 000
	15	回零位置方向	0：当前值增加的方向 1：当前值减少的方向	1
	16	机械零点	－999 999～＋999 999 [PLS]	0
	17	零点信号计数次数	0～65 535 [次]	1
	18	零点信号计数开始点	0：在近点 DOG 正向结束处开始计数（OFF→ON） 1：在近点 DOG 反向结束处开始计数（ON→OFF） 2：无近点 DOG	1
	19	DOG 输入逻辑	0：常开触点（A 触点） 1：常闭触点（B 触点）	0
	20	LS 逻辑	0：常开触点（A 触点） 1：常闭触点（B 触点）	0
	21	错误判别时间	0～5 000 ms（当设为 0 时，伺服和检查无效）	0
	22	伺服准备检查	0：有效，1：无效	1

续表

类别	参数编号	参数名称	功能	初始值
定位参数	23	停止模式	0，4：使停止命令失效	1
			1：使能剩余距离驱动（在插补操作中跳到 END 指令）	
			2：忽略剩余距离（在插补操作中跳到 END 指令）	
			3，7：忽略剩余距离，并跳到 END 指令	
			5：进行剩余距离驱动（包括插补操作）	
			6：忽略剩余距离（在插补操作中跳到 NEXT 指令）	
	24	电气零点	－999 999～＋999 999 [PLS]	0
	25	软件极限（大）	－2 147 483 648～＋2 147 483 647 在“参数 25≤参数 26”的情况下，软件极限是无效的	0
	26	软件极限（小）	－2 147 483 648～＋2 147 483 647 在“参数 25≤参数 26”的情况下，软件极限是无效的	0
I/O 控制参数	30	程序编号规定方法	0：程序号 0（固定）	0
			1：数字开关的 1 位（0～9）	
			2：数字开关的 2 位（00～99）	
			3：由专用数据寄存器给定（D9000，D9010）	
	31	数字开关分时读输入端子编号	X0～X64，X372～X374	0
	32	数字开关分时读输出端子编号	Y0～Y67	0
	33	数字开关读间隔	7～100 [ms]（增量：1 ms）	20
	34	RDY 输出有效性	0：无效，1：有效	0

续表

类别	参数编号	参数名称	功能	初始值
I/O控制参数	35	RDY 输出编号	Y0～Y7	0
	36	m 代码外部输出有效性	0：无效，1：有效	0
	37	m 代码外部输出编号	Y0～Y57（占 9 点）	0
	38	m 代码 OFF 命令输入编号	X0～X67，X372～X377	0
	39	手动脉冲发生器有效性	0：无效 1：有效（1 个脉冲发生器） 2：有效（2 个脉冲发生器）	0
	40	手动脉冲发生器的脉冲倍率	1～255	1
	41	手动脉冲发生器脉冲倍增结果的除法系数	2^n，$n=0\sim7$	0
	42	手动脉冲发生器使能输入编号	X2～X67（占 2 点）	2
	50	ABS 接口	0：无效，1：有效	0
	51	ABS 输入编号	X0～X66（占 2 点）	0
	52	ABS 控制输出编号	Y0～Y65（占 3 点）	0
	53	单步操作	0：无效，1：有效	0
	54	单步模式输入号	X0～X67，X372～X377（占 1 点）	0
	56	FWD/RVS/ZRN 通用输入	0：使通用输入无效 1：在 AUTO 模式下使能通用输入（特殊 M 的命令无效） 2：通用输入总有效（特殊 M 的命令无效） 3：在 AUTO 模式下使能通用输入（特殊 M 的命令有效） 4：通用输入总有效（特殊 M 的命令有效）	0

续表

类别	参数编号	参数名称	功能	初始值
系统参数	100	存储器大小	0：8 千步，1：4 千步	0
	101	文件寄存器	0～3 000［点］（通过 D4 000 到 D6 999 分配）	0
	102	电池状态	0：LED 亮，不使 GM 有输出（M9127：OFF）	0
			1：LED 暗，不使 GM 有输出（M9127：ON）	
			2：LED 亮，使 GM 有输出（M9127：OFF）	
	103	电池状态输出号	Y0～Y67（参数 102 设为“2”时有效）	0
	104	子任务开始（AUTO 模式）	0：当从模式 MANU 转为 AUTO 时	0
			1：当通过参数 105 设置的输入打开时	
			2：当从模式 MANU 转为 AUTO 或通过参数 105 设置的输入打开时（AUTO 模式）	
	105	子任务开始输入	X0～X67，X372～X377	0
	106	子任务停止	0：当从模式 MANU 转为 AUTO 时	0
			1：当通过参数 107 设置的输入打开或从模式 MANU 转为 AUTO 时	
	107	子任务停止输入	X0～X67，X372～X377	0
	108	子任务错误	0：当错误发生时，不使定位单元给出输出	0
			1：当错误发生时，使定位单元给出输出	
	109	子任务错误输出	Y0～Y67	0

续表

类别	参数编号	参数名称	功能	初始值
系统参数	110	子任务操作模式转换	0：通用输入无效 当 M9112 被程序设置时，机器进行步进操作。当 M9112 被程序复位时，机器进行循环操作	0
			1：使能通用输入，步进操作和循环操作通过参数 111 规定的输入或 M9112 来改变	
	111	子任务操作模式转换输入	X0～X67，X372～X377	0

注：1 in=25.4 mm

脉冲率表示电动机旋转一圈所发出的命令脉冲（PLS/REV）数目。当参数 0 被设为 1（单位的电机体系）时，此参数无效。

** 进给率表示电动机旋转一圈给定的位移量（μm/REV，mdeg/REV，10^{-1} minch/REV），当参数 0 被设为 1（单位的电机体系）时，此参数无效。

二、定位参数的说明

FX_{2N}-20GM 中有 27 个定位参数，参数号为 0～26，用于确定定位控制的单位、速度、旋转方向、输入信号的逻辑等与定位控制过程有关的指标。下面选择一些常用的定位参数进行介绍。

1. 参数 0：单位体系

此参数用于设定所使用的位置和速度单位。此参数值设置为不同的值，就使用不同的单位。参数 0 的参数值可设置为 0，1 或 2。

设置为 0：根据 mm（毫米）、deg（度）、1/10 in（英寸）等来控制位置，这叫作单位的机械体系。

设置为 1：根据 PLS（脉冲数）来控制位置，这叫作单位的电机体系。

设置为 2：根据单位的机械体系来控制位置，根据单位的电机体系来控制速度，这叫作单位的综合体系。

单位的电机体系和综合体系之间的关系可用下列公式表示

$$PLS=\frac{脉冲率\times 行程(mm,deg,10^{-1}in)}{进给率\times 10^{-3}}$$

公式中的脉冲率和进给率即参数 1 和参数 2。仅在参数 0 被设为 0（单位的机械体系）或 2（单位的综合体系）时，参数 1 和参数 2 才有效。当参数 0 被设为 1（单位的电机体系）时参数 1 和参数 2 被忽略。

2. 参数 1：脉冲率

此参数用于设定加到驱动单元上的电动机每转的脉冲数，设置范围为 1～65 535，它的单位是 PLS /REV（脉冲数/转）。

当伺服电动机驱动器中使用电子齿轮时，必须考虑它的倍率。脉冲率和电子齿轮间的关系如下式所示：

脉冲率＝ 编码器分辨率（编码器每转脉冲数）/ 电子齿轮（CMX/CDV）

公式中的 CMX 及 CDV 是伺服电动机驱动器中的参数，表示电子齿轮的分子和分母。

3. 参数 2：进给率

此参数用于设定电动机每旋转 1 圈机器的行程。设定范围为 1～999 999，单位是 μm/REV、mdeg/REV 或 10^{-1}minch/REV。

4. 参数 3：最小命令单位

此参数用于设定由定位程序规定的行程单位。最小命令单位见表 20—6。

表 20—6　　最小命令单位

参数 3 设定值	参数 0 的设定值			
	设为 0：单位的机械体系。设为 2：单位的综合体系			设为 1：单位的电机体系
	mm	deg	in	PLS
0	10^0	10^0	10^{-1}	10^3
1	10^{-1}	10^{-1}	10^{-2}	10^2
2	10^{-2}	10^{-2}	10^{-3}	10^1
3	10^{-3}	10^{-3}	10^{-4}	10^0

注：10^{-1}in＝2.54 mm。

例如，将参数 0 设为 0（使用机械体系），参数 3 设为 2，同时选择 mm 为单位，则此时的最小命令单位就是 10^{-2} mm。因此在程序中使用定位指令“cod 00（DRV）x1000 y2000”时，其中 x1000 即为 X 轴的位移是 1000×10^{-2} mm＝10 mm，y2000 即表示 Y 轴的位移是 $2\,000\times10^{-2}$ mm＝20 mm。

对于机械体系的单位，可以是 mm（毫米）、deg（度）或 in（英寸），任意一种都可以用。但因为定位程序中所有的定位参数、定位数据和速度数据均采用同一单位，所以编程时不用顾及单位，只要设定值相等，就可得到相同的脉冲输出。例如，设定了参数 1（脉冲率）＝4 000［PLS/REV］，参数 2（进给率）＝100［μm/REV、mdeg/REV 或 10^{-1}minch/REV］，参数 3（最小命令单位）＝3［行程数量级为 10^{-3} mm、10^{-3}deg 或 10^{-4}in］，假设伺服放大器中的电子齿轮比为 1∶1。在这些条件下可计算使用不同单位时定位模块所产生的脉冲数。

若设定单位用 mm 时，在移动量为 100［$\times10^{-3}$mm］的定位操作中，有：

产生的脉冲量＝（移动量/ 进给率）×脉冲率

＝（100×10^{-3}mm/100［μm/REV］）×4 000［PLS/REV］

=4 000 [PLS]

若设定单位用 deg 时，在移动量为 100 [$\times 10^{-3}$deg] 的定位操作中，有：

产生的脉冲量=（移动量/ 进给率）×脉冲率

= （100×10^{-3}deg/100 [mdeg/REV]）× 4 000 [PLS/REV]

=4 000 [PLS]

当设定单位用 in 时，在移动量为 100 [$\times 10^{-4}$in] 的定位操作中，有：

产生的脉冲量=（移动量/ 进给率）×脉冲率

= （100 ×10^{-4} in/100 [10^{-1}minch/REV]）×4 000 [PLS/REV]

=4 000 [PLS]

可见，采用不同的单位并不影响输出的脉冲数。

5. 参数 4：最大速度

此参数用于设定定位模块所能达到的最大速度。如果在定位指令中没有指定速度，机器就按照在此设定的最大速度运行。定位指令中所设定的速度必须不大于此最大速度值。此参数的设定范围对于机械体系为 0～153 000（cm/min，10 deg/min 或 in/min)，对于电机体系为 0～200 000 Hz。注意，不管是什么体系，所设定的最大速度应使得定位模块所输出的脉冲频率不超过 200 kHz。

6. 参数 5：点动速度

此参数用于设定手动操作的速度。点动操作可通过将 FWD（正向）/RVS（反向）输入 ON 来进行。此参数的设定范围与上述参数 4 的设定范围相同，但此参数的设定值应不大于参数 4 的设定值。

7. 参数 6：最小速度

此参数用于设定系统启动时所采用的速度，这个速度也被称为偏移速度。设定值范围与上述参数 4 的设定范围相同，但此参数的设定值换算为脉冲频率后不能超过 20 kHz。此参数的设定值在插补时无效，在执行插补指令时，最小速度通常为 0。

8. 参数 8：加速时间

此参数用于设定机器从启动达到参数 4 所设定的最大速度所需的时间，设定范围为 0～5 000 ms。但如果参数 8 被设为 0 ，则此时机器实际上是在 1 ms 内加速。

9. 参数 9：减速时间

此参数用于设定停止机器所需的时间，这个时间是指从参数 4 所设定的最大速度减速到静止所需的时间。设定范围为 0～5 000 ms。但如果参数 9 被设为 0 ，则此时机器实际上是在 1 ms 内减速。

10. 参数 10：插补时间常数

此参数用于设定当定位模块执行插补指令时，输出从静止达到程序规定速度（或反之）

所需的加（减）速时间。设定范围为 0～5 000 ms。此参数仅在进行插补控制时有效。

从参数 5 到参数 10 有图 20—14 所示的关系。

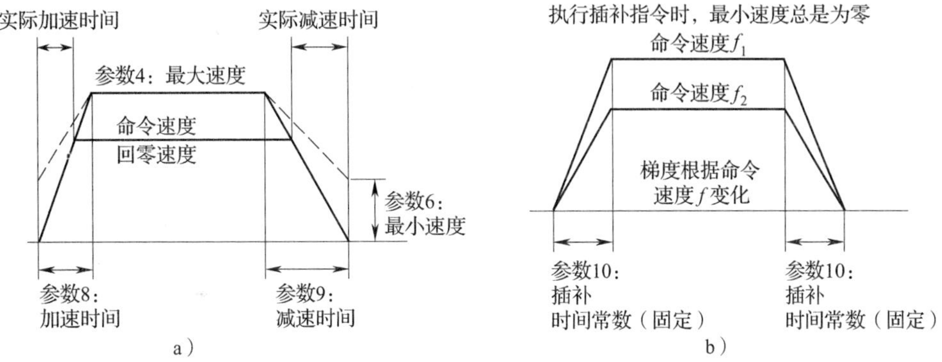

图 20—14　执行不同定位操作时的加减速特性

a）执行高速定位/回零/点动操作　b）执行插补操作

加速时间是表示达到最大速度所需的时间，因此当命令速度、回零速度和爬行速度小于最大速度时，实际加速时间将变短。

当进行插补控制时，插补时间常数总是固定的。因此加速/减速曲线的斜率会根据命令速度的变化而改变。插补指令中的命令速度不能超过 100 kHz。

11. 参数 11：脉冲输出格式

此参数用于设定输出到驱动器的脉冲格式。当此参数设定为 0 时，脉冲输出端 FP 和 RP 输出正向旋转脉冲和反向旋转脉冲；当设定为 1 时，FP 端输出旋转脉冲（PLS），RP 端输出方向信号（SIGN）。

脉冲输出格式如图 20—15 所示。

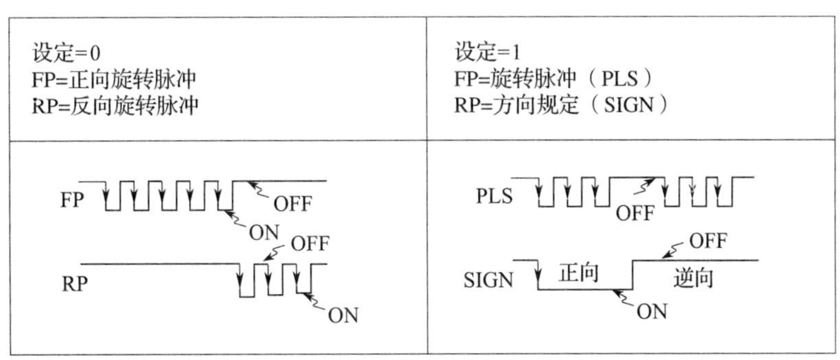

图 20—15　参数 11 规定的脉冲输出格式

12. 参数 12：旋转方向

此参数用于设定电动机的旋转方向。参数值可设定为 0 或 1。如设定值为 0，当正向旋转脉冲 FP 输出时，使保存在特殊数据寄存器中的当前位置值或脉冲数（这个数值以参数 3 中的设定为单位，以后简称为当前值）增加；如设定值为 1，则当正向旋转脉冲 FP 输出时，使当前值减少。

13. 参数 13：零点回归速度

此参数用于设定当机器向零点回归时的速度，该设定值必须等于或小于参数 4 中设定的最大速度。

对于电机体系，此参数的设定范围为 10～200 000 Hz。

对于机械体系，设定范围为 1～153 000（cm/min，10deg/min 或 in/min），但此设定值折算为脉冲时，脉冲频率应为 200 kHz 或更小。

14. 参数 14：爬行速度

爬行速度是指机器在向零点回归过程中接近零点时，使近点 DOG 信号发出后所采用的低速度。此参数即用于设定爬行速度，参数值的设定范围与参数 13 相同。

15. 参数 15：零点回归方向

此参数用于在发出零点回归指令时，按机器运动的方向来设定回归方向。设定值可以为 0 或 1。

若设定为 0：回归方向为使当前值增加的方向。

若设定为 1：回归方向为使当前值减小的方向。

16. 参数 16：机械零点地址

机械零点就是机器上由步进电动机或伺服电动机驱动的运动部件的原点位置，此参数即用于设定原点位置的坐标值。当完成零点回归操作时运动部件回到由此参数设定的原点。

此参数的设定范围为－999 999～＋999 999，设定值的单位由参数 0 和参数 3 来决定。此处设定的值被看作绝对地址，如果是在进行绝对位置检测 ABS 时，应设定此参数值为 0。

17. 参数 17：零点信号计数

此参数用于设定当 DOG 开关变为 ON（或 OFF，由参数 19 设定）后，将要进行计数的零点信号的数目（开始计数的起始点由参数 18 设定）。在开始计数后，当零点信号的计数值达到此参数的设定值时，机器停止运行。通常是电动机每转 1 周，输出 1 个零点信号脉冲。此参数的设定范围为 0～65 535，但应该避免设定值为 0，因为这意味着 DOG 信号一产生，机器就从零点回归速度上突然停止，机器可能由此而受到损坏。因此应设定此参数值大于等于 1，以使电动机能先从零点回归速度减速到较低的爬行速度，然后再转过若干圈后安全地停止。

18. 参数 18：零点信号计数开始点

此参数用于设定零点信号计数的开始点，设定值可以是 0，1 或 2。

设定值为 0：当近点撞块的前端达到 DOG 开关时开始计数（OFF 到 ON）。

设定值为 1：当近点撞块的后端达到 DOG 开关时开始计数（ON 到 OFF）。

设定值为 2：不使用近点撞块。

19. 参数 19：DOG 开关输入逻辑

此参数用于设定 DOG 开关的输入逻辑，也就是确定近点信号是 ON 有效还是 OFF 有效，设定值可以是 0 或 1。

设定为 0 时，使用 DOG 开关的常开触点，近点信号在近点为 ON。

设定为 1 时，使用 DOG 开关的常闭触点，近点信号在近点为 OFF。

20. 参数 20：极限开关逻辑

此参数用于设定机器行程极限开关（LS）的逻辑。在 FX_{2N}-20GM 中，除了使用极限开关，也可通过对参数 25 和 26 的设定使用软件极限来达到限制行程的作用。参数 20 的设定值可以是 0 或 1。

设定为 0 时，使用极限开关的常开触点，LS 信号在极限处为 ON。

设定为 1 时，使用极限开关的常闭触点，LS 信号在极限处为 OFF。

21. 参数 23：停止模式

此参数用于设定定位程序的停止模式，即定位模块在接收到停止指令 STOP，也就是当外部输入端子［STOP］或 X 轴的专用辅助继电器 M9002 或 Y 轴的 M9018 变为 ON 时，定位模块所采取的操作模式。

FX_{2N}-20GM 的停止模式有 6 种，以参数 23 的设定值（0～7）加以确定。参数值所定义的停止模式如下。

设定值为 0 或 4：在 AUTO 模式下 STOP 命令无效，但在 MANU 模式下可用于清除错误。

设定值为 1：当接收到 STOP 命令时机器减速直到停止，并在再次接收到 START 命令时从停止点重新启动，走完剩余距离（被 STOP 命令停止的停止点和目标位置间的距离）后继续执行后续程序。但如果定位程序正在进行插补（执行 cod 01/02/03/31 指令）或中断操作，则定位程序执行跳转到 END。

设定值为 2：当接收到 STOP 命令时机器减速直到停止，并在再次接收到 START 命令时忽略剩余距离，从定位程序的下一步指令处重新启动（即程序执行 NEXT 跳转）。但在进行插补或中断定位时，程序执行跳转到 END。如果 STOP 命令是在执行 cod 04（TIM）定时指令时发出，则程序立即转移到下一步继续执行，剩余时间被忽略。

设定值为 3 或 7：当接收到 STOP 命令时机器减速直到停止，程序执行跳转到 END 并忽略剩余距离。如果 STOP 命令是在执行 cod 04（TIM）定时指令时发出，则程序立即转移到下一步继续执行并忽略剩余时间。

设定值为 5：即使在进行插补（当 M9015［连续路径模式］为 OFF）时，剩余距离驱动仍采用与参数值为 1 时一样的方式进行。

设定值为 6：即使在进行插补（当 M9015［连续路径模式］为 OFF）时，NEXT 跳转仍采用与参数值为 2 时一样的方式进行。

这 6 种停止模式中的操作情况见表 20—7。

表 20—7　STOP 命令引起的操作

设定值	STOP 命令引起的操作		
	剩余距离	插补时	执行定时指令时
0，4	机器不停止	机器不停止	机器不停止
1	有效，继续下一步	跳转到 END	定时器不停止，剩余时间到达后再转移到下一步
2	忽略，继续下一步	跳转到 END	定时器停止，忽略剩余时间，直接转移到下一步
3，7	忽略，跳转到 END	同左	定时器停止，忽略剩余时间，直接转移到下一步
5	有效，继续下一步	同左	定时器不停止，剩余时间到达后再转移到下一步
6	忽略，继续下一步	同左	定时器停止，忽略剩余时间，直接转移到下一步

22. 参数 24：电气零点

在定位模块的使用中，既可以设定机械零点，也可以设定电气零点。机械零点就是机器的原点位置，由参数 16 可以设定机械零点的地址，当执行“返回机械零点”指令（cod28 DRVZ）时，运动部件回到原点。运动部件可以到达的任意一个位置都可以被指定为电气零点，当执行“返回电气零点”指令（cod30 DRVR）时，运动部件即高速返回到电气零点位置，并且执行伺服结束检查。本参数即用于设定电气零点位置的绝对地址。参数值的设定范围为−999 999～+999 999，单位由参数 0 和参数 3 决定。在定位程序中，还可用“设置电气零点位置”指令（cod29 SETR）将当前位置设置为电气零点位置。

23. 参数 25：软件极限（上限）

此参数用于设定一个软件极限，可代替行程极限位置开关 LSF，在定位模块中当前值等于或大于此设定值时，就会发生极限错误，从而停止发送正向旋转脉冲。本参数的设定范围为 32 位的数值 −2 147 483 648～+2 147 483 647。

24. 参数 26：软件极限（下限）

此参数用于设定一个软件极限，可代替行程极限位置开关 LSR，在定位模块中当前值等于或小于此设定值时，就会发生极限错误，从而停止发送反向旋转脉冲。本参数的设定范围为 32 位的数值 −2 147 483 648～+2 147 483 647，但参数 25 的设定值必须大于参数 26 的设定值，否则软件极限功能无效。

当极限错误发生时，将激发错误代码 4004 。在错误状态下可以进行相反方向的点动操作，当机器从超出极限位置的区域返回时，极限错误会被清除。

三、I/O 控制参数简介

在定位模块中，有一些功能要通过 I/O 端口才能实现，如程序编号的规定方法、手动脉冲发生器的接线和使用、FWD/RVS/ZRN 信号使用通用输入端的有效性等。为了能够使用定位模块的通用 I/O 来实现这些功能，需要有相关的参数来进行设置，这就是 I/O 控制参数。FX_{2N}-20GM 中有 19 个 I/O 控制参数，参数号为 30～56。下面选择一些常用的 I/O 控制参数进行简单的介绍。

1. 参数 30：程序编号规定方法

在 FX_{2N}-20GM 中，当接收到定位开始信号（START）时，定位程序就从规定的程序编号开始一条一条地执行指令。程序编号可以通过多种方法来加以指定，本参数就是用于确定通过什么途径来设定程序编号，参数值的设定范围为 0～3。

设定＝0：程序编号固定为 0。

设定＝1：程序编号数值为 00～09，通过外部一位的数字开关来设定。

设定＝2：程序编号数值为 00～99，通过外部两位的数字开关来设定。

设定＝3：程序编号通过专用数据寄存器 D 来设定。当使用这个设定值时，就既可以在定位模块的程序中，也可以通过与定位模块连接的 PLC 来规定 D 中的内容，从而可指定所要执行的定位程序的编号。

在同步 2 轴模式下，程序编号只需对 X 轴（D9000）设定；而在独立 2 轴模式下，需分别对 X 轴（D9000）和对 Y 轴（D9010）设定。

如果参数 30 为被设为 1 或 2 时（通过数字开关 DSW 设定），则还必须设定参数 31～参数 33；而参数 30 被设为 0 或 3 时，参数 31～33 无效。

2. 参数 39：手动脉冲发生器

本参数用于设定是否使用手动脉冲发生器，设定值的范围为 0～2。

设定＝0：无效，即不使用手动脉冲发生器。

设定＝1：有效，只使用一个手动脉冲发生器。

设定＝2：有效，使用两个手动脉冲发生器。

在使用手动脉冲发生器时，可只使用 X 轴一侧的参数来设定，而忽略 Y 轴一侧的设定。虽然仅设定 X 轴一侧，但 X 轴和 Y 轴都能用手动脉冲发生器操作。

当通过设定参数 39 为 1 或 2 来使能手动脉冲发生器时，必须同时设定参数 40～42。

3. 参数 40：通过手动脉冲发生器产生的脉冲倍乘系数

手动脉冲发生器所产生的输入脉冲需与此参数设定的值相乘，此参数值的设定范围为 1～255。

4. 参数 41：倍增结果的除法系数

手动脉冲发生器输入的脉冲先与参数 40 中设定的值相乘，其结果必须再除以本参数值所确定的除数，才能从定位模块输出到电动机驱动器。除数为 2^n，本参数的设定值即为 n 的数值，$n=0\sim7$。

输入脉冲数目与定位模块输出脉冲数目的关系如下式所示。

$$\text{从手动脉冲发生器进入的输入脉冲数目}\times\frac{\text{参数 40（倍加系数：}1\sim255\text{）}}{\text{参数 41（除法系数：}2^n\text{，}n=0\sim7\text{）}}=\text{输出脉冲数目}$$

5. 参数 42：手动脉冲发生器使能脉冲输入允许的输入端子编号

此参数所设定的输入端子将作为手动脉冲发生器的使能端子，当此处设定的端子状态为 ON 时，定位模块能接收来自手动脉冲发生器的输入脉冲。本参数设定的范围是 X2～X67，占用 2 点。当参数 39 被设为 2，使用 2 个手动脉冲发生器时，则设定的范围变为 X4～X67，同样要占用 2 点。

一个手动脉冲发生器要用到定位模块上的 4 个输入端子，其中 2 个作为脉冲输入端，这 2 个输入端子编号是固定的，另外还需要用到 2 个端子作为使能端子。根据参数 39 的设定值不同，所使用输入端子的情况见表 20—8。

表 20—8　　手动脉冲发生器所使用的输入端子

输入		参数 39＝“1”	参数 39＝“2”
这些输入编号是固定的	X00	A 相	X 轴，A 相
	X01	B 相	X 轴，B 相
	X02	—	Y 轴，A 相
	X03	—	Y 轴，B 相
设定到参数 42		使能（ON）	X 轴使能（ON）
参数 42 设定值＋1 的输入端子		在 X 轴和 Y 轴间变化	Y 轴使能（ON）

在仅连接 1 个手动脉冲发生器的情况下，这个手动脉冲发生器可被选择为 X 轴使用或为 Y 轴使用。当端子号为参数 42 设定值＋1 的输入端子状态是 OFF 时，此手动脉冲发生器是对 X 轴使用的；而当这个指定输入端状态是 ON 时，手动脉冲发生器是对 Y 轴使用的。例如，当参数 39 设为 1，参数 42 设为 5（X05）时：

（1）X05 状态为 ON，来自手动脉冲发生器的输入被接收（使能）。

（2）X06 状态为 OFF，手动脉冲发生器是 X 轴的脉冲源。

（3）X06 状态为 ON，手动脉冲发生器是 Y 轴的脉冲源。

当处于 MANU 模式（或定位单元等待 END 的 AUTO 模式）下时可用手动脉冲发生器进行操作。而在手动脉冲发生器使用的情况下，当使能信号 ON 时，除了 MANU/AUTO 切换输入信号仍然有效外，其他任何输入信号都被忽略掉。

6. 参数 53：单步操作

此参数用于设定是否需要进行单步操作，设定值为 0 或 1。

设定值为 0 时，无效，不进行单步操作。

设定值为 1 时，有效，要进行单步操作。

当参数 53 设定为 1（有效）的情况下，必须再设定参数 54。

7. 参数 54：单步操作输入号

此参数用于设定使单步操作有效的输入端子号，可以在 X0～X67，X372～X377 中选择 1 个端子号。当参数 53 被设为 1，且参数 54 所选择的输入端子状态变为 ON 时，单步操作模式有效。在单步操作模式下，当 START（启动）信号变为 ON 时，指定的程序被执行一行。每启动一次，执行一行程序。

如果使特殊辅助继电器 M9000（对 *X* 轴）、M9001（对 *Y* 轴）或 M9002（对子任务）变为 ON，也可使单步模式有效，但此时参数 53 和参数 54 不需要设定。

8. 参数 56：FWD/RVS/ZRN 的通用输入声明

利用此参数，可以使专用输入端子 FWD（正向旋转点动）、RVS（反向旋转点动）或 ZRN（回零）被作为通用输入端子（X372～X377）在参数或程序中使用。本参数的设定范围为 0～4，各设定值的定义见表 20—9。

表 20—9　　FWD/RVS/ZRN 的通用输入声明

参数设定值	作为通用输入 X372～X377 使用	FWD/RVS/ZRN 信号有效	专用 M 信号有效
0	无效	总是有效	总是有效
1	在 AUTO 模式下有效	仅 MANU 模式有效（AUTO 模式下无效）	仅 MANU 模式有效（AUTO 模式下无效）
2	总是有效	无效	无效
3	在 AUTO 模式下有效	仅 MANU 模式有效（AUTO 模式下无效）	总是有效
4	总是有效	无效	总是有效

在表 20—9 中，专用输入端 FWD/RVS/ZRN 作为通用输入端使用时对应的端子号见表 20—10，对应的专用 M 信号（即特殊继电器）见表 20—11。

表 20—10　　FWD/RVS/ZRN 作为通用输入端的端子号

专用端子	*X* 轴	*Y* 轴
回零（ZRN）	X375	X372
正向（FWD）	X376	X373
反向（RVS）	X377	X374

表 20—11　　FWD/RVS/ZRN 对应的专用 M 信号

命令细节	X 轴	Y 轴
机器回零（ZRN）命令	M9004	M9020
正向（FWD）点动命令	M9005	M9021
反向（RVS）点动命令	M9006	M9022

四、系统参数简介

在定位模块中，系统参数用来确定诸如存储器大小、文件寄存器的数目、电池状态、子任务的执行等与系统性能相关的项目。FX_{2N}-20GM 中有 12 个系统参数，参数号为参数 100～111。下面仅对系统参数中与子任务有关的参数摘要进行简单的介绍。

1. 参数 104：子任务开始

此参数用于设定子任务开始执行的条件，参数值可设定为 0，1 或 2。

设定=0：当 FX_{2N}-20GM 的运行模式从手动方式（MANU）转为自动方式（AUTO）时开始执行一个子任务。

设定=1：当通过参数 105 设定的输入变为 ON 时开始执行一个子任务。

设定=2：当运行模式从 MANU 转为 AUTO，或通过参数 105 设定的输入变为 ON 时开始执行一个子任务。

2. 参数 105：子任务开始输入号

当参数 104 被设为 1 或 2 时，用此参数设定使子任务开始执行的输入端子号。对于 FX_{2N}-20GM，此参数可在输入端子 X0～X67 及 X372～X377 中选择 1 个端子号。当所设定的输入端子变为 ON 时，开始执行子任务。

3. 参数 106：子任务停止

此参数用于设定使子任务停止执行的条件，可设定为 0 或 1。

设定=0：当 FX_{2N}-20GM 的运行模式从 AUTO 转为 MANU 时停止执行子任务。

设定=1：当通过参数 107 设定的输入变为 ON 或运行模式从 AUTO 转为 MANU 时停止执行子任务。

4. 参数 107：子任务停止输入号

当参数 106 被设为 1 时，用此参数设定使子任务停止执行的输入端子号。对于 FX_{2N}-20GM，此参数可在输入端子 X0～X67 及 X372～X377 中选择 1 个端子号。当所设定的输入端子变为 ON 时，正在被执行的子任务停止执行。

第 4 节　FX_{2N}-20GM 的定位指令

在 FX_{2N}-20GM 的指令系统中，包含了 19 条定位指令（也称为驱动控制指令）、11 条基本顺序指令和 30 条功能指令，可以使用这些指令编制定位程序及顺控程序。指令清单见表 20—12～表 20—14。

表 20—12　　定位指令（或驱动控制指令）

指令名称	说明
cod00 DRV	高速定位
cod01 LIN	线性插补定位
cod02 CW	圆弧插补定位（顺时针）
cod03 CCW	圆弧插补定位（逆时针）
cod04 TIM	稳定时间（定位间隔时间）
cod09 CHK	伺服结束检查
cod28 DRVZ	返回机械零点位置
cod29 SETR	设置电气零点位置
cod30 DRVR	返回到电气零点位置
cod31 INT	中断停止（忽略剩下距离）
cod71 SINT	以单速 1 步中断停止
cod72 DINT	以双速 2 步中断停止
cod73 MOVC	位移补偿
cod74 CNTC	中心位置补偿
cod75 RADC	半径补偿
cod76 CANC	补偿取消
cod90 ABS	指定绝对地址
cod91 INC	指定增量地址
cod92 SET	改变当前值

表 20—13　　基本顺序指令

指令名称	说明
LD	开始逻辑运算（常开触点）
LDI	开始逻辑运算（常闭触点）
AND	串联连接（常开触点）
ANI	串联连接（常闭触点）

续表

指令名称	说明
OR	并联连接（常开触点）
ORI	并联连接（常闭触点）
ANB	电路块间的串联连接
ORB	电路块间的并联连接
SET	置位（保持型）
RST	复位（保持型）
NOP	空操作

表 20—14　　功能指令（或顺控指令）

指令名称	说明
FNC00 CJ	条件转移
FNC01 CJN	条件非转移
FNC02 CALL	子程序调用
FNC03 RET	子程序返回
FNC04 JMP	无条件转移
FNC05 BRET	返回母线
FNC08 RPT	循环开始
FNC09 RPE	循环结束
FNC10 CMP	比较
FNC11 ZCP	区域比较
FNC12 MOV	传送
FNC13 MMOV	带符号扩展的整数扩展为双整数
FNC14 RMOV	带符号锁定的双整数缩减为整数
FNC18 BCD	二进制转换为 BCD 码
FNC19 BIN	BCD 码转换为二进制
FNC20 ADD	二进制加法
FNC21 SUB	二进制减法
FNC22 MUL	二进制乘法
FNC23 DIV	二进制除法
FNC24 INC	加 1

续表

指令名称	说明
FNC25 DEC	减 1
FNC26 WAND	字与（AND）
FNC27 WOR	字或（OR）
FNC28 WXOR	字异或（XOR）
FNC29 NEG	求补
FNC72 EXT	分时读取数字开关
FNC74 SEGL	带锁存的七段显示
FNC90 OUT	线圈输出
FNC92 XAB	X 轴绝对位置检测
FNC93 YAB	Y 轴绝对位置检测

在这些指令中，顺序指令和功能指令的形式及使用方法与 FX_{2N} 系列 PLC 基本相同，本章中不再介绍。指令的具体使用方法及与 PLC 中的差异可参考 FX_{2N}-20GM 的编程手册。本章中仅对定位指令进行介绍。

一、定位程序的格式和定位指令的表达形式

1. 定位程序的格式

FX_{2N}-20GM 通过定位程序来实现定位操作。定位程序主要由定位指令组成，可以包含基本顺序指令和功能指令，这些指令和定位控制指令一起使用，可以用于控制协助定位操作的辅助单元。定位程序的结构中包括程序号、行号和程序 3 个部分，格式如下。

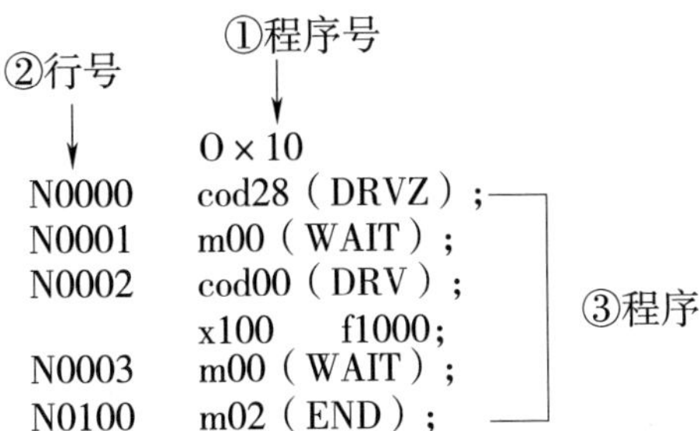

（1）程序号。每一个定位程序都需要有一个程序号，根据操作目的不同，所分配的程序号也不相同。程序号以字母“O”“Ox”或“Oy”开头，后面再加上一个编号，编号为 00～99 共 100 个（O100 仅用于子任务）。如 O00～O99，Ox00～Ox99，Oy00～Oy99，O100 等。程序号开头的字母“O”“Ox”或“Oy”分别用于不同的操作格式，如图 20—16 所示。

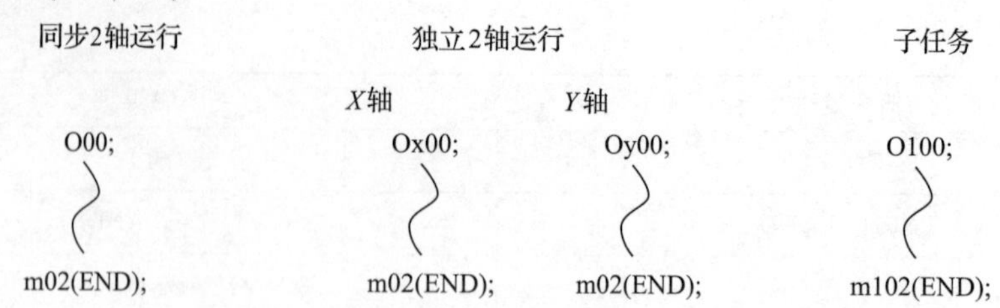

图 20—16　不同操作格式对应的程序号

在 FX_{2N}-20GM 中，不能混合使用同步 2 轴运行程序和独立 2 轴运行程序，只能使用两者中的一种。如果程序中同时存在两种类型，则会出现程序错误。

在执行程序的时候，根据参数 30（程序号指定方法）的设定值不同，可以通过一个数字拨盘开关或者通过 PLC 来指定要执行的程序号。

（2）行号。程序中的每一条指令都指派了 1 个行号（从 N0～N9999），这样就能很容易地把指令字隔离开来。任何 1 个四位或以下的数字都可以用作首行号，不一定非要 N0000。相同的行号可以分配给程序号不一样的其他程序。首行号指定后，下面各条指令的行号就从首行号开始逐行增大。

（3）程序。当输入 START（启动）时，指定程序号所代表的那个程序就从头开始一步一步地执行。上一条指令执行结束后，才可以接着执行下一行指令。

在定位程序中，定位指令不受逻辑控制触点的控制。下面是一个程序示例。

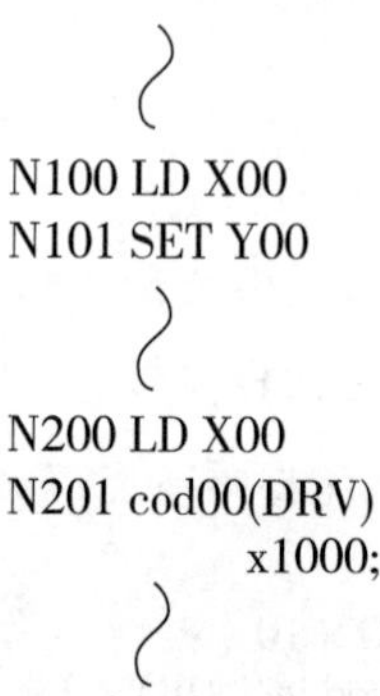

在这个程序中，当执行到 N100 行时，如果 X00 状态是 OFF，则 SET Y00 指令不会被执行。但在第 N201 行上的 cod00（DRV）指令执行时并不考虑 N200 行 X00 的状态，无论 X00 是 ON 还是 OFF，cod00（DRV）指令都会被执行。

每个程序的末尾必须有 END（结束）指令，对于同步 2 轴操作、*X* 轴运行和 *Y* 轴运行，结束指令是 m02，对子任务是 m102。程序中如果有 m00（WAIT）或 m100（WAIT，子任务中），则执行到此条指令时，程序暂停，等待再次输入 START（启动）时程序继续执行。

在定位程序中执行定位指令（cod）时，还可以执行 m 代码指令。m 代码指令用来驱动各种协助定位操作的辅助设备，如夹盘、钻孔机等（由定位模块之外的其他控制设备或

PLC 所驱动)。当执行到某一条 m 代码指令时，定位模块会发出一个 m 代码 ON 信号，同时将这个 m 代码的代码号写入特殊数据寄存器或从指定的输出端子输出。外部设备或 PLC 接收到 m 代码 ON 信号时，即从输出端子接收 m 代码号（PLC 则通过 FROM 指令读入该代码号)。外部设备或 PLC 得到 m 代码号后，对此代码号进行解码，即可根据不同的代码号执行相应的操作，然后向定位模块发出一个 m 代码 OFF 信号，定位模块接收到 m 代码 OFF 信号后即可执行下一条指令。m 代码号从 m00～m99，*X* 轴和 *Y* 轴各有 100 个 m 代码号可供选用，但 m00（WAIT)，m02（END)，m100（WAIT）和 m102（END）除外。在程序中，m 代码指令用小写的“m”表示，以便和代表辅助继电器的 M 相区别。

程序中 m 代码的驱动方式有 AFTER 和 WITH 两种模式。在 WITH 模式下，m 代码指令和其他 cod 指令同时执行，如下述程序行即为 WITH 模式。

cod01（LIN）X400 Y300 f200 m10

这条指令执行时，m10 的代码号“10”是与 cod01 指令同时进行的，必须等到 cod01 执行完成且接收到 m 代码 OFF 信号后，才能执行下一条指令。

在 AFTER 模式下，仅执行 m 代码指令。如下述程序段即为 AFTER 模式。

N0 cod01（LIN）X400 Y300 F200；
N1 m10 ；
N2 cod04（TIM）K50 ；
N3 m11；

m 代码指令是单独起一行书写的，执行时，当 N0 行指令执行完成后，再执行 m10 指令。M10 的 m 代码 OFF 信号来后，再执行 cod04 指令，再接着执行 m11 指令。

编写 m 代码指令的规定及具体执行过程中的细节本书不做详细介绍，可参考 FX_{2N}-20GM 的编程手册。

2. 定位指令的格式

定位指令也称为驱动控制指令，它由操作码和操作数 2 个部分组成，格式如下所示。

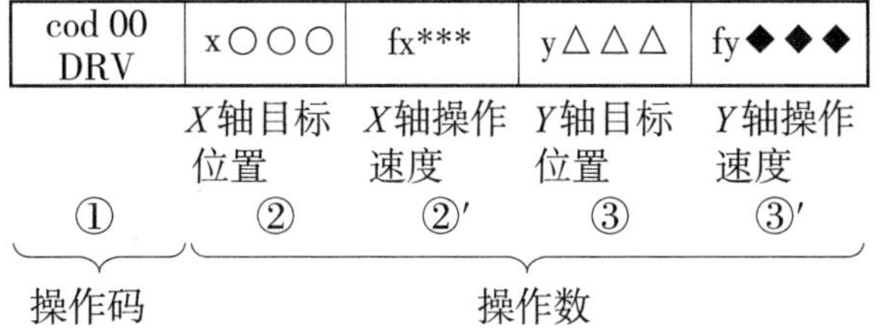

指令格式下方的①，②，③等数字仅仅是为了方便对指令的解释所加的标注，在编程时是不需要加上的。

定位指令的操作码包含指令编号（cod 编号）及表示指令功能的助记符（如 DRV，LIN，TIM 等)。

操作数是对指令功能所做的说明，不同类型的指令使用不同类型的操作数，如位移、速度等，应按照指令规定的顺序选择所需操作数。也有的指令没有操作数。在表 20—15 中列出了可用的操作数。

表 20—15　　　　　　　　　　操作数的类型

操作数类型	单位	间接指定	省略操作数
x：X 轴坐标（位移），增景/绝对	由参数设定	可使用数据寄存器（D）	省略操作数的那个轴保持当前的状态，并且不会移动
y：Y 轴坐标（位移），增量/绝对			
i：X 轴坐标（圆弧中心），增量			如果省略，增量位移被看作“0”
j：Y 轴坐标（圆弧中心），增量			
r：圆弧半径			这个操作数不能省略
f：矢量速度或外围速度			上次使用的“f”值生效
k：定时器常量	10 ms		这个操作数不能省略
m：WITH 模式下的 m 码	—	不可使用	这个操作数可以省略（没有 m 码输出）

在表 20—15 中，操作数所指定的值的单位由参数决定。

(1) 位移（x，y，i，j，r）：根据参数 0 的设定值（单位体系）决定是电机体系(PLS)，还是机械体系（mm，in，deg）有效。设定值应根据参数 3（最小命令单元）所设定的值进行缩放。

(2) 速度（f）：设定值必须小于等于参数 4 的设定值（最大速度），折算到脉冲频率应小于等于 200 kHz，对于线性/圆弧插补应小于等于 100 kHz。

间接指定的意思是通过指定数据寄存器（包括文件寄存器和变址寄存器）来间接写入设定值的方法，而不是直接把设定值写到操作数中。指令如“cod00 x1000 f2000”是直接指定，指令中表示的位移=1 000，速度=2 000，设定值是直接写入操作数的。而指令如“cod00 xD10 fD20”是间接指定，指令中表示的位移=D10 中的内容，速度=D20 中的内容，设定值由数据寄存器的内容决定。

在必须指定 r（圆弧半径）或 k（定时器常量）的指令（CW，CCW，TIM）中不能省略操作数。如果在 cod00（DRV）指令中省略了 fX（X 轴操作速度）或 fY（Y 轴操作速度）则相应的那根轴将以参数 4（最大速度）指定的最大速度进行操作。

二、定位指令简介

定位指令是进行定位控制的基础，下面对定位指令进行简单的介绍。

1. cod00（DRV）高速定位指令

高速定位指令的格式如下。

cod 00 DRV	x○○○	f***	y△△△	f◆◆◆
	X轴目标位置	X轴操作速度	Y轴目标位置	Y轴操作速度
①	②	②′	③	③′

cod00（DRV）指令的功能是根据独立的 X 和 Y 轴的目标位置设定值②和③，以指定的操作速度②′和③′来指定到达目标坐标的位移，各轴的最大速度和加速度/减速度由参数设定。例如指令 cod00（DRV）x1000 f2000 y2500 f1500。

使用单轴驱动时，只可指定 X 轴或 Y 轴的目标位置及操作速度，另一轴的目标位置及操作速度不可同时指定。例如指令 cod00（DRV）x2000 f2000。

X、Y 轴目标位置的单位由参数 3（最小命令单位）设定，位置值可以是增量值（离当前位置的距离），也可以是绝对地址（离零点的距离），由指令 cod91（INC）或者 cod90（ABS）确定。位置值可以直接设置，如“x2000”；也可以间接设置，如“xD10”（以 D10 中的内容为位置值）。位置值的设定范围为 0～±999 999。

X、Y 轴操作速度应低于最大速度（参数 4 中设定），如果指令中不设定操作速度，则机器将以最大速度移动。

例如对下述程序段：

```
cod91（INC）
cod00（DRV）
x1000
f2000
```

假设已设置了参数 0（单位体系）的设定值＝1（电机体系，以脉冲数 PLS 表示位置）；参数 3（最小命令单位）的设定值＝2（10^1［PLS］）。程序中以 cod91（INC）指定为增量地址，则此程序段中的指令“cod00（DRV）x1000 f2000”即表示应从当前位置以 2 000 Hz 的速度向 X 轴的正方向移动 10 000 个脉冲数。

本例中 cod00（DRV）指令被执行时的速度图如图 20—17 所示。

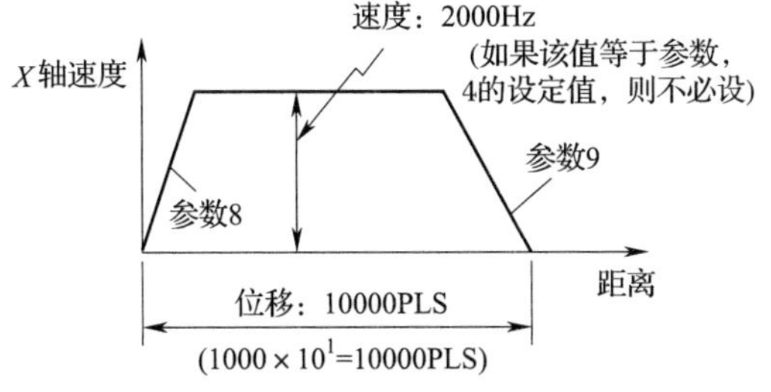

图 20—17　cod00（DRV）执行时的速度图

2. cod01（LIN）线性插补指令

线性插补指令的格式如下。

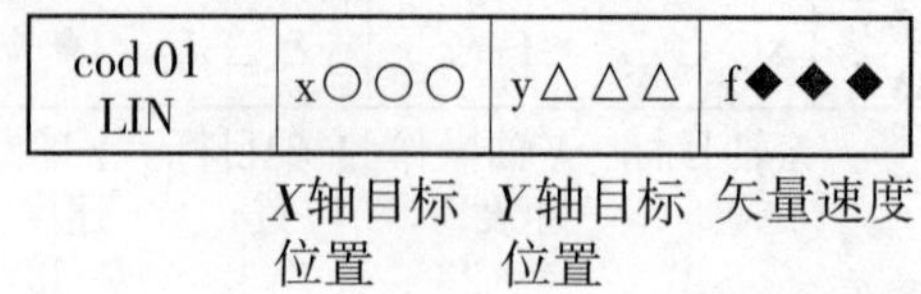

cod 01 LIN	x○○○	y△△△	f◆◆◆
	X轴目标位置	Y轴目标位置	矢量速度

cod01（LIN）指令的功能是同时驱动两个轴，以指定的矢量速度 f 沿直线路径把机器移动到目标坐标（x，y）。

X 轴/Y 轴目标位置的单位由参数 3（最小命令单位）设定，目标位置是增量值（离当前位置的距离）还是绝对地址（离零点的距离）由 cod91（INC）或 cod90（ABS）设定。目标位置的设定值范围为 0～999 999，也可采用间接设置，如“xD10 yD12”。

矢量速度即 X 和 Y 轴的合成速度，设定值范围为 0～100 000，注意不能超过参数 4（最大速度）的设定值。速度的单位按照参数 0（单位体系）来确定。

如图 20—18a 所示程序段被执行时，假设参数 0 设为 1（电机体系），参数 3 设为 2（10^1），机器即以 f＝2 000 Hz 的线性速度从 A 点移动到 B 点，移动的路径如图 20—18b 所示。

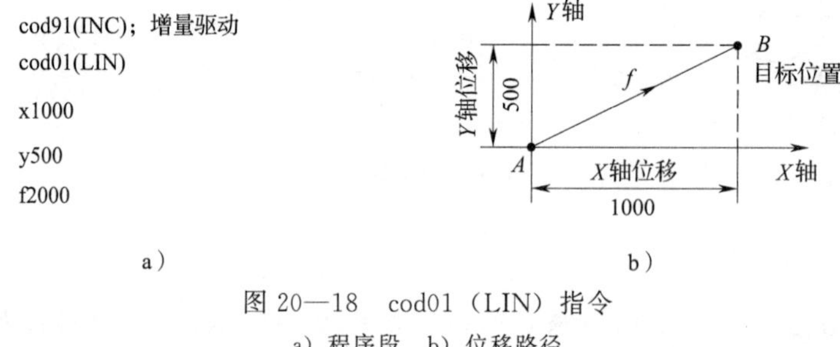

图 20—18　cod01（LIN）指令

a）程序段　b）位移路径

注意这条插补指令只能在同步 2 轴方式中使用，在独立 2 轴操作和子任务程序（Ox，Oy 和 O100）中不能使用。

3. cod02（CW）和 cod03（CCW）指定中点的圆弧插补指令

圆弧插补指令的格式如下。

cod 02 CW	x○○○	y△△△	i***	j◆◆◆	f□□□
	X轴目标位置	Y轴目标位置	X轴中点坐标	Y轴中点坐标	圆周速度

cod 03 CW	x○○○	y△△△	i***	j◆◆◆	f□□□
	X轴目标位置	Y轴目标位置	X轴中点坐标	Y轴中点坐标	圆周速度

cod02（CW）和 cod03（CCW）指令的功能是以中点坐标（i，j）为圆心，以圆周速度 f 按顺时针（CW）或逆时针（CCW）方向沿圆周路径移动到目标位置（x，y），如图 20—19 所示。当起点坐标等于终点坐标（目标位置）或者未指定终点坐标时，移动轨迹是一个完整的圆。

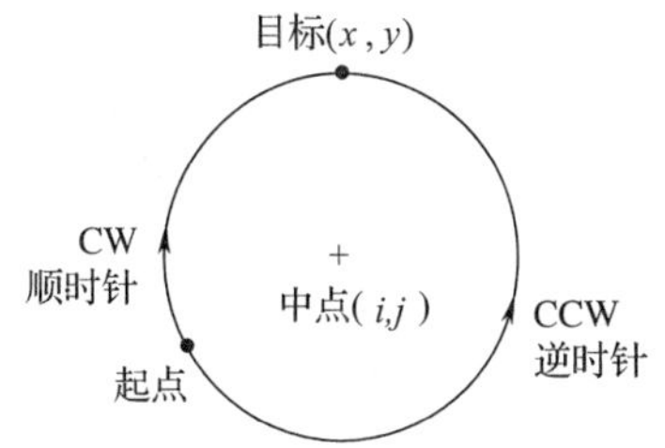

图 20—19　圆弧插补

目标（终点）位置（x，y）可以用增量地址或者绝对地址指定，它的单位和设定值范围与 cod00 和 cod01 相同。

中点坐标（i，j）始终被看作以起点为基准的增量地址，它的单位和设定值范围与 cod00 和 cod01 相同。

"f"为圆弧上的操作速度（线速度）。f 的加/减速度时间以参数 10（插补时间常数）设置，其单位与 cod00 和 cod01 相同。

注意圆弧插补指令也只能在同步 2 轴方式中使用，在独立 2 轴操作和子任务程序（Ox 和 Oy 和 O100）中不能使用。

程序示例：如图 20—20a 所示程序段被执行时，机器从起点 A 顺时针移动到 B 点，移动的路径如图 20—20b 所示。

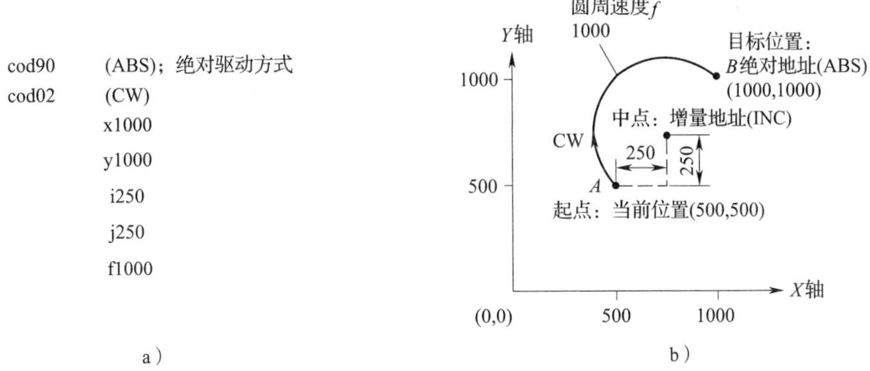

图 20—20　圆弧插补的程序示例

a）程序段　b）位移路径

4．cod04（TIM）等待时间

等待时间指令的格式如下。

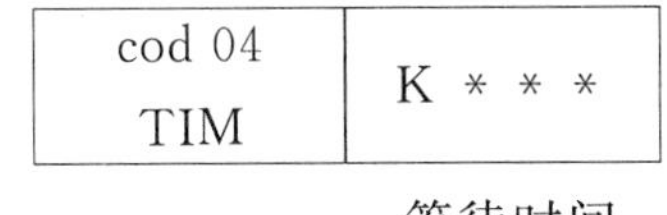

等待时间

cod04（TIM）指令的功能是使用定时器延时一段时间（K）。使用这条指令的目的是在一条定位指令结束和另一条定位指令开始之间，设置一个等待时间，使机器的运动状态得到稳定，因此指令中的等待时间 K 也被称为稳定时间。

等待时间（即暂停时间）的单位为 10 ms，例如“K100”即表示延时 1 s。等待时间的设定值范围为 K0～K169 535，也可以使用间接设置的方法，如“KD100”表示以 D100 中的数值作为等待时间的设定值。

5．cod09（CHK）伺服结束检查指令

伺服结束检查指令的格式如下。

cod 09 CHK

cod09 CHK 指令的功能是进行伺服结束检查。如果在某条插补指令后使用这条指令，就会在插补指令操作结束时，用伺服驱动器发送到定位模块的定位结束信号（SVEND）来执行伺服结束检查，以确认伺服驱动器中偏差计数器中的数值小于指定数量（由伺服放大器参数设定），然后转移到下一个操作。当从脉冲输出结束到接收，再到定位结束信号之间的时间超过了参数 21 中设定的时间间隔时，定位单元就认为发生定位错误，机器会停止操作。

在连续进行插补操作时，各条插补定位指令之间的执行无停顿，实际的转折点被连成一条光滑曲线，如图 20—21 中的虚线处所示。如果你不想要这种光滑的轮廓线，而是想把机器移动到图 20—21 中所示的目标位置 B 点和 C 点，那么在定位程序中的各条 cod01 和 cod02（cod03）指令后面都应使用 cod09（CHK）指令。

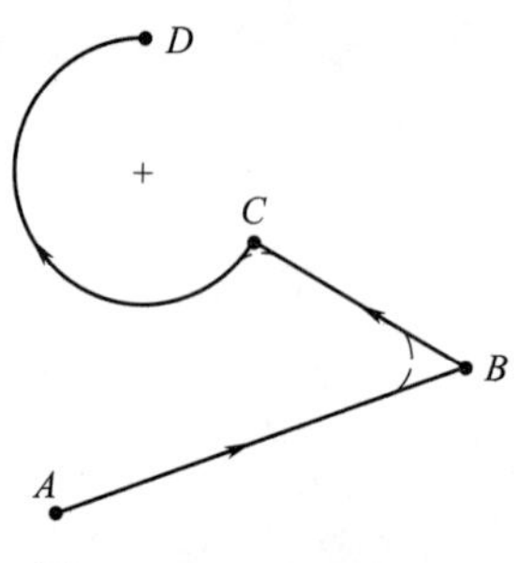

图 20—21　连续插补的轮廓线

6．cod28（DRVZ）返回机械零点指令

返回机械零点指令的格式如下。

cod 28 DRVZ

当这条指令被执行时，将会进行机械回零操作。当机械零点返回操作结束后，特殊辅助继电器 M9057（X 轴）和 M9089（Y 轴）被置为 ON。一旦在 MANU 或 AUTO 模式下执行了一次机械回零操作后，这些特殊辅助继电器将一直保持 ON 状态，直到关闭电源后才被复位。

M9057 和 M9089 可用来使定位模块重新启动时跳过机械回零操作，如下列程序段所示。

```
Ox00
LD      M9057;
FNC     00(CJ)P0;
cod     28(DRVZ);
P0;
```

在上电后的首次启动时，M9057＝OFF，不执行跳转指令“CJ P0”，cod28（DRVZ）指令被执行，进行机械回零。执行过机械回零操作后，M9057＝ON，在以后的启动中，就总是执行跳转指令，使 cod28（DRVZ）指令不会再被执行，即不再需要每次启动都进

行机械回零操作。

在同步 2 轴操作模式时，cod28（DRVZ）指令是使 *X* 轴和 *Y* 轴同时返回到零点的。如果只需要返回到单个轴的零点，可参考以下程序示例，其中 M9008 为禁止 *X* 轴的机械零点返回操作；M9024 是禁止 *Y* 轴的机械零点返回操作。

O00，N0；（同步 2 轴程序）

SET M9024；禁止 *Y* 轴的回零操作

cod 28 CDRV2；只返回到 *X* 轴的零点（M9008＝OFF，M9024＝ON）

RST M9024；允许 *Y* 轴的回零操作

SET M9008；禁止 *X* 轴的回零操作

cod 28（DRVZ）；只返回到 *Y* 轴的零点

RST M9008；允许 *X* 轴的回零操作

在 M9008 和 M9024 都为 ON 状态时，即使执行 cod28，也不会发生任何操作。此外，如果某根轴被禁止回零操作，那么该轴的回零结束标志（M9057 或 M9089）将不会变为 ON。

7. cod29（SETR）设置电气零点指令

设置电气零点指令的格式如下。

cod 29 SETR

cod29（SETR）指令被执行时，保存在当前值寄存器中的当前位置被写入电气零点寄存器，从而使当前位置被设置为电气零点，供执行电气回零指令时使用。

8. cod30（DRVR）电气回零指令

电气回零指令的格式如下。

cod 30 DRVR

cod30（DRVR）指令被执行时，机器将会高速返回电气零点（电气零点的位置保存在电气零点寄存器中），并且执行伺服结束检查。电气回零操作中的加/减速度时间由参数 8 和参数 9 所决定，操作速度由参数 4（最大速度）所决定。

9. cod31（INT）中断停止指令（忽略剩余距离）

忽略剩余距离的中断停止指令格式如下。

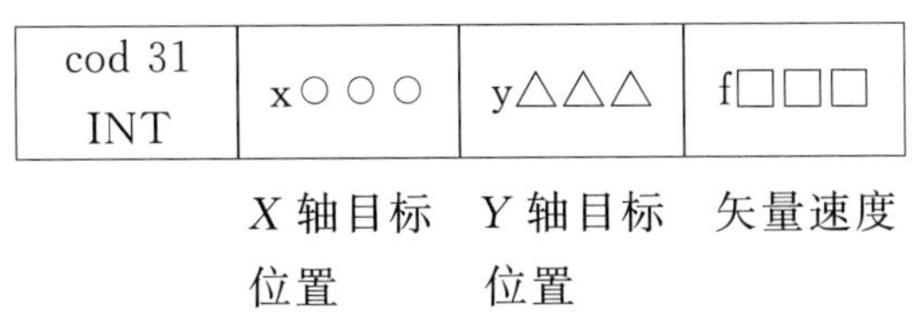

这条指令的功能与cod01（LIN）有相似之处，也是执行线性插补操作，使机器以矢量速度 f 移动到目标位置（x，y）。但是与cod01指令不同的是，它可以通过输入中断（固定为X6）来使机器忽略尚未走完的路程而立即减速并停止，然后执行下一条指令，如图20—22所示。图中从起点到目标位置的直线是移动路径，此路径上方的梯形图形表示速度变化曲线。这条指令只有在同步2轴模式（程序号为O00～O99）中才可使用。在使用这条指令时应注意参数23（停止模式）的设置，应设置为对应的停止方式。本指令中对 X/Y 轴目标位置及矢量速度 f 的单位和设定均与指令cod01相同。

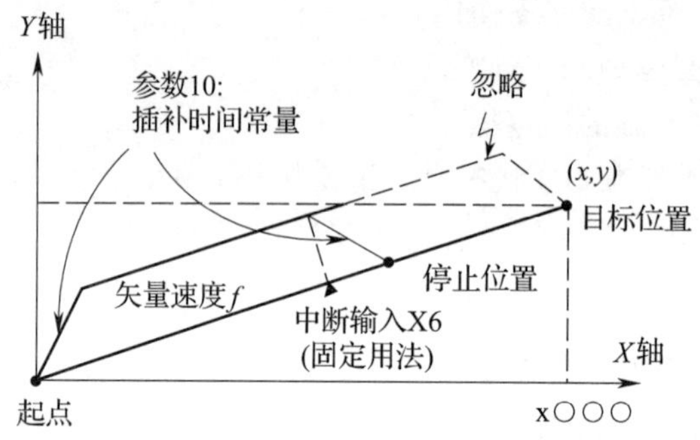

图20—22　忽略剩余距离的中断停止

10. cod71（SINT）以单速1步中断停止指令

以单速1步中断停止指令的格式如下。

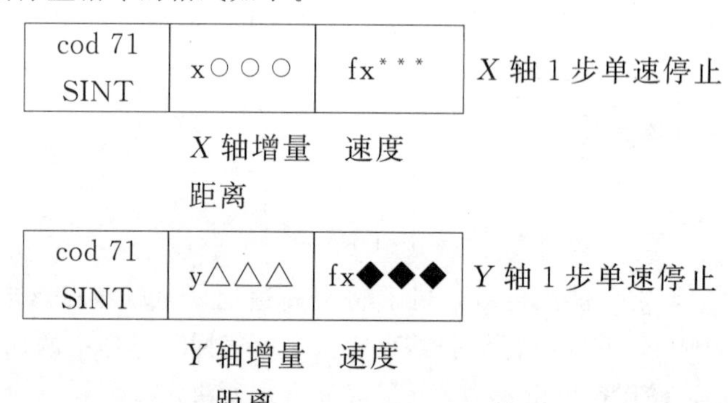

cod 71 SINT	x○○○	fx***	X轴1步单速停止
	X轴增量距离	速度	

cod 71 SINT	y△△△	fx◆◆◆	Y轴1步单速停止
	Y轴增量距离	速度	

本指令只对1根轴进行操作，指令的功能是使机器以速度fx（或fy）操作，直到中断输入（X 轴用X4，Y 轴用X5，是固定用法）。当中断输入状态变为ON时，机器以原来的速度继续移动指定的增量距离（x 或 y）后停止，如图20—23所示。对 Y 轴操作时的动作图与图20—23相似。如果未收到中断输入，机器会不受限制地持续移动，直到中断输入为ON。

指令中设置的“X/Y 轴增量距离”，其单位和设定值范围与cod00（DRV）相同，但是所指定的数字总是被看作增量地址。

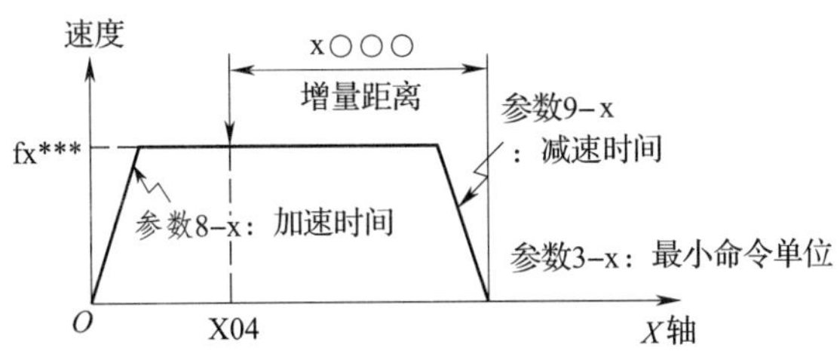

图 20—23　cod71（SINT）对 X 轴操作时的速度图

X/Y 轴速度的单位和设定值范围与 cod00（DRV）也相同，但是此设定值不能被省略。

即使在程序中使用的是绝对驱动方式，当执行 cod71 指令时增量距离也将被看作增量地址，如图 20—24 所示。

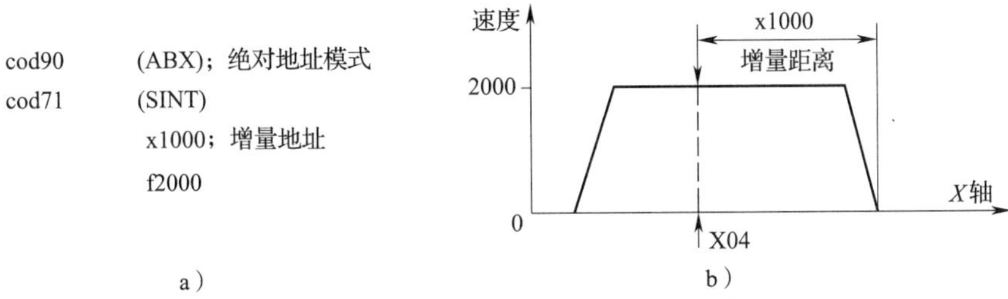

图 20—24　使用绝对地址时位移距离仍是增量值

a）程序段　b）动作图

当增量距离很小，而所指定的速度却很高时，伺服电动机将急剧减速，使机器在指定位置停止。如果机器走过了头，位移将会反向进行。因此在使用步进电动机时要小心注意是否会工作失常。

11. cod72（DINT）以双速 2 步中断停止指令

以双速 2 步中断停止指令的格式如下。

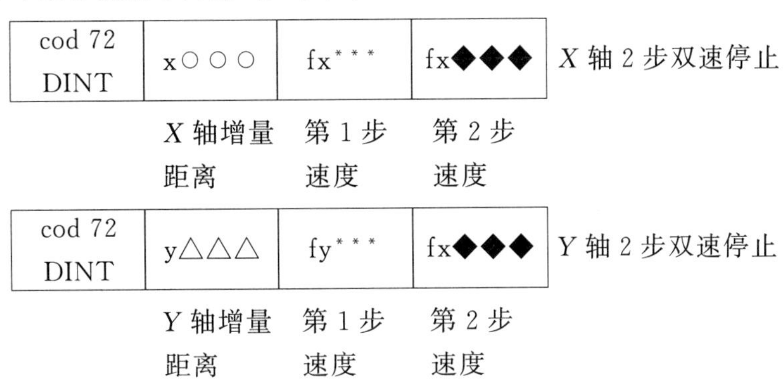

cod 72 DINT	x○○○	fx***	fx◆◆◆	X 轴 2 步双速停止
	X 轴增量距离	第 1 步速度	第 2 步速度	

cod 72 DINT	y△△△	fy***	fx◆◆◆	Y 轴 2 步双速停止
	Y 轴增量距离	第 1 步速度	第 2 步速度	

与 cod71（SINT）指令相似，cod72（DINT）指令也是只对 X 或 Y 轴 1 根轴进行编程，执行时也是持续移动（以第 1 步速度 fx 或 fy 移动），等待中断输入 ON 后停止。但与 cod71 指令不同的是，cod72 指令执行时需要 2 个中断停止输入端。当第 1 个中断输入 X0（称为速度变化输入端）ON 后，cod72 指令使机器从第 1 步速度变为第 2 步速度进行移动，要等到第 2 个中断输入 X01（称为停止输入端）变为 ON 时，机器以第 2 步速度继续移动指定距离的增量位移后停止。cod72（DINT）执行时的动作图如图 20—25 所示。以 cod72（DINT）指令驱动 Y 轴时的动作图也与图 20—25 相似，只是输入端子用的是 X02 和 X03。

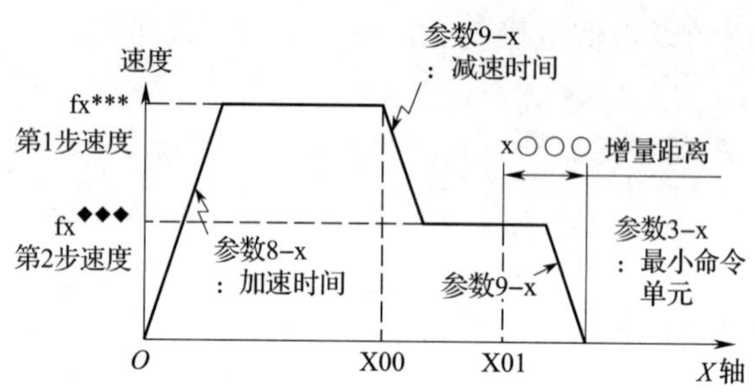

图 20—25　cod72（DINT）的动作图

X/Y 轴增量距离的单位和设定值范围与 cod00（DRV）相同，但是此距离的设定值始终被看作增量值。

X/Y 轴速度的单位和设定值范围也与 cod00（DRV）相同，但是该设定值不能省略。此外，第 2 步速度可以设得比第 1 步速度更高更快，但是当移动距离很短且位移在参数 9 所设定的减速时间内结束时，机器将立即停止。在这种情况下，如果使用的是步进电动机，可能会工作失常。

在指令 cod31（INT），cod71（SINT）及 cod72（DINT）中，都使用了定位模块的通用输入端作为中断控制输入端。这些输入端被指定为中断驱动控制的停止命令或减速命令，见表 20—16。表中所示各端子的功能是固定用法。

表 20—16　　中断驱动控制输入端的固定用法

输入	中断驱动控制功能
X00	cod 72：X 轴速度-变化输入端
X01	cod 72：X 轴停止输入端
X02	cod 72：Y 轴速度-变化输入端
X03	cod 72：Y 轴停止输入端
X04	cod 71：X 轴停止输入端
X05	cod 71：Y 轴停止输入端
X06	cod 31：同步 2 轴停止输入端

在使用这些通用输入端子时必须注意，由于手动脉冲发生器也被指定用到这些端子，因此当手动脉冲发生器与中断停止指令同时使用时，可能其中的有些端子会发生冲突，不能被使用，必须统一加以考虑。

12．cod73（MOVC）位移补偿指令

位移补偿指令的格式如下。

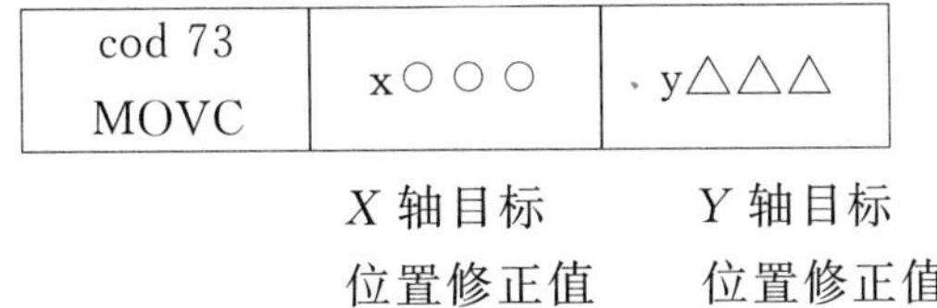

cod 73 MOVC	x○○○	y△△△
	X 轴目标位置修正值	Y 轴目标位置修正值

这条指令被执行后，将对以后所要执行的位移指令中的目标距离用修正值进行补偿。修正值的取值范围为 0 到±999 999。

当特殊辅助继电器 M9163（对于 X 轴）和 M9164（对于 Y 轴）为 ON 时，定位操作中将忽略增量驱动方式（用 cod91 指令指定）下 cod73，cod74 和 cod75 所设定的修正值。

13．cod74（CNTC）中点补偿指令，cod75（RADC）半径补偿指令

中点补偿指令的格式如下。

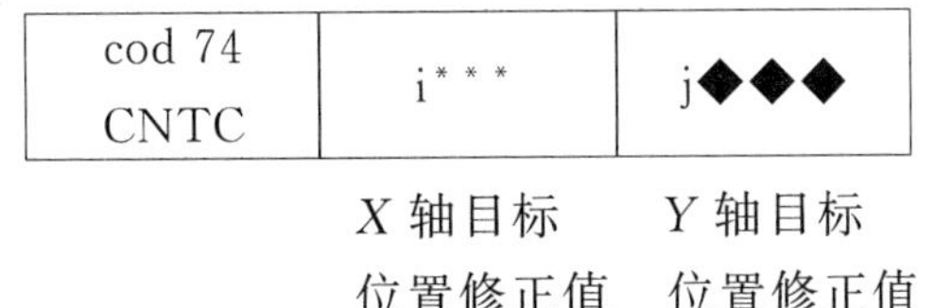

cod 74 CNTC	i***	j◆◆◆
	X 轴目标位置修正值	Y 轴目标位置修正值

半径补偿指令的格式如下。

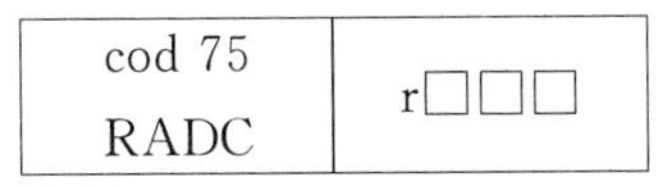

cod 75 RADC	r□□□
	半径修正值

中点补偿（或半径补偿）指令被执行后，在以后所要执行的 cod02（CW）或 cod03（CCW）指令中所指定的圆心坐标值（或半径值）将以 cod74（或 cod75）指令中的修正值进行补偿。修正值的取值范围为 0 到±999 999。

14．cod76（CANC）补偿取消指令

补偿取消指令的格式如下。

cod 76 CANC

此指令的作用是取消之前所执行的各种补偿（cod73～cod75）功能，在本指令执行后，不再进行补偿。

例如，在执行如图 20—26a 所示程序段时，先用 cod91（INC）指定使用增量方式，然后执行第 1 个 cod00（DRV）指令，这时未进行补偿。再执行 cod73（MOVC）进行位移补偿，修正量是 10。在接着执行的第 2 个 cod00（DRV）指令中就用修正值对位移量进行补偿，实际位移量是 cod00 指令中的“1 500”再加上补偿量“10”，所以机器被移动到了 *B* 点位置。在执行了 cod76（CANC）后，cod73 的位移补偿功能被取消了，如果以后再执行位移的指令，就不再进行补偿了。执行补偿指令和取消补偿指令的动作图如图 20—26b 所示。在图 20—26b 中，加速度由参数 8（加速时间）和参数 9（减速时间）决定，位移的速度由于在高速定位指令 cod00（DRV）中未指定，因此就以参数 4 中所设定的最大速度操作。

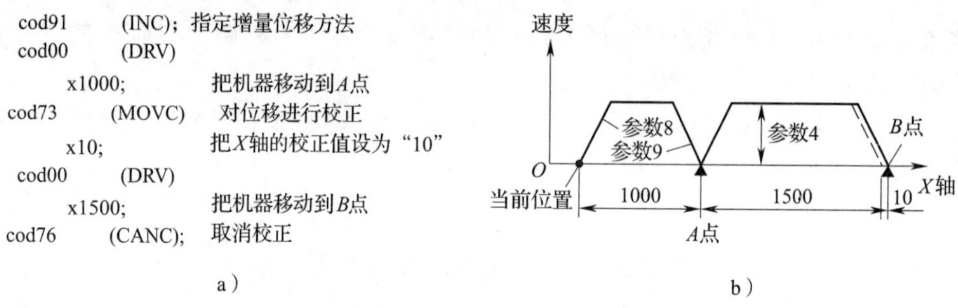

图 20—26　补偿指令和取消补偿指令的动作图

a）程序段　b）动作图

15．cod90（ABS）指定绝对地址指令，cod91（INC）指定增量地址指令

指定绝对地址指令的格式如下。

cod 90 ABS

指定增量地址指令的格式如下。

cod 91 INC

执行了 cod90（ABS）指令以后，定位指令中的地址坐标（x，y）就被看作距离机械零点（0，0）的绝对值。但是圆弧中点坐标（i，j）、半径（r）以及由 cod71（SINT）和 cod72（DINT）产生的位移距离始终被看作增量值。如果未指定地址格式时，定位指令中的地址被看作绝对值。

执行了 cod91（INC）指令以后，定位指令中的地址坐标（x，y）就被看作距离当前位置的增量值。

16．cod92（SET）改变当前值指令

改变当前值指令的格式如下。

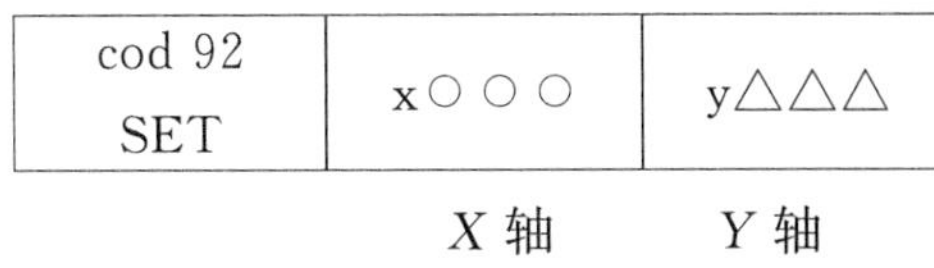

cod 92
SET
x○○○
y△△△
X 轴
当前值
Y 轴
当前值

这条指令的功能是将指令中指定的“X/Y 轴当前值”写入到定位模块的当前值寄存器中。当这条指令被执行时，当前值寄存器中的值变成由该指令指定的值，因此机械零点和电气零点都被改变了。

如图 20—27 所示，在当前位置为（300，100）（绝对坐标）时执行指令“cod 92（SET）x400 y200”，执行前当前值寄存器中的值为 $X=300$ 和 $Y=100$，而在执行后当前值寄存器中的值变为 $X=400$ 和 $Y=200$，从而初始位置也随之被改变了。图 20—27 中，A 点为 cod92 指令执行前的初始位置，B 点则为 cod92 指令执行后的初始位置。

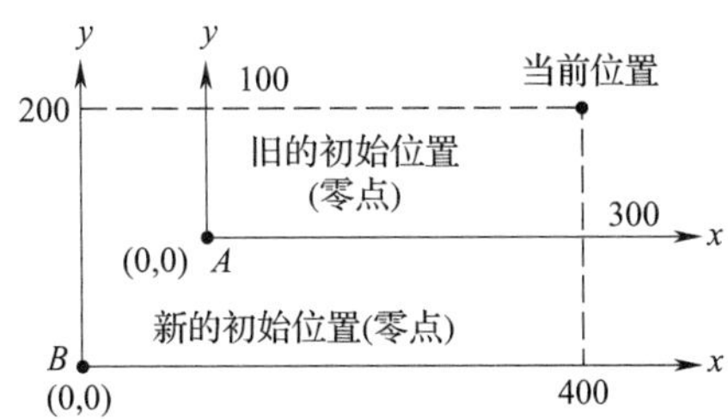

图 20—27　cod92 指令执行前后初始位置的变化

三、定位指令应用举例

【例 20—1】　多段速度的单轴位置控制

1. 控制要求

（1）定位器只在第 1 次启动时返回零点（机械零点位置在-130 mm 处）。

（2）定位器先后到达 40 mm，230 mm 等位置，然后返回电气零点（0 mm 处）。移动过程中的速度变化如图 20—28 所示。

2. 参数设置

参数 0=2（综合体系）。

参数 1=1 000 PLS/REV（脉冲率）。

参数 2=4 000 μm/REV（进给率）。

参数 3=1（10^{-1} mm，10^{2} PLS）（最小命令单位）。

参数 4=100 000 Hz（最大速度）。

参数 8=1 000 ms（加速时间）。

参数 9=1 000 ms（减速时间）。

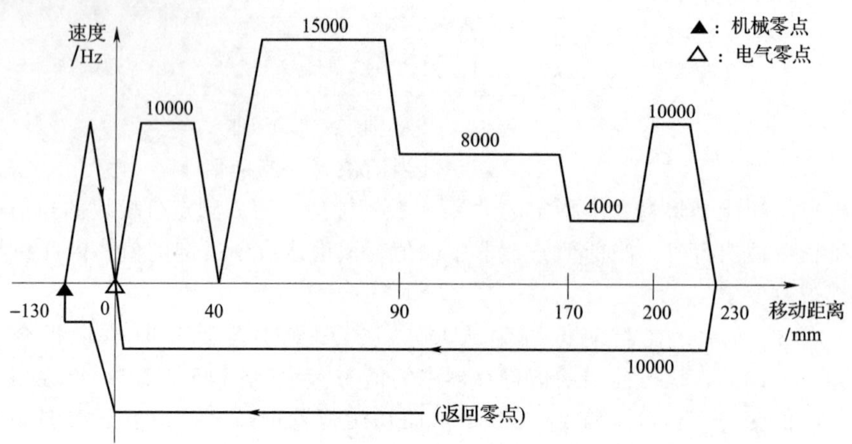

图 20—28　多段速度单轴位置控制的动作图

参数 10＝1 000 ms（插补时间常数）。

参数 16＝- 130（机械零点地址）。

其余参数使用默认值。

3. 定位程序（程序号使用 O0，为同步 2 轴模式的定位程序）

行号	指令	说明
O0，NO	FNC02（CALL）P127；	调用回零子程序
N1	cod00（DRV） x400 f10000；	
N2	cod01（LIN） x900 f15000；	规定连续路径并采用多步速度下的操作
N3	cod01（LIN） x1700 f8000；	
N4	cod01（LIN） x2000 f4000；	
N5	cod01（LIN） x2300 f10000；	
N6	cod09（CHK）；	用伺服结束检查确认定位的完成，然后进入下一步
N7	cod00（DRV） x0 f10000；	
N8	m02（END）；	
N9	P127；	回零子程序
N10	LD M9057；	
N11	FNC00（CJ） P126；	如果回零完成标记 M9057 接通跳转至 P126
N12	cod28（DRVZ）；	使定位器返回零点（机械零点地址＝- 130）
N13	cod00（DRV） x0；	使定位器移动至地址“0”

N14　　cod29（SETR）；　　　　　　设定电气零点

N15　　P126；

N16　　FNCO3（RET）；　　　　　　子程序返回

根据图 20—28 所示对速度变化的要求，在上述定位程序的 N2～N5 行采用了连续路径的编程方法。在定位程序中，连续地执行插补控制指令（cod01，cod02 或 cod03）为连续路径。在连续路径的情况下，当一条插补指令在执行时，下一条插补指令已经在准备。如果这两条指令所指定的速度不同，会从上一条指令的速度自动过渡到下一条指令的速度，而不会像执行其他定位指令（如高速定位指令 cod 00）那样，在每条定位指令完成时速度都要降到 0 再开始执行其他定位指令。此外，在连续路径操作过程中，两条路径之间的转折点会变成光滑曲线，曲率半径根据插补时间常数（参数 10）而变化，时间常数越大，则曲率半径就越大。当然，为了绘制一条精确的轨迹，还是应使用圆弧插补指令创建程序。连续路径操作过程中的运动轨迹及速度变化如图 20—29 所示。

连续路径在执行除插补指令 cod01（LIN），cod02（CW）和 cod03（CCW）以外的其他任何指令时结束。

【例 20—2】　同步 2 轴位置控制——圆弧插补

1. 控制要求

（1）定位器只在第 1 次启动时返回零点（机械零点位置在 0，0 处）。

（2）定位器沿直线路径移动至目标地址（300，200）处。

（3）输出 Y0 接通，定位器沿圆周路径移动 1 周。

（4）输出 Y0 断开，定位器返回零点地址（0，0）。

（5）除零点回归外，速度均为 1 200 Hz。

圆弧插补的动作图如图 20—30 所示。

2. 参数设置

将 X 轴和 Y 轴的定位参数 16（机械零点地址）均设定为 0，其余参数参见例 20—1。

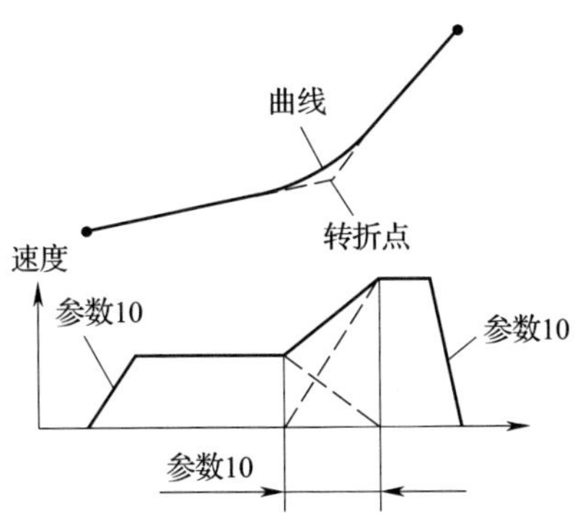

图 20—29　连续路径操作过程中的运动轨迹和速度变化

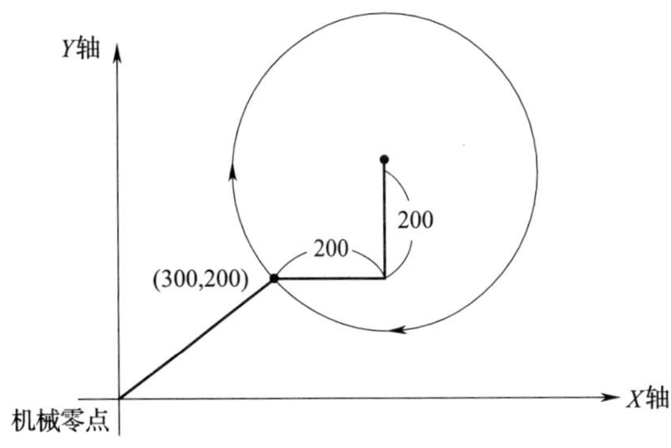

图 20—30　圆弧插补的动作图

3. **定位程序（程序号使用 O0，为同步 2 轴模式的定位程序）**

行号	指令	说明
O0，N0	LD M9057；	如果回零完成标志 M9057 接通，即跳转至 P254
N1	FNC00（CJ）P254；	
N2	cod28（DRVZ）；	使定位器返回零点，机械零点地址＝（0，0）
N3	P254	
N4	cod01（LIN）x300 y200 f1200；	移动定位器至目标地址（300，200）
N5	SET Y0；	接通 Y0
N6	cod04（TMR）K150；	设定操作等待时间为 1.5 s
N7	cod02（CW）i200 j200 f1200；	未规定终点坐标（目标位置），即为设定一真圆路径。圆心座标（i，j）始终被当作一增量地址来处理。如果指定了半径（r），不能实现一真圆路径
N8	RST Y0；	断开 Y0
N9	cod04（TMR）K150；	设定断开等待时间为 1.5 s
N10	cod01（LIN） x0 y0 f1200；	沿一直线路径将定位器移动至零点
N11	m02（END）；	M02（结束）

【例 20—3】 连续路径操作。

1. **控制要求**

（1）定位器只在第 1 次启动时返回零点［机械零点 A 位置在（0，0）处］。

（2）定位器沿直线路径移动至目标地址（400，0）B 点处。

（3）输出 Y0 接通，定位器沿图 20—31 所示路径（$B-C-D-E-F-G-H-I-J-B$）连续移动 10 圈。

（4）输出 Y0 断开，定位器返回零点地址（0，0）。

（5）除零点回归外，速度均为 1 200 Hz。

连续路径操作的动作图如图 20—31 所示。

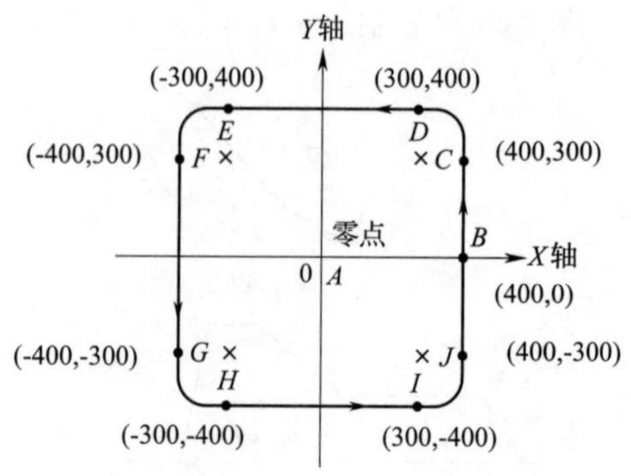

图 20—31 连续路径操作的动作图

2. **参数设置**

将 X 轴和 Y 轴的参数 16（机械零点地址）均设定为 0，参数 0 均设为 1（电机体系），参数 3 均设为 3（最小命令单位为 10^0 PLS），其余参数设置参见例 20—1。

3. 定位程序

行号	指令	说明
O0，N0	LD M9057；	如果回零标志 M9057 接通，即跳转至 P254
N1	FNC00（CJ）P254；	
N2	cod28（DRVZ）；	使定位器返回零点，机械零点地址＝（0，0）
N3	P254	
N4	cod01（LIN）x400；	使定位器从 *A* 点移动至 *B* 点
N5	SET Y00；	接通 Y00
N6	cod04（TMR）K150；	设定运行等待时间为 1.5 s
N7	FNC08（RPT）K10；	设定重复次数为 10
N8	c0d01（LIN）y300 f1200；	使定位器从 *B* 点移动至 *C* 点
N9	c0d03（CCW）x300 y400 i-100；	略过圆心坐标“*j*”，因为它是增量地址 略过“*f*”，因为它与 cod 01 中的 *f* 相当
N10	c0d01（LIN）x-300；	将定位器从 *D* 点移动至 *E* 点
N11	c0d03（CCW）x-400 y300 j-100；	将定位器从 *E* 点移动至 *F* 点
N12	c0d01（LIN）y-300；	将定位器从 *F* 点移动至 *G* 点
N13	c0d03（CCW）x-300 y-400 i100；	将定位器从 *G* 点移动至 *H* 点
N14	c0d01（LIN）x300；	将定位器从 *H* 点移动至 *I* 点
N15	c0d03（CCW）x400 y-300 j100；	将定位器从 *I* 点移动至 *J* 点
N16	c0d01（LIN）y0；	将定位器从 *J* 点移动至 *B* 点（定位器以恒
N17	FNC09（RPE）；	定速度在“BCDEFGHIJB”间连续移动）
N18	RST Y00；	断开 Y00
N19	c0d04（TMR）K150；	设定断开等待时间为 1.5 s
N20	c0d01（LIN）x0 y0；	使定位器返回零点
N21	m02（END）；	M02（结束）

【例 20—4】 双轴系统轨迹控制。

1. 控制要求

如图 20—32 所示，定位单元以同步 2 轴方式运行，绘图工作台从原点出发先移动到 *A* 点，接通 Y0 使绘图笔落下，然后按图示路径和方向画出图示曲线后回到 *A* 点，Y0 断开使绘图笔抬起后，绘图工作台返回原点停止。

自动方式启动时，若工作台不在原点，可通过手动操作使工作台返回原点后，再按启动按钮开始运行。

自动运行时的加速时间为 500 ms，减速时间为 300 ms，移动的速度为 60 cm/min。

设置定位完成指示灯（由 Y1 驱动），在每段定位完成时，指示灯都应点亮 1 s 后熄灭。

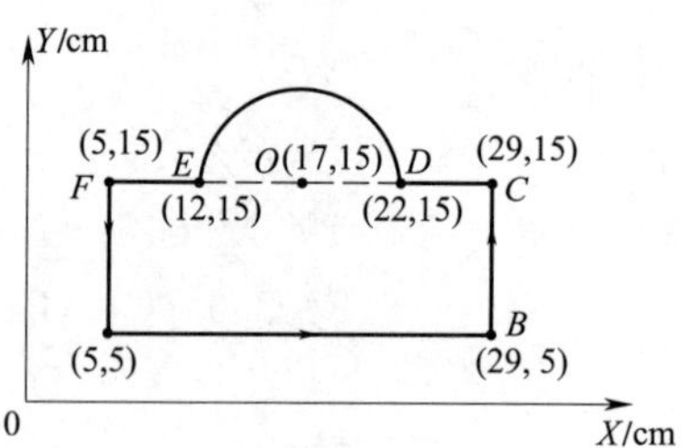

图 20—32　双轴系统轨迹控制动作图

2. 参数设置（X/Y 轴的参数值设为相同）

参数 0=0（机械体系）。

参数 1=10 000 PLS/REV（脉冲率）。

参数 2=5 000 μm/REV（进给率）。

参数 3=2（10^{-2}mm）（最小命令单位）。

参数 4=60 cm/min（最大速度）。

参数 8=500 ms（加速时间）。

参数 9=300 ms（减速时间）。

参数 16=0（机械零点地址）。

其余参数使用默认值。

3. 定位程序

行号	指令	说明
O09，N0	cod91（INC）；	增量地址方式
N1	cod29（SETR）；	将原点设置为电气零点
N2	cod00（DRV）x5000 y5000；	移动到 A 点，忽略 f，速度为参数 4 的设定值
N3	CALL（FNC02）P0；	调用亮灯子程序
N4	SET　Y0；	绘图笔落下
N5	cod04（TIM）K100；	延时 1 s
N6	CALL（FNC02）P0；	调用亮灯子程序
N7	cod00（DRV）x24000；	移动到 B 点
N8	CALL（FNC02）P0；	调用亮灯子程序
N9	cod00（DRV）y10000；	移动到 C 点
N10	CALL（FNC02）P0；	调用亮灯子程序
N11	cod00（DRV）x-7000；	移动到 D 点
N12	CALL（FNC02）P0；	调用亮灯子程序
N13	cod03（CCW）x-10000 r5000；	从 D 点到 E 点画圆弧
N14	CALL（FNC02）P0；	调用亮灯子程序

```
N15    cod00 (DRV) x-7000;      移动到 F 点
N16    CALL (FNC02) P0;         调用亮灯子程序
N17    cod00 (DRV) y-10000;     移动到 A 点
N18    CALL (FNC02) P0;         调用亮灯子程序
N19    RST  Y0;                 绘图笔抬起
N20    cod04 (TIM) K100;        延时 1 s
N21    cod30 (DRVR);            返回原点（电气零点）
N22    m02 (END);               m02 结束
N23    P0;                      亮灯子程序
N24    SET  Y1;                 指示灯点亮
N25    cod04 (TIM) K100;        延时 1 s
N26    RST  Y1;                 指示灯熄灭
N27    RET (FNC03);             子程序返回
```

在以上定位指令中，都忽略了移动速度 f 的设置，则实际移动速度即为参数 4 中设置的最大速度（60 cm/min）。此时由定位模块输出的驱动脉冲频率可计算如下。

$$\text{脉冲频率}=\text{速度（cm/min）}\times\frac{10\ 000}{60}\times\frac{\text{脉冲率（PLS/REV）}}{\text{进给率（}\mu\text{m/REV）}}$$

$$=60\ \text{（cm/min）}\times\frac{10\ 000}{60}\times\frac{10\ 000\ \text{（PLS/REV）}}{5\ 000\ \text{（}\mu\text{m/REV）}}$$

$$=20\ 000\ \text{PLS/s}=20\ 000\ \text{Hz}$$

第 5 节　20GM 与 FX_{2N}基本单元的通信方式

当 FX_{2N}-20GM 定位模块被连接到 FX_{2N}（或 FX_{2NC}）系列可编程序控制器上后，就可以在 PLC 的程序中来设定诸如位移、操作速度之类的定位数据，还可以监控当前位置等。在本节中介绍如何用 PLC 进行通信，来执行这些操作。此外，在 PLC 通过通信来进行的这些操作中，涉及定位模块中的缓冲寄存器 BFM、特殊辅助继电器 M 和特殊数据寄存器 D，在本节中对此也将进行简单的介绍。

一、定位模块中的特殊辅助继电器和特殊数据寄存器

1. 概述

在 FX_{2N}-20GM 定位模块中，从 M9000 开始的辅助继电器和从 D9000 开始的数据寄存器被作为专用设备使用。根据控制的要求，可以通过这些特殊功能的继电器（在后文中简称为特殊 Ms）和数据寄存器（在后文中简称为特殊 Ds）来读写各种命令输入、状态信息和参数设定值。

特殊 Ms 主要被用于写入命令和读取状态信息。

（1）特殊 Ms 的读写操作。可以通过将诸如“开始/停止”“FWD/RVS/ZRN”之类的

特殊辅助继电器进行置位来发出操作命令，而无须使用外部输入端子就可以通过程序来控制这些命令。另外，当从外部输入端子输入命令时，有些特殊辅助继电器会被置位，对这些特殊辅助继电器可以进行读取操作。

（2）状态信息的读取。这类特殊辅助继电器被用来表示定位单元的状态，可以用读取操作来获得定位操作的各种状态信息。

特殊 Ds 中保存着当前位置信息和正在执行的程序号/步号，以及各种参数设定值的信息，可以通过程序进行读写操作。

特殊 Ms 和特殊 Ds 也可以被分配给缓冲存储器 BFM，可以通过 PLC 程序中的 FROM/TO 指令在 PLC 中进行读写操作。

2. 特殊辅助继电器和特殊数据寄存器的使用方法

在定位程序中，可以按照如下方式使用特殊辅助继电器和特殊数据寄存器。

（1）特殊辅助继电器的读操作。进行读操作时，特殊辅助继电器被看作接触器的触点加以使用。例如，在下面的程序中使用了表示 *X* 轴错误检测的特殊辅助继电器 M9050，当 *X* 轴发生错误时，M9050 的状态就会变为 ON。使用下列程序，就可以在 *X* 轴发生错误时，使一个通用输出 Y0 被用来向外部送出一个输出信号。

```
N01  LD  M9050;            X 轴错误检测
N02  OUT  Y0;              Y0 输出
```

（2）特殊辅助继电器的写操作。在进行写操作时，特殊辅助继电器被看作继电器的线圈在程序中被置位或复位。在如下所示的例子中，在 *X* 轴发生的错误被纠正后，可用通用输入 X0 对 M9007 置位而实现对 *X* 轴错误的复位操作。

```
N0  LD  X0;            通用输入 X0
N1  OUT  M9007;        X 轴错误复位
```

（3）特殊数据寄存器的读操作。在读取特殊数据寄存器中的信息时，可以把特殊数据寄存器作为程序指令中的 1 个源操作数来使用。例如，在下列程序中将保存有 *X* 轴当前值的当前值寄存器 D9005 作为源操作数，使用 FNC74（SEGL）指令在外部用 1 个 3 位的 BCD 码数码管显示器来显示 *X* 轴的当前值。

```
N40  FNC74（SEGL）;
     D9005
     Y0
     K3
     K0                    七段码分时显示 X 轴当前位置
```

（4）特殊数据寄存器的写操作。对特殊数据寄存器进行写操作时，可以把特殊数据寄存器作为程序指令中的 1 个目的操作数来使用。例如，在如下所示的程序中，使用了数据传送指令 FNC12（MOV），通过将源操作数 K20000 写入目的操作数（32 位的特殊数据寄存器 D9209，D9208），把参数 4（*X* 轴上的最大速度）的设定值改为 20 000。在此情况下，特殊数据寄存器是双字的，因此必须使用 32 位指令，但在指令中的操作数只需用低位 16 位数据寄存器 D9208 来表示即可。

N40　FNC12（DMOV）

　　K20000

　　D9208；　　　　　　　参数 4：最大速度，用于传送指令（32 位）

3. 特殊辅助继电器清单

在 FX_{2N}-20GM 中，特殊辅助继电器可分为两类：一类是可以在程序中改变它的状态的，即可执行写操作的。通过改写它的状态，可以发布控制命令或使定位模块处于某种工作方式。这类特殊辅助继电器的属性可表示为 W（只能写入，不能读出）或 R/W（可读出也可写入）。另一类在程序中只能使用它的触点，不能使用其线圈，也就是只能读出而不能改写它的状态。即只能使用这类特殊辅助继电器来监视定位模块的工作状态。这类特殊辅助继电器的属性可表示为 R（只读）。可以使用的全部特殊辅助继电器清单见表 20—17 和表 20—18。

当需要发出控制命令时，对于独立 2 轴模式，X 轴或 Y 轴需分别设置；而对于同步 2 轴模式，只需对 X 轴或 Y 轴发出命令，但这些命令对两个轴都有效。

在接通电源时，每个特殊辅助继电器都被初始化为 OFF 状态。

表 20—17　　　　　　可用于写操作的特殊辅助继电器清单

X 轴	Y 轴	子任务	属性	说明	
M9000	M9016	M9112	R/W	单步模式命令	当这些特殊 Ms 由一个主任务程序（同步 2 轴程序或 X/Y 轴程序）或子任务程序驱动时，它们的功能相当于定位单元的“输入端子命令”的替代命令
M9001	M9017	M9113		开始命令	
M9002	M9018	M9114		停止命令	
M9003	M9019	—		m 码关闭命令	
M9004	M9020	—		机械回零命令	
M9005	M9021	—		FWD JOG（正向点动）命令	
M9006	M9022	—		RVS JOG（反向点动）命令	
M9007	M9023	M9115		错误复位	
M9008	M9024	—		回零轴控制	
M9009	M9025	—		未定义	
M9010	M9026	—		未定义	
M9011	M9027 ～ M9030	M9116 ～ M9125	—	未定义 但是，M9118 的功能如下表中所示	—
M9012					
M9013					
M9014			W	16 位 FROM/TO 模式（通用/文件寄存器）	—
M9015		—		连续路径模式	
—	M9031	M9126		未定义	—
—	—	M9127	R/W	电池 LED 亮灯控制	

续表

X 轴	Y 轴	子任务	属性	说明
M9144	M9145	—	R/W	当前值建立标志（这个标志在执行了一次回零或绝对位置检测操作后设置，在电源切断后复位）
M9146～M9159			—	未定义
M9163	M9164	—	R/W	执行 INC 指令时，考虑到了 cod73～cod75 指令的校正数据
M9165～M9175			—	未定义

表 20—18　　仅用于读操作的特殊辅助继电器清单（状态信息）

X 轴	Y 轴	子任务	属性	说明	
M9048	M9080	M9128	R	就绪/忙	这些特殊 Ms 根据定位单元的工作状态而打开/关闭
M9049	M9081	—		定位结束	
M9050	M9082	M9129		错误检测	
M9051	M9083	—		m 码开启信号 * 1	
M9052	M9084	—		m 码备用状态 * 1	
M9053	M9085	M9130		m00（m100）备用状态	
M9054	M9086	M9131		m02（m102）备用状态	
M9055	M9087	—		停止保持驱动备用状态	
M9056	M9088	M9132		进行中的自动执行 * 1（进行中的子任务操作）	
M9057	M9089	—		回零结束 * 2 在电源侦听和机械回零命令中清除	
M9058	M9090	—		未定义	
M9059	M9091	—		未定义	
M9060	M9092	M9118		操作错误 * 1	
M9061	M9093	M9133		零标志 * 1	
M9062	M9094	M9134		借位标志 * 1	
M9063	M9095	M9135		进位标志 * 1	
M9064	M9096	—		DOG 输入	
M9065	M9097	—		START 输入	这些特殊 Ms 根据定位单元的开关状态而打开/关闭
M9066	M9098	—		STOP 输入	
M9067	M9099	—		ZRN 输入	
M9068	M9100	—		FWD 输入	
M9069	M9101	—		RVS 输入	
M9070	M9102	—		未定义	
M9071	M9103	—		未定义	
M9072	M9104	—		SVRDY 输入	
M9073	M9105	—		SVEND 输入	

续表

X 轴	Y 轴	子任务	属性	说明	
M9074～M9079	M9106～M9111	M9136～M9138	—	未定义	—
—	—	M9139	R	独立 2 轴/同步 2 轴	这些特殊 Ms 根据定位单元中正在执行的程序、端子输入状态等而打开/关闭
—	—	M9140		端子输入：MANU	
—	—	—		未定义	
—	—	M9142		未定义	
—	—	M9143		电池电压低	

说明：

＊1　X 轴和 Y 轴在同步 2 轴操作中同时操作。

＊2　在执行了一次绝对位置检测操作后，回零结束标志 M9057 和 M9089 并不会被置位，因此也不能通过检测回零结束标志是否为 OFF 来判断回零已结束的状态。当你想用一个标志来表示绝对位置检测结束时，应该使用当前值建立标志 M9144 和 M9145，它们是在执行了一次回零或绝对位置检测操作后被置位的。

4．特殊数据寄存器清单

FX_{2N}－20GM 定位模块中的特殊数据寄存器与特殊辅助继电器相似，也分为可以进行读/写操作的及只能进行读操作的两类。只能进行读操作的特殊数据寄存器中保存了定位模块中的一些运行参数，可以被用来对定位模块进行监视；而通过可以被写入的特殊数据寄存器改写某些运行参数，用于对定位程序的控制，也可以在程序中对定位模块中的定位参数和 I/O 控制参数进行设置。特殊数据寄存器的清单见表 20—19、表 20—20 和表 20—21。

表 20—19　　特殊数据寄存器清单

X 轴		Y 轴		子任务		属性		说明
高位	低位	高位	低位	高位	低位	发送方向	指令形式	
—	D9000	—	D9010	—	—	R/W	[S]	程序号规范（参数 30："3"）＊1
—	D9001	—	D9011	—	—	R		正在执行的程序号＊2
—	D9002	—	D9012	—	D9100			正在执行的行号＊2
—	D9003	—	D9013	—	—			m 码（二进制）＊2
D9005	D9004	D9015	D9014	—	—	R/W	[D]	当前位置（参考下一页末）
D9007	D9006	D9017	D9016	—	—	—	—	未定义
D9009	D9008	D9019	D9018	—	—	—	—	未定义

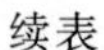

续表

X 轴		Y 轴		子任务		属性		说明
高位	低位	高位	低位	高位	低位	发送方向	指令形式	
—	—	—	—	—	D9020			存储器容量
—	—	—	—	—	D9021			存储器类型
—	—	—	—	—	D9022			电池电压 * 3
—	—	—	—	—	D9023			低电池电压检测电平（初始位：3.0 V）3
—	—	—	—	—	D9024	R	[S]	检测到的瞬时电源中断数量 * 3
—	—	—	—	—	D9025			瞬时电源中断检测时间（初始值：10 ms） * 3
—	—	—	—	—	D9026			型号：5210（FX_{2N}－20GM）或5310（FX_{2N}－10GM）
—	—	—	—	—	D9027			版本
—	—	—	—	—	D9028	—	—	未定义
—	—	—	—	—	D9029	—	—	未定义
D9030 到 D9039		D9040 到 D9049		D9050 到 D9059		—	—	未定义
—	D9060	—	D9080	—	D9101			正在执行的步号 * 2
—	D9061	—	D9081	（D9103）	D9102			错误码 * 2
—	D9062	—	D9082	—	—		[S]	指令组 A：当前 cod 状态 * 2
—	D9063	—	D9083	—	—	R		指令组 D：当前 cod 状态 * 2
D9065	D9064	D9085	D9084	D9105	D9104		[D]	暂停时间设定值 * 2
D9067	D9066	D9087	D9086	D9107	D9106		[D]	暂停时间当前值 * 2

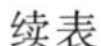

续表

X 轴		Y 轴		子任务		属性		说明
高位	低位	高位	低位	高位	低位	发送方向	指令形式	
(D9069)	D9068	(D9089)	D9088	(D9109)	D9108	R	[S]	循环次数设定值 * 2
(D9071)	D9090	(D9091)	D9090	(D9111)	D9110			循环次数当前值 * 2
D9073	D9072	D9093	D9092			—	—	未定义
D9075	D9074	D9095	D9094			R	[D]	当前位置（转换成脉冲）
(D9077)	D9076	(D9097)	D9096	(D9113)	D9112	R	[S]	发生操作错误的步号 * 2
D9079	D9078	D9099	D9098	D9114 到 D9119		—	—	未定义
D9121	D9120	D9123	D9122	—	—	R/W	[D]	X/Y 轴补偿数据
D9125	D9124	—	—	—	—			圆弧中心点（i）补偿数据 * 3
—	—	D9127	D9126	—	—			圆弧中心点（j）补偿数据 * 3
从高位 D9129～低位 D9028				—				圆弧半径（r）补偿数据 * 3
—	—	—	—	D9130～D9139		—	—	未定义
—	—	—	—	—	D9140	R/W	[S]	变址寄存器 V0
—	—	—	—	—	D9141			变址寄存器 V1
—	—	—	—	—	D9142			变址寄存器 V2
—	—	—	—	—	D9143			变址寄存器 V3
—	—	—	—	—	D9144			变址寄存器 V4
—	—	—	—	—	D9145			变址寄存器 V5
—	—	—	—	—	D9146			变址寄存器 V6
—	—	—	—	—	D9147			变址寄存器 V7

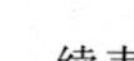

续表

X轴		Y轴		子任务		属性		说明
高位	低位	高位	低位	高位	低位	发送方向	指令形式	
—	—	—	—	D9149	D9148	R/W	[D]	变址寄存器 Z0
—	—	—	—	D9151	D9150			变址寄存器 Z1
—	—	—	—	D9153	D9152			变址寄存器 Z2
—	—	—	—	D9155	D9154			变址寄存器 Z3
—	—	—	—	D9157	D9156			变址寄存器 Z4
—	—	—	—	D9159	D9158			变址寄存器 Z5
—	—	—	—	D9161	D9160			变址寄存器 Z6
—	—	—	—	D9163	D9162			变址寄存器 Z7
从 D9164～D9199						—		未定义

说明：属性中的 R 表示这个数据寄存器是只读的，不能对它进行写入操作；R/W 表示这个数据寄存器是即可读又可写的。在读写数据时，对于［S］类的数据寄存器用于 16 位指令，对于［D］类的数据寄存器，用于 32 位指令。

*1 在同步 2 轴模式下，用于 X 轴的特殊 Ds 有效，而用于 Y 轴的特殊 Ds 被忽略。

*2 在同步 2 轴模式下，用于 X 轴的特殊 Ds 和用于 Y 轴的特殊 Ds 中存储的数据相同。

*3 在 FX2N－10GM 中未定义。

表 20—20　用于定位参数的特殊数据寄存器

X轴		Y轴		属性		说明
高位	低位	高位	低位	发送方向	指令形式	
D9201	D9200	D9401	D9400	R/W	[D]	参数 0：单位体系
D9203	D9202	D9403	D9402			参数 1：电动机每转一圈所发出的命令脉冲数量
D9205	D9204	D9405	D9404			参数 2：电动机每转一圈的位移
D9207	D9206	D9407	D9406			参数 3：最小命令单元
D9209	D9208	D9409	D9408			参数 4：最大速度
D9211	D9210	D9411	D9410			参数 5：JOG 速度
D9213	D9212	D9413	D9412			参数 6：偏移速度
D9215	D9214	D9415	D9414			参数 7：间隙校正
D9217	D9216	D9417	D9416			参数 8：加速时间
D9219	D9218	D9419	D9418			参数 9：减速时间
D9221	D9220	D9421	D9420			参数 10：插补时间常量 *1
D9223	D9222	D9423	D9422			参数 11：脉冲输出格式
D9225	D9224	D9425	D9424			参数 12：旋转方向
D9227	D9226	D9427	D9426			参数 13：回零速度

续表

X 轴		Y 轴		属性		说明
高位	低位	高位	低位	发送方向	指令形式	
D9229	D9228	D9429	D9428			参数 14：蠕动速度
D9231	D9230	D9431	D9430			参数 15：回零方向
D9233	D9232	D9233	D9432			参数 16：机械零点地址
D9235	D9234	D9435	D9434			参数 17：零点信号计数
D9237	D9236	D9437	D9436			参数 18：零点信号计数开始计时
D9239	D9238	D9439	D9438			参数 19：DOG 开关输入逻辑
D9241	D9240	D9441	D9440	R/W	[D]	参数 20：限位开关逻辑
D9243	D9242	D9443	D9442			参数 21：定位结束错误校验时间
D9245	D9244	D9445	D9444			参数 22：伺服就绪检测
D9247	D9246	D9447	D9446			参数 23：停止模式
D9249	D9248	D9449	D9448			参数 24：电气零点地址
D9251	D9250	D9451	D9450			参数 25：软件极限（高位）
D9253	D9252	D9453	D9452			参数 26：软件极限（低位）

说明：属性中 R/W 表示这个数据寄存器既可读又可写，[D] 表示在读写数据时应使用 32 位指令。

*1 虽然给 Y 轴分配了（D9421，D9420），但只有用于 X 轴的（D9221，D9220）有效而用于 Y 轴的特殊 Ds 被忽略不用。

表 20—21　　　　用于 I/O 控制参数的特殊数据寄存器

X 轴		Y 轴		属性		说明
高位	低位	高位	低位	发送方向	指令形式	
D9261	D9260	D9461	D9460			参数 30：程序号规定方式 *1
D9263	D9262	D9463	D9462			参数 31：DSW 分时读取的首输入号 *1
D9265	D9264	D9465	D9464			参数 32：DSW 分时读取的首输出号 *1
D9267	D9266	D9467	D9466			参数 33：DSW 读取时间间隔 *1
D9269	D9268	D9469	D9468			参数 34：RDY 输出有效 *1
D9271	D9270	D9471	D9470	R/W	[D]	参数 35：RDY 输出号 *1
D9273	D9272	D9473	D9472			参数 36：m 码外部输出有效 *1
D9275	D9274	D9475	D9474			参数 37：m 码外部输出号 *1
D9277	D9276	D9477	D9476			参数 38：m 码关闭命令输入号 *1
D9279	D9278	D9479	D9478			参数 39：手动脉冲发生器

续表

X 轴		Y 轴		属性		说明
高位	低位	高位	低位	发送方向	指令形式	
D9281	D9280	D9481	D9480	R/W	[D]	参数 40：手动脉冲发生器生成的每脉冲倍增因子
D9283	D9282	D9483	D9482			参数 41：倍增结果的分裂率
D9285	D9284	D9485	D9484			参数 42：用于启动手动脉冲发生器的首输入号
D9287	D9286	D9487	D9486			参数 43～49：空
D9289	D9288	D9489	D9488			
D9291	D9290	D9491	D9490			
D9293	D9292	D9293	D9492			
D9295	D9294	D9495	D9494			
D9297	D9296	D9497	D9496			
D9299	D9298	D9499	D9498			
D9301	D9300	D9501	D9500	R		参数 50：ABS 接口
D9303	D9302	D9503	D9502			参数 51：ABS 的首输入号
D9305	D9304	D9505	D9504			参数 52：ABS 控制的首输出号
D9307	D9306	D9507	D9506	R/W		参数 53：单步操作
D9309	D9308	D9509	D9508			参数 54：单步模式输入号
D9311	D9310	D9511	D9510			参数 55：空
D9313	D9312	D9513	D9512			参数 56：用于 FWD/RVS/ZRN 的通用输入声明

说明：属性中 R/W 表示这个数据寄存器既可读又可写，[D] 表示在读写数据时应使用 32 位指令。

*1　在同步 2 轴模式下，X 轴的设定值有效，而 Y 轴的设定值无效。

*2　D9300～D9305 和 D9500～D9505 被分配作为检测绝对位置的参数，但因为绝对位置检测是在定位单元电源开启时执行的，所以不能通过特殊辅助继电器启动。要执行绝对位置检测，可以用一个定位用的外围单元来直接设定参数。

二、定位模块中的缓冲寄存器及其读写操作

如同 FX_{2N}系列 PLC 的其他特殊功能模块一样，在 FX_{2N}-20GM 定位模块中配置了 1 个特殊的存储区域，其中有若干个 16 位的存储单元，PLC 只能通过这些存储单元才能实现对定位模块的监视和控制，这些存储单元被称为缓冲寄存器 BFM。与定位模块连接的 PLC 通过对定位模块中的 BFM 进行读/写操作来改变定位单元中特殊 Ms 和特殊 Ds 的内容，从而实现对定位模块中参数的设置及定位程序的控制。

1. FX_{2N}-20GM 中缓冲寄存器的配置

缓冲存储器用符号 BFM ＃再加上编号来表示，例如“BFM ＃20”“BFM ＃9001”等，每个 BFM 由 16 位数据组成。

定位模块里的辅助继电器、I/O 继电器、特殊 Ms 等位元件和数据寄存器、特殊 Ds 等字元件被分配给各个缓冲寄存器。

对于分配了位元件的缓冲寄存器，BFM 中 16 位数据的每一位是对应于某个位元件的，各位的操作都不同。

例如，BFM＃20 中的 b0～b15 位所对应的是特殊辅助继电器 M9000～M9015，如图 20—33 所示。

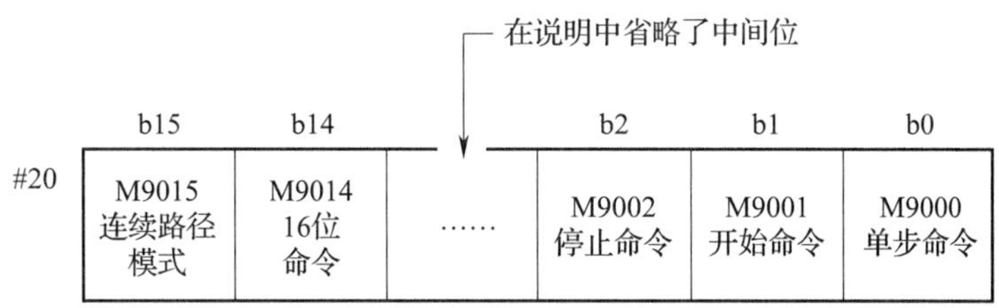

图 20—33　BFM＃20 所对应的位元件

在图 20—33 中显示，特殊辅助继电器 M9000～M9015 被分配给了 BFM＃20 的各个位，例如 M9001（X 轴开始命令 START）被分配给 BFM＃20 的 b1 位，当 PLC 中的程序用 TO 指令写入＃20 缓冲寄存器的 b1 位为“1”，就发出了 X 轴的开始命令。

对于分配了一个字元件的缓冲寄存器，用 16 位或 32 位来表示 1 个数值。例如，BFM＃9000 对应于特殊数据寄存器 D9000（X 轴的程序号），如图 20—34 所示。

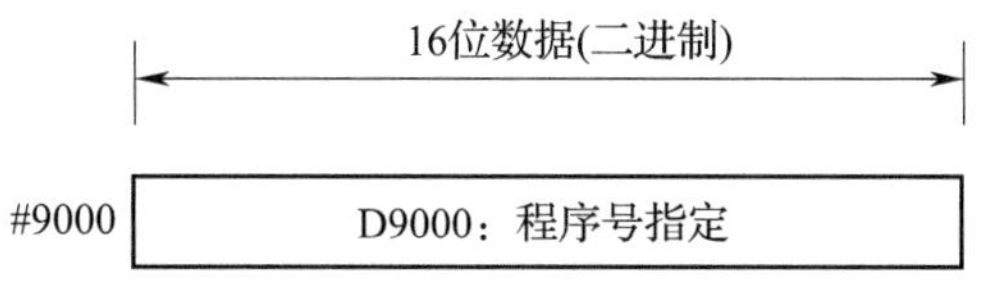

图 20—34　BFM＃9000 所对应的字元件

如图 20—34 中所示，D9000（X 轴的程序号）被分配给缓冲寄存器 BFM＃9000，在 PLC 程序中，通过用 TO 指令把数据写入 BFM＃9000 来指定程序号，则发出开始信号后，定位模块就从所指定的程序号开始执行定位程序。

对应于字元件的缓冲寄存器，其编号总是与数据寄存器的编号相同。

2. 缓冲寄存器的分配

定位单元中的缓冲寄存器与各种元件/参数的对应关系见表 20—22。按表中所示分配关系在相对应的缓冲寄存器与元件/参数中存储的数据是相同的。

表 20—22　　缓冲寄存器与定位模块中元件/参数的对应关系

BFM号	被分配的设备	属性		说明
＃0～＃19	D9000～D9019	根据特殊数据寄存器的属性而变化（参考表 20—19）		特殊数据寄存器被分配给缓冲存储器，这些缓冲存储器和 BFM＃9000～＃9019 相交迭
＃20	M9015～M9000	R/W	[S]	特殊数据寄存器被分配给缓冲存储器
＃21	M9031～M9016			
＃22	M9047～M9032			
＃23	M9063～M9048	R		
＃24	M9079～M9064			
＃25	M9095～M9080			
＃26	M9111～M9096			
＃27	M9127～M9112			
＃28	M9143～M9128			
＃29	M9159～M9144	R/W		
＃30	M9175～M9160			
＃31	未定义	—	—	—
＃32	X07～X00	R	[S]	输入继电器被分配给缓冲存储器 。但是，X10～X357 没有被分配。在 FX_{2N}-10GM 中，X0～X3 和 X375～X377 被分配给缓冲存储器
＃33～＃46	未定义	—	—	
＃47	X377～X360	R	[S]	
＃48	Y07～Y00	R/W	[S]	输出继电器被分配给缓冲存储器，但是，Y10～Y67 没有被分配。在 FX_{2N}-10GM 中，Y0～Y5 被分配给缓冲存储器
＃49～＃63	未定义	—	—	
＃64～＃95	M15～M0 至 M511～M496	R/W	[S]	通用辅助继电器被分配给缓冲存储器
＃96～＃99	未定义	—	—	—
(＃101,＃100)～(＃3999, ＃3998)	(D101 D100) ～(D3999 D3998)	R/W	[D]	通用数据寄存器被分配给缓冲存储器。但是，D0～D99 没有被分配

续表

BFM 号	被分配的设备	属性		说明
(#4001, #4000) ~ (#6999, #6998)	(D4001 D4000) ~ (D6999 D6998)	R	[D]	文件寄存器被分配给缓冲存储器
#7000~ #8999	未定义	—	—	—
#9000~ #9019	D9000~ D9019	根据特殊数据寄存器的属性而变化（见表 20—19）		特殊数据寄存器被分配给缓冲存储器，这些缓冲存储器和 BFM#0～#19 交迭
#9020~ #9119	D9020~ D9119	根据特殊数据寄存器的属性而变化（见表 20—19）		特殊数据寄存器被分配给缓冲存储器
#9200~ #9339	D9200~ D9339	R/W*1	[D]	X 轴参数被分配给缓冲存储器
#9400~ #9599	D9400~ D9599	R/W*1	[D]	Y 轴参数被分配给缓冲存储器

说明：属性中 R 表示这个缓冲寄存器是只读的，不能对它进行写入操作；R/W 表示这个缓冲寄存器既可读又可写。在读写数据时，对于 [S] 类的缓冲寄存器使用 16 位指令，对于 [D] 类的缓冲寄存器使用 32 位指令。

*1 D9300～D9305 和 D9500～D9505 被分配作为检测绝对位置的参数，因为绝对位置检测是在定位单元电源开启时执行的，所以缓冲寄存器不能用来启动绝对位置检测（但是这样的缓冲寄存器可以被读取）。文件寄存器#4000～#6999 只对 [D] FROM 指令有效，[D] TO 指令不会被执行，即 PLC 只能读取文件寄存器中的内容而不能改写它们。

三、PLC 使用缓冲寄存器进行定位操作

1. PLC 与定位模块之间的通信关系

通过定位单元内部的缓冲寄存器，使用 PLC 的 FROM/TO 指令，就可以实现 PLC 与定位模块之间的通信。

图 20—35 所示即为 PLC 和定位模块之间的通信关系。

在 FX_{2N} 及 FX_{2NC} 系列的 PLC 程序中，使用 FROM 指令可把 BFM 中的内容读到 PLC 中，使用 TO 指令则可把 PLC 中的内容写入 BFM 中。当执行 PLC 程序中的 FROM 或 TO 指令时，就会在 PLC 和定位模块之间进行通信（定位单元处于 MANU 模式或 AUTO 模式均可）。

在定位模块中，缓冲寄存器与特殊 Ms 和特殊 Ds 之间是对应且为同步的，当缓冲寄存器中的内容改变时，特殊 Ms 和特殊 Ds 中的内容也会同步发生改变。而特殊 Ms 和特殊 Ds 又与定位模块中的参数和定位程序的控制命令及运行状态有对应的关系，因此，通过 PLC 的程序，就可实现对定位模块中参数的设置及对定位程序的监控。

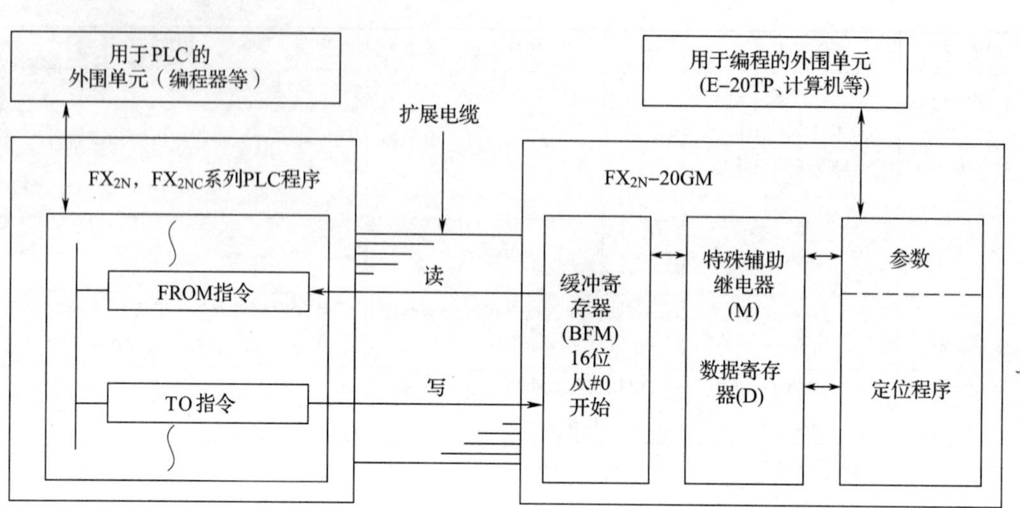

图 20—35　PLC 和定位模块之间的通信关系

缓冲寄存器分为 16 位（S 型）和 32 位（D 型）两类，使用 D 型缓冲寄存器进行 32 位数据通信时，应该使用 32 位的 FROM/TO 指令。

当 D 型的缓冲寄存器要作为 16 位类型使用时，应该将特殊辅助继电器 M9014（BFM＃20 b14）置位，这样就可以在 PLC 程序的 FROM/TO 指令中把它作为 16 位的缓冲寄存器来使用，如图 20—36 所示。

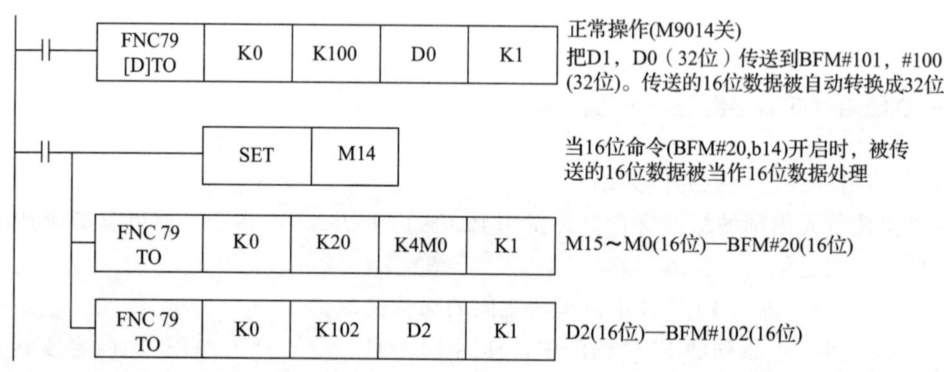

图 20—36　32 位和 16 位数据寄存器的通信

2. 缓冲寄存器的应用

（1）指定程序号。在缓冲寄存器 BFM＃0 及 BFM＃10（或 BFM＃9000 及 BFM＃9010）中分别保存了 X 轴及 Y 轴定位程序的程序号（同步 2 轴模式时的程序号也保存在 BFM＃0 或 BFM＃9000 中）。只要在这几个缓冲寄存器中设置一个程序号，则当“开始”信号发出时，即执行相应程序号的定位程序。

当用 PLC 来指定程序号时，应把参数 30（程序号指定方式）设为“3”。使用 PLC 设置程序号所用的程序如图 20—37 所示。

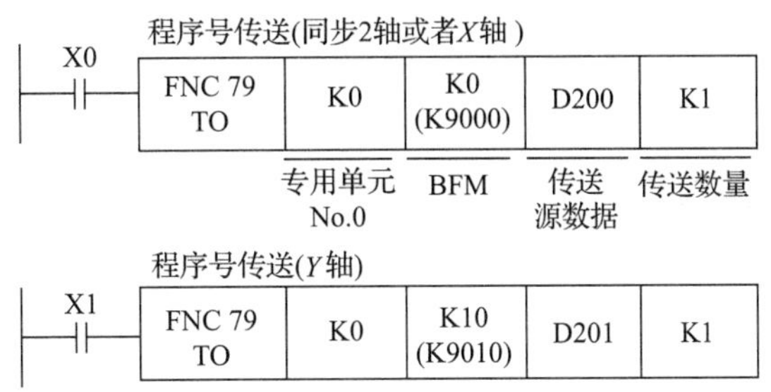

图 20—37　使用 PLC 设置程序号

在图 20—37 中，当 X0 接通时，把 X 轴或同步 2 轴模式中要执行的程序号（此例中程序号保存在 D200 中，也可以用 K 常量直接指定）写出到＃0 模块（即定位模块）中的 BFM＃0（或 BFM＃9000）；而在 X1 接通时，把 Y 轴要执行的程序号（D201 中）写出到＃0 模块（即定位模块）中的 BFM＃10（或 BFM＃9010）。

定位单元是在接收到“开始”命令时读取程序号的，因此，只要在给出“开始”命令之前，都可以设定程序号，不管当前处于什么模式（MENU 或 AUTO 都可以）。在“开始”命令发出后，仍可以改变程序号，但是新的程序号设置操作要等到定位程序在 END 处结束，并且再次给出“开始”命令后才能执行。

（2）开始（或停止）操作命令。通过缓冲寄存器可以从 PLC 向定位模块发出各种操作命令。

在 BFM＃20（同步 2 轴或 X 轴）、BFM＃21（Y 轴）和 BFM＃27（子任务）中，每个位的分配情况如图 20—38 所示。

b15	b14		b8	b7	b6	b5	b4	b3	b2	b1	b0
连续路径	16位命令	……	回零	错误复位	RVS	FWD	零点返回命令	m模式关闭	停止	开始	单步

图 20—38　BFM＃20，BFM＃21 和 BFM＃27 中每个位的分配情况

对于 BFM＃20 和 BFM＃21，b9～b13 这 5 个位都没有定义；而在 BFM＃27 中，只定义了 b0，b1，b2 和 b7。图 20—38 显示了这 3 个缓冲寄存器各位的分配情况。在 PLC 程序中，通过对这几个 BFM 相关位的设置，就可以对定位模块发出各种操作的命令。图 20—39 所示的程序示例显示了操作命令是如何发出的。

在图 20—39 所示程序的上半部分中，选择了一个合适的控制触点来使 BFM＃20，BFM＃21 或 BFM＃27 中的某一位变为有效，其中第 1 列线圈（M100～M108）是为 BFM＃20 准备的，第 2 列线圈（M120～M128）是为 BFM＃21 准备的，而第 3 列线圈（M140～

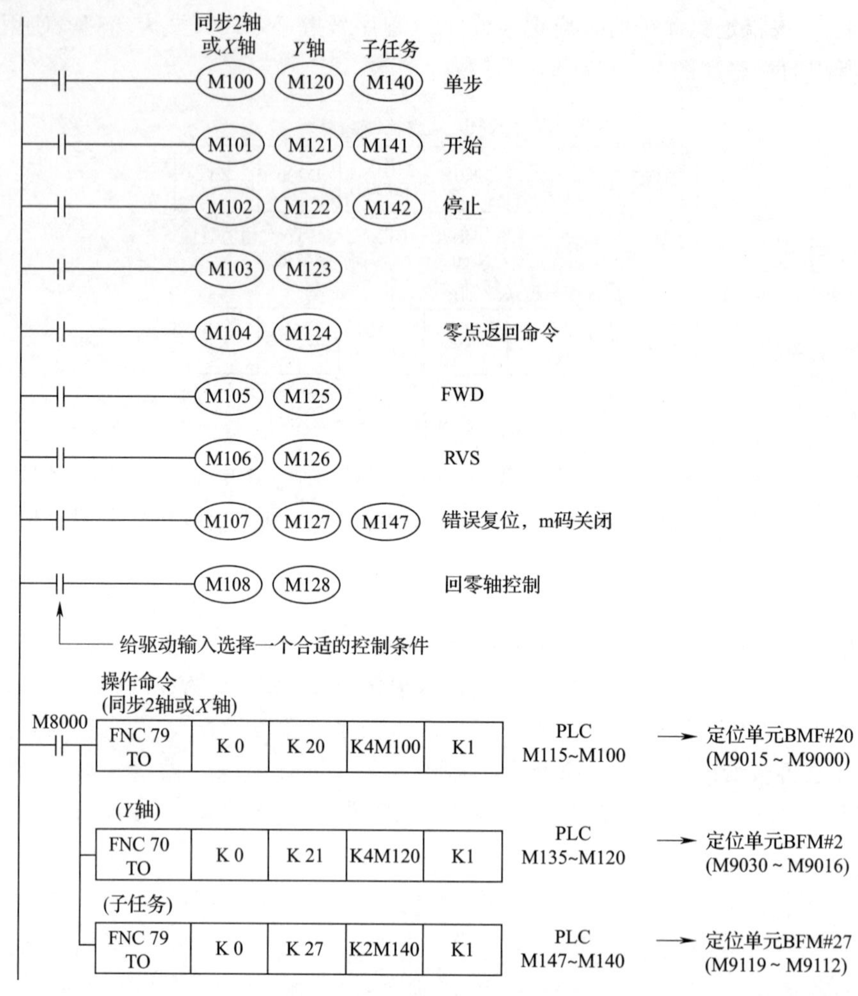

图 20—39　发出操作命令的程序示例

M147）是为 BFM＃27 准备的（这 3 列输出线圈在编程中可以根据实际需要来选择使用，但只能选择其中的 1 列）。程序的下半部分是用于对定位模块（假设此模块编号是“0”）发出操作命令的。例如，要启动 Y 轴的定位操作，就可以在 PLC 中通过某个控制触点使 M121 为“ON”，而 M121 由指令“TO K0 K21 K4M120 K1”写出到定位模块的 BFM＃21，这样，定位模块中 BFM＃21 的 b1 位（对应 M9017）变为“1”，Y 轴就得到了“START”命令，即执行由 D9010（Y 轴程序号）所指定的定位程序。

（3）读取当前位置值。通过缓冲寄存器可以把定位模块中的当前位置值读到 PLC 中。

定位模块中，缓冲存储器 BFM＃5 和 BFM＃4（或 BFM＃9005 和 BFM ＃9004）存储 X 轴的当前位置（32 位数据，下同）；BFM＃15 和 BFM＃14（或 BFM＃9015 和 BFM＃9014）存储 Y 轴的当前位置。用图 20—40 所示的程序可以读取当前值。

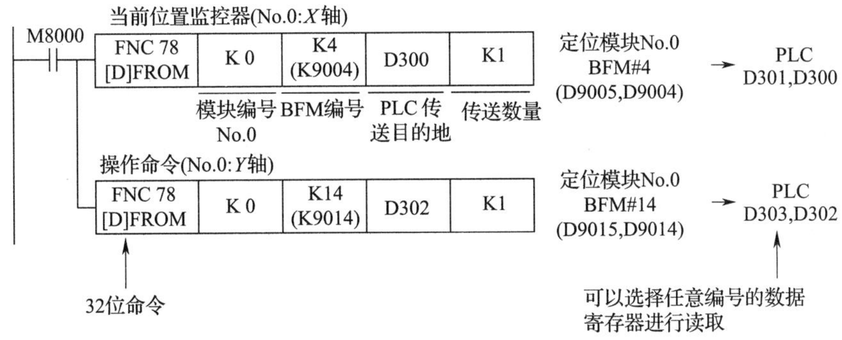

图 20—40 读取当前位置值的程序

不管定位单元的当前模式是 AUTO 还是 MENU，状态是 BUSY 还是 READY，当前位置都可以被读取到 PLC 中。

(4) 设定位移和操作速度。通过缓冲寄存器可以用 PLC 来设置定位数据，如位移、操作速度等。

定位模块中，BFM＃100～BFM＃6999（即 D100～D6999）是作为 32 位缓冲寄存器来处理的。可以使用这些缓冲寄存器把 PLC 中的数据传送到定位模块中。

图 20—41 所示的程序的功能是把 PLC 中 D51，D50 的 32 位数据（X 轴的位移设置值）和 D100 中的 16 位数据（速度设置值）传送到定位模块的 D101，D100 和 D200 中去。其中，BFM＃200 应是 32 位类型的，但通过置位特殊辅助继电器 M9014（BFM＃20 中的 b14 位），就可以把 32 位缓冲寄存器作为独立的 16 位类型对待，这样就可以允许使用 TO 指令把 16 位的数据分别发送到各个 BFM 中去。（可参考图 20—36 所示方法。）

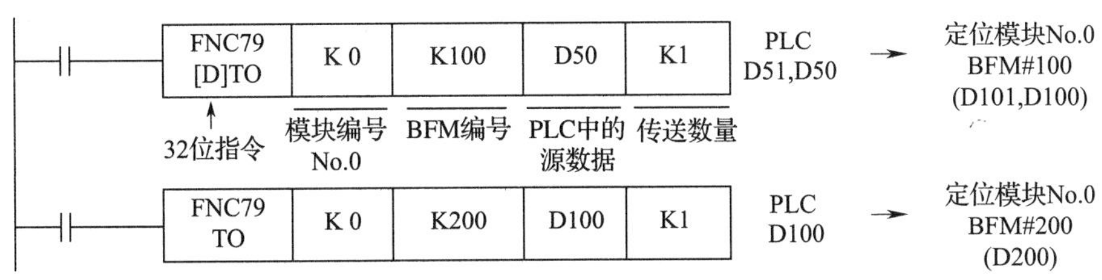

图 20—41 PLC 中数据传送到定位模块

这些设定值被传送到定位模块后，在定位程序中就可使用这些数据寄存器来指定定位指令中的位移及速度（间接设置），如下所示。

≀

cod00（DRV）

xDD100

fD200；

≀

在定位指令 cod00（DRV）中，X 轴的位移量由（D101，D100）指定（“DD”表示由 32 位的数据寄存器间接指定）；速度被指定为“fD200”，由 D200 中的数值间接指定。

本程序中只显示了位移和速度，除此之外所有可被间接指定的操作数（如半径、中心点等）都可以通过此方法用 PLC 设置。使用这种方法将数据写入缓冲存储器时，不管定位单元的模式（AUTO 或 MANU）或状态（BUSY 或 READY）如何都可实现。但是因为定位模块是在程序执行时读取位移和速度设定值的，所以必须在指令执行前把设定的数据写入缓冲寄存器。如果是在指令执行时或执行后写入的数据，则在下次执行该指令时才能生效。

（5）读取/改写参数。在 PLC 程序中可以通过缓冲寄存器读取或改写 FX_{2N}－20GM 中的定位参数和 I/O 控制参数。

缓冲寄存器 BFM＃9200～BFM＃9513 对应的是定位模块中 X 轴和 Y 轴的定位参数及 I/O 控制参数（参见表 20—20 和表 20—21），在 PLC 的程序中使用 FROM/TO 指令对上述缓冲寄存器读出/写入数据，就可以读取或改写定位模块中相应的参数值。图 20—42 所示程序即可在 PLC 中改变 X 轴的加/减速度时间。在 PLC 中的（D401，D400）及（D403，D402）中为 X 轴的加/减速度时间设定值，而定位模块中（D9217，D9216）及（D9219，D9218）对应为 X 轴的参数 8（加速时间）及参数 9（减速时间）。因此，只要用图 20—42 中所示的程序，即可对 X 轴的加/减速度时间进行设置。

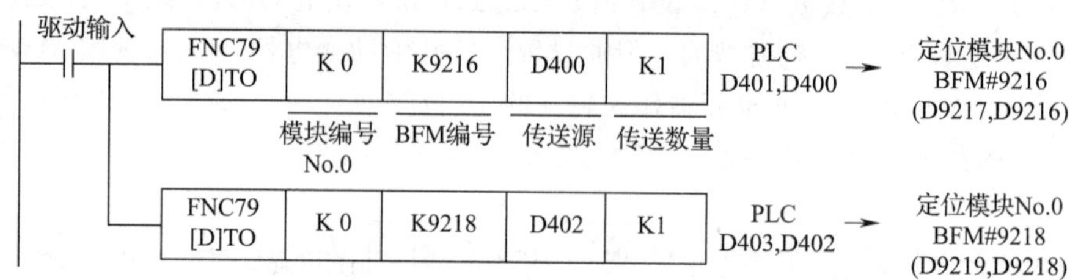

图 20—42 在 PLC 中改变 X 轴的加、减速度时间

在 PLC 中设置定位模块的参数值时，可以不管定位单元的模式（AUTO 或 MANU）而把数据写入缓冲存储器。但是如果在运行过程中改变某些参数值，有可能不能实现正确定位。因此必须确保是在“开始”操作执行前改变参数。当定位模块的电源关闭时，参数值被复位到由定位模块外部的器件所设定的状态。

3. 定位控制编程实例

【例 20—5】 位移量为变值的定位控制

（1）控制要求。在 FX_{2N}系列 PLC 上连接有一个 6 位的 BCD 码数字开关，以及启动按钮 SB1 和停止按钮 SB2，如图 20—43 所示。PLC 通过数字开关将随机的定位地址（绝对地址）输入 PLC 并传送到定位模块，然后定位模块执行定位操作。定位操作的动作图如图 20—44 所示。

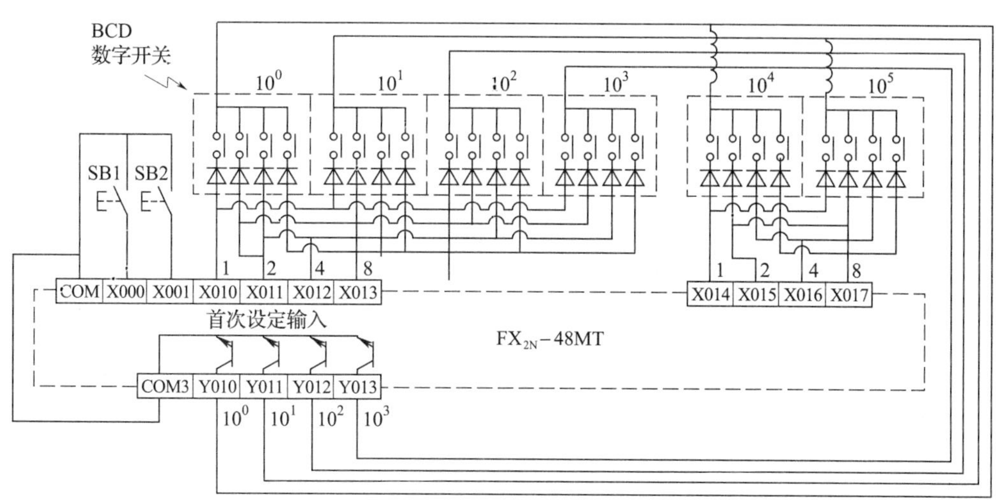

图 20—43　PLC 接线图

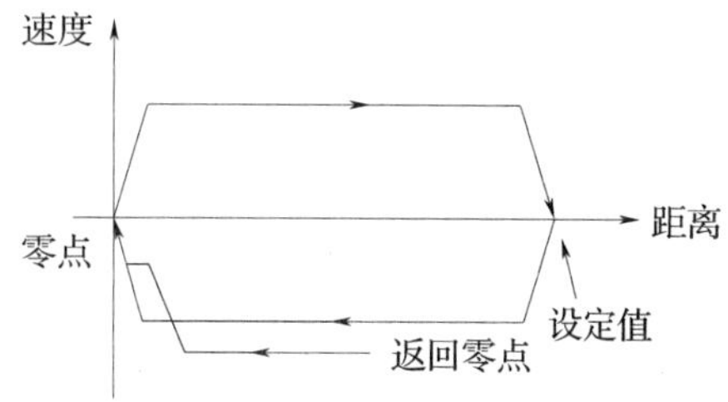

图 20—44　定位操作的动作图

定位装置只在第 1 次启动时执行返回机械零点操作，以后启动时不再进行回零操作。

(2) FX_{2N}-20GM 中的参数设置。设定参数 16（机械零点地址）为 0，其余参数采用默认值。

(3) FX_{2N}-20GM 中的定位程序。

行号	指令	说明
Ox0，N0	LD M9057；	如果回零完成标志 M9057 已接通，即跳转到 P0
N1	FNC00（CJ）P0	
N2	cod28（DRVZ）；	执行回零操作
N3	P0	
N4	cod29（SETR）；	设置电气零点
N5	cod00（DRV）xDD100；	移动到由（D101，D100）规定的位置，D101，D100 与缓冲寄存器

BFM#101，#100 相对应，数据用 TO 指令从 PLC 传输

N6	cod04 (TIM) K100;	延时 10 s
N7	cod30 (DRVR);	返回到零点位置
N8	m02 (END);	结束

(4) FX_{2N}系列 PLC 中的程序。由 PLC 的接线图（见图 20—43）可以知道 X010～X017 和 Y010～Y013 上连接了一个 6 位数字开关。启动按钮 SB1 接 X000 和停止按钮 SB2 接 X001。根据控制要求编制的程序如图 20—45 所示。

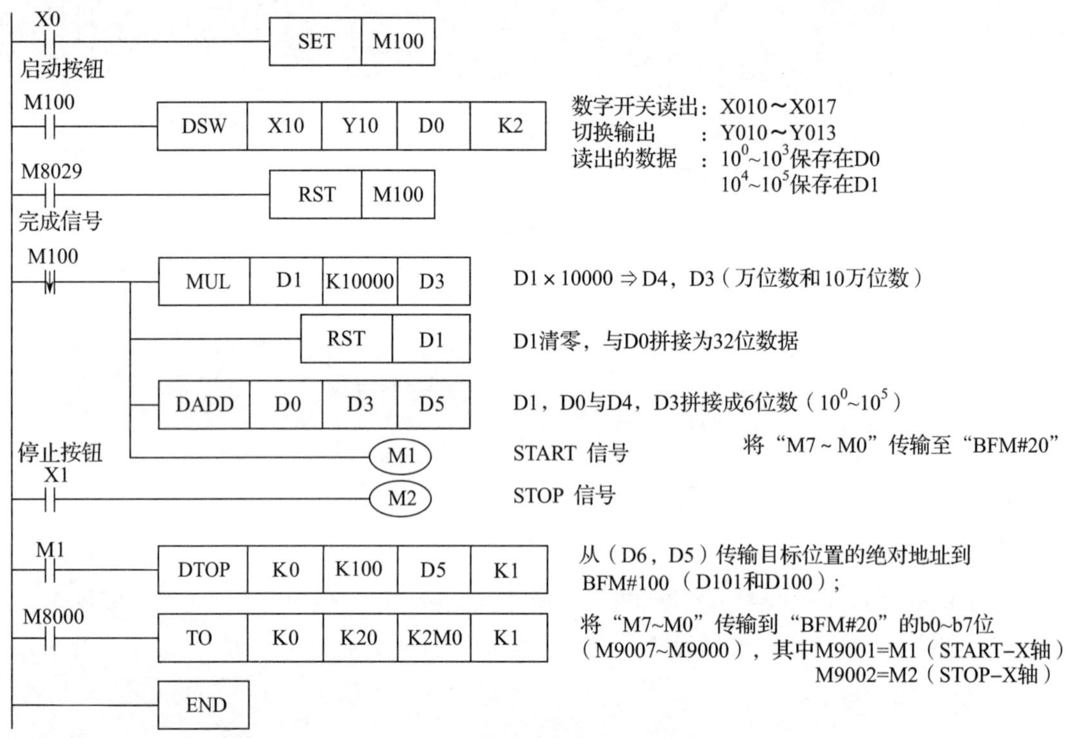

图 20—45 编制的 PLC 程序

第 6 节 定位模块编程软件 FX－PCS－VPS/WIN

对 FX_{2N}－20GM 进行参数设置和编制定位程序等操作，除了可以使用手持式编程器 E20－TP 之外，使用个人计算机和可视化的定位软件 FX－PCS－VPS/WIN 更为方便。通过对 FX－PCS－VPS/WIN 的操作，不仅可以设置各种参数，还可以用画控制流程图的方式来编制定位程序，然后下载到定位模块 FX_{2N}－20GM 加以执行，并进行输入监控和程序测试，以实现位置控制。

一、FX-PCS-VPS/WIN 的安装

FX-PCS-VPS/WIN 是在 Windows（视窗操作系统）环境下使用的编程工具，用于三菱 FX 系列 PLC 所有的定位模块，如 FX-10GM，FX_{2N}-10GM，FX-20GM 和 FX_{2N}-20GM。在安装时，应先安装英文版的 FX-PCS-VPS/WIN-E，然后再进行汉化。FX-PCS-VPS/WIN 的安装与其他 Windows 应用程序类似，只要在 FX-PCS-VPS/WIN-E 的软件包中双击“SETUP. EXE”图标，然后根据所出现的各个窗口中的提示，单击“下一步”，即能顺利地完成 VPS 软件的安装。然后使用“FX-PCS-VPS/WIN”的汉化包，将其中的文件“FXVPS. EXE”复制后粘贴到安装 VPS 的文件夹中，替代原来的“FXVPS. EXE”即可。为保险起见，可在替代之前先将原来的“FXVPS. EXE”进行备份，如果汉化未成功，将备份的“FXVPS. PEXE”复制回来即可。

二、VPS 的界面

1. 概述

VPS（Visual Positioning Software）可在 Microsoft Windows 95/98 及以上版本的操作系统中运行，使用简单的流程图形式的编程及参数设置方式，可以通过各种视图把程序的各个部分联系起来，以便于用户查找和理解程序及相关参数，方便对定位模块参数的设置及定位程序的编制。VPS 具有以下性能：基于软件功能的通用窗口；包含全部命令的下拉式菜单；可使用图标或语句表编程；可将草图或 OLE（对象链接与嵌入）文件导入设备；可进行实时监控。

在使用 VPS 进行下载或监控之前，要用带 RS232C/RS422 适配器的编程电缆将编程计算机的串口与 FX_{2N}-20GM 的编程接口连接起来。

2. VPS 的编程画面

在对 VPS 进行操作之前，有必要先了解此软件的基本功能和背景画面。在 VPS 的操作中，可能会使用两类窗口：流程图窗口和监控窗口。这两类窗口都出现在 VPS 的编程界面之上。下面首先对 VPS 的编程界面进行介绍。

在 VPS 软件安装完成后，桌面上会出现 VPS 的启动图标“ ”，双击此图标，即可启动 VPS 编程软件，进入 VPS 的界面如图 20—46 所示。在 VPS 界面中单击图 20—46 左上方的“新建”图标，即跳出“选择定位单元型号”对话框。在对话框中可选择 [FX_{2N}-10GM] 或 [FX_{2N}-20GM]，但如果选择 [FX_{2N}-20GM]，则需要在“2 轴独立”或“2 轴联动”中根据需求做出选择。

选择了定位单元型号并单击［确认］按钮后，将出现图 20—47 所示的 VPS 编程界面。VPS 编程界面各部分的名称及功能说明如下。

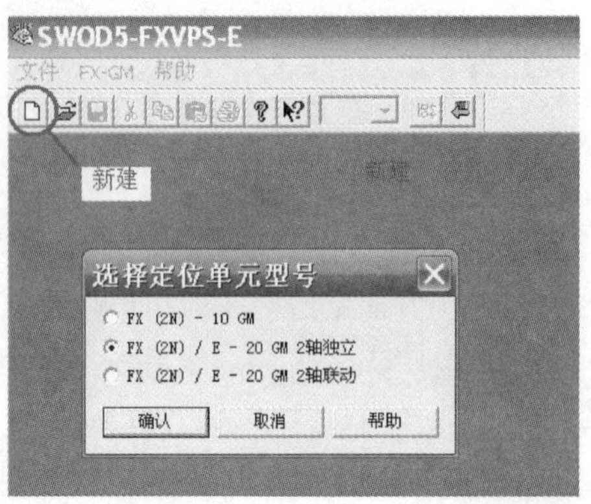

图 20—46　新建 VPS 项目

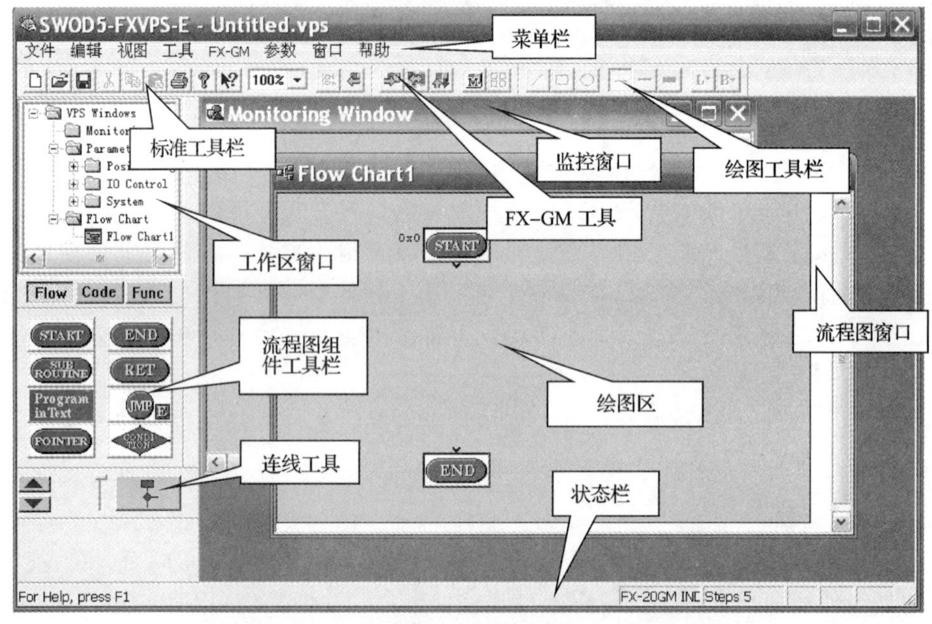

图 20—47　VPS 编程界面

(1) 菜单栏。菜单栏包含了“文件”“编辑”“视图”“工具”“FX - GM”“参数”“窗口”“帮助”8 项下拉式菜单，包含了全部 VPS 中的操作命令。

(2) 标准工具栏。标准工具栏包含了“新建”“打开”“保存”“复制”“粘贴”等各种 Windows 应用软件公共的工具图标。

(3) FX - GM 工具栏。FX - GM 工具栏包含了对定位模块进行“Read from FX - GM (读入)”“Write to FX - GM (写出)”“Verify FX - GM data (校核 GM 中数据)”“Diagnosis of FX - GM (诊断)”等操作的工具图标。

(4) 绘图工具栏。绘图工具栏包含了“直线”“矩形”“椭圆”“线型”“颜色”等在编程窗口中进行绘图时使用的工具图标。

（5）工作区窗口。工作区窗口是由“监控”“参数”“流程图”等各种窗口名称构成的树状结构，用鼠标在其中双击某个窗口名称，在工作区中就会打开相应窗口让用户进行编辑。

（6）流程图组件工具栏。在此工具栏的上方有“Flow（流程图符号）”“Code（cod 指令符号）”“Func（功能指令符号）”3 个选择按钮，当选择了其中 1 个按钮时，工具栏中就会出现相应的各种流程图组件，可将这些组件拖曳到编程窗口中进行编程。上移图标 ▲ 和下移图标 ▼ 可以将工具栏窗口中显示不完全的组件进行上下移动。

（7）“连线工具”按钮。在编制流程图程序时，如果按下“连线工具”按钮，就可以在各个流程图组件之间进行连线，否则只能对各个组件进行移动或设置而不能在组件之间进行连线。

（8）状态栏。显示在进行各种操作时的状态信息。

（9）流程图窗口。在此窗口的绘图区中进行定位程序的编制。

（10）监控窗口。在此窗口中对程序及定位模块的运行状态进行监控。

3. 流程图窗口

流程图窗口提供了用流程图组件构建定位程序的画布，即一个很大的绘图区。上边是标有流程图名称的标题栏，绘图区中已经提供了“START”和“END”2 个组件，可以在这 2 个组件之间放上各种流程图组件，然后把这些组件连接起来，从而构成定位程序。一个已完成的主流程程序如图 20—48 所示。

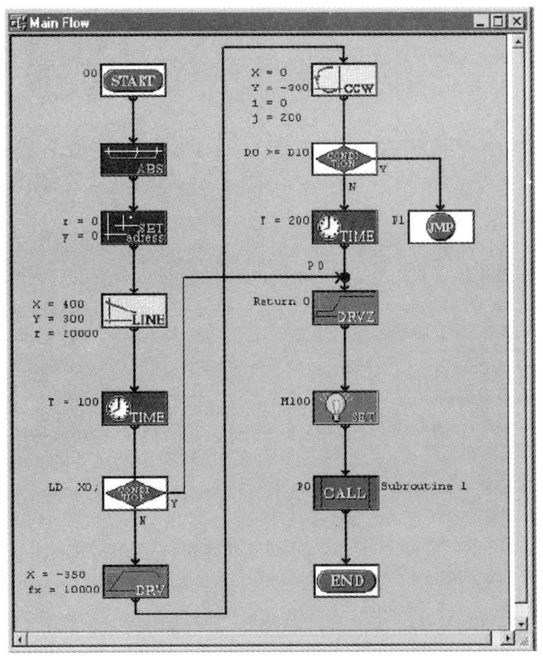

图 20—48　流程图窗口中的定位程序

在流程图窗口中用户可以执行以下几种操作。

(1) 从流程图组件工具栏中拖曳流程图组件放到绘图区中。

(2) 对流程图程序的各个方面进行配置。

(3) 设置单独的功能参数。

(4) 创建用于 PLC 编程软件 FXGP/WIN 的梯形图程序。

(5) 将流程图各个组件连接在一起。

(6) 从定位模块读入数据。

(7) 把数据写出到定位模块里。

(8) 打印窗口中显示的流程图程序。

4. 监控窗口

监控窗口类似于人机界面的显示屏，可以用与人机界面相同的方法加以使用。在监控窗口中，可以显示定位控制中各种变量的实时数据及状态变化，这个窗口是独立的，并不依赖流程图窗口中的信息而存在。

一个已创建的监控窗口如图 20—49 所示，其中包含了当前位置、位置坐标图、设备状态、手动操作按钮、动作示意背景图等用于监控的元件。

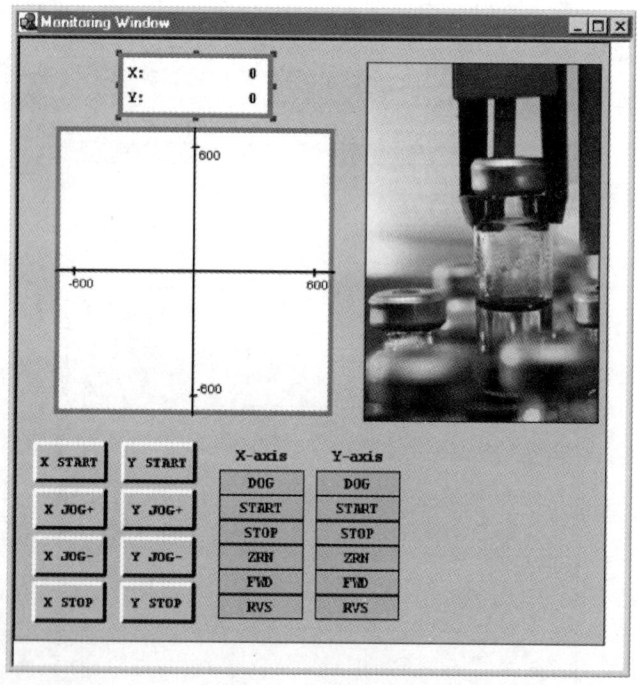

图 20—49 监控窗口

在监控窗口中可以执行以下几种操作。

(1) 同时监控很多设备的状态和内容。

(2) 同时以数字和坐标图两种形式显示 X 轴和 Y 轴的当前位置。

(3) 监控 GM 模块定位控制器的状态。

(4) 观察程序的信息，例如错误代码等。

(5) 设置各种功能按钮。

(6) 手动控制流程图程序。

(7) 使用绘图工具绘制图表。

(8) 在屏幕上放置 OLE 对象。

(9) 打印屏幕上的内容。

三、流程图程序的编制

在启动 VPS 编程软件并新建或打开一个项目文件后，就出现了编程界面。在编程界面的工作区中可以看到已经存在一个标题为"Flow Chart 1"的流程图窗口，也可以在"工作区窗口"中用鼠标右键单击"FLOW CHART"文件夹，在弹出的快捷菜单中选择"新建流程图"命令以创建新的流程图窗口。如果觉得窗口不够大，可以用鼠标拖曳窗口的右边或底边来扩大窗口。绘图区的背景颜色默认为浅灰色，可以通过菜单栏中"工具"菜单下的"改变背景颜色"命令来选择背景色。然后，就可以开始在这些流程图窗口的绘图区中编制流程图程序了。

在编制流程图程序时，需根据定位控制的工艺要求，从"流程图元件工具栏"中选择所需要的流程图组件，逐一放置到绘图区中，同时对各个组件设置工艺参数。然后按下"连线工具"按钮，根据工艺流程将放置在绘图区中的各个组件顺序连接在一起即可。

1. 流程图组件工具栏

在流程图组件工具栏中有 3 类流程图组件："Flow（流程图符号）""Code（cod 指令符号）"和"Func（功能指令符号）"。可通过"Flow""Code"和"Func"这 3 个按钮来加以选择，当选择了其中 1 个按钮时，工具栏中就会出现相应的各种流程图组件，可将这些组件拖曳到编程窗口中进行编程。上移图标 ▲ 和下移图标 ▼ 可以将工具栏窗口中显示不完全的组件进行上下移动。

(1) Flow（流程图符号）。流程图符号包括了"START""END""JMP""POINTER""CALL""SUB ROUTINE""RET""CONDITION""Program in Text" 9 种组件，如图 20—50 所示。使用这些组件可以编制各种流程图程序。

图 20—50 Flow（流程图符号）

"START"和"END"组件表示流程图的开始和结束。"JMP"用于将程序跳转到指针"Pn"（$n=0\sim255$）处继续执行程序，而"POINTER"即用于建立一个指针"Pn"，并将其作为某段程序的开始。"CALL"用于在程序中调用以指针“Pn”为标号的子程序，而子程序需用“SUB ROUTINE”来建立指针，并作为子程序的开始。子程序的结束要用“RET（即 RETURN）”来返回调用处。“CONDITION”用在程序中进行条件的判断，根据条件的“是”或“非”而分别转移到不同的地方执行不同的程序。而“Program in Text”则用于在流程图中以语句表的形式编写定位程序，图 20—51 所示即为例 20—1 中定位程序的语句表形式。图 20—51a 所示的是双击“Program in Text”组件后出现的语句表程序编辑窗口，可以在此窗口中以文本方式输入语句表定位程序，图 20—51b 所示的则是在流程图窗口中显示已编写完成的语句表定位程序。

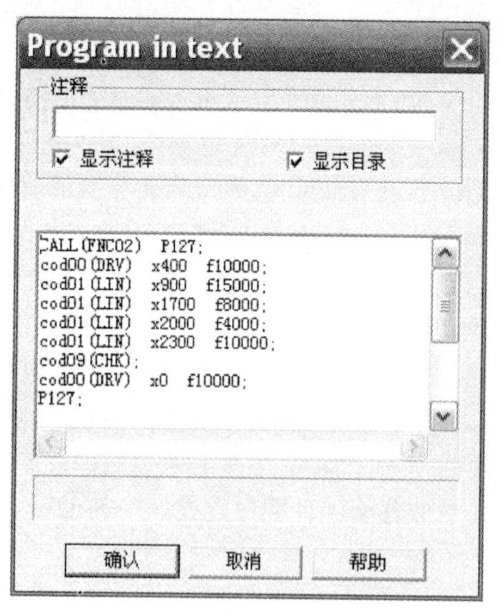

a）

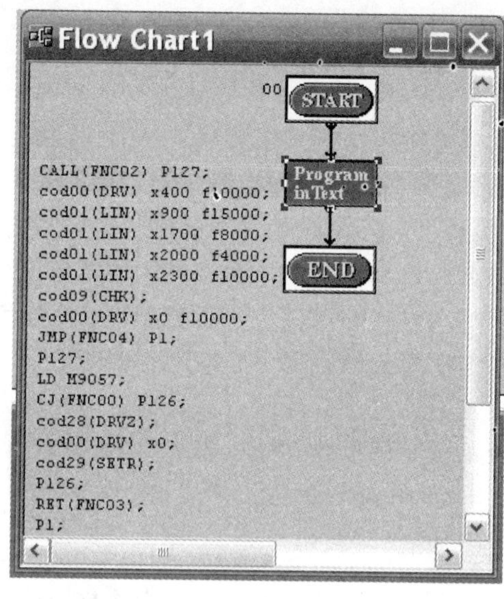

b）

图 20—51 用“Program in Text”组件编写语句表定位程序

a）语句表程序编辑窗口 b）在流程图窗口中显示语句表程序

“FLOW（流程图符号）”选项下的所有这些组件都可以被放到流程图窗口中用于编程，并可以使用“剪切（cut）”“复制（copy）”“粘贴（paste）”“撤销（undo）”“重做（redo）”等工具图标来进行编辑。对这些组件双击后都能设置相关的工艺参数。

（2）Code（cod 指令符号）。使用 cod 指令符号可以向流程图窗口中放置与定位指令有关的组件。在这类符号中有 12 种组件，包含了所有 19 条定位指令和对 m 代码的参数设置及相应 FX－PLC 程序的编制。这 12 种组件是：“DRV”“DRVZ”“LINE”“CIR”“INC/ABS”“TIME”“SET address”“CHK”“DRV Ret”“INTERRUPT”“CORRECT”和“M Code”，如图 20—52 所示。当鼠标箭头移动到这些组件上时，会显示出相应的名称。把这些 cod 指令符号放置到流程图窗口中，并双击组件设置有关参数，就在定位程序中编写了相应的定位指令。

（3）Func（功能指令符号）。Func 这部分符号提供了 FX_{2N}－20GM 中的功能指令，共有

9 种组件，它们是：“RPT/RPTE”“MOV”“BCD/BIN”“+－×/”“∧∨∨”“X－ABS/Y-ABS”“EXT”“SEGL”和“SET”。

“RPT/RPTE”中包含了循环开始和循环结束 2 条指令。

“MOV”中包含了传送、整数扩展为双整数、双整数缩减为整数 3 条指令。

“BCD/BIN”中包含了 BCD 码和二进制数相互转换 2 条指令。

“+－×/”中包含了加减乘除、加 1、减 1、求补等 7 条算术运算指令。

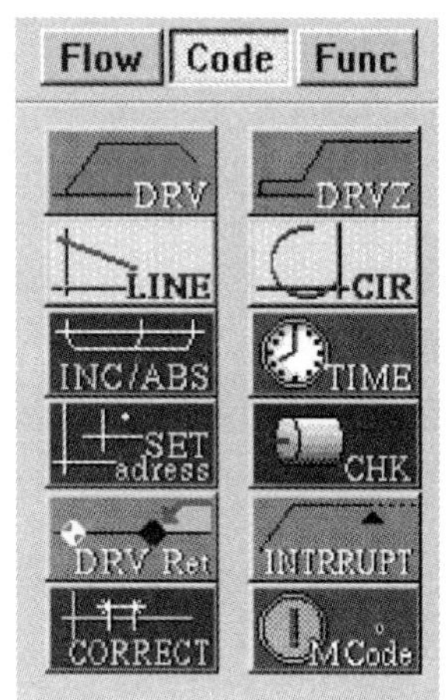

图 20—52　Code（cod 指令符号）

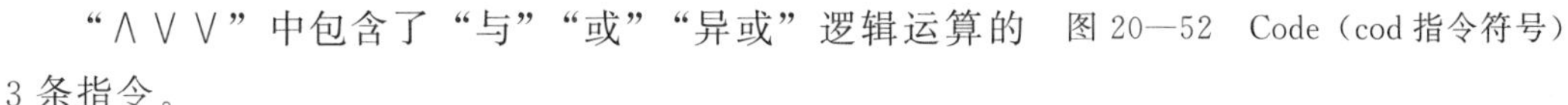

“∧∨∨”中包含了“与”“或”“异或”逻辑运算的 3 条指令。

“X-ABS/Y-ABS”中包含了 X 轴或 Y 轴绝对位置检测的 2 条指令。

“EXT”为分时读取数字开关指令。

“SEGL”为带锁存的七段显示指令。

“SET”中包含了置位和复位 2 条指令。

对于 1 个组件中包含了多条指令的情况，可以先把这个组件放置到流程图窗口后，再双击这个组件，此时会出现一个对话框，在这个对话框中选择使用哪条指令。

2. 编制流程图程序

(1) 在流程图窗口中放置流程图组件。在流程图组件工具栏中选择需要的流程图组件，将鼠标指针移到该组件上方单击一下，然后将指针移到绘图区中合适的地方再次单击一下，该组件就被放置在绘图区中了。

已经放置在绘图区中的流程图组件也可以由鼠标左键拖曳到新的位置。

绘图区中被选中的多个流程图组件可以由标准工具栏中的“对齐（AlignObjects)”工具靠左（或靠右、靠上、靠下）排列整齐。

如果用户进行非法操作系统会弹出一个对话框来进行解释，同时相关的组件会返回到原先的位置。

(2) 组件的设置。通过双击某个流程图组件，就可以对此组件进行设置。双击时会弹出一个对话框，其中会显示有关设置、编辑及注释的简单说明，可以根据控制要求进行具体设置。

每个流程图组件都可以带有一个注释，如果“显示注释”前的复选框被激活，那么注释中的文字内容将显示在绘图区中此流程图组件的右边。注释的长度最多为 16 个字符，包括空格。

每个流程图组件的对话框中还有一个“显示内容”的复选框，如果此复选框被激活，那么该组件的内容将显示在此流程图组件的左边。

在流程图组件的对话框中单击“参数”按钮（对所有适用的组件），即可以通过可翻页的参数窗口，查看和设置所有单位体系、速度、设置、机械零点等类别的定位参数。

一个流程图组件（DRVZ）的对话框及参数设置的窗口如图 20—53 所示。

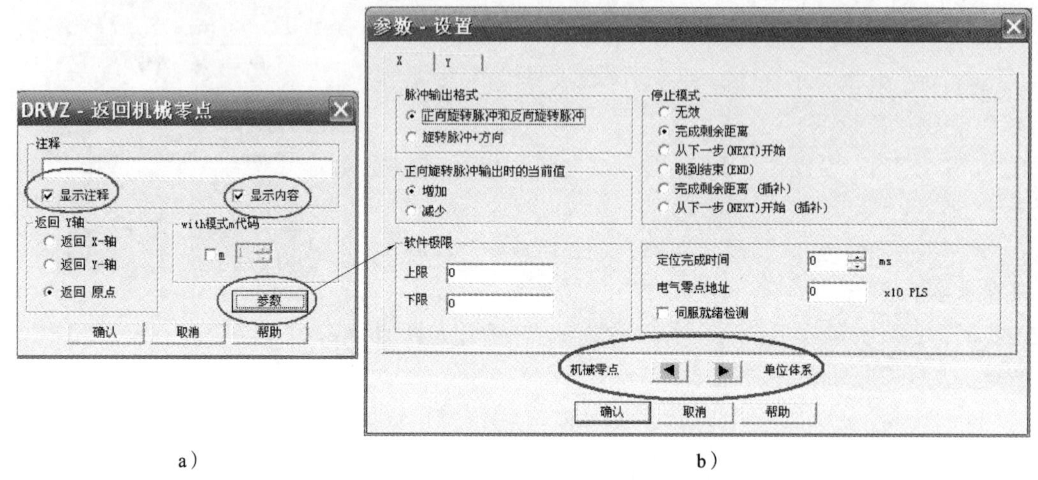

图 20—53 流程图组件的对话框

a）对话框 b）参数设置窗口

在图 20—53b 中，单击左右移动按钮即可使参数窗口循环翻页。

（3）流程图组件的连接。根据定位控制的工艺要求，将所有需要的流程图组件都放置在绘图区，并且进行了必要的设置及注释后，就可以按照工艺流程的顺序，从组件“START”开始，直到组件“END”为止，用连线把各个组件顺序连接起来，构成一个完整的流程图程序。

要进行连线，需先单击“连线”工具按钮 。只有在此按钮按下后才能在各个流程图组件之间进行连线，否则只能对各个组件进行移动或设置。

连线是在 2 个组件之间以终止线的形式存在的。在每个组件的顶部和底部中央，都有一个引脚图形，如图 20—54 所示。顶部中央的引脚称为输入引脚，底部中央的引脚称为输出引脚。用鼠标单击一个输出引脚，然后按住左键不放将光标移动到另一个输入引脚，放开左键，即可画出一根连线。连线总是从上一个组件的输出引脚起始，终止于下一个组件的输入引脚或一个节点。此处所说的节点（node）是通过双击一根垂直连线的中间部分而得到的。从某个组件的输出引脚可以连线到一个节点，以表示程序转移的目标点。每个节点要用一个指针“Pn”来加以标注，如图 20—55 所示。

按照上述步骤，即可以完成流程图程序的编制。例如本章第 4 节例 20—4 中的定位程序，就可以用图 20—56 所示的流程图来进行编制。

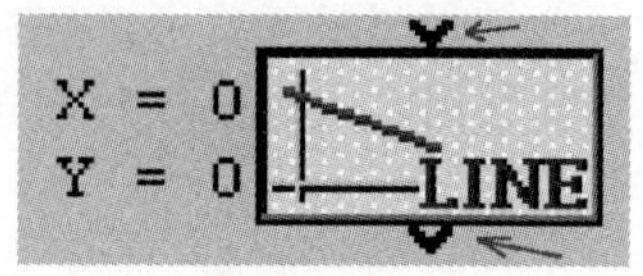

图 20—54 组件的输入/输出引脚

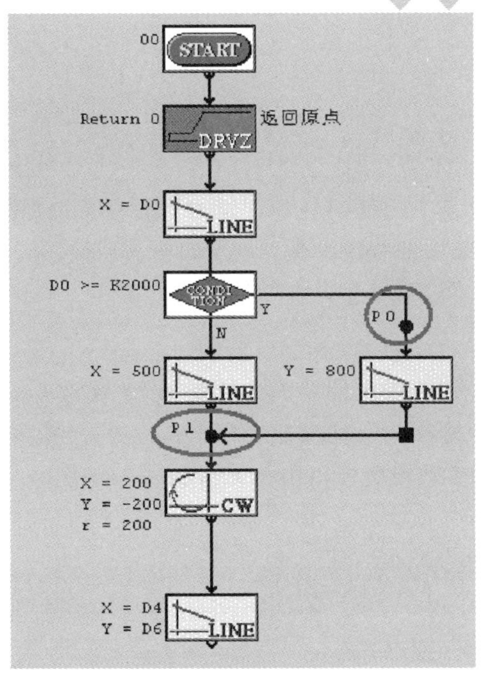

图 20—55　节点及其连线

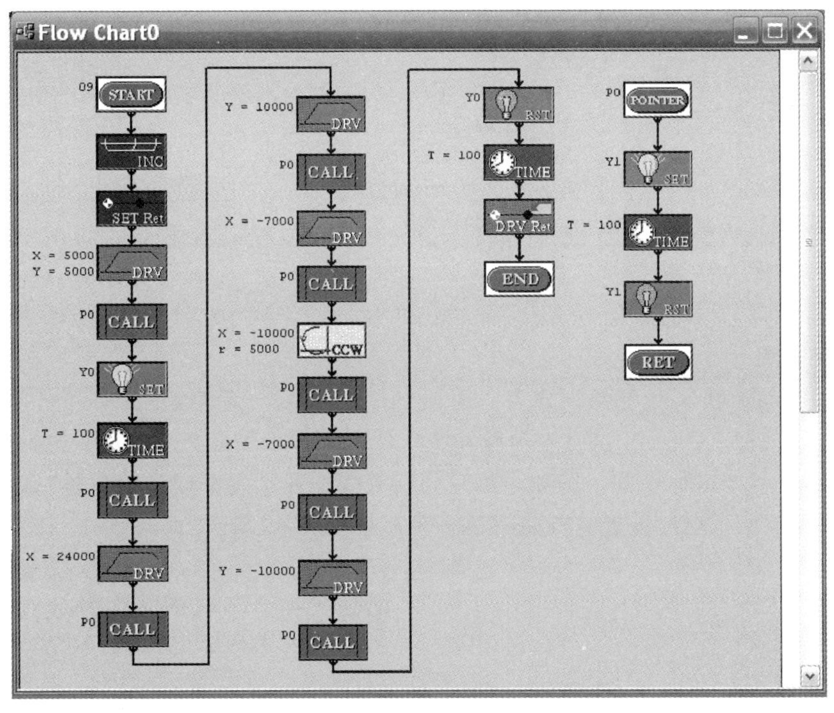

图 20—56　用流程图编制例 20—4 的定位程序

四、参数的设置

在 VPS 编程界面的“工作区窗口”中，展开目录树中的“Parameter（参数）”项，可以看到有“Positioning（定位参数）”“I/O Control（I/O 控制参数）”和“System（系统参数）”3 个类别。选择其中的任何一项，就可以打开相应的窗口，在窗口中的各项设置，即对应于 FX_{2N}-20GM 中的相应参数，在窗口中按照控制要求进行选择，即设置了各个参数值。有关参数的具体说明可参见本章第 3 节。

1. 定位参数

在 FX_{2N}-20GM 中，有 27 个定位参数（参数 0～参数 26），而这些参数就分布在 VPS 的“Units（单位体系）”“Speed（速度）”“Machine Zero（机械零点）”和“Settings（设置）”4 个可以循环翻转的参数设置窗口中，如图 20—57～图 20—60 所示，只需在窗口中根据需要进行选择即可。

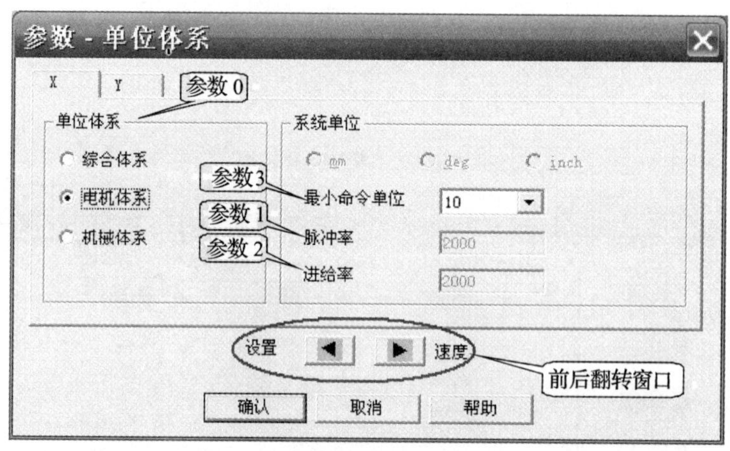

图 20—57　“单位体系”参数设置窗口

2. I/O 控制参数

在 I/O 控制参数这一项中，分为“Program Number（程序编号）”“m code（m 代码）”“Manual Pulse Generator（手动脉冲发生器）”“Absolute Position（ABS 绝对位置检测）”和“Others（其他）”5 个子项，可以分别双击打开这些子项的窗口进行 I/O 控制参数的设置。这 5 个子项的设置窗口如图 20—61～图 20—65 所示。

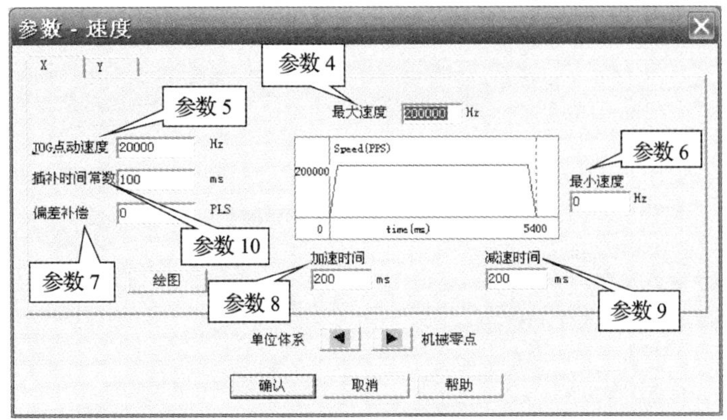

图 20—58 “速度”参数设置窗口

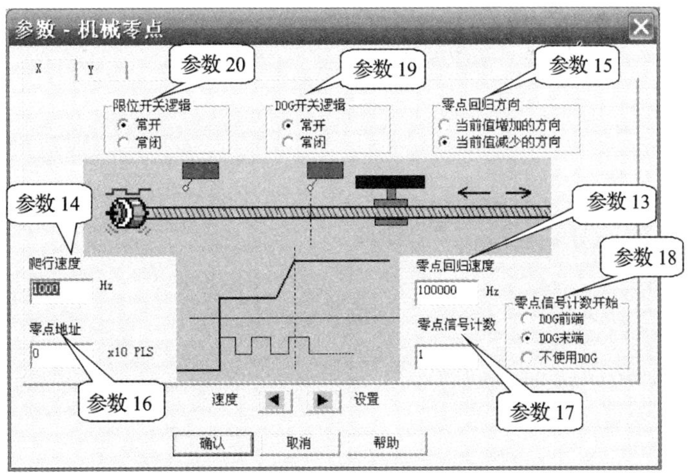

图 20—59 “机械零点”参数设置窗口

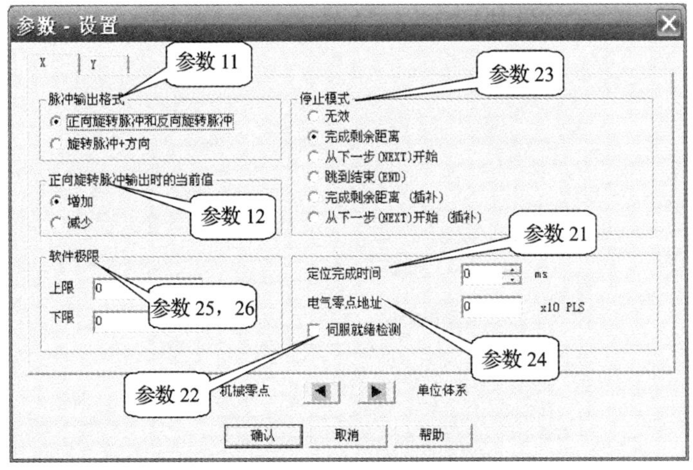

图 20—60 “设置”参数窗口

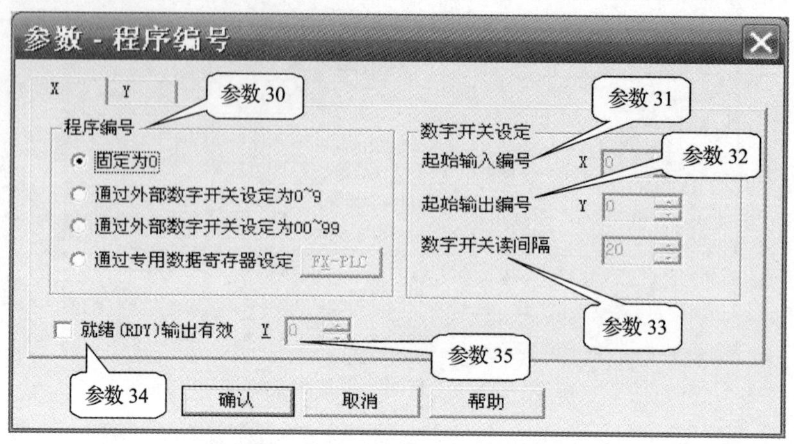

图 20—61 “程序编号”参数设置窗口

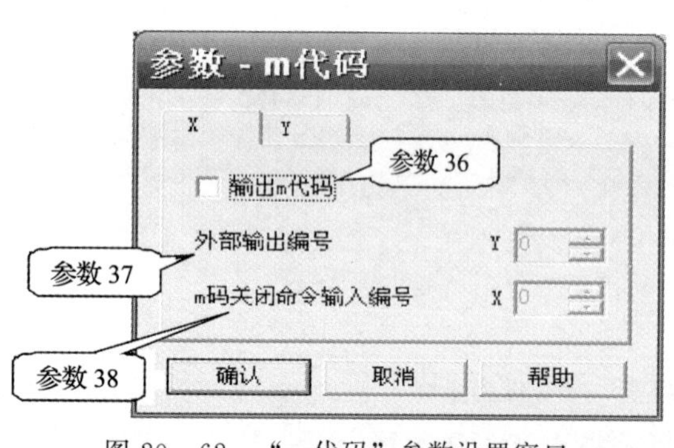

图 20—62 “m 代码”参数设置窗口

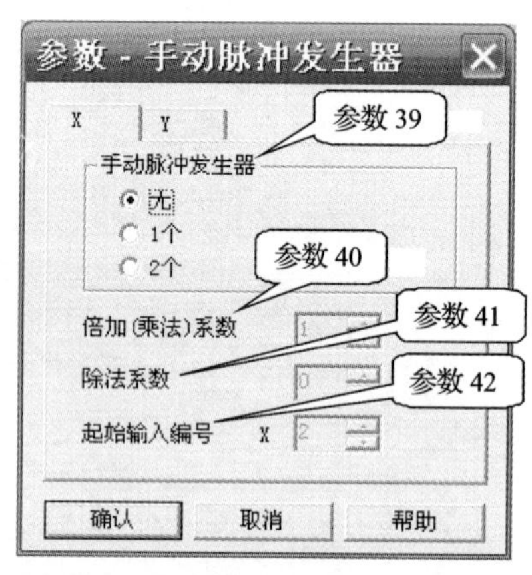

图 20—63 “手动脉冲发生器”参数设置窗口

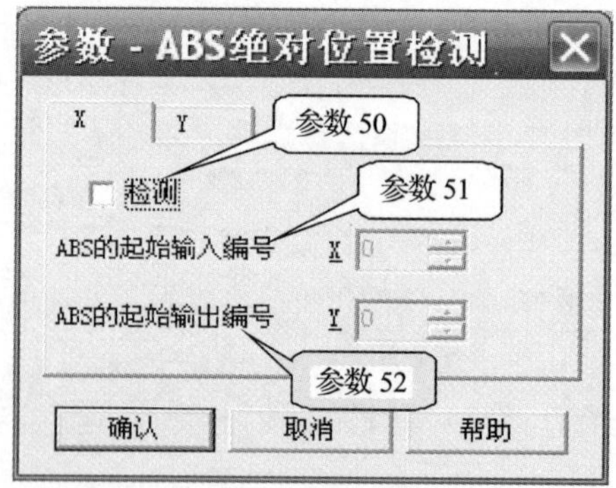

图 20—64 “ABS 绝对位置检测”参数设置窗口

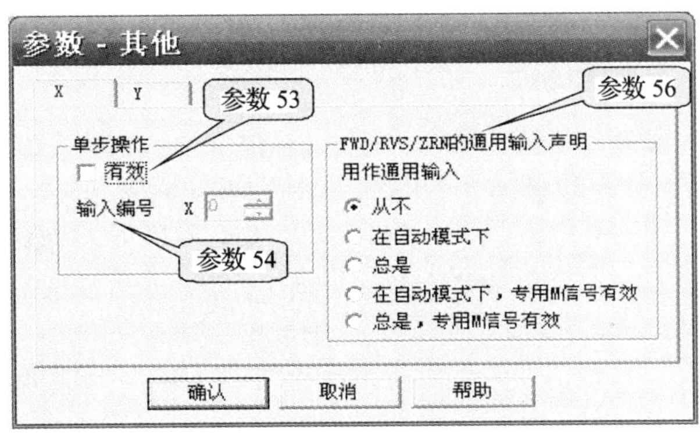

图 20—65 “其他”参数设置窗口

3. 系统参数

系统参数项分为“System（系统）”和“Subtask（子程序）”2 个子项。其中“系统”子项为涉及位置控制器的基本系统参数，如程序容量、文件寄存器、电池状态等。而“子程序”子项是关于子任务的参数，如子任务开始、子任务结束、子任务错误等。这 2 个子项的设置窗口如图 20—66 和图 20—67 所示。

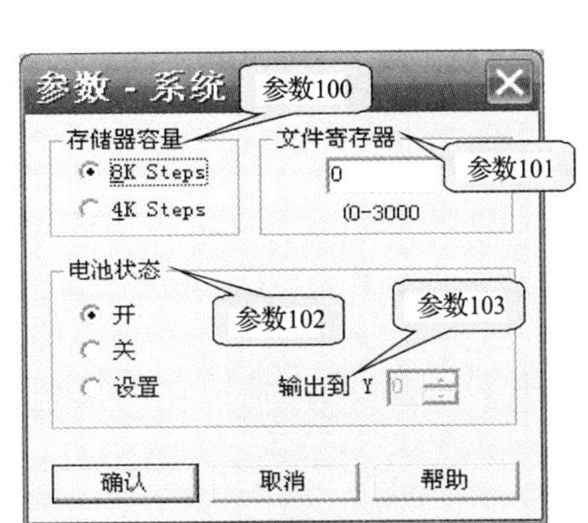

图 20—66 “系统”参数设置窗口

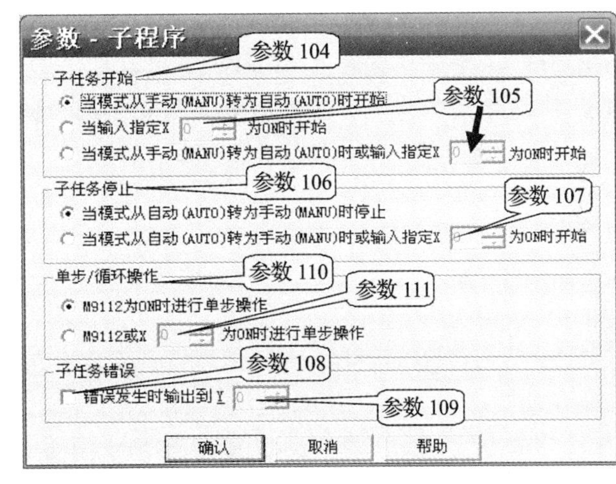

图 20—67 “子程序”参数设置窗口

五、定位程序的监控与调试

1. 定位程序的下载

当用户在流程图窗口的绘图区中用组件及连线完成了流程图，并且完成了对相关参数的设置之后，定位程序的编制就完成了。把已经完成的定位程序下载到 FX_{2N}-20GM，并将所有需要的外围输入/输出器件连接好，经调试无误后，就可以对伺服电动机驱动器或步进电动机驱动器进行定位控制了。

在进行下载之前，应先把编程计算机与 FX_{2N}-20GM 用专用编程电缆线连接好。由于编程计算机的串口为 RS-232C 接口，而 FX_{2N}-20GM 的编程接口为 RS-422 接口，因此需要使用带有 232/422 适配器的专用通信电缆，可以选用 FX_{2N}系列 PLC 所使用的 SC-09 型编程电缆。编程电缆连接好后，要在 VPS 的菜单栏中选择“FX-GM\”→“通信设置”命令打开图 20—68 所示的“选择通信端口”对话框，选择计算机的串口号（COM1～COM4），并单击“测试”能正常通信后，即可进行下载了。

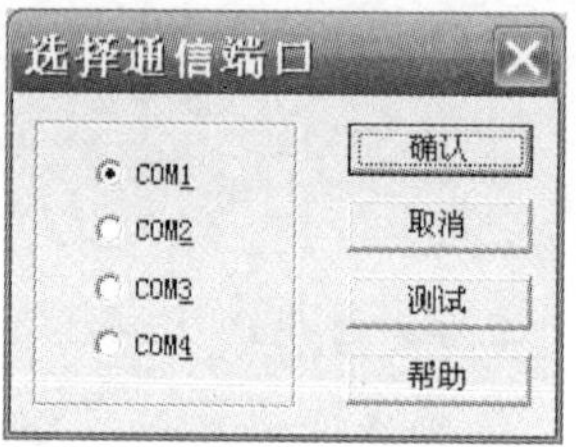

图 20—68　通信设置对话框

下载时可在菜单栏中选择菜单命令“FX-GM”→“写入到 FX-GM”，也可在工具栏中单击“写入到 FX-GM（Write to FX-GM）”工具图标 ，经过大约十几秒钟后即可完成下载。

2. 定位程序的监控调试

借助于 VPS 的监控窗口，可以方便地对定位程序进行调试。

（1）VPS 的监控窗口。VPS 的监控窗口提供了一种对流程图组件进行实时监控的图形化接口。监控窗口能够以图形化的方式给出有关 GM 定位控制器中各种设备重要的状态信息。在监控窗口中，可以插入 VPS 所提供的各种监控组件，还可以通过绘图或插入图形、图片、文档等各种对象构成监控窗口的背景，以实现在线监控。

（2）监控组件。VPS 为监控窗口提供了“当前位置”“测绘_标图”“设备状态”“手动操作”“手动输入状态”“FX-GM 状态”“运行信息”等多种监控组件，通过这些放置到监控窗口中的组件，可以实时显示定位模块运行中的各种状态和运行数据，也可以发出控制命令。

1）“当前位置”组件。如图 20—69 所示，在此组件中能实时显示 X 轴和 Y 轴的当前位置值。

2）“测绘_标图”组件。如图 20—70a 所示，在此坐标图中可以实时显示 X/Y 轴的运行轨迹。双击组件图形，将弹出如图 20—70b 所示的设置窗口，可在其中设置坐标系的范围（只能输入整数值）。

3）“设备状态”组件。插入此组件时，首先弹出如图 20—71a 所示的设置窗口，在此窗口中选择需观察的软元件（可选 X，Y，M，D，V，Z）和元件编号，以及元件的数量，单击［确认］按钮后即在监控窗口中出现图 20—71b 所示的组件图形，可以实时显示所选中的

图 20—69　“当前位置”组件

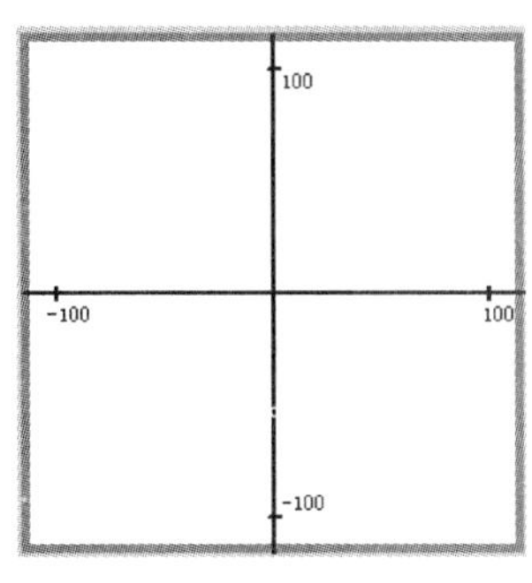

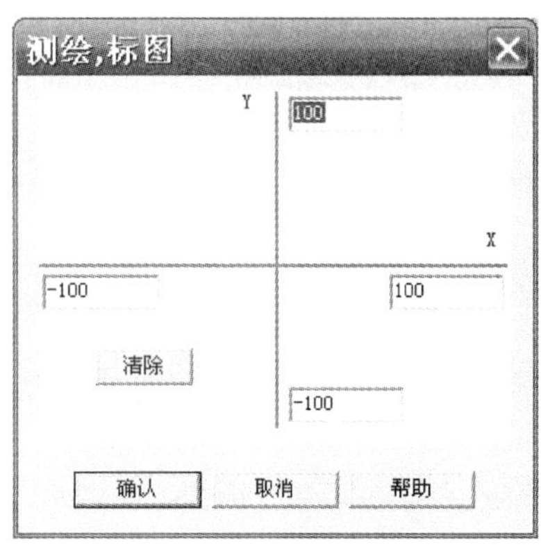

a） b）

图 20—70 “测绘 _ 标图”组件

a）组件图形 b）组件设置窗口

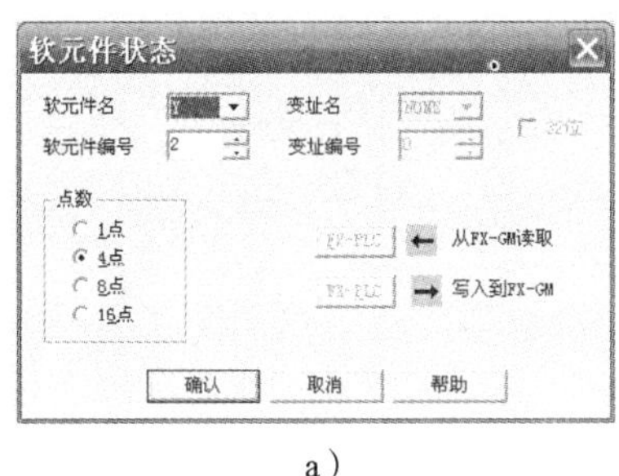

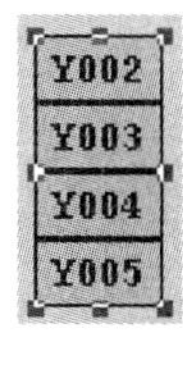

a） b）

图 20—71 “设备状态”组件

a）“设备状态”组件设置窗口 b）组件图形

各个软元件的状态。双击图 20—71b 所示的组件图形时设置窗口也会弹出，可以重新设置所要观察的软元件。

4）“手动操作”组件。插入“手动操作”组件时会弹出如图 20—72a 所示的组件设置窗口，在其中可以选择需要进行手动操作的主令按钮，包括“开始（START）”“停止（STOP）”“＋Jog（正向点动 FWD）”“－Jog（反向点动 RVS）”“机械回零（ZRN）”“Feed（进给）”“错误复位”等命令。选择了主令按钮并单击［确认］后，即在监控窗口中放置了所选择的动作按钮，需要几个按钮就插入几次此组件。图 20—72b 所示即为插入了 4 个按钮后监控窗口中的图形。

5）“手动输入状态”组件。插入此组件时，在监控窗口中放置了图 20—73 所示的图形。这个组件是用于监控各种手动输入的状态的。在监控模式下，单击或双击这个组件是无效的，不允许用户在这个组件上进行测试操作。在手动操作时，这个组件上实时显示

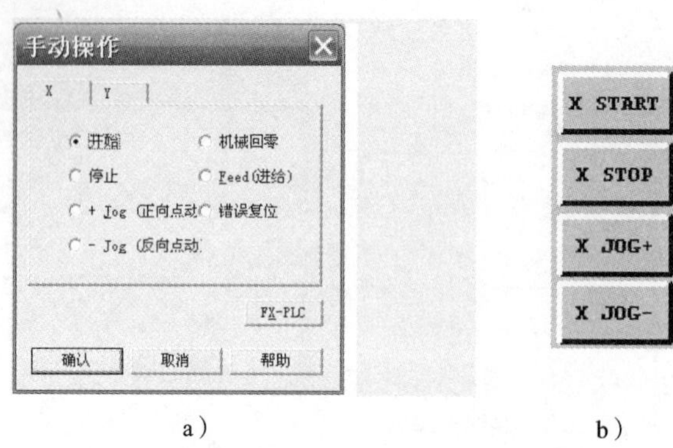

a）　　　　　　　　b）

图 20—72　“手动操作”组件

a）“手动操作”组件设置窗口　b）组件图形

DOG（近点）、START（开始）、STOP（停止）、ZRN（回零）、FWD（正向旋转）、RVS（反向旋转）的状态。

6）“FX-GM 状态”组件。插入此组件时，在监控窗口中放置了图 20—74 所示的图形。这个组件用于监控定位模块与伺服驱动器交换的各种信息状态，包含“Ready（伺服就绪/忙碌）”“Completed（定位完成）”“Error（错误检测）”“Zero Completed（回零结束）”等。

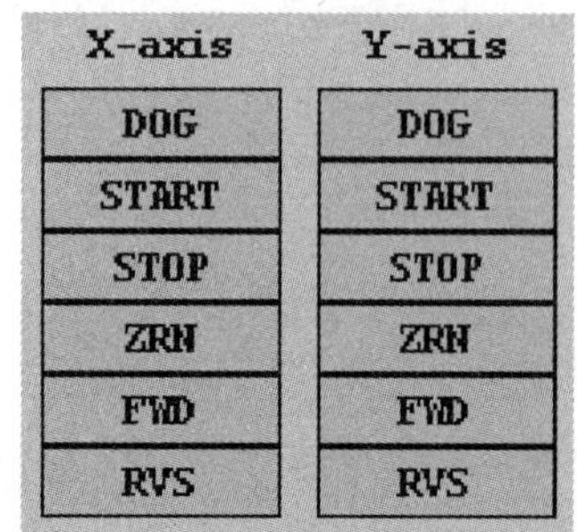

图 20—73　“手动输入状态”组件

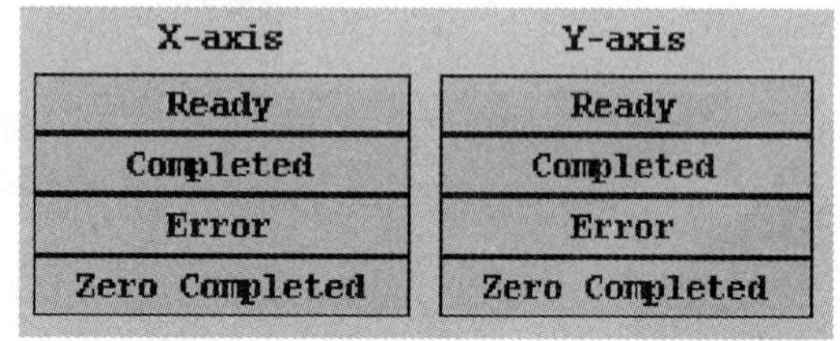

图 20—74　“FX-GM 状态”组件

7）“运行信息”组件。如图 20—75 所示，这个组件用于显示当前正在执行的程序信息，包括当前正在执行的程序号、当前的 m 代码状态、当前的错误代码等。

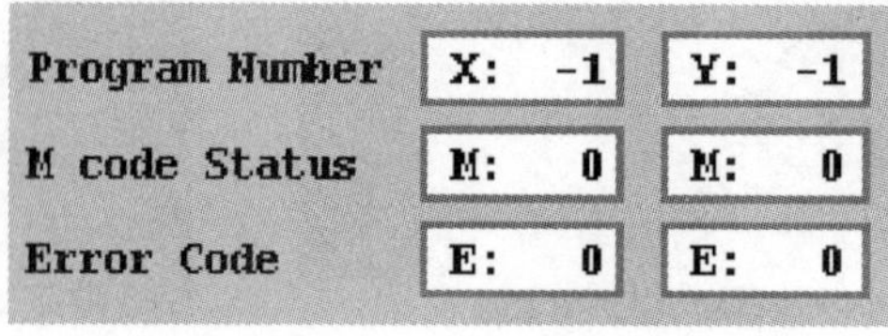

图 20—75　“运行信息”组件

(3) 利用监控组件进行程序调试。首先在监控窗口中，根据需要插入必要的监控组件。然后通过在菜单栏中单击菜单命令“FX-GM”→“监控”→“开始”，或单击工具栏中的“Start/Stop Monitoring”(开始/停止监控）图标，即可进入监控模式。

在FX-20GM定位模块通过RS232接口连接到编程计算机的情况下，监控模式中实际的目标控制器硬件可以被监控和测试。信息将不断地从目标控制器硬件被读取，被监视变量的状态和当前值将相应地被更新。

监控开始后，监视窗口和流程图窗口被垂直平铺显示。监控过程中，监控窗口里监视对象的状态被不断更新，流程图窗口中当前正在执行的程序号被滚动显示，当前正在执行的组件用红色高亮显示。流程图中只会有一个组件被突出显示，因此能显示流程图中当前正在执行的确切位置。

如果在程序编写中使用了多个流程图窗口，则窗口的叠放次序会被自动改变，实际执行的组件所在窗口总是被置于最上层。

在监控模式下，当“Program in Text（文本模式程序)”组件被执行时，将打开一个对话框，显示组件中编写的程序文本。当前执行的程序行以高亮显示。该组件中的程序执行完后，此对话框将自动关闭。

在监视模式下，所有的配件工具栏、绘图工具栏、连线工具等按钮及“文件”“编辑”“插入”“工具”等选项都被隐藏而不能使用。所有关于选择、移动、拖放、创建或删除任何对象的操作，对 FX_{2N}-20GM定位模块的数据读/写或验证、诊断的操作，以及改变流程图窗口中的布线等操作都不能进行。

要停止监控模式，可在菜单栏中单击菜单命令“FX-GM”→“监控”→“停止”，或单击工具栏中的开始/停止监控工具图标。

思 考 题

1. 交流单轴伺服系统中，工作台由交流伺服电动机驱动，伺服控制系统由 FX_{2N}-20GM定位单元、松下Minas A5伺服驱动器等组成，工作台进给丝杠的螺距为5 mm，伺服驱动器要求电动机每转的指令脉冲为10 000个。要求在手动脉冲发生器使能开关SQ1接通时，可通过手动脉冲发生器来手动操作工作台移动，脉冲发生器每转1圈，工作台移动20 mm；手动脉冲发生器顺时针旋转时工作台移动的方向为前进，逆时针旋转即工作台后退。并设置按钮SB1和SB2进行正转点动和反转点动，点动的速度为60 cm/min。请自行分配定位模块的I/O端口，画出接线图，并列出所需设置的参数及设定值。

2. 在使用 FX_{2N} 系列PLC、FX_{2N}-20GM定位模块、伺服驱动器所构成的伺服控制系统中，可以通过哪几种方法来使定位模块开始或停止执行定位程序？请分别加以说明。

3. 定位程序的程序号起什么作用？有哪几种程序号，分别用于哪种控制模式？在定位模块运行时，如何改变程序号？用不同方法改变程序号时分别需要使用哪些编程元件，设置哪些参数？

4．子程序应如何编制？如何使用？

5．子任务起什么作用？与定位程序之间的关系是什么？如何开始/停止运行子任务？

6．在由 FX_{2N} 系列 PLC、FX_{2N}－20GM 定位单元、松下 Minas A5 伺服驱动器等组成的 $X-Y$ 二坐标绘图仪中，绘图笔架进给丝杠的螺距为 5 mm，伺服驱动器要求电动机每转的指令脉冲为 10 000 个。要求具有自动工作方式与手动工作方式，由转换开关 K1 选择。设置 X 轴正向点动、反向点动；Y 轴正向点动、反向点动；自动进给启动、停止等按钮。在手动工作方式时，能实现 X 轴和 Y 轴的点动操作，能使用 1 个手动脉冲发生器分别控制工作台 X、Y 两个轴移动，要求脉冲发生器每转 1 圈工作台移动 5 mm；在自动工作方式时，伺服驱动器以位置控制方式运行，工作台从原点出发先移动到 A 点，然后按图 20—76 所示路径和方向画出图示“回”字形曲线后回到 A 点停止。

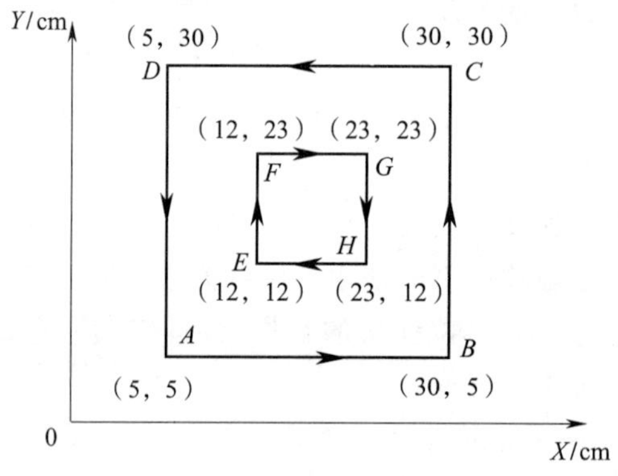

图 20—76　绘制曲线示意图

自动方式启动时，若工作台不在原点，应通过手动操作使工作台返回原点后，再按启动按钮开始运行。若工作台超出行程使超程限位动作时，伺服电动机应立即停止。

当按下停止按钮时，工作台应立即停在原处，再按启动按钮时，工作台应继续运行。

伺服电动机点动时移动的速度为________cm/min（可在 0～90 cm/min 范围内指定）；自动运行时的加速时间为________ms、减速时间为________ms，移动的速度为________cm/min。（加、减速时间可在 10～1000 ms 范围内指定；移动速度可在 0～90 cm/min 范围内指定。）

设置定位完成指示灯，在每段定位完成时，指示灯都应点亮 1 s 后熄灭。

（1）根据上述控制要求及给定的 PLC 和交流伺服装置，自行分配 PLC 和定位模块的 I/O 端口，写出 PLC 和定位模块的 I/O 分配表，并画出接线图。

（2）按系统控制要求编写 PLC 程序，并上机输入程序与调试。

（3）按控制要求在 FX－VPS 编程软件上完成定位单元 FX_{2N}－20GM 的参数设置与控制流程，并上机输入及调试。

7. 交流双轴伺服系统示意图如图 20—77 所示。工作台由 FX_{2N} 系列 PLC、FX_{2N}-20GM 定位单元、松下 Minas A5 伺服驱动器等组成。其中工作台进给丝杠的螺距为 5 mm，伺服驱动器要求电动机每转的指令脉冲为 10 000 个。

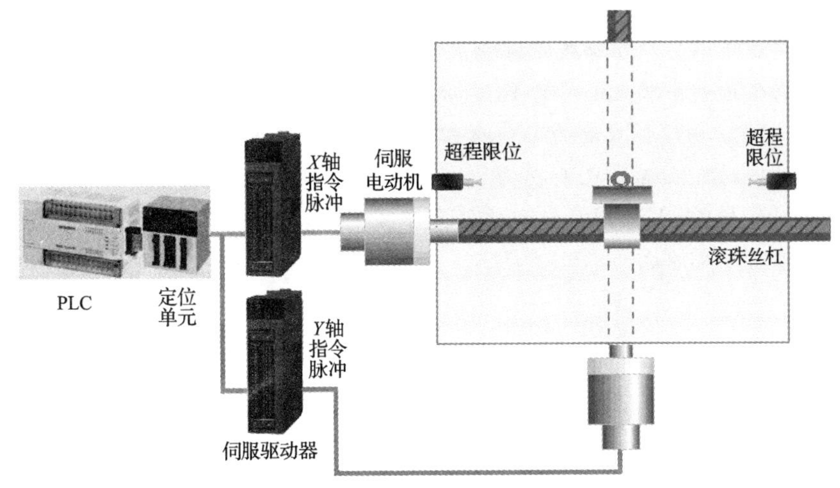

图 20—77　交流双轴伺服系统示意图

要求具有自动工作方式与手动工作方式，由转换开关 K1 选择。设置 X 轴正向点动、反向点动；Y 轴正向点动、反向点动；自动进给启动、停止等按钮。在手动方式时，能实现 X 轴和 Y 轴的点动操作，能使用 2 个手动脉冲发生器分别控制工作台 X、Y 两个轴移动，要求脉冲发生器每转 1 圈工作台移动 5 mm；在自动工作方式时，伺服驱动器以位置控制方式运行，工作台从原点出发先移动到 A 点，然后按图 20—78 所示路径和方向进行移动后回到 A 点停止。

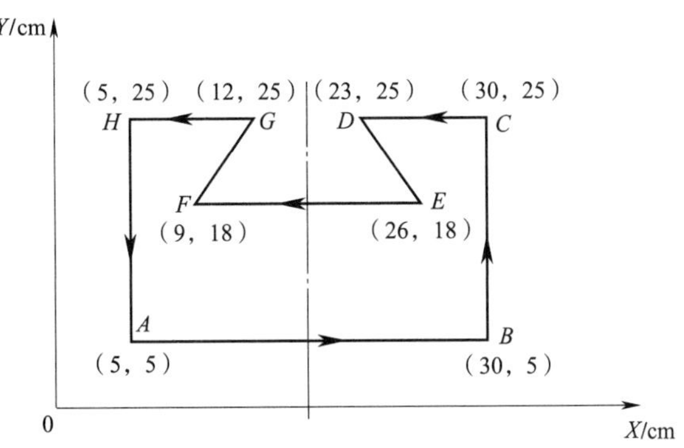

图 20—78　工作台移动轨迹示意图

自动方式启动时，若工作台不在原点，应通过手动操作使工作台返回原点后，再按启动按钮开始运行。若工作台超出行程使超程限位动作时，伺服电动机应立即停止。

当按下停止按钮时，工作台应立即停在原处，再按启动按钮时，工作台应继续运行。

伺服电动机点动时移动的速度为________ cm/min（可在 0～90 cm/min 范围内指定）；自动运行时的加速时间为________ ms、减速时间为________ ms，移动的速度为________ cm/min。（加、减速时间可在 10～1000 ms 范围内指定；移动速度可在 0～90 cm/min 范围内指定。）

设置定位完成指示灯，在每段定位完成时，指示灯都应点亮 1 s 后熄灭。

（1）根据上述控制要求及给定的 PLC 和交流伺服装置，自行分配 PLC 和定位模块的 I/O 端口，写出 PLC 和定位模块的 I/O 分配表，并画出接线图。

（2）按系统控制要求编写 PLC 程序，并上机输入程序与调试。

（3）按控制要求在 FX－VPS 编程软件上完成定位单元 FX_{2N}－20GM 的参数设置与控制流程，并上机输入及调试。

第 21 章

西门子 S7－300 系列 PLC 的应用基础

第 1 节　S7 - 300 概述

SIMATIC 是西门子工业自动化产品的总称，SIMATIC 的控制器中包含了 S7，M7，C7，WinAC 等类型的 PLC。其中 SIMATIC S7 系列 PLC 包括微型（S7 - 200）系列、中/低性能系列（S7 - 300）和中/高性能系列（S7 - 400）。SIMATIC M7 系列 PLC 将兼容机的性能引入了 PLC，或者说是将 PLC 的功能加入计算机中并保持熟悉的编程环境，M7 适用于需要高的计算性能、数据管理和显示的场合。SIMATIC C7 系统是由一个 PLC（S7 - 300）、一个 HMI 操作面板和过程监视系统组成的，将 PLC 与操作面板集成在一起可使整个控制设备体积更小、价格更优。WinAC 是一个基于计算机的解决方案，它用于各种控制任务（控制、显示、数据处理）都由计算机完成的场合。

在 S7 系列 PLC 中，S7 - 200 是单元式的微型 PLC，I/O 点数为 256 点以下，最多可扩展 7 个扩展模块，比较适用于单机控制或小型控制系统。

S7 - 300 和 S7 - 400 都是模块式的 PLC。其中，S7 - 300 属于中小型 PLC，最多可扩展到 32 个不同类型的模块；具有多种网络接口，包括多点接口（MPI）、工业现场总线（PROFIBUS - DP)、工业以太网等接口；可以通过编程器（PG）访问所有的模块，使用 STEP 7 进行编程，并可以借助于其中的“HW Config”工具进行组态和设置参数。S7 - 400 是大型 PLC，用于中等到高级性能要求的控制系统，具有各种不同档次的 CPU，可以选择不同的模块，可以扩展多达 300 个模块；与 S7 - 300 相同，具有 MPI、PROFIBUS、工业以太网等接口，有强大的网络通信功能；同样使用 STEP 7 进行编程，并借助于其中的“HW Config”工具进行组态和设置参数，多处理器计算（在中央机架上可以使用多达 4 个 CPU）。图 21—1 所示为 S7 - 200 的外形，图 21—2、图 21—3 所示分别为 S7 - 300 和S7 - 400 的外形。在本章中，仅对 SIMATIC S7 系列中的 S7 - 300 进行介绍。

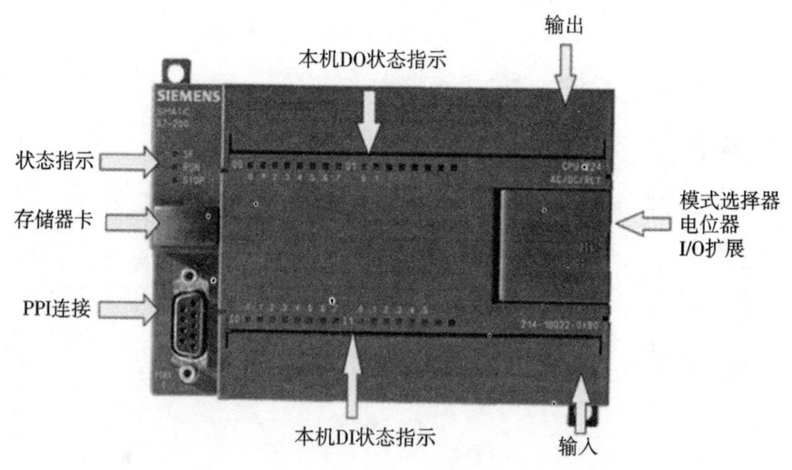

图 21—1　S7 - 200 的外形

图 21—2　S7－300 的外形

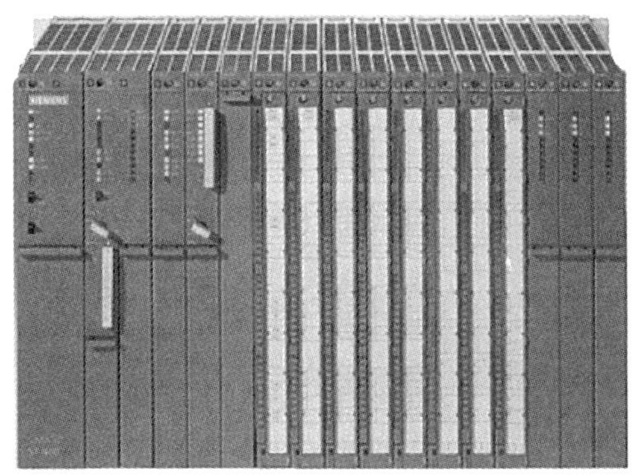

图 21—3　S7－400 的外形

S7－300 和 S7－400 使用同样的编程软件——STEP 7，这个编程软件可以安装在专用编程器中进行使用（称为 PG），也可用个人计算机安装后加以使用（称为 PC）。无论是使用 PG 还是 PC，都要使用专用的带适配器的编程电缆与 PLC 的编程接口连接后，才能把组态后的系统包括程序下载到 PLC 中运行，并在运行中进行监控和调试。图 21—4 所示为常用的带 MPI/PC 适配器的编程电缆。

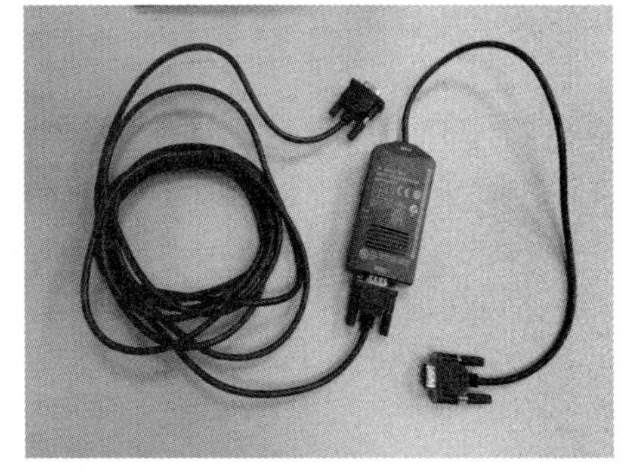

图 21—4　带 MPI/PC 适配器的编程电缆

MPI（多点接口）是 S7－300 的 CPU 上自带的一个通信接口，这是一个使用 MPI 上层通信协议的 RS－485 接口，一般可将它作为编程接口使用，连接 PG 或 PC，也可以用它来建立一个 MPI 网络而不需要附加其他任何硬件、软件和编程。除了 MPI 接口之外，有的 CPU 上还带有第 2 个通信接口，可以是现场总线 PROFIBUS-DP 接口、PROFINET 接口或 PtP（点对点）接口。

S7-300 的 CPU 有多种型号，不同型号的 CPU 具有不同的性能。例如，其中功能最强的 CPU 319-3PN/DP 的 RAM 存储容量为 1 400 KB，可以插入 8 MB 的微型存储卡（MMC 卡），CPU 内部具有 8 192 B 的位存储区，2 048 个定时器和 2 048 个计数器，数字量输入/输出点数最大可达 65 536 点，模拟量输入输出最多可达 4 096 个，每条位操作指令的执行时间为 0.01 μs。

在 STEP 7 中，S7 计数器的计数范围为 1～999，定时器的定时范围为 10 ms～9 990 s。还可以使用 IEC 标准的定时器和计数器。

S7-300 有 350 多条指令，标准版的编程软件 STEP 7 中可使用梯形图（LAD）、语句表（STL）和功能块图（FBD）3 种编程语言，这 3 种编程语言可相互转换。此外，STEP 7 还有 SCL，Graph，CFC，HiGraph 等编程语言可供用户选购。

在 STEP 7 中还提供了大量的系统功能（SFC）和系统功能块（SFB）供用户使用，用于各种中断处理、出错处理、通信处理、数据处理等方面。在用户程序中，可通过调用 SFC 及 SFB，来使用集成在 CPU 操作系统内的子程序，从而显著地提高编程效率及减少所需要的用户存储器容量。

S7-300 的 CPU 用智能化的诊断系统来连续地监控系统运行的功能是否正常，记录错误和所发生的特殊系统事件。S7-300 有过程报警、日期时间中断、定时中断等功能。

S7-300 的操作系统中已集成了人机界面（HMI）服务，可大大减少人机对话的编程要求。S7-300 按照设定的刷新速度自动地将数据传送给所组态的人机界面，从而可通过人机界面对 PLC 的运行实现实时、可视化的监控。

第 2 节　S7-300 的硬件结构

一、S7-300 的机架硬件结构和组成部件

1. S7-300 的硬件结构

S7-300 PLC 是模块式的 PLC，采用紧凑的、无槽位限制的模块结构。所使用的各种模块都安装在一根标准的导轨上，组成一个机架。标准的导轨是由铝合金制成的一种专用型材，安装时只需将模块钩在 DIN（德国标准化学会的简称）标准的导轨上，再用专用的螺杆紧固就可以了。导轨的长度有 482.6 mm，530 mm，830 mm 等数种可供选用。

一个机架分为 11 个位置，称为 11 个槽位。机架的最左端称为 1 号槽，规定用于安装电源模块（PS）。CPU 模块紧靠在电源模块右边安装，即 2 号槽的位置。如果有用于连接 2 个机架的接口模块（IM），则规定放在 3 号槽位置。从 4 号槽开始到 11 号槽为止，可以放置最多 8 个模块。各个模块之间（电源模块除外）用 U 字形的总线连接器（称为背板总线）连接起来，每个模块用一个总线连接器，插在模块的背后。安装时先

将总线连接器插在 CPU 模块上，并将 CPU 模块固定在导轨上，然后依次安装各个模块，如图 21—5 所示。

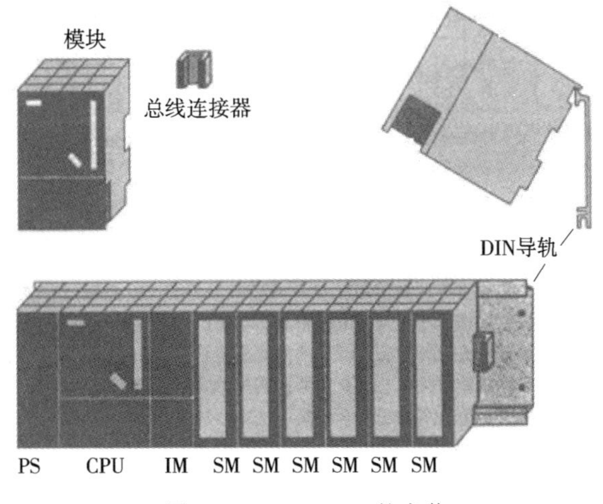

图 21—5　S7－300 的安装

2. S7－300 的组成部件

在 S7－300 的机架上，除了安装电源（PS）、CPU、接口（IM）等模块外，可以选择的其他模块有：DI（数字量输入）、DO（数字量输出）、AI（模拟量输入）、AO（模拟量输出）、FM（功能模块）、CP（通信模块）等。

(1) PS 30X 系列电源模块（PS）。电源模块是构成 PLC 控制系统的重要组成部分，针对不同系列的 CPU，西门子均有匹配的电源模块与之对应，用于对 PLC 内部电路和外部负载供电。

有多种 S7－300 电源模块可为 PLC 供电，也可以向需要 24 V 直流电源的传感器/执行器供电，比如 PS 305 和 PS 307。PS 305 电源模块是直流供电，PS 307 是交流供电。电源模块的额定输出电流有 2 A，5 A，10 A 3 种。图 21—6 所示的是 PS 307（2A）的模块示意图。

PS 307（2A）电源模块具有以下特性：

1）输出电流为 2 A。

2）输出电压为 DC24 V，有短路和开路保护。

3）连接单相交流系统（输入电压为 AC 120 V/230 V，50 Hz/60 Hz）。

4）可用作负载电源。

(2) CPU 模块。CPU 是 PLC 系统的运算控制核心。它根据系统程序的要求完成以下任务：接收并存储用户程序和数据，接收现场输入设备的状态和数据，诊断 PLC 内部电路工作状态和编程过程中的语法错误，完成用户程序规定的运算任务，更新有关标志位的状态和输出状态寄存器的内容，实现输出控制或数据通信等功能。

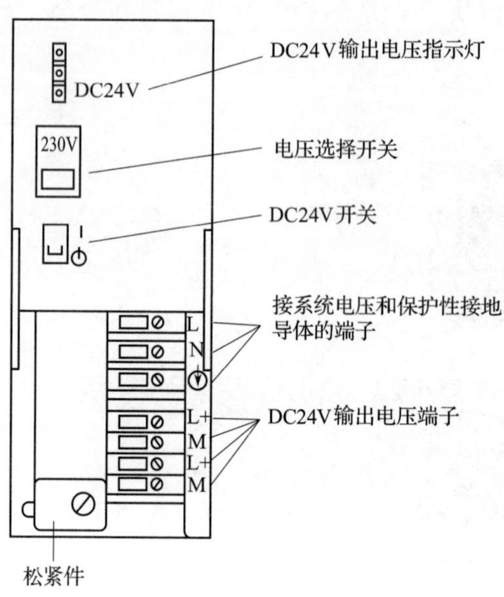

图 21—6 PS 307（2 A）电源模块

S7 - 300 CPU 有 20 多种不同型号，各种 CPU 按性能等级划分，可以涵盖各种应用范围。S7 - 300 CPU 可分为以下 6 类：

第一类，紧凑类 CPU，如 CPU312C，CPU313C，CPU314C - 2DP 等。

第二类，标准型 CPU，如 CPU312，CPU313，CPU314，CPU315 等。

第三类，革新的标准型 CPU，如 CPU312，CPU314，CPU315 - 2DP 等。

第四类，户外型 CPU，如 CPU312IFM，CPU314IFM 等。

第五类，大容量高端 CPU，如 CPU317 - 2DP，CPU318 - 2DP，CPU319 - 3PN/DP。

第六类，主/从接口安全型 CPU，如 CPU315F - 2DP，CPU317F - 2DP。

其中，紧凑型 CPU 中集成有 DI/DO、AI/AO 及其他一些功能，相当于 1 个小型的单元式 PLC。RAM 不能扩展，没有集成的装载存储器，运行时需插入 MMC 卡（Micro - Memory Card，微型存储卡，为 Flash EPROM），通过 MMC 卡存储程序和保存数据。

S7 - 300 系列 PLC 中紧凑型 CPU 和标准型 CPU 的技术参数见表 21—1、表 21—2。

表 21—1　　紧凑型 CPU 的技术参数

CPU	312C	313C	313C - 2PtP	313C - 2DP	314C - 2PtP	314C - 2DP
集成工作存储器 RAM	32 KB	64 KB	64 KB	64 KB	96 KB	96 KB
装载存储器（MMC）	最大 4 MB	最大 8 MB	最大 8 MB	最大 8 MB	最大 8 MB	最大 8 MB

续表

CPU	312C	313C	313C－2PtP	313C－2DP	314C－2PtP	314C－2DP
位操作时间 浮点数运算时间	0.2 μs 6 μs	0.1 μs 3 μs	0.1 μs 3 μs	0.1 μs 3 μs	0.1 μs 3 μs	0.1 μs 3 μs
集成 DI/DO 集成 AI/AO	10/6	24/16 4+1/2	16/16	16/16	24/16 4+1/2	24/16 4+1/2
位存储器（M）	128 B	256 B	256 B	256 B	256 B	256 B
S7 定时器/ S7 计数器	128/128	256/256	256/256	256/256	256/256	256/256
FB 最大块数/大小 FC 最大块数/大小 DB 最大块数/大小 DB 最大容量	1 024/16 KB 1 024/16 KB 511/16 KB 16 KB	1 024/16 KB 1 024/16 KB 511/16 KB 16 KB	1 024/16 KB 1 024/16 KB 511/16 KB 16 KB	1 024/16 KB 1 024/16 KB 511/16 KB 16 KB	1 024/16 KB 1 024/16 KB 511/16 KB 16 KB	1 024/16 KB 1 024/16 KB 511/16 KB 16 KB
全部 I/O 地址区 I/O 过程映像 最大数字量 I/O 点数 最大模拟量 I/O 点数	1 024 B/1 024 B 128 B/128 B 266/262 64/64	1 024 B/1 024 B 1 28B/128 B 1 016/1 008 253/250	1 024 B/1 024 B 128B/128 B 1 008/1 008 248/248	1 024 B/1 024 B 128 B/128 B 8 192/8 192 512/512	1 024 B/1 024 B 128 B/128 B 1 016/1 008 253/250	1 024 B/1 024 B 128 B/128 B 8 192/8 192 512/512
最大机架数/模块总数 通信接口与功能	1/8 MPI	4/31 MPI	4/31 MPI/PtP	4/31 MPI/DP	4/31 MPI/PtP	4/31 MPI/DP

表 21—2　　　　　　标准型 CPU 的技术参数

CPU	312	314	315－2DP	315－2PN/DP	317－2DP	319－3PN/DP
集成工作 存储器 RAM	32 KB	96 KB	128 KB	256 KB	512 KB	1 400 KB
装载存储器（MMC）	最大 4 MB	最大 8 MB	最大 8 MB	最大 8 MB	最大 8 MB	最大 8 MB
位操作时间 浮点数运算时间	0.2 μs 6 μs	0.1 μs 3 μs	0.1 μs 3 μs	0.1 μs 3 μs	0.05 μs 1 μs	0.01 μs 0.04 μs
每个优先级的 最大局部数据	256 B	512 B	1 024 B	1 024 B	1 024 B	1 024 B
位存储器（M）	128 B	256 B	2 048 B	2 048 B	4 096 B	8 192 B
S7 定时器/S7 计数器	128/128	256/256	256/256	256/256	512/512	2 048/2 048
FB 最大块数/大小 FC 最大块数/大小 DB 最大块数/大小 DB 最大容量	1 024/16 KB 1 024/16 KB 511/16 KB 16 KB	2 048/16 KB 2 048/16 KB 511/16 KB 16 KB	2 048/16 KB 2 048/16 KB 1 024/16 KB 16 KB	2 048/16 KB 2 048/16 KB 1 024/16 KB 16 KB	2 048/64 KB 2 048/64 KB 2 047/64 KB 64 KB	2 048/64 KB 2 048/64 KB 4 096/64 KB 64 KB

续表

CPU	312	314	315-2DP	315-2PN/DP	317-2DP	319-3PN/DP
全部I/O地址区 最大分布式I/O地址区 I/O过程映像 最大数字量I/O点数 最大模拟量I/O点数	1 024 B/1 024 B — 128 B/128 B 256/256 64/64	1 024 B/1 024 B — 128 B/128 B 1 024/1 024 256/256	2 048 B/2 048 B 2 048 B/2 048 B 128 B/128 B 16 384/16 384 1 024/1 024	2 048 B/2 048 B 2 048 B/2 048 B 2 048 B/2 048 B 16 384/16 384 1 024/1 024	8 192 B/8 192 B 8 192 B/8 192 B 2 048 B/2 048 B 65 536/65 536 4 096/4 096	8 192 B/8 192 B 8 192 B/8 192 B 2 048 B/2 048 B 65 536/65 536 4 096/4 096
最大机架数/模块总数 内置/通过CP的DP接口数	1/8 0/4	4/32 0/4	4/32 1/4	4/32 1/4	4/32 2/4	4/32 2/4

（3）接口模块（IM）。IM接口模块负责主机架和扩展机架之间的总线连接，有IM365，IM360，IM361等型号。其中，IM365是低性能的接口模块，而IM360和IM361需配套使用，IM360安装在主机架上，称为发送接口，IM361安装在扩展机架上，称为接收接口。IM365在连接扩展模块时，有扩展距离不能超过1 m、只能扩展1个机架、扩展机架上不能安装智能模块等限制。而IM360和IM361之间的距离最长可达10 m、可扩展3个机架、扩展机架上能够安装智能模块。可根据需要选用。

（4）信号模块（SM）。信号模块也叫输入/输出模块，是CPU模块与现场输入/输出元件及设备连接的桥梁，包括数字量I/O模块（DI/DO）和模拟量I/O模块（AI/AO）。用户可根据现场输入/输出设备选择各种用途的I/O模块。

1）数字量输入模块SM321。数字量输入模块将现场送来的数字信号进行电平转换并用光电耦合器对信号隔离后送到CPU模块。数字量输入模块有直流输入方式和交流输入方式。对现场输入元件，仅要求提供开关触点即可。输入信号进入模块后，一般都经过光电隔离和滤波，然后才送至输入缓冲器等待CPU采样。采样时，信号经过背板总线进入到输入映像区。数字量输入模块的内部电路示意图，如图21—7所示。

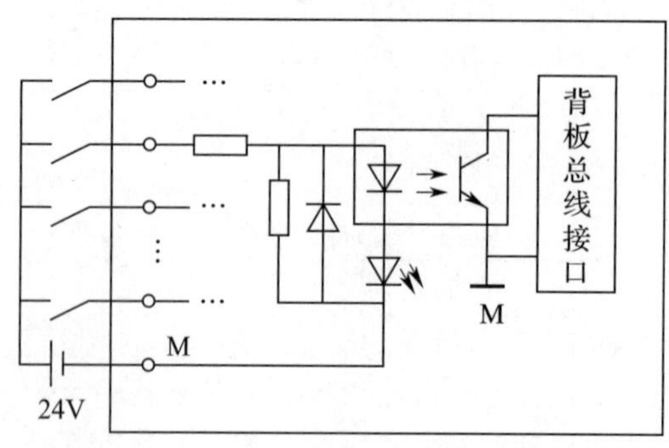

图21—7　SM321内部电路示意图

由图 21—7 可知，当外部输入触点接通时，输入电流流进输入端子，经过光电耦合器，将信号通过背板总线送到 CPU。从图中输入电流的方向可以看出，S7－300 的输入是源型的，因此在对输入器件进行接线时，需要把外部电源的负极连接到模块上的 M 端子，正极连接输入触点的公共线。

数字量输入模块 SM321 有多种规格可供选择，如直流 16 点输入、直流 32 点输入、交流 8 点输入、交流 16 点输入、交流 32 点输入等模块。模块的每个输入点有一个绿色发光二极管显示输入状态，当输入开关闭合即有输入电流时，二极管点亮。

2）数字量输出模块 SM322。数字量输出模块 SM322 将 S7－300 内部信号电平转换成过程所要求的外部信号电平，可直接用于驱动电磁阀、接触器、小型电动机、灯、电动机启动器等。按负载回路使用的电源不同，它可分为直流输出模块、交流输出模块和交直流两用输出模块。按输出开关器件的种类不同，它又可分为晶体管输出方式、晶闸管输出方式和继电器触点输出方式。晶体管输出方式的模块只能带直流负载，属于直流输出模块；晶闸管输出方式属于交流输出模块；继电器触点输出方式的模块属于交直流两用输出模块。从响应速度上看，晶体管响应最快，继电器响应最慢；从安全隔离效果及应用灵活性角度来看，以继电器触点输出型最佳。图 21—8 所示为数字量输出模块示意图。其中图 21—8a 所示为继电器输出，图 21—8b 所示为晶体管输出。由图中可知，在使用输出模块时，需接上 24 V 直流工作电源和负载电源。当负载电源也是直流 24 V 时，可以将 2 个电源并在一起。模块上的 L＋为 DC24 V 电源正极端，M 为负极端。当使用的是晶体管输出时，由图 21—8b 可知，S7－300 的输出也是源型的，在输出接通时，输出电流是流出输出端子的。因此在连接外部负载时，负载的公共线应接到负载电源的负极端。

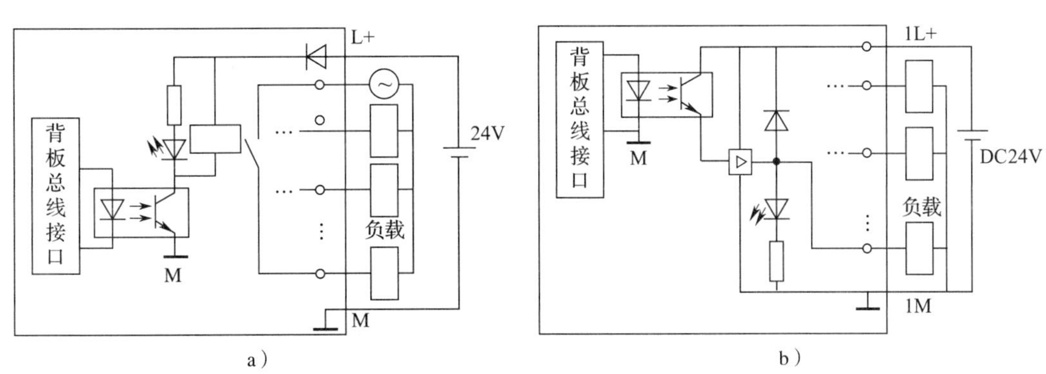

图 21—8　数字量输出模块示意图

a）继电器输出　b）晶体管输出

数字量输出模块 SM322 有多种规格可供选择，常用的模块有 8 点晶体管输出、16 点晶体管输出、32 点晶体管输出、8 点晶闸管输出、16 点晶闸管输出、32 点晶闸管输出、8 点继电器输出、16 点继电器输出等。模块的每个输出点有一个绿色发光二极管显示输出状态，输出逻辑 1 时，二极管点亮。

3）模拟量输入模块 SM331。S7 - 300 的模拟量输入模块的输入测量范围很宽，它可以直接输入电压、电流、电阻、热电偶等信号，具体的各种模拟量输入范围与数字量的对应关系，请参考相关技术手册。

SM331 主要由 A/D 转换部件、模拟切换开关、补偿电路、恒流源、光电隔离部件、逻辑电路等组成。A/D 转换部件是模块的核心，其转换原理采用积分方法。模拟量输入模块内部电路的示意图如图 21—9 所示。

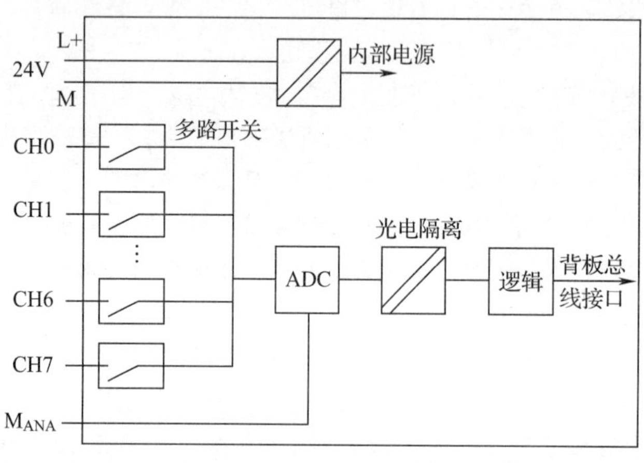

图 21—9　模拟量输入模块内部电路示意图

模拟量输入模块 SM331 常用的有 3 种规格型号，即 8AI×12 位模块、2AI×12 位模块和 8AI×16 位模块，分别为 8 通道的 12 位模拟量输入模块、2 通道的 12 位模拟量输入模块、8 通道的 16 位模拟量输入模块。其中，具有 12 位输入的模块除了通道数不一样外，其工作原理、性能、参数设置等各方面都完全一样。

4）模拟量输出模块 SM332。S7 - 300 的模拟量输出模块可以输出 0～10 V，1～5 V，－10～10 V，0～20 mA，4～20 mA 等模拟量信号，具体的数字量与不同的模拟量输出范围间的对应关系，请参考相关技术手册。模拟量输出模块内部电路的示意图如图 21—10 所示。

由图 21—10 可见，在模拟量输出的一个通道中，有 4 个接线端子，其中 QV_0（或 QI_0）为电压输出（或电流输出）端，M_{ANA}为模拟量接地端，M_{ANA}与电源接地 M 端之间一般是隔离的，以防止干扰。负载接在 QV_0（或 QI_0）与 M_{ANA}之间。另外 2 个端子 S＋、S－为检测端（有些模拟量输出模块没有这 2 个端子），使用检测端可以对输出量进行补偿，以提高输出精度。

模拟量输出模块 SM332 目前有 4 种规格型号，即 2AO×12 位模块、4AO×12 位模块、8AO×12 位模块和 4AO×16 位模块，分别为 2 通道的 12 位模拟量输出模块、4 通道和 8 通道的 12 位模拟量输出模块、4 通道的 16 位模拟量输出模块。其中具有 12 位输出的模块除通道数不一样外，其工作原理、性能、参数设置等各方面都完全一样。

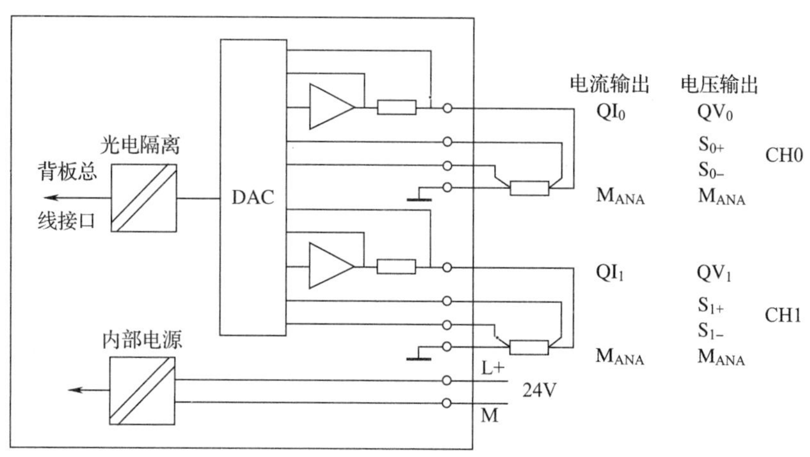

图 21—10　模拟量输出模块内部电路示意图

（5）功能模块（FM）。功能模块主要用于对实时性和存储容量要求高的控制任务，如高速计数、进给驱动位置控制、闭环控制等。功能模块是智能的信号模块，在模块中有自身的处理器芯片，故不占用 CPU 的资源。功能模块有许多品种，如电子凸轮控制器模块、步进电动机定位模块、伺服电动机定位模块、温度控制器模块、称重模块、超声波位置编码器模块等。

（6）通信处理器模块（CP）。S7－300 系列 PLC 有多种通信处理器模块，也称为通信模块，可用于在 PLC 之间、PLC 与计算机之间、PLC 与其他智能设备之间组态网络。通信模块有多种类型，如 CP340，CP341，CP342、CP343 等。使用 CP340 和 CP341 模块可以实现点对点通信（Point to Point，PtP）、使用 CP342 模块可以实现 Profibus（过程现场点线）通信、使用 CP343 模块可以实现工业以太网通信等。

二、S7－300 的扩展及地址分配

1. S7－300 机架的扩展

S7－300 的 1 个机架中除了电源、CPU 及接口模块之外，最多可放置 8 个其他模块。如果实际系统中需使用较多的模块，就需要增加机架。S7－300 最多可扩展到使用 4 个机架，即主机架（CR，0 号机架）及 3 个扩展机架（1～3 号机架）。扩展机架（ER）上不安装 CPU 模块，但可用电源模块。每个扩展机架上可安装 8 个其他模块，因此 S7－300 最多可使用 32 个各种模块，如图 21—11 所示。导轨之间用接口模块连接，接口模块之间用 368 电缆连接。

2. I/O 地址的分配

对 PLC 中每个输入或输出端口，都应分配 1 个地址。可使用默认的地址分配，也可自行定义 I/O 地址。

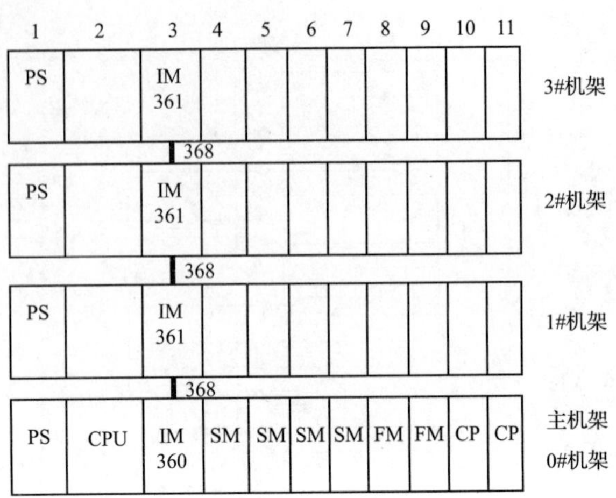

图 21—11　S7－300 的扩展

S7－300 的操作系统为每个槽号分配了 4 个字节的地址给数字量信号模块和 16 个字节的地址给模拟量信号模块。

默认分配地址的规律为：

（1）地址编号从主机架的 4＃槽开始，按槽号和机架号依次增大。

（2）数字量模块每个端子的地址以对应字节的 1 位表示；模拟量模块每个通道的地址用 1 个字表示。

（3）输入量和输出量的地址可以重叠。

（4）紧凑型 CPU 中集成的 I/O 地址默认为 3＃机架 11 槽上分配的地址。

根据上述规律，默认分配的数字量 I/O 端口地址如图 21—12 所示，模拟量 I/O 通道地址如图 21—13 所示。

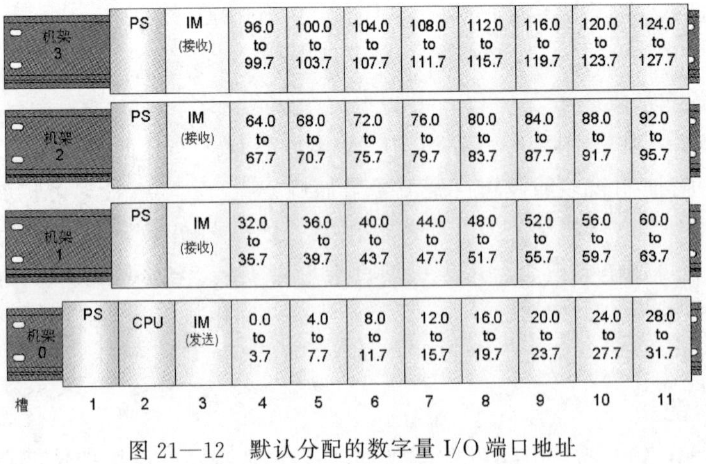

槽	1	2	3	4	5	6	7	8	9	10	11
机架 3	PS		IM (接收)	96.0 to 99.7	100.0 to 103.7	104.0 to 107.7	108.0 to 111.7	112.0 to 115.7	116.0 to 119.7	120.0 to 123.7	124.0 to 127.7
机架 2	PS		IM (接收)	64.0 to 67.7	68.0 to 70.7	72.0 to 75.7	76.0 to 79.7	80.0 to 83.7	84.0 to 87.7	88.0 to 91.7	92.0 to 95.7
机架 1	PS		IM (接收)	32.0 to 35.7	36.0 to 39.7	40.0 to 43.7	44.0 to 47.7	48.0 to 51.7	52.0 to 55.7	56.0 to 59.7	60.0 to 63.7
机架 0	PS	CPU	IM (发送)	0.0 to 3.7	4.0 to 7.7	8.0 to 11.7	12.0 to 15.7	16.0 to 19.7	20.0 to 23.7	24.0 to 27.7	28.0 to 31.7

图 21—12　默认分配的数字量 I/O 端口地址

槽口号	1	2	3	4	5	6	7	8	9	10	11
机架 3		PS 电源模块	IM（接收）	640 to 654	656 to 670	672 to 686	688 to 702	704 to 718	720 to 734	736 to 750	752 to 766
机架 2		PS 电源模块	IM（接收）	512 to 526	528 to 542	544 to 558	560 to 574	576 to 590	592 to 606	608 to 622	624 to 638
机架 1		PS 电源模块	IM（接收）	384 to 398	400 to 414	416 to 430	432 to 446	448 to 462	464 to 478	480 to 494	496 to 510
机架 0	PS 电源模块	CPU	IM（发送）	256 to 270	272 to 286	288 to 302	304 to 318	320 to 334	336 to 350	352 to 366	368 to 382

图 21—13　默认分配的模拟量 I/O 通道地址

在实际系统中，若在某一个槽的位置安装了 1 个信号模块，如果安装的是数字量信号模块，则采用图 21—12 中分配的地址；如果安装的是模拟量信号模块，则采用图 21—13 中分配的地址。例如，在主机架的 4＃槽中安装了 1 个 16 点的数字量模块（DI16 或 DO16），那么这个模块中每 1 点的地址就如图 21—14 所示。

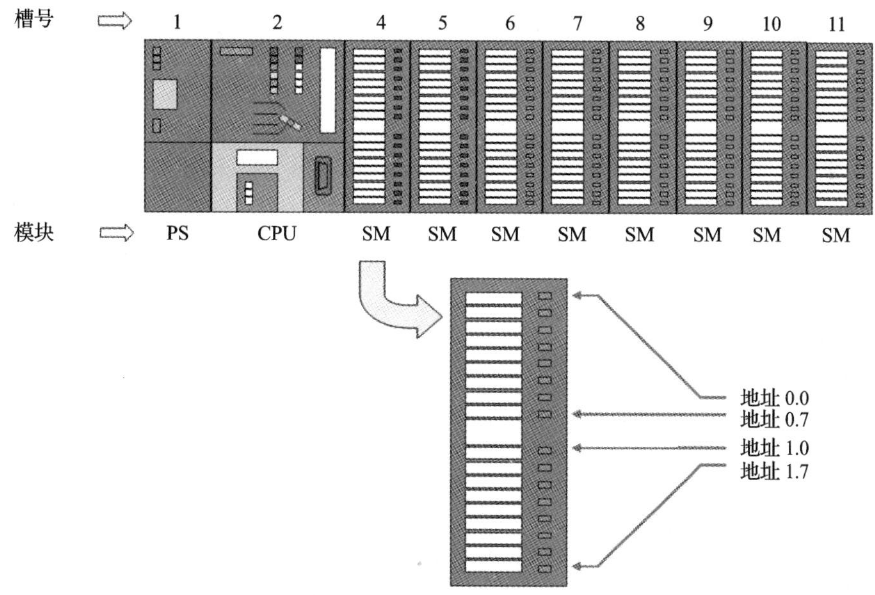

图 21—14　信号模块的 I/O 地址

信号模块的 I/O 地址也可以在 STEP 7 的硬件组态中自定义设置，但 I/O 地址的设置范围不能超出图 21—12 和图 21—13 中给出的地址范围。具体设置方法可参见本章第 3 节。

三、S7－300 PLC的CPU模块

1. S7－300 CPU的面板布置

以紧凑型CPU 314C－2DP为例，其CPU的面板布置如图21—15所示。

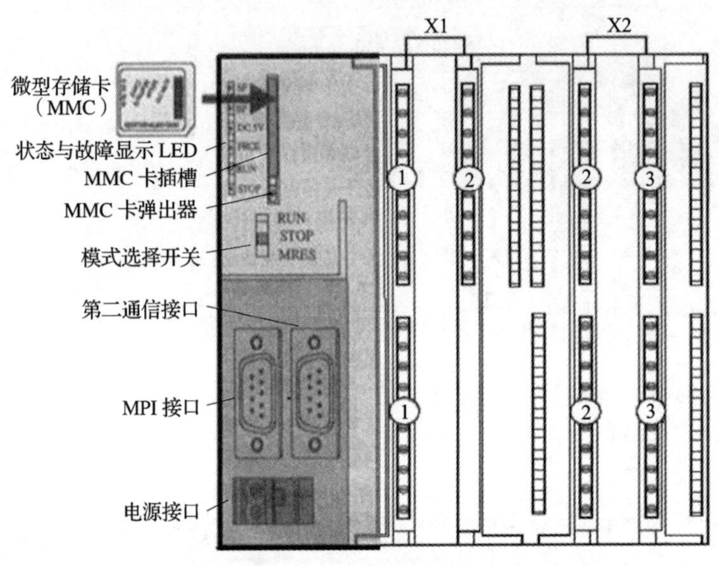

图21—15　CPU的面板布置

由图21—15中可见，在CPU模块的面板左上角，有一排LED状态指示灯，用以指示CPU的运行状态和故障报警；有1个存储卡的插槽，供插入微型存储卡（MMC卡）。在CPU的面板上具有2个通信接口，一个是编程接口（MPI接口），另一个是工业现场总线PROFIBUS－DP接口（仅在CPU型号中有2DP的才有此接口）；下面还有接电源的端子。由于图21—15中的CPU是紧凑型的，其中集成了数字量I/O和模拟量I/O，图中标有数字①的是模拟量输入和模拟量输出端口；标有数字②的是数字量输入端口（每排8点输入）；标有数字③的是数字量输出端口（每排8点输出）。

2. 状态和故障显示

CPU上安装有6个LED指示灯，用于显示CPU的运行状态和故障报警。在表21—3中列出了用于状态和故障显示的LED的含义。

表21—3　　状态和故障显示LED的含义

LED	含义	说明
SF（红色）	系统错误/故障	下列事件引起灯亮： • 硬件故障 • 固件出错

续表

发光二极管 LED	含义	说明
SF（红色）	系统错误/故障	• 编程出错 • 参数设置出错 • 算术运算出错 • 定时器出错 • 存储器卡故障（只在 CPU313 和 314 上） • 电池故障或电源接通时无后备电池（只用于 CPU313 和 314 上） • 输入/输出的故障或错误（只对外部 I/O） 用编程装置读出诊断缓冲器中的内容，以确定错误/故障的真正原因
BF（红色）	总线错误	总线出错时灯亮
DC5 V（绿色）	用于 CPU 和 S7－300 的 DC 5 V 电源	如果内部的 5 V 直流电源正常，则灯亮
FRCE（黄色）	强制作业指示	至少有一个 I/O 被强制时亮
RUN（绿色）	运行状态指示	CPU 处于“RUN”时亮，“启动”时以 2 Hz 闪亮，“保持”时以 0.5 Hz 闪亮
STOP（黄色）	停止状态指示	CPU 处于“STOP”“启动”“保持”时亮，存储器复位时以 0.5 Hz 闪亮，存储器置位时以 2 Hz 闪亮

3．CPU 的复位操作（模式选择开关）

可使用模式选择开关设置当前 CPU 的运行模式。模式选择开关可有 4 个位置，其含义见表 21—4。

表 21—4　　CPU 的运行模式

位置	含义	说明
RUN－P （部分 CPU 有）	运行-编程模式	CPU 不仅执行用户程序，在运行时还可以通过编程软件读出和修改用户程序，以及改变运行方式
RUN	运行模式	CPU 执行用户程序，可以通过编程软件读出用户程序，但是不能修改用户程序
STOP	停止模式	CPU 不执行用户程序，通过编程软件可以读出和修改用户程序

续表

位置	含义	说明
MRES	存储器复位模式	MRES位置不能保持，在这个位置松手时开关将自动返回STOP位置。将模式选择开关从STOP状态扳到MRES位置，可以复位存储器，使CPU回到初始状态。工作存储器、装载存储器中的用户程序和地址区被清除，全部位存储器、定时器、计数器和数据块均被删除，即复位为零，包括有保持功能的数据。系统参数、CPU和模块的参数被恢复为默认设置，MPI的参数被保留。如果有存储器（或卡），CPU在复位后会将它里面的用户程序和系统参数复制到工作存储器区

使用模式选择开关可对CPU进行复位操作。复位操作的步骤如下。

（1）通电后将选择开关从STOP位置扳到MRES位置，“STOP”LED熄灭1 s，亮1 s，再熄灭1 s后保持常亮。放开开关，使它回到STOP位置。

（2）在3 s之内再次扳到MRES，“STOP”LED以2 Hz的频率闪动，表示正在执行复位，5 s后变为以0.5 Hz慢闪，再经3 s后“STOP”LED一直亮，复位结束，释放开关返回STOP位置。

四、S7－300中的存储器

1．CPU中的存储器区域

PLC中的存储器可分为系统存储器和用户存储器。系统存储器由只读存储器ROM构成，用于保存PLC的系统程序。PLC的系统程序相当于个人计算机的操作系统，它使PLC具有基本的智能，能够完成PLC设计者规定的各种工作。系统程序由PLC生产厂家设计并固化在ROM中，用户不能读取。用户存储器由随机读写存储器RAM构成，用于保存用户程序及有关数据。用户程序由用户设计，它使PLC能完成用户要求的特定功能。

PLC的存储器容量一般是指PLC中用户存储器的容量，以字节为单位。在CPU的运行中，使用不同的存储区域。S7－300 PLC中CPU的存储器可以分为3个区域，如图21—16所示。

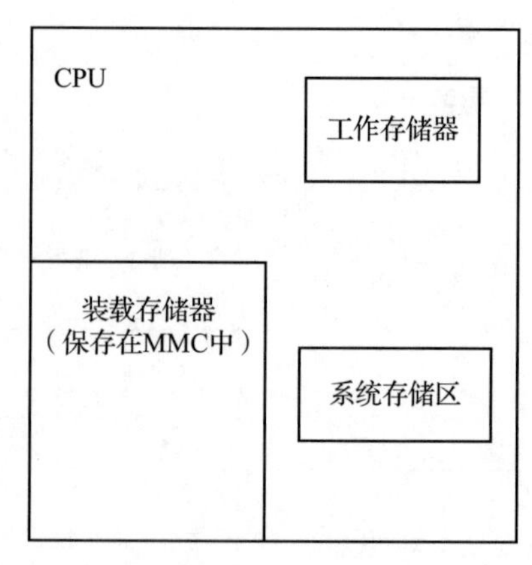

图21—16　CPU中的存储器区域

（1）装载存储器。装载存储器可以是微型存储卡（MMC）或内部集成的RAM，用于保存程序指令块、数据块和其他信息，也可以将项目的整个组态数据保存在装载存储器中。现在生产的S7－300 CPU均用MMC作为装载存储器，必须插入MMC，才能下载和运行用户程序。

（2）工作存储器（RAM）。工作存储器是集成在 CPU 中的高速存取的 RAM，不能被扩展。它用于存储 CPU 运行时使用的程序和数据。RAM 工作存储器集成在 CPU 中，通过后备电池保持。CPU 自动把装载存储器中可执行的部分复制到工作存储器，运行时 CPU 扫描工作存储器中的程序和数据。从 CPU 访问程序和数据过程中的作用来看，工作存储器类似于计算机中的内存条，而装载存储器可看作计算机中的硬盘。

（3）系统存储区（RAM）。系统存储区集成在 CPU 中，不能被扩展。它分为多个区域，对应以下各种编程元件，用户程序可对其进行读写访问。

1）过程映象输入和输出存储区（I，Q）。

2）外部设备输入和输出存储区（PI，PQ）。

3）位存储区（M）。

4）定时器（T）。

5）计数器（C）。

6）局部数据存储区（L）。

此外，S7-300 的存储器中还包含了保持存储器。保持存储器是非易失性 RAM，即使没有安装后备电池也能用来保存位存储器、定时器、计数器和数据块。要保持的区域可在设置 CPU 参数时指定。

S7-300 中各存储器区域的关系，如图 21—17 所示。

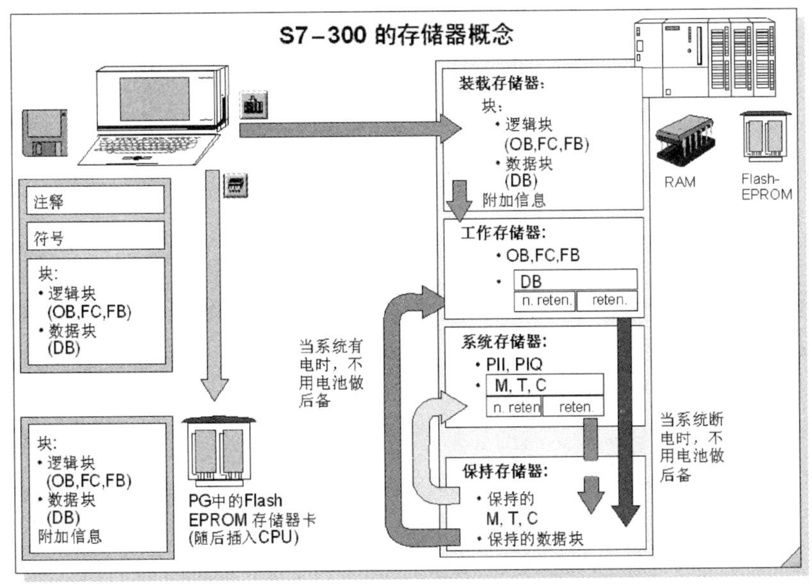

图 21—17　S7-300 中各存储区的关系

2. 系统存储区中的编程元件映像

(1) 过程映像输入 (I) 和过程映像输出 (Q)。过程映像输入和过程映像输出各有128 B (高端 CPU 中默认为 256 B，并还可调整增加)：IB0～IB127 及 QB0～QB127。PLC 中的数字量输入或输出模块中的每一个 I/O 端子对应过程映像区中的 1 bit。在 PLC 每个扫描周期的输入采样阶段，过程映像输入区根据数字量输入模块各输入端口的状态被更新；而在输出刷新阶段，过程映像输出区中的内容被输出到数字量输出模块。I 和 Q 在编程中可用“位”“字节”“字”“双字”的形式表示，如图 21—18 所示。

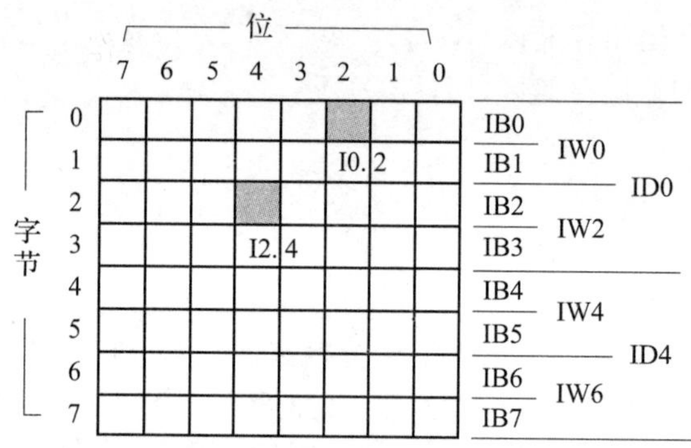

图 21—18 过程映像输入和输出的表达形式

图 21—18 中写出了过程映像输入的表示形式，过程映像输出以同样方式表示。图中仅画出了 8 个字节，但图示的表示形式可扩展到全部过程映像区。当过程映像区用字或双字形式构成数据时应注意，高位字节是放在地址小的字节中的，如图 21—19 所示。

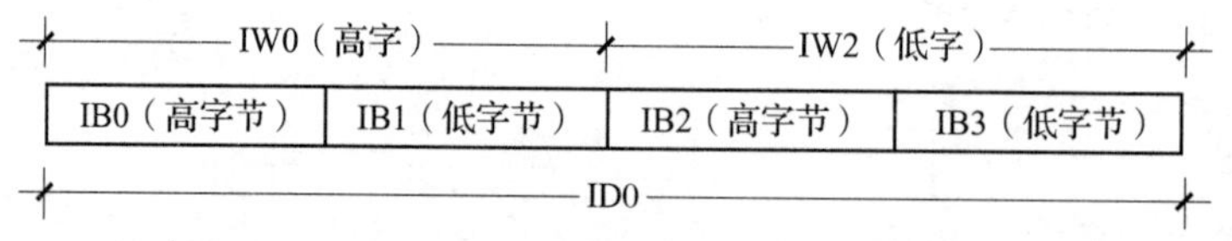

图 21—19 用字或双字形式构成数据时的位序

(2) 外设 I/O 存储区 (PI 和 PQ)。PI 和 PQ 区直接保存外部设备输入、输出端口的数据，除数字量输入输出模块之外的其他模块的 I/O 数据也使用 PI 和 PQ 区。PI 和 PQ 区中的数据更新不受 PLC 扫描周期的影响。在读写外设 I/O 存储区时，只能用“字节”“字”“双字”的形式进行访问，如 PIW0，PQB2 等形式，而不能用“位”的形式表示。此外，对于低端的 S7 - 300 CPU，过程映像输入和输出区都只有 128 B，如果组态的模块地址超出这一范围，可以通过外设 I/O 存储区 (PI 和 PQ) 来进行访问。

(3) 位存储区 (M)。M 也可被称为中间继电器，有 256 B (高端 CPU 中最高可达 8 192 B)，即 MB0～MB255。位存储区 M 在程序中进行访问时可用“位”“字节”“字”“双字”的形式表示，如 M10.0，MB2，MW0，MD30 等。在使用“字”“双字”的形式表示时同样需注意，高位字节是放在地址小的字节中的。位存储区在程序中主要用于设置各种标志位，用来保存控制逻辑中的中间操作状态或其他控制信息，也可以用来保存控制过程中的一些数据。

(4) 定时器（T）。在 S7－300 中共有 256 个 SIMATIC 定时器，即 T0～T255。这些定时器均是 16 位的，延时时间为 10 ms～9 990 s。所有的定时器都既可以作为通电延时定时器，也可以作为断电延时定时器或脉冲定时器使用，具体由程序中所使用的定时器指令所确定。

(5) 计数器（C）。在 S7－300 中共有 256 个 16 位计数器，即 C0～C255，计数值为 0～999。根据程序中所使用的计数器指令，可把这些计数器作为加法计数器、减法计数器或可逆计数器使用。

(6) 局部数据（L）。S7－300 在运行时，会对每个程序块临时分配 1 个存储区用于存储局部数据，这个存储区的大小与 CPU 的型号有关。各程序块可使用这个局部数据区来保存一些临时变量、中间运算结果或程序块内部的控制信息。局部数据区只在各程序块内部有效，当该程序块退出运行时，CPU 临时分配给这个程序块的局部数据区就会被收回，其中保存的信息即被丢失。但在该程序块运行中发生中断或调用其他程序块时，CPU 会对其他程序块另外分配一个局部数据区，因此原程序块中的局部数据不会因程序暂停执行而被丢失。局部数据同样可以用“位”“字节”“字”“双字”的形式表示，如 L0.2，LB2，LW10，LD20 等。

(7) 数据块（DB）。在 S7－300 中可建立数据块用以存储程序运行中所需要的各种数据。数据块分为共享数据块 DB 和背景数据块 DI，数据块的个数、数据块存储区域的大小均与 CPU 的型号有关。数据块中的数据都可以用“位”“字节”“字”“双字”的形式来表示，如 DBX0.2，DBB2，DBW10，DBD20 等。而背景数据块中的数据还可以用 DIX0.2，DIB2，DIW10，DID20 等形式来表示。

五、S7－300 CPU 中的寄存器

1. 累加器

在 S7－300 的 CPU 中，有 2 个 32 位的累加器 ACCU1 和 ACCU2，它们是用于处理字节、字或双字的寄存器。累加器是语句表程序的关键部件，几乎所有语句表指令的操作都是通过累加器进行的。累加器是 32 位的，在处理 8 位、16 位数据时，数据存放在累加器的低 8 位或低 16 位（靠右对齐）。

2. 地址寄存器

在 S7－300 的 CPU 中，有 2 个 32 位的地址寄存器 AR1 和 AR2，用于存储 CPU 所要访问的存储单元地址或地址指针，特别是在进行间接寻址时需要通过地址寄存器来访问数据。

3. 状态寄存器

CPU 中的状态寄存器是 1 个 16 位的寄存器，用于存放 CPU 执行指令后的状态字。可以通过 STEP 7 的语句表编程手册来了解每条指令对状态字的影响。状态寄存器中只使用了低位的 9 位，如图 21—20 所示。

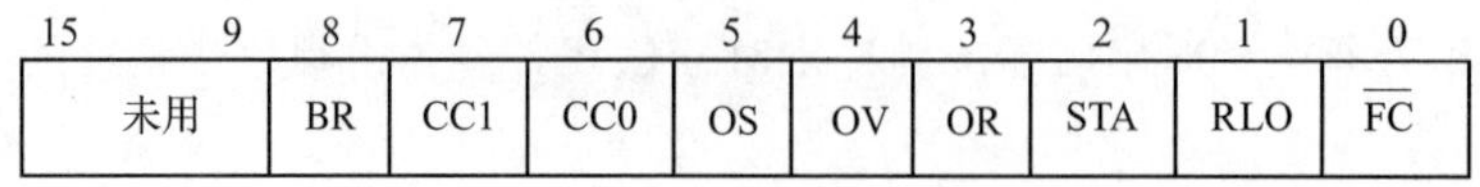

图 21—20　CPU 中的状态字

状态字中的内容可用于对程序运行状态的监控，其中某些位的状态可用于确定程序的跳转情况。用位逻辑指令或字逻辑指令可以访问和检测状态位。

（1）首次检测位（$\overline{FC}$）。此位的状态为“0”时，表示梯形图中 1 个程序段的开始。在这个程序段中执行了 1 条指令后此状态位就被置位，到程序段结束时此状态位被复位。

（2）逻辑运算结果（Result of Logic Operation，RLO）。RLO 表示执行了位逻辑指令或比较指令后的逻辑结果。此状态位的状态“1”表示有能流流到梯形图中的运算点处，若为“0”则表示没有能流流到该处。在梯形图监控时能流的状态如图 21—21 所示。

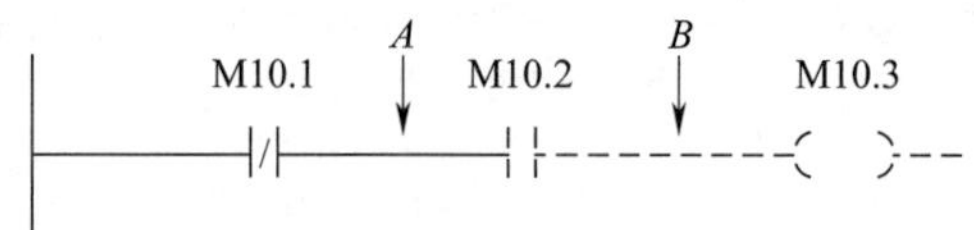

图 21—21　梯形图监控时能流的状态

在图 21—21 中，*A* 处的 RLO=1，有能流流到该处（监控图形中为绿色的实线）；而 *B* 处的 RLO=0，表示没有能流流到该处（监控图形中以虚线表示）。

（3）状态位（STA）。此状态位表示信号的状态，执行位逻辑指令时，STA 的状态与所访问的位存储器的状态一致，因此可通过 STA 了解位逻辑指令的位状态。

（4）或位（OR）。当逻辑操作是 AND 和 OR 的组合时，“或”状态位（OR）的状态是前一条 AND 指令操作的结果，为后续的 OR 操作做准备：如果前一条 AND 指令操作的结果为 1，则 OR 位的状态为 1，整个“或”操作的结果就是 OR 位的状态 1；如果前一条 AND 指令操作的结果为 0，则 OR 位的状态为 0，整个“或”操作的结果就要由下一条 AND 指令操作的结果来决定。其他任何位处理指令会将 OR 位清零。

（5）溢出位（OV）。当 1 个算术运算或浮点数比较指令出现溢出或其他错误时 OV 位被置位，在其后执行的会影响此状态位的指令执行情况正常时，OV 位被清零。

（6）溢出状态保持位（OS）。当 OV 状态位置位时 OS 状态位同时置位，但这个状态能被保持，即 OV 位被复位时 OS 位并不同时复位，保持了“1”的状态不变，直到执行了 JOS 指令（OS=1 时跳转）、块调用指令或块结束指令时 OS 状态位才会被复位。

（7）条件码 1（CC1）和条件码 0（CC0）。这 2 个位组合起来用于表示位逻辑指令、比较指令、算术运算、移位及循环移位指令、字逻辑运算指令等执行之后的有关状态，见表 21—5 和表 21—6

表 21—5　　算术运算后的 CC1 和 CC0

CC1	CC0	算术运算无溢出	整数算术运算有溢出	浮点数算术运算有溢出
0	0	结果＝0	整数相加下溢出（负数绝对值过大）	运算结果的绝对值过小
0	1	结果＜0	乘法下溢出，加减法上溢出（正数过大）	负数的绝对值过大
1	0	结果＞0	乘除法上溢出，加减法下溢出	正数过大
1	1	—	除法或 MOD 指令的除数为 0	非法的浮点数

表 21—6　　指令执行后的 CC1 和 CC0

CC1	CC0	比较指令	移位及循环移位指令	字逻辑指令
0	0	累加器 2＝累加器 1	移出位为 0	结果为 0
0	1	累加器 2＜累加器 1	—	—
1	0	累加器 2＞累加器 1	—	结果不为 0
1	1	非法的浮点数	移出位为 1	—

（8）二进制结果位（BR）。在梯形图中，方框指令的输出使能信号（ENO）与 BR 位的状态是相同的，用于表示方框指令的执行是否正确。如果执行正确，BR 和 ENO 都为 1；如果执行错误，则 BR 和 ENO 均为 0。

4. 数据块寄存器

数据块寄存器 DB 和 DI 分别用来保存当前打开的共享数据块和背景数据块的编号。

第 3 节　STEP 7 编程软件的安装和应用

S7－300 和 S7－400 的组态编程软件是 STEP 7，是西门子 SIMATIC 的标准软件包。STEP 7 用于对整个控制系统（包括 PLC、远程 I/O、HMI、驱动装置、通信网络等）进行组态、编程和监控。

一、STEP 7 的安装

1. 安装 STEP 7 对计算机的要求

STEP 7 V5.3 及以上版本对计算机硬件和软件的要求如下。

（1）硬件。专用编程器（PG）或计算机（PC）；CPU 主频 600 MHz 以上、256 MB 以上内存、剩余硬盘空间 900 MB 以上、XGA 显示器，支持 1 024×768 分辨率。

（2）软件。操作系统要求为 Windows 2000 或 MS Windows XP 或 Windows Server

2003，从 STEP 7 V5.4 SP3 开始，也支持 MS Windows Vista 32 Business 和 Ultimate 操作系统。STEP 7 V5.5 支持 MS Windows 7 操作系统，其中 V5.5 只能安装在 Windows 7 的 32 位版本上，如果是 64 位版本，需安装 V5.5 SP1 或以上版本且需安装 MS IE 5.0 以上版本。

2. STEP 7 的安装过程

在 Windows 2000/XP 操作系统中，必须具有管理员（Administrator）权限才能进行 STEP 7 的安装。下面以 STEP 7 V5.5 中文版为例说明安装步骤。

运行 STEP 7 安装光盘上的 Setup.exe 开始安装。也可以将光盘中的安装包复制到硬盘中进行安装，这样安装速度可更快。但要注意，安装包的路径中不能含有中文字，路径也不能太深，否则会提示找不到 *.SSF 文件而不能安装。最好是将安装包复制到硬盘的某个逻辑盘的根目录下进行安装。

STEP 7 V5.5 的安装界面同大多数 Windows 应用程序相似。在整个安装过程中，安装程序一步一步地指导用户如何进行。在安装的任何阶段，用户都可以切换到下一步或上一步。

安装过程中，有一些选项需要用户选择。下面是对部分选项的解释。

（1）安装语言选择。选择简体中文，如图 21—22 所示。

图 21—22　安装语言选择

（2）选择需要安装的程序，如图 21—23 所示。

在图 21—23 所示界面中的各项解释如下。

STEP 7 V5.5 Chinese：STEP 7 V5.5 集成软件包，必选。

Automation License Manager V5.0 SP1：自动许可证管理器，必选。

S7-PCT V 2.1：端口配置软件，可以不选。

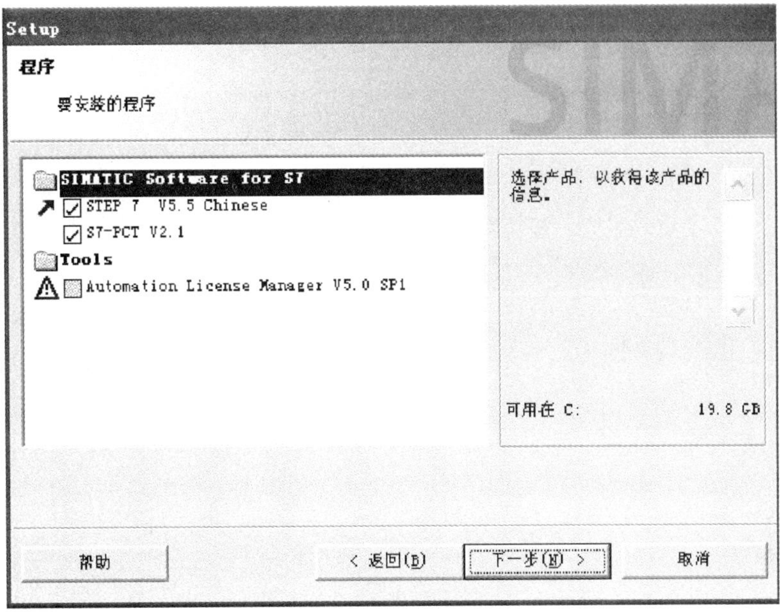

图 21—23　选择需要安装的程序

（3）在“许可证协议”对话框中必须选择接受许可协议的条款，否则［下一步］按钮不会出现，如图 21—24 所示。

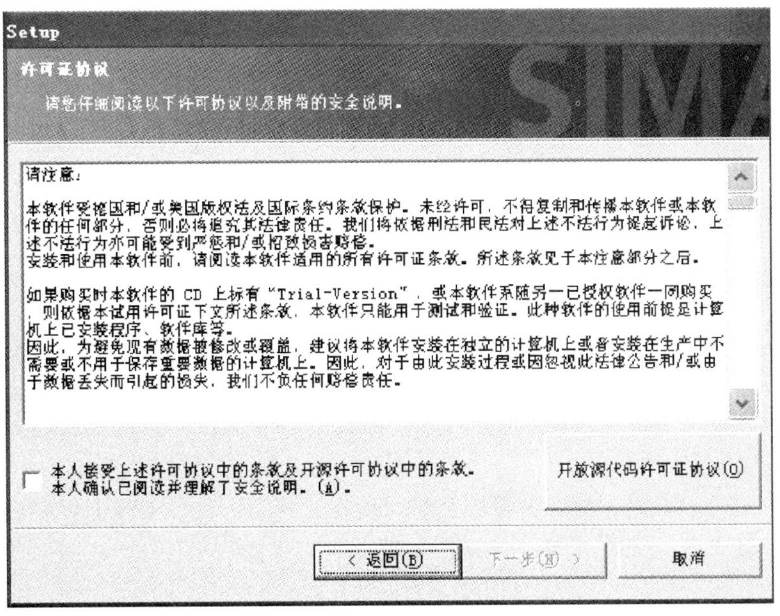

图 21—24　许可证协议对话框

(4) 选择安装方式。在STEP 7的安装过程中，有3种安装方式可选，如图21—25所示。

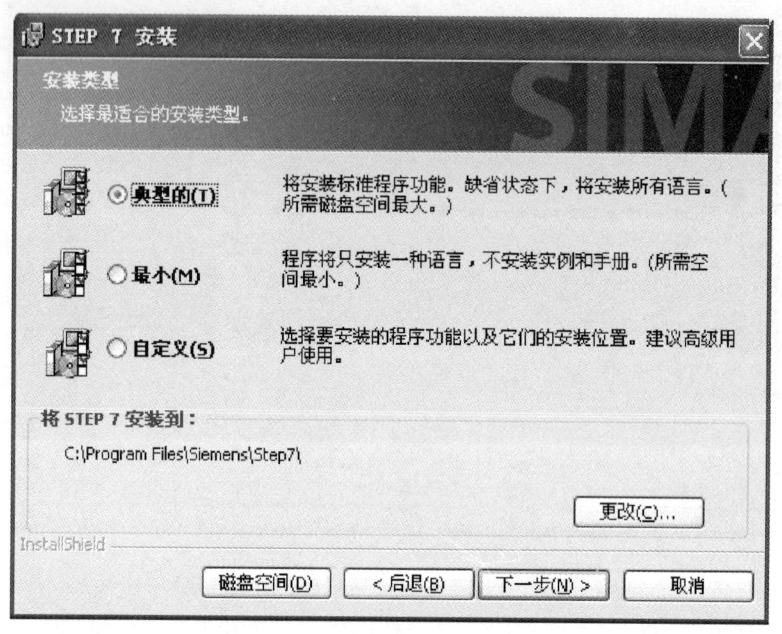

图21—25 选择安装方式

在图21—25所示界面中，可以选择安装方式和设置安装路径。3种安装方式的选择为：

第一种，典型安装。安装所有语言、所有应用程序、项目示例和文档，通常选择此项。

第二种，最小安装。只安装一种语言和STEP 7程序，不安装项目示例和文档。

第三种，自定义安装。用户可自己选择希望安装的程序、语言、项目示例和文档。

安装路径一般应选择默认的路径。

选择了安装方式并单击［下一步］按钮后，会出现图21—26所示窗口，应在其左下角处选择“我接受对系统设置的更改”，否则［下一步］按钮不会出现。

(5) 检查授权。在安装过程中，安装程序将检查硬盘上是否有授权（License Key）。如果没有发现授权，会提示用户安装授权。可以选择在安装程序的过程中就安装授权，或者以后再执行安装授权程序（见图21—27）。但在前一种情况中，应插入授权盘，并选择授权盘的盘符及路径。

(6) 在安装时如果出现与防火墙有关的对话框，单击［是］按钮继续安装。

(7) 设置读卡器。安装后期，有时会出现一个对话框（见图21—28），提示用户为读卡器配置参数。

1) 如果用户没有存储卡读卡器，则选择［无］，通常选择此项。

图 21—26　系统设置提示窗口

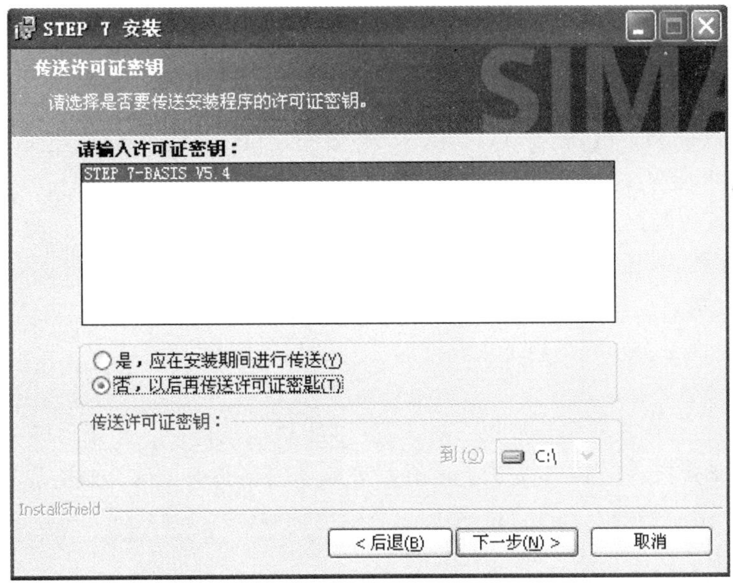

图 21—27　检查授权窗口

2）如果使用内置读卡器，请选择“内部编程设备接口”。该选项仅针对 PG，对于 PC 来说是不可选的。

3）如果用户使用的是 PC，而且有读卡器连接在 PC 上，则可选择“外部存储器”。这时，用户必须定义哪个接口用于连接读卡器（如 LPT1）。

此时如不设置，也可在安装完成之后，通过 STEP 7 程序组或控制面板中的“存储卡参数赋值”，修改这些设置参数。

（8）设置 PG/PC 接口。安装过程中，会提示用户“设置 PG/PC 接口”（Set PG/PC Interface），如图 21—29 所示。

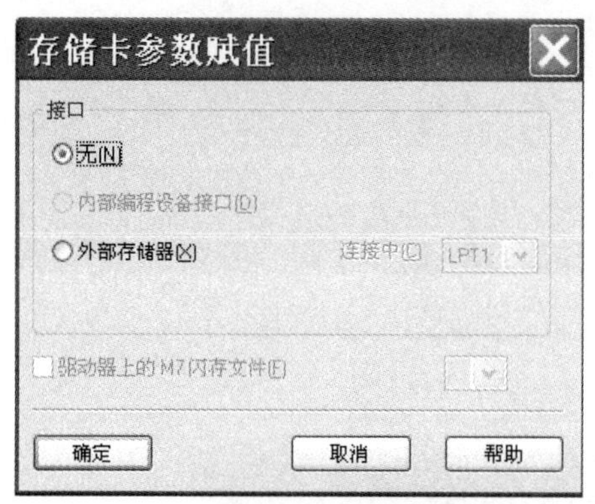

图 21—28　设置读卡器

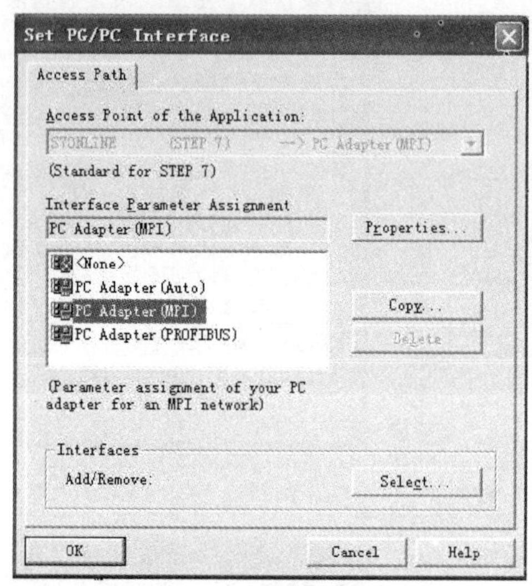

图 21—29　设置 PG/PC 接口

PG/PC 接口是 PG/PC 和 PLC 之间进行通信的接口。安装完成后，通过 SIMATIC 程序组或控制面板中的“设置 PG/PC 接口”可以随时更改 PG/PC 接口的设置。在安装过程中可以单击［Cancel］按钮忽略这一步骤。

（9）安装完成后，应按照提示立即重新启动计算机。重新启动后，在桌面上会出现 STEP 7 和许可证管理器的图标，如图 21—30 所示。

图 21—30　STEP 7 和许可证管理器图标

如果在安装过程中没有安装授权，则 STEP 7 不能启动运行，必须另行安装完成授权后 STEP 7 才能启动运行。STEP 7 安装完成后，可继续安装其他软件，如仿真软件“PLCSIM”其他编程语言“S7 - Graph”“S7 - HiGraph”、人机界面编程软件“WinCC Flexible”等。

二、STEP 7 的编程环境简介

STEP 7 标准软件包提供的应用程序有以下几种。

1. SIMATIC 管理器

SIMATIC Manager（SIMATIC 管理器）可以集中管理一个自动化项目的所有数据，可以分布式地读/写各个项目的用户数据，如图 21—31 所示。

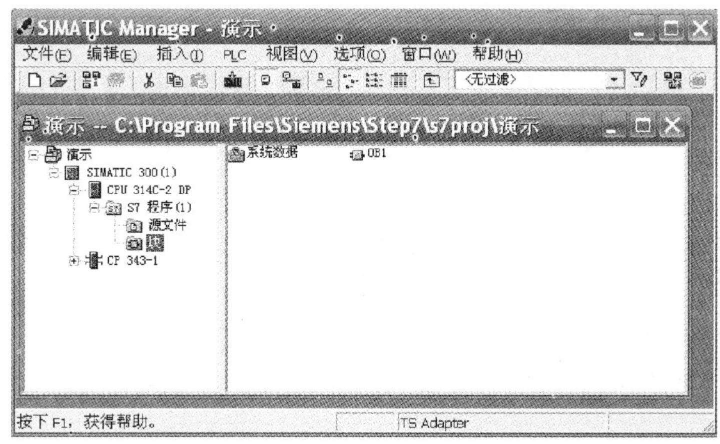

图 21—31　SIMATIC 管理器

2. 符号编辑器

使用符号编辑器可以管理所有的共享符号，其导入/导出功能可以使 STEP 7 生成的符号表供其他的 Windows 工具使用，如图 21—32 所示。

符号编辑器 - [S7 程序(1) (符号) -- 演...

符号表(S) 编辑(E) 插入(I) 视图(V) 选项(O) 窗口(W) 帮助(H)

全部符号

	状态	符号	地址		数据类型	注释
1		启动按钮	I	...	BOOL	
2		停止按钮	I	...	BOOL	
3		接触器	Q	...	BOOL	

按下 F1 获取帮助。

图 21—32　符号表

3. 程序编辑器

供梯形图/语句表/功能块图（LAD/STL/FBD）程序编程使用，如图 21—33 所示。

4. 硬件组态

硬件组态工具可以为自动化项目的硬件进行组态和参数设置，也可以对机架上的硬件进行配置，设置其参数及属性。硬件组态窗口如图 21—34 所示。

5. 网络组态（NetPro）

网络组态工具用于组态通信网络连接，包括网络连接的参数设置和网络中各个通信设备的参数设置。网络组态窗口如图 21—35 所示。

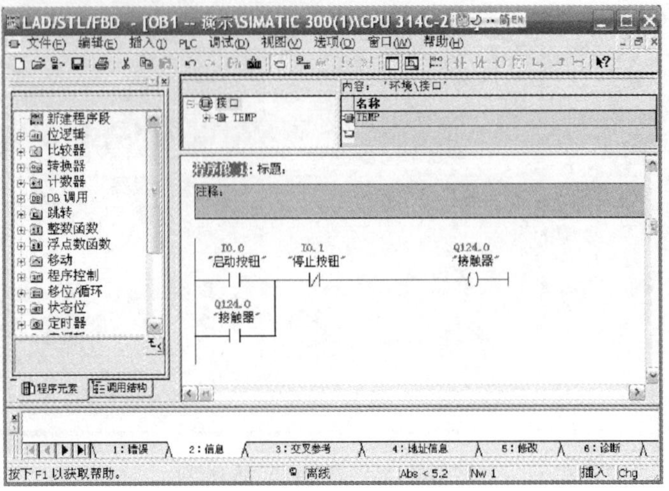

图 21—33　LAD/STL/FBD 编辑器

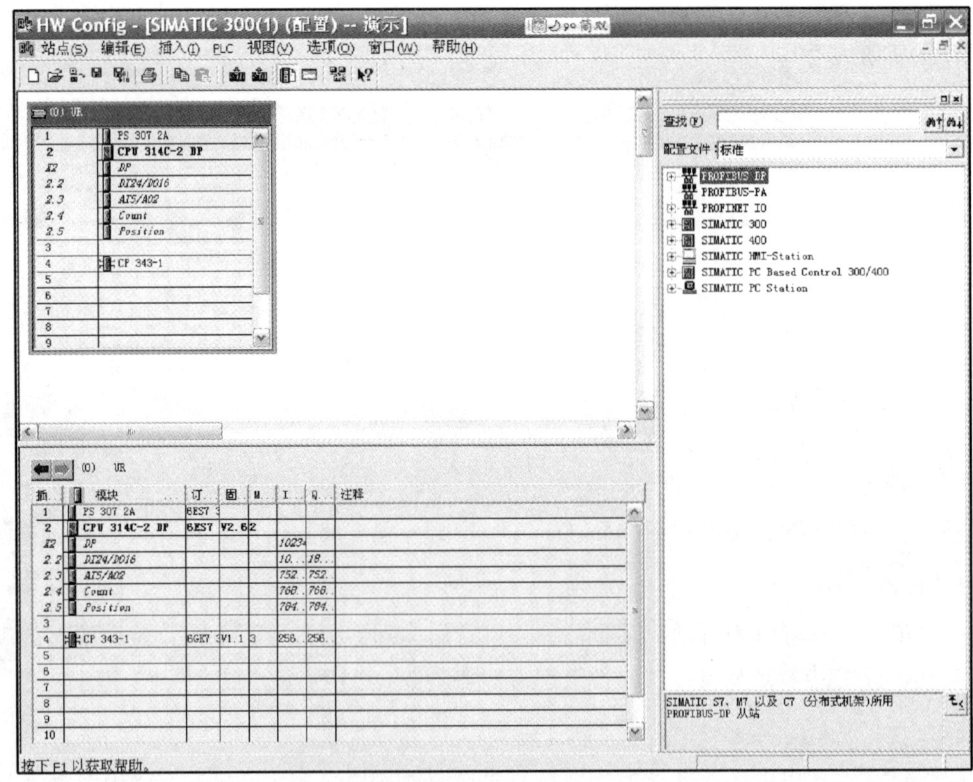

图 21—34　硬件组态窗口

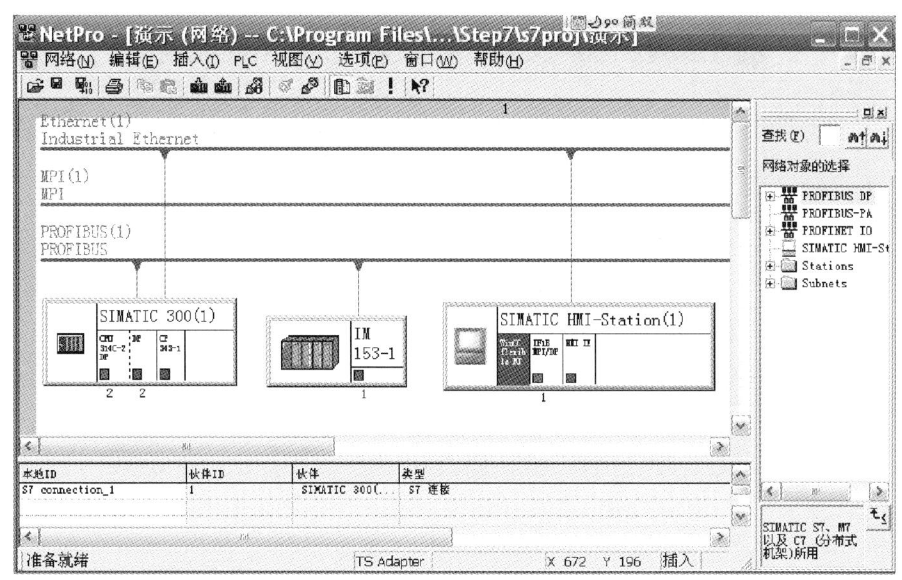

图 21—35　网络组态窗口

三、应用 STEP 7 建立项目

在 STEP 7 中，用项目来管理一个自动化系统的硬件和软件。STEP 7 用 SIMATIC 管理器对项目进行集中管理，它可以方便地浏览 SIMATIC S7，C7 和 WinAC 的数据。因此，掌握项目创建的方法就非常重要。在 SIMATIC 管理器中，可以用 2 种方法来建立项目。

1. 使用向导创建项目

（1）双击桌面上的 STEP 7 图标，进入 SIMATIC 管理器窗口，进入主菜单“文件”，选择“‘新建项目’向导…”，弹出标题为“STEP 7 向导：‘新建项目’”的小窗口，如图 21—36 所示。

（2）单击［下一个］按钮，在新项目中选择 CPU 模块的型号，如图 21—37 所示。

（3）单击［下一个］按钮，选择需要生成的逻辑块，至少需要生成作为主程序的组织块 OB1，如图 21—38 所示。

（4）单击［下一个］按钮，输入项目的名称，单击［完成］按钮以生成项目，如图 21—39 所示。

按照以上步骤建立项目后，在 SIMATIC 管理器窗口中可以看到，项目的层次目录已经建立起来了，在 S7 程序下的“块”文件夹中，已经存在程序块 OB1，如图 21—40 所示。在生成项目后，可以先组态硬件，然后再编制程序；也可以在没有组态硬件的情况下，首先生成软件程序。

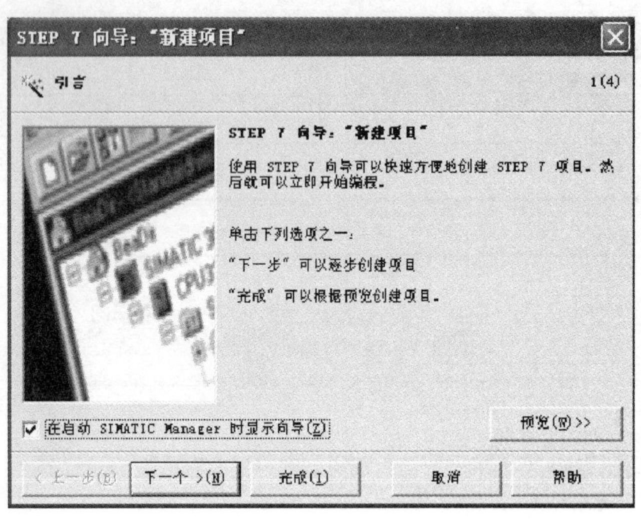

图 21—36　步骤 1 打开新建项目向导

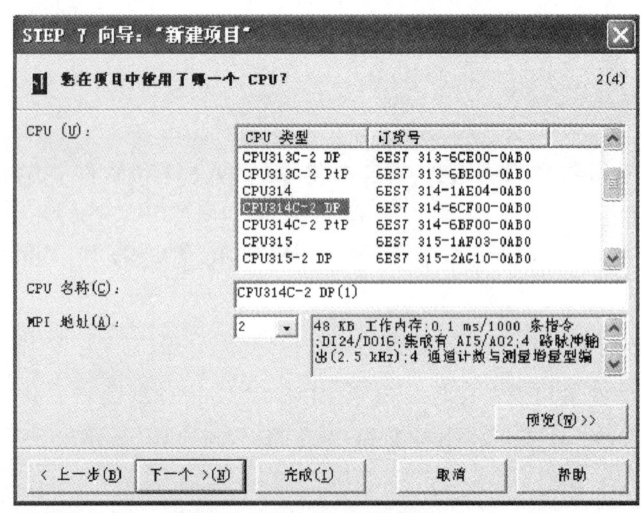

图 21—37　步骤 2 选择 CPU 型号

利用向导来建立项目时，在步骤 2 中选择 CPU 所用的 CPU 列表中有许多系列号的 CPU 并未列出，因此，不建议使用向导来建立项目。

2. 直接创建项目

进入 SEMATIC 管理器的主菜单“文件”，选择“新建…”命令，将出现图 21—41 所示的一个对话框，在该对话框中分别输入“文件名称”“存储位置（路径）”等内容，并单击［确定］按钮，即可完成一个空项目的创建，此时项目中没有站，也没有 CPU，如图 21—42 所示。

在直接建立的空项目中必须先进行硬件组态，才能编制程序。

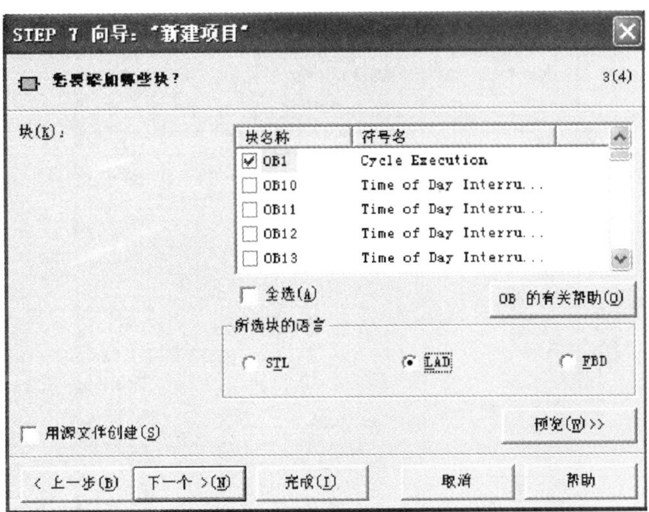

图 21—38　步骤 3 选择逻辑块

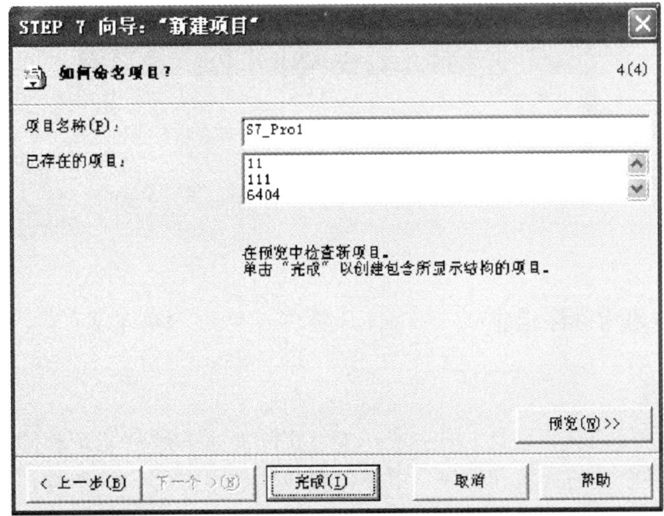

图 21—39　步骤 4 保存项目

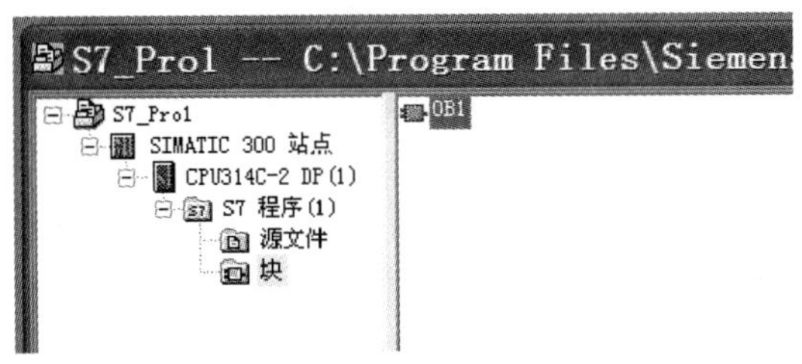

图 21—40　新建项目完成

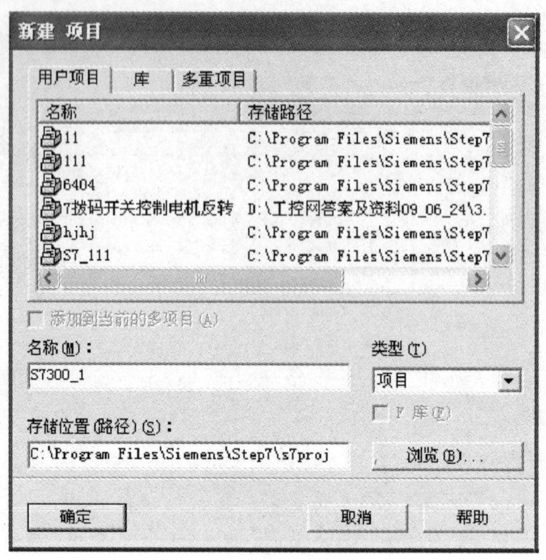

图 21—41　“新建项目”对话框

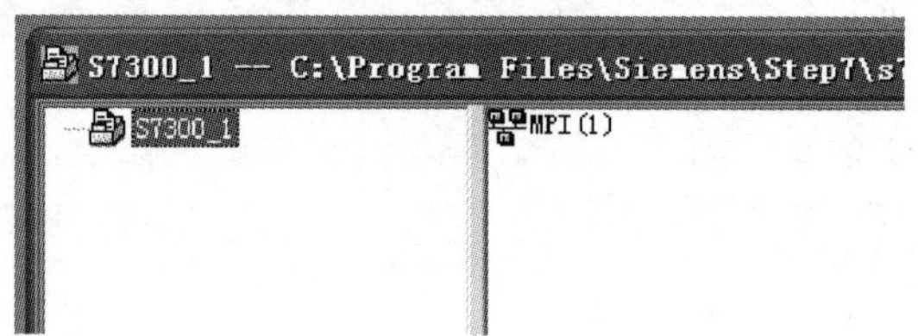

图 21—42　空项目创建完成

四、在 STEP 7 中进行硬件组态

1. 硬件组态的任务

硬件组态的任务就是在 STEP 7 中生成一个与实际使用的硬件完全相同的系统。例如，要生成网络、网络中各个站的导轨和模块，以及设置各硬件组成部分的参数，即给参数赋值。所有模块的参数都是用编程软件来设置的，完全取消了过去用来设置参数的硬件 DIP（双列直插式封装）开关。硬件组态确定了 PLC 输入/输出变量的地址，为设计用户程序打下了基础。

组态时设置的 CPU 参数保存在系统数据块 SDB 中，其他模块的参数保存在 CPU 中。在 PLC 启动时，CPU 自动向其他模块传送设置的参数，因此在更换除 CPU 之外的模块后不需要重新对它们赋值。

PLC 在启动时，CPU 将 STEP 7 中生成的硬件设置与实际的硬件配置进行比较，如果二者不符，将立即产生错误报告，并进行报警。

2. 硬件组态的步骤

硬件组态总的步骤如下。

第一，插入 1 个 SIMATIC 300 站，双击“硬件”图标，进入硬件组态窗口。

第二，在硬件组态窗口中生成导轨，在导轨中放置模块。

第三，双击模块，在打开的对话框中设置模块的参数，包括模块的属性和 DP 主站、从站的参数。

第四，保存和编译硬件设置，并将它下载到 PLC 中去。

具体的硬件组态步骤如下。

(1) 使用 SIMATIC 管理器的“插入”菜单命令，在项目下插入一个 SIMATIC 300 站点，如图 21—43 所示。

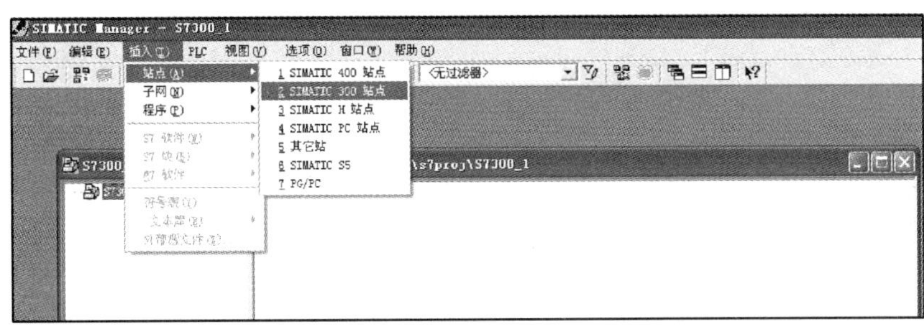

图 21—43 插入 SIMATIC 300 站点

在 SIMATIC 管理器左边的目录树中选择“SIMATIC 300”站点，双击工作区中的“硬件”图标，进入“HW Config”窗口，如图 21—44 所示。

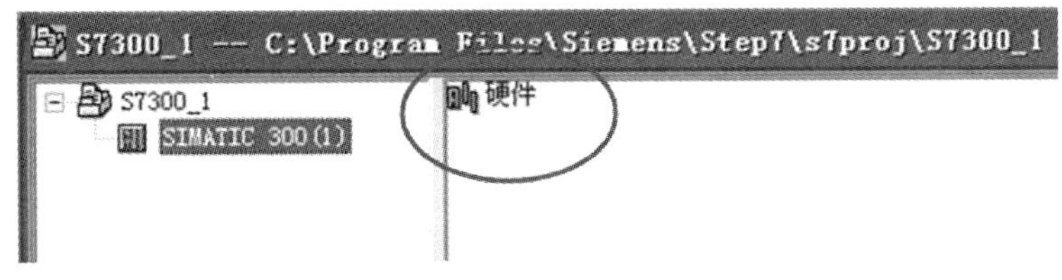

图 21—44 双击“硬件”图标进入硬件组态窗口

(2) 在硬件组态窗口中生成导轨，在导轨中放置模块。打开硬件组态窗口后，窗口的左上部是一个组态简表，左下部的窗口列出了各模块详细的信息，如订货号、MPI 地址、I/O 地址等。右边是硬件目录窗口，可以用菜单命令“查看”→“目录”打开或关闭它。左下部窗口上方标题栏中向左和向右的箭头用来切换导轨。

在硬件目录窗口中的“SIMATIC 300”→“RACK－300”文件夹中，双击“Rail”图标，就会把 1 个导轨放到组态简表窗口中。导轨有 11 个槽，通常 1 号槽放电源模块，2 号槽放 CPU，3 号槽放接口模块（使用多机架时需要安装，使用单机架时则此槽保留不用），从 4 到 11 号槽用来安放信号模块及其他模块（如 SM，FM，CP 等）。应按照实际 PLC 系统中所用的模块订货号及实际安装的位置顺序在硬件组态窗口中安放。图 21—45 所示就是从硬件目录中放置了电源模块 PS307（2A）、CPU 314C－2DP、以太网通信模块 CP343－1 的情况。

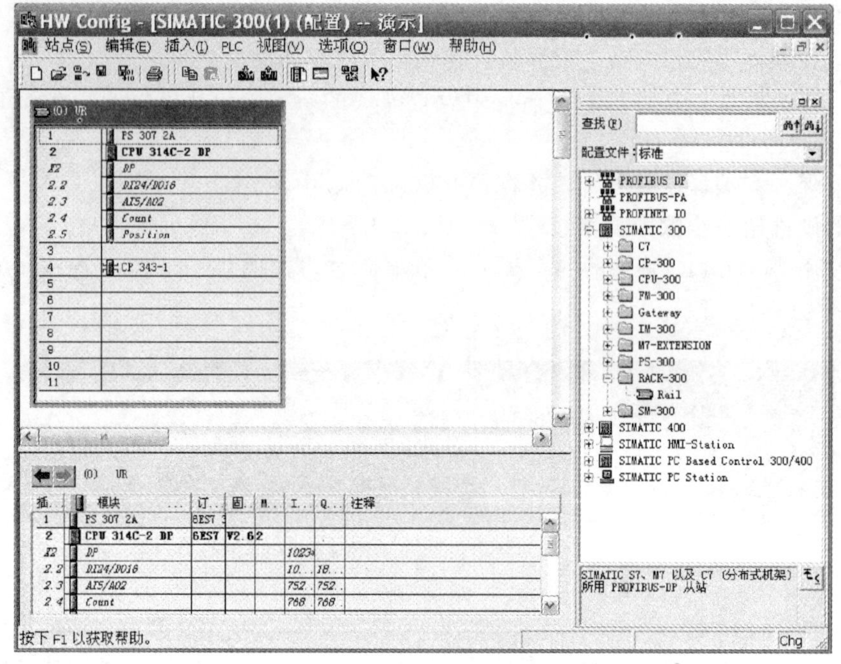

图 21—45 在硬件组态窗口中安放各模块

组态时用组态表来表示导轨，可以用鼠标将右边硬件目录中的元件“拖放”到组态表的某一行中，就好像将真正的模块插入导轨上的某个槽位一样。也可以双击硬件目录中选择的硬件，它将被放置到组态表中预先被鼠标选中的槽位上。

（3）设置模块的参数。模块放置好后可双击组态简表中各模块（或下部信息表中的各对应项），在打开的模块“属性”对话框中根据需要设置有关参数、地址等，如图 21—46 所示。

上述第（2）（3）步骤也可交叉进行，即放置 1 个模块，就立即对这个模块设置有关参数，然后再放置下一个模块，再设置参数……直到所有实际使用到的模块全部放置和设置完成为止。

（4）保存和编译硬件设置，并将它下载到 PLC 中去。组态完成后应通过硬件组态窗口中的菜单命令“站点”→“保存并编译”将此组态进行保存和编译，然后进行下载。

在下载之前应先设置 PC 和 PLC 之间传递信息的接口，即“设置 PG/PC 接口”。第一次下载硬件组态时，应使用 CPU 模块上自带的 MPI 接口进行下载（对集成 3PN 接口的 CPU 如 CPU31X－2PN/DP，也可选择 TCP/IP 接口进行下载）。PG/PC 接口是编程器 PG 或编程计算机 PC 与 PLC 之间进行通信连接的接口。PG/PC 支持多种类型的接口，每种接口都需要进行相应的参数设置（如通信波特率）。因此，要实现 PG/PC 和 PLC 设备之间的通信连接，必须正确地设置 PG/PC 接口。STEP 7 安装过程中，会提示用户设置 PG/PC 接口的参数。在安装完成之后，可以通过以下方式打开 PG/PC 接口设置对话框。

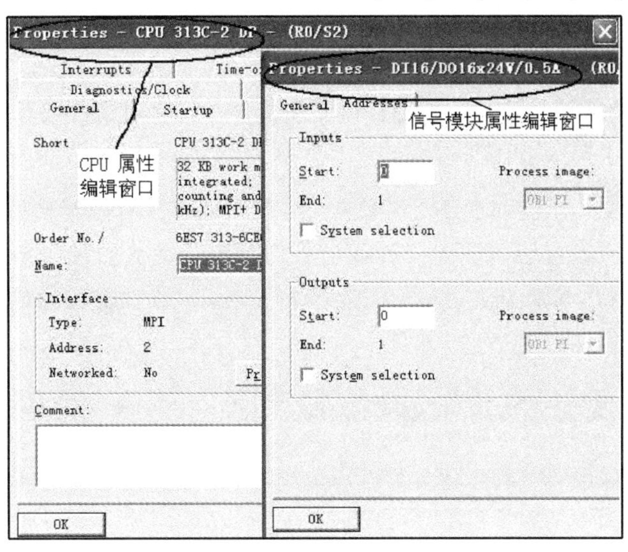

图 21—46　在打开的“属性”对话框中设置模块参数

一种方式是通过 Windows 的“控制面板”→“Setting PG/PC Interface”。

另一种方式是在“SIMATIC Manager”中，通过菜单项“选项”→“设置 PG/PC 接口”。

“设置 PG/PC 接口”对话框如图 21—47 所示，设置步骤如下。

第一，将图 21—47 中的“应用程序访问节点”设置为“S7 ONLINE　STEP 7”。

第二，在“为使用的接口分配参数”的列表中，选择“PC Adapter（MPI）”接口。如果没有此类型的接口，可以通过单击［选择］按钮安装“PC Adapter（MPI）”协议。

第三，选中 MPI 接口后，单击［属性］按钮，在弹出的对话框中对该接口的参数如串口号、传输率等进行设置，如图 21—48 所示。

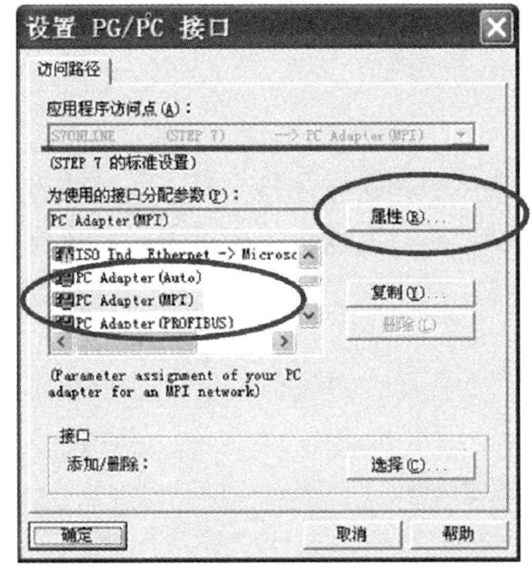

图 21—47　“设置 PG/PC 接口”对话框

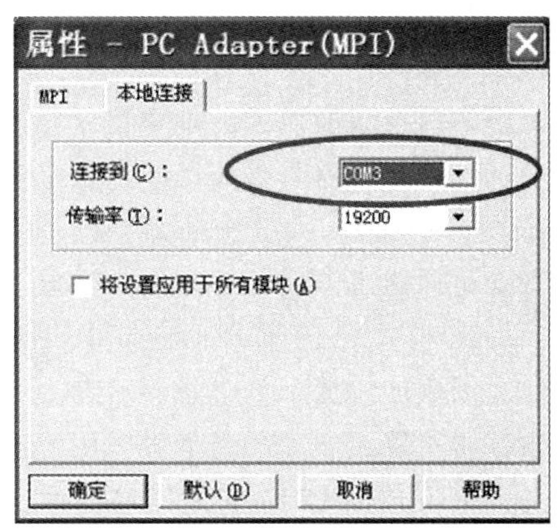

图 21—48　MPI 接口的属性窗口

五、STEP 7 的调试工具

在 STEP 7 中提供了多种调试工具，可利用这些工具来对硬件或程序进行调试。

1. 程序状态监控

当程序下载，CPU 切换到 RUN 状态之后，就可以打开所需调试程序块的程序编辑窗口，在工具条中点击 按钮，进入“在线监控”状态。在线监控对语句表、梯形图或功能块图程序都能进行，本章中仅对梯形图监控进行介绍。在线监控时的梯形图，如图 21—49 所示。

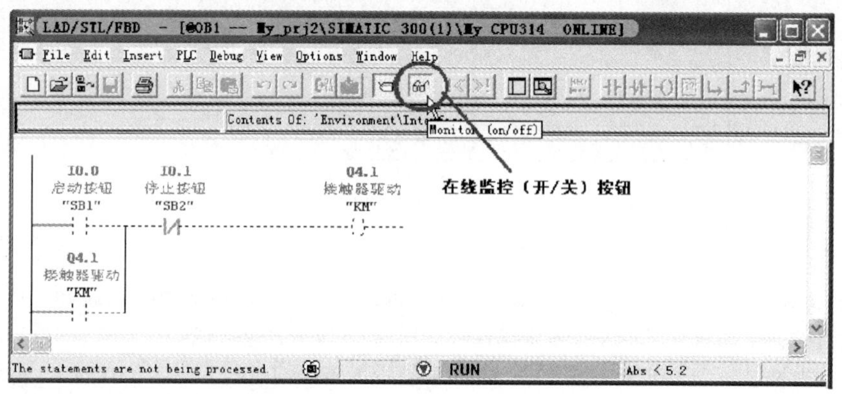

图 21—49 在线监控时的梯形图

在对梯形图程序进行在线监控时，梯形图中用绿色连接线表示有能流流过或逻辑运算结果 RLO 为 1 的状态，而用蓝色的虚线表示无能流流过或 RLO 为 0。因此在梯形图中，凡是有能流流过的处于闭合状态的触点、方框指令、线圈、被成功调用的程序块和连接线均用绿色表示，而处于断开状态的触点、线圈、未被调用的程序块等均为蓝色的虚线。在线监控时，梯形图中的变量会用加粗的字体显示变量的当前值。

2. 变量表

梯形图的监控只能显示一小块程序，而且在梯形图中存在脉冲指令时，变量的当前值也不会显示。因此在需要了解程序中各个变量变化情况时，可以使用变量表来监视或修改变量的值。

变量表可以通过下述几种方法产生。

第一，在 SIMATIC 管理器窗口中，选中“块”文件夹，用鼠标右键单击管理器右边的窗口，在出现的快捷菜单中选择“插入新对象”→“变量表”，生成一个新的变量表。在一个项目中可以建立多个变量表以用于对不同目标的监控。

第二，单击 SIMATIC 管理器窗口中工具栏上的 按钮，进入“在线”模式，选择“块”文件夹，用菜单命令“PLC”→“监视/修改变量”生成一个在线变量表。

第三，在“LAD/STL/FBD”程序编辑器中，用菜单命令“PLC”→“监视/修改变量”生成一个变量表。

变量表建立后，在变量表窗口里的表格中，键入所需要监视的变量名称，并单击工具条上的按钮，即可显示这些变量的当前值，如图 21—50 所示。

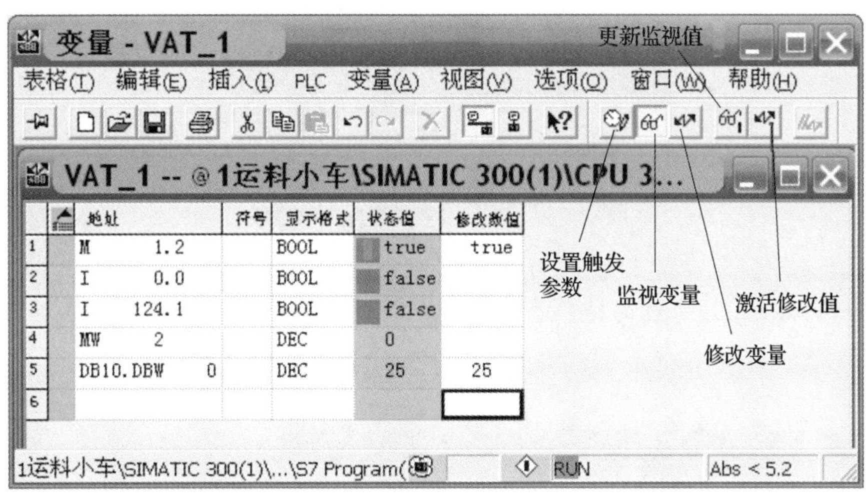

图 21—50　变量表

图 21—50 所示的变量表中，在“显示格式”栏中可通过单击鼠标右健，在快捷菜单中选择需要的显示格式。在“修改数值”栏中对某个变量输入一个值，再单击工具条中的［激活修改值］按钮，即可将此变量修改为新的值。但应注意，在 STOP 模式下修改时，修改后的值能被保持；但在 RUN 模式下，所修改的变量同时又受到程序的控制，修改后的值被程序所影响，不能被保持。如果需要不受程序影响来修改变量的值，则需要使用“强制”操作。“强制”操作在菜单命令“PLC”→“显示强制数值”下进行，通过对“强制数值”窗口中变量表里某个变量输入强制值，再执行菜单命令“变量”→“强制”，则此变量的值就会不受程序的影响而被改变为强制值，直到执行菜单命令“变量”→“停止强制”才能删除或终止强制操作。

3. 参考数据

通过“参考数据”可以了解整个项目中各个变量使用地址的情况，可以查找地址是否有重复使用、某个变量地址在各程序块中的分布等，以帮助用户分析程序中的故障原因。

参考数据可以通过在 SIMATIC 管理器窗口中执行菜单命令“选项”→“参考数据”→“生成”来生成参考数据。如果此项目中已经建立过参考数据，则可选择“参考数据”→“显示”来显示参考数据。此时会显示图 21—51 所示的对话框，可在其中选择需要显示的参考数据。

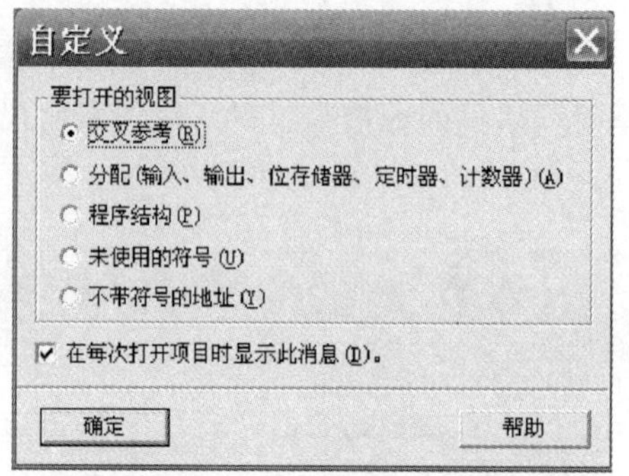

图 21—51　选择需要显示的参考数据

如图 21—51 所示，交叉数据用于显示项目中 I，Q，M，T，C，FC，FB，SFC，SFB，PI/PQ 及 DB 的绝对地址、符号地址以及使用的情况。交叉参考表如图 21—52 所示。

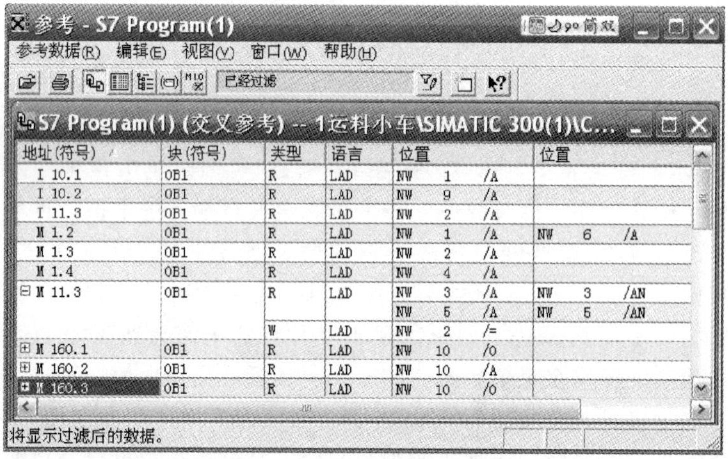

参考 - S7 Program(1)

参考数据(R) 编辑(E) 视图(V) 窗口(W) 帮助(H)

已经过滤

S7 Program(1) (交叉参考) -- 1运料小车\SIMATIC 300(1)\C...

地址(符号)	块(符号)	类型	语言	位置	位置
I 10.1	OB1	R	LAD	NW 1 /A	
I 10.2	OB1	R	LAD	NW 9 /A	
I 11.3	OB1	R	LAD	NW 2 /A	
M 1.2	OB1	R	LAD	NW 1 /A	NW 6 /A
M 1.3	OB1	R	LAD	NW 2 /A	
M 1.4	OB1	R	LAD	NW 4 /A	
⊟ M 11.3	OB1	R	LAD	NW 3 /A	NW 3 /AN
				NW 5 /A	NW 5 /AN
		W	LAD	NW 2 /=	
⊞ M 160.1	OB1	R	LAD	NW 10 /O	
⊞ M 160.2	OB1	R	LAD	NW 10 /A	
⊞ M 160.3	OB1	R	LAD	NW 10 /O	

将显示过滤后的数据。

图 21—52　交叉参考表

图 21—52 所示的交叉参考表中，“类型”中的“R”或“W”表示变量的访问类型是“读”或“写”。“位置”栏指出了变量存在于项目中的位置，例如，变量 M 11.3 后的位置栏中有“NW 3　/A”，表示在程序块 OB1 的程序段 3 中有 M 11.3 的常开触点与其他触点串联。位置栏中的符号 AN 表示串联的常闭触点，O/ON 表示并联的常开/常闭触点，= 表示线圈输出。双击该行时会打开对应的程序块，并显示此网络段。

在程序中选中某个变量（触点、线圈或地址），单击鼠标右键，在快捷菜单中选择“跳转到”→“应用位置”命令，如图 21—53a 所示；也可以在弹出的“跳转到位置”窗口中显示该变量全部的应用位置，如图 21—53b 所示。

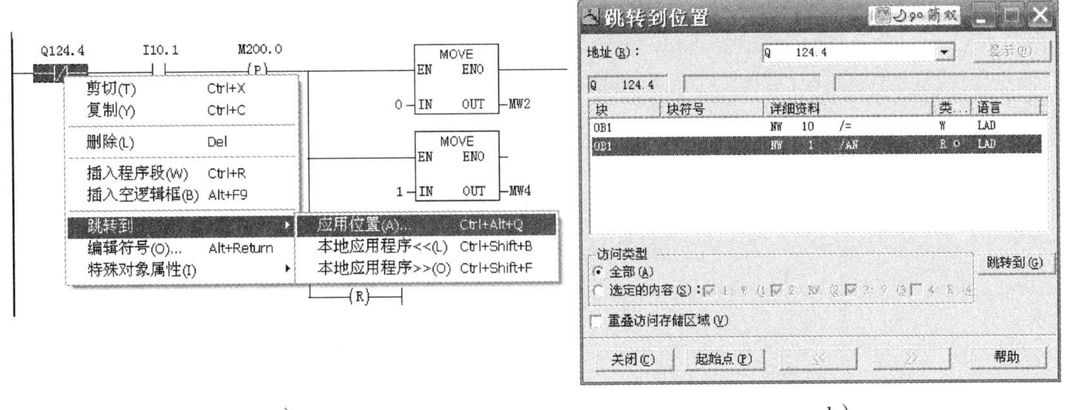

a）　　　　　　　　b）

图 21—53　在程序中查看变量的应用位置

a）选择菜单命令　b）“跳转到位置”窗口

4. 模块信息

当程序中发生错误或系统中有故障时，CPU 的状态 LED 中 SF（系统错误指示灯）会点亮，此时可通过模块信息来了解错误或故障发生原因的信息。

建立与 PLC 的在线连接后，在 SIMATIC 管理器或“可访问的站点”窗口中选择要访问的站，执行菜单命令“PLC”→“诊断/设置”→“模块信息”，即能打开模块信息窗口，显示该站 CPU 模块的信息。

在硬件组态窗口中选中 CPU 模块，执行菜单命令“PLC”→“模块信息”，也可以打开模块信息窗口，显示 CPU 模块的信息。

在“模块信息”窗口的“诊断缓冲区”选项卡下显示有 CPU 中发生的事件一览表，选中“事件”区域中某一行，在下部“关于事件的详细资料”区域中就会显示所选事件的详细信息，对这些信息进行解读，就可以分析错误或故障发生的原因，从而纠正错误，排除故障。“诊断缓冲区”及有关信息显示如图 21—54 所示。例如，图 21—54 的事件中显示“读取时发生区域长度错误”，在详细信息一栏中又显示“全局 DB，位访问，访问地址：20”等信息，分析此信息即可知，是程序在访问某数据块 DB 中字节地址为 20 的某一个位时发生了错误，据此就可对程序或“块”文件夹中的 DB 块进行检查而找出原因，加以纠正。对于程序块中发生的错误，可以进一步在“诊断缓冲区”窗口中单击［打开块］按钮，此时即会打开发生故障的程序块，可进入此程序块查找故障原因。

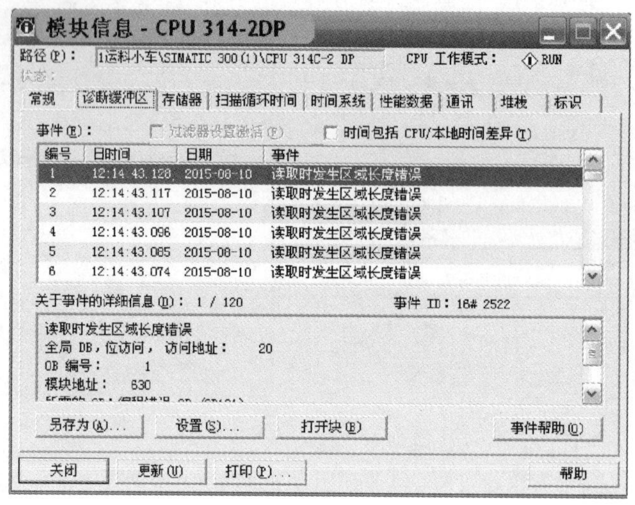

图 21—54 “诊断缓冲区”及有关事件的信息

第 4 节 STEP 7 编程基础

一、STEP 7 中的块

在 STEP 7 中，一个项目中所有的程序和数据都是以块的形式存在的，CPU 按照执行的条件是否成立来决定是否执行相应的程序块或访问对应的数据块。所有的程序块或数据块都被保存在“块”文件夹中，如图 21—55 所示。

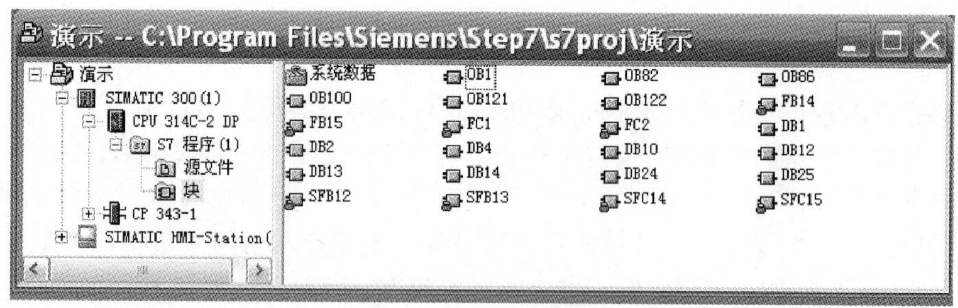

图 21—55 “块”文件夹

STEP 7 中主要有以下几种类型的块：第一类，组织块 OB（Organization Block）；第二类，功能 FC（Function）；第三类，功能块 FB（Function Block）；第四类，系统功能 SFC（System Function）；第五类，系统功能块 SFB（System Function Block）；第六类，背景数据块 DB（Instance Data Block）；第七类，共享数据块 DB（Share Data Block）。

1. 组织块（OB）

组织块是程序块，也称为逻辑块。根据启动条件的不同，组织块可分为以下几类。

（1）启动组织块。这类组织块仅在 CPU 的工作模式由 STOP 转为 RUN 时被自动地执行 1 次，有 OB100（暖启动）、OB101（热启动）、OB102（冷启动）3 个。其中只有 OB100 能被 S7－300 系列 PLC 所使用。OB101 和 OB102 由 S7－400 PLC 使用。

（2）循环执行的程序组织块。这类组织块只有一个，即 OB1。在 S7－300/400 PLC 中，只有 OB1 能在 PLC 的每个扫描周期中被执行一次。因此，PLC 的主程序是在 OB1 中编制的。程序结构中可以没有其他的块，但 OB1 不能缺少。

（3）定期执行的程序组织块。这类组织块又被分为时间中断（OB10～OB17）和循环中断（OB30～OB38）2 类共 17 个。

（4）事件驱动执行的程序组织块。在 CPU 运行过程中，当某些事件发生时，会自动引起中断，停止执行原来的程序，转而执行对应的组织块。这类组织块有延时中断（OB20～OB23）、硬件中断（OB40～OB47）、同步循环中断（OB61～OB65）、异步错误（硬件或系统错误，OB70～OB88）、同步错误（用户程序错误，OB121 和 OB122）等。其中常用的有 OB82（诊断错误）、OB86（扩展机架、DP 主站系统或分布式 I/O 站故障）、OB121（编程错误）、OB122（I/O 访问错误）等。当事件发生时会执行相应的组织块，如该组织块不存在，CPU 将进入 STOP。

以上所述的组织块并不是每个 CPU 都能使用的，具体能使用的组织块要视 CPU 的型号而定。组织块的分类及编号见表 21—7。

表 21—7　　组织块

OB 块分类	OB 块名称	启动事件	优先级	说明
循环执行	OB1	系统启动结束或 OB1 结束	1	自由循环
时间中断	OB10	时间中断 0	2	没有默认时间，使用时需要设定时间
	OB11	时间中断 1		
	OB12	时间中断 2		
	OB13	时间中断 3		
	OB14	时间中断 4		
	OB15	时间中断 5		
	OB16	时间中断 6		
	OB17	时间中断 7		
延时中断	OB20	延时中断 0	3	没有默认时间，使用时需要设定时间
	OB21	延时中断 1	4	
	OB22	延时中断 2	5	
	OB23	延时中断 3	6	

续表

OB 块分类	OB 块名称	启动事件	优先级	说明
循环中断	OB30	循环中断 0	7	默认时间 5 s
	OB31	循环中断 1	8	默认时间 2 s
	OB32	循环中断 2	9	默认时间 1 s
	OB33	循环中断 3	10	默认时间 500 ms
	OB34	循环中断 4	11	默认时间 200 ms
	OB35	循环中断 5	12	默认时间 100 ms
	OB36	循环中断 6	13	默认时间 50 ms
	OB37	循环中断 7	14	默认时间 20 ms
	OB38	循环中断 8	15	默认时间 10 ms
硬件中断	OB40	硬件中断 0	16	由模块信号触发
	OB41	硬件中断 1	17	
	OB42	硬件中断 2	18	
	OB43	硬件中断 3	19	
	OB44	硬件中断 4	20	
	OB45	硬件中断 5	21	
	OB46	硬件中断 6	22	
	OB47	硬件中断 7	23	
状态中断	OB55	状态中断	2	DPV1 中断
更新中断	OB56	更新中断		
制造商制造中断	OB57	制造商制造中断		DPV1 的 CPU 可用
SFC35 调用中断	OB60	SFC35 调用中断	25	多处理器中断
同步循环中断	OB61	同步循环中断 1		同步循环中断
	OB62	同步循环中断 2		
	OB63	同步循环中断 3		
	OB64	同步循环中断 4		
	OB65	技术同步中断		技术同步中断，仅适用于 Technology CPU
异步错误（硬件或系统错误）	OB70	I/O 冗余故障		只对于 H CPU
	OB72	CPU 冗余故障	28	
	OB73	通信冗余故障	25	
	OB80	时间错误	26，28	超出最大循环时间

续表

OB 块分类	OB 块名称	启动事件	优先级	说明
异步错误（硬件或系统错误）	OB81	电源错误	25，28	电源错误
	OB82	诊断错误		输入断线（有诊断的模块）
	OB83	模板拔/插中断		S7－400 CPU 运行时模板拔/插中断
	OB84	CPU 硬件故障		MPI 接口电平错误
	OB85	程序故障		模块映像区错误
	OB86	扩展机架、DP 主站系统或用于分布式 I/O 的故障		扩展设备或 DP 从站错误
	OB87	通信故障		读取信息格式错误
	OB88	过程中断	28	过程中断
同步错误（用户程序错误）	OB121	编程错误	与导致错误的 OB 优先级相同	编程错误
	OB122	I/O 访问错误		I/O 访问错误
背景循环	OB90	设置最少扫描时间比实际扫描时间大时	29	背景循环
系统启动完成中断	OB100	暖启动	27	当系统启动完毕，按照相应的启动方式执行相应的启动 OB
	OB101	热启动		
	OB102	冷启动		

2. 功能（FC）、功能块（FB）、系统功能（SFC）和系统功能块（SFB）

功能（FC）、功能块（FB）、系统功能（SFC）和系统功能块（SFB）都是程序块，都可用于编制一个可多次调用的子程序。其中 SFC 和 SFB 的作用与 FC 和 FB 相同，只不过是系统预先定义，提供给用户使用；而 FC 和 FB 需用户自行编制程序。

FC 和 SFC 里都有一个局域变量表（或称为变量声明表）和块参数，在局域变量表中对程序块中使用的变量（称为局部变量）进行定义。需要定义的局部变量分类如下。

（1）IN（输入参数）。本参数是调用程序块时需要输入的变量，是将数据传递到被调用的块里进行处理。

（2）OUT（输出参数）。本参数是将经程序块处理的结果传递到调用块的变量。

（3）IN_OUT（输入/输出参数）。本参数是调用程序块时将参数传递到被调用的块里进行处理，经被调用的块进行处理后将结果传递到调用块的变量。

（4）TEMP（临时数据）。TEMP 是块的本地数据，在处理块时将数据存储在局部数据存储区中（L 存储区），处理完毕返回调用块后，临时数据就不再可访问。

（5）RETURN（返回值）。RETURN 是被调用的块处理完毕返回调用块时向调用块提供的一个数据，名称为“RET_VAL”，往往用于提供被调用块执行情况的状态码（错误代码）。

在 FB 和 SFB 的局域变量表中除了 IN，OUT，IN _ OUT，TEMP 之外（无 RETURN），还有 1 种变量 STAT。STAT 称为静态变量，作用与 TEMP 类似，但 STAT 变量中的数据并不保存在 L 存储区，而是保存在背景数据块中。当返回调用块时，这些本地数据不会丢失，仍保存在背景数据块中。

一个编制功能 FC1 的例子如图 21—56 所示。在“块”文件夹中用菜单命令“插入”→“S7 块”→“功能”插入 1 个功能，并将此功能命名为 FC1 后，可双击此 FC1 图标，进入程序编辑器中编制程序。程序中所用到的局部变量名称前都会自动地添加符号“#”，以表示是局部变量。

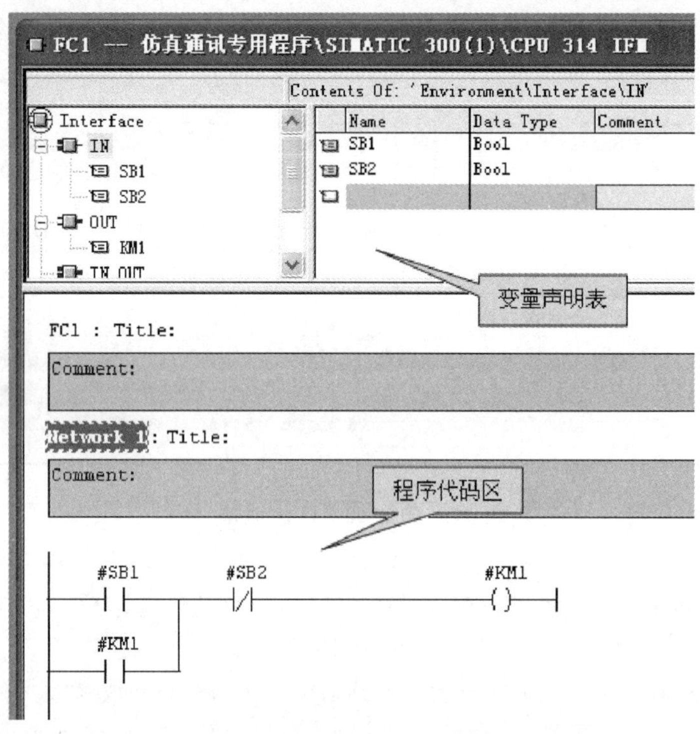

图 21—56　编制功能 FC1 中的程序

而 FC1 编制完成后，可以在其他程序块中加以调用。在 OB1 中调用 FC1 的情况如图 21—57 所示。图 21—57a 所示的是在 OB1 的程序中通过方框指令调用 FC1，在方框中显示 FC1 的变量声明表中定义的 IN，OUT，IN _ OUT 及 RETURN 类局部变量名称，对应在方框外显示红色的问号。方框中显示的局部变量称为“形参”，红色的问号表示需要对形参进行赋值。图 21—57b 所示即为用实际的参数对形参进行了赋值，这些实际的参数称为“实参”。用实参赋值后，在执行 FC1 的程序时，局部变量就被用实参所表示的变量替代。1 个 FC（或 FB，SFC，SFB）可在多处进行重复调用，不同的调用处可使用不同的实参进行赋值，因此同一个子程序可用在不同的场合。

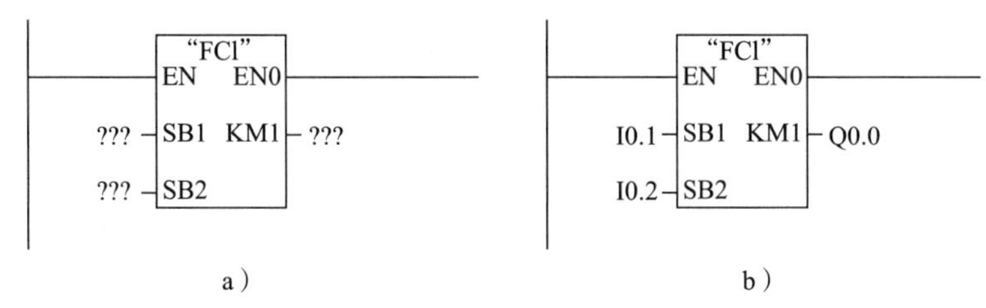

图 21—57 调用 FC1

a）调用 FC1 b）对形参进行赋值

FC（SFC）和 FB（SFB）的主要区别为：

第一，FC（SFC）没有自己的存储区，只能使用临时数据区，返回时临时数据即丢失；而 FB（SFB）有自己专用的存储区——背景数据块 DB，可以把本地数据保存在背景数据块 DB 中，返回后数据仍被保存。

第二，在调用 FC（SFC）时必须指定变量的实际参数，而在调用 FB（SFB）时必须指定一个背景数据块（如 DB10），可以用实参对形参赋值，也可不赋值，此时 FB（SFB）在背景数据块 DB 中自动读取参数。

图 21—56 所示的子程序如果编制在功能块 FB1 中，则调用 FB1 的情况如图21—58 所示。可见在调用 FB1 时需指定一个背景数据块，而方框外对应形参处的符号变为红色的省略号，表示可以用实参赋值，也可以不赋值。

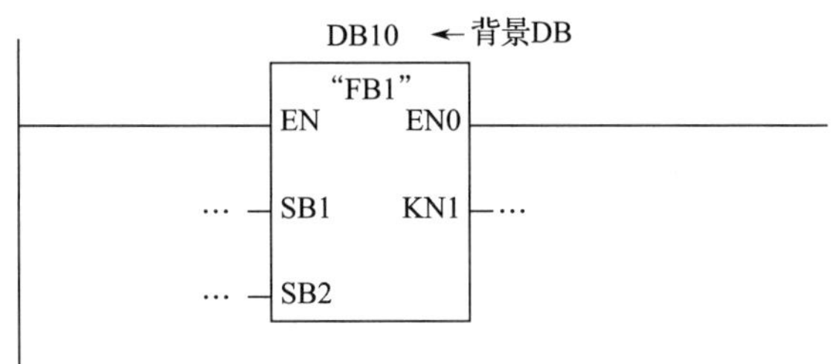

图 21—58 调用 FB1

3. 背景数据块和共享数据块

背景数据块和共享数据块都是为用户提供的一个保存数据的区域，在使用时都用 DB 来命名，可以将各种用途的用户数据保存在不同的数据块中，以利于对数据进行分类管理。DB 的编号可由用户自行确定，对低端 S7－300 的 CPU，DB 的数量可达 511 个，数据块中总的数据容量为 16 KB；对部分高性能的 CPU，DB 的数量可达 1 024～4 096 个，总容量可达 64 KB。背景数据块和共享数据块之间的主要区别如下。

（1）背景数据块 DB 和某个 FB 或 SFB 相关联，其内部的数据结构是与其对应的 FB 或 SFB 的变量声明表一致的。背景数据块不是由用户编辑的，而是在调用时由编辑器自己生成的。

（2）共享数据块DB用于存储全局数据（即项目中可共享的数据），所有程序块（OB，FC，FB）都可以访问共享数据块内存储的信息。共享数据块及其大小和数据结构需由用户自行建立并定义。

上述STEP 7中各种块及调用的关系如图21—59所示。

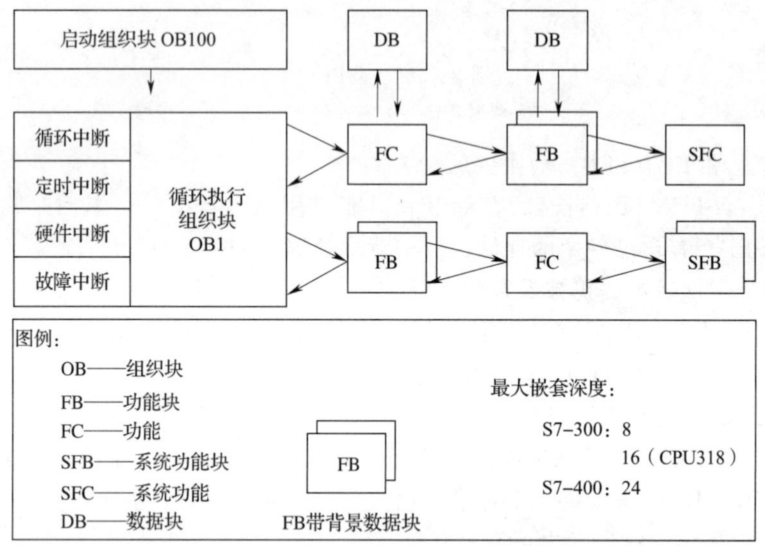

图21—59 各种块及调用的关系

二、程序结构和编程语言

1. STEP 7的程序结构分类

STEP 7的程序结构可分为如下3类：第一类，线性程序（线性编程）；第二类，分块程序（分部编程、分块编程）；第三类，结构化程序（结构化编程或模块化编程）。

（1）线性程序结构。线性程序结构，就是将整个用户程序连续放置在一个循环程序块（OB1）中，块中的程序按顺序执行，CPU通过反复执行OB1来实现自动化控制任务。虽然所有的程序都可以用线性程序结构实现，但这种程序结构一般只适用于相对简单的程序编写。

（2）分块程序结构。将整个程序按任务分成若干个部分，并分别放置在不同的功能（FC）、功能块（FB）及组织块中，在OB1中顺序调用各个块。

在分块程序中，既无数据交换，也不存在重复利用的程序段，FC和FB不传递，也不接收参数。分块程序结构的编程效率比线性程序结构有所提高，程序测试也较方便，对程序员的要求也不太高。对不太复杂的控制程序可考虑采用这种程序结构。

（3）结构化程序。结构化程序，就是在处理复杂自动化控制任务的过程中，为了使任务更易于控制，把整个控制过程按过程要求类似或相关进行分类，分割成数个可通用的小任务。把具有相同控制过程，但控制参数不一致的程序段写在各个可以分配参数的 FC 或 FB 中，在 OB1 或其他程序块中通过多次调用这些 FC 或 FB 来完成整个自动化控制任务。

结构化程序的特点是每个块（FC 或 FB）在 OB1 或其他程序块中可能会被多次调用，以完成具有相同过程工艺要求的不同控制对象。这种结构可简化程序设计过程、减小代码长度、提高编程效率，比较适合于较复杂自动化控制任务的设计。

2. STEP 7 的编程语言

STEP 7 是 S7－300/400 系列 PLC 应用设计软件包，它所支持的 PLC 编程语言非常丰富。该软件的标准版支持 LAD（梯形图）、STL（语句表）及 FBD（功能块图）3 种基本编程语言。STEP 7 的专业版附加了对 GRAPH（顺序功能图）、SCL（结构化控制语言）、HiGraph（图形编程语言）、CFC（连续功能图）等编程语言的支持。不同的编程语言可供不同知识背景的人员采用。

（1）梯形图（LAD）。梯形图是一种图形语言，比较形象直观，容易掌握，用得最多，被称为用户的第一编程语言。梯形图与继电器控制电路图的表达方式极为相似，适合于熟悉继电器控制电路的用户使用，特别适用于数字量逻辑控制。梯形图以触点、线圈、方框指令、连接线等符号组成，如图 21—60 所示。

（2）语句表（STL）。语句表是一种类似于计算机汇编语言的文本编程语言，由多条语句组成一个程序段。语句表可供习惯汇编语言的用户使用，在运行时间和占用存储空间方面最优。在设计通信、数学运算等高级应用程序时建议使用语句表。

在 STEP 7 中，用语句表编程可使用 STEP 7 的全部指令功能，而用梯形图编程时有部分指令功能无法表示。因此，虽然梯形图和语句表可相互转换，但只有梯形图形式的程序都可转换成语句表形式，反之则不一定能转换成功。

图 21—60 中梯形图形式的程序段用语句表形式表示，则如图 21—61 所示。

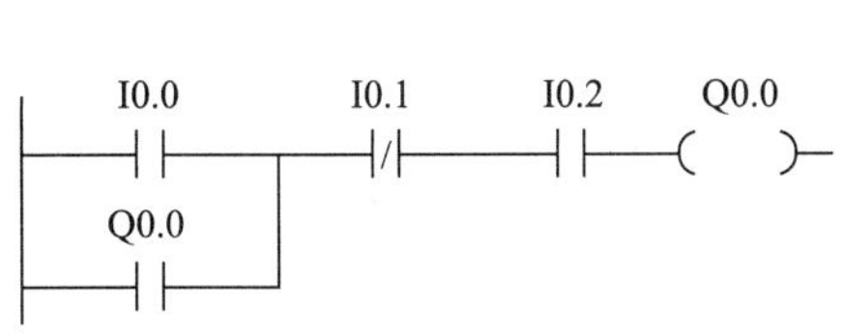

图 21—60　梯形图编程语言

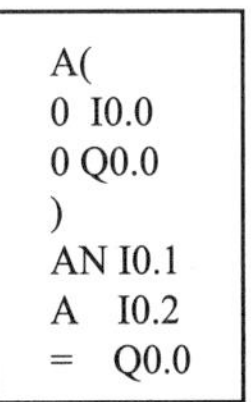

```
A(
O I0.0
O Q0.0
)
AN I0.1
A  I0.2
=  Q0.0
```

图 21—61　语句表编程语言

（3）功能块图（FBD）。功能块图使用类似于数字电路中布尔代数的逻辑功能图，指令用图形逻辑符号表示，一些复杂的功能用指令框表示，根据一定的逻辑关系连接，以实现相应的逻辑控制功能。FBD 比较适合于有数字电路基础的编程人员使用。

图 21—60 中梯形图形式的程序段用功能块图形式表示，则如图 21—62 所示。

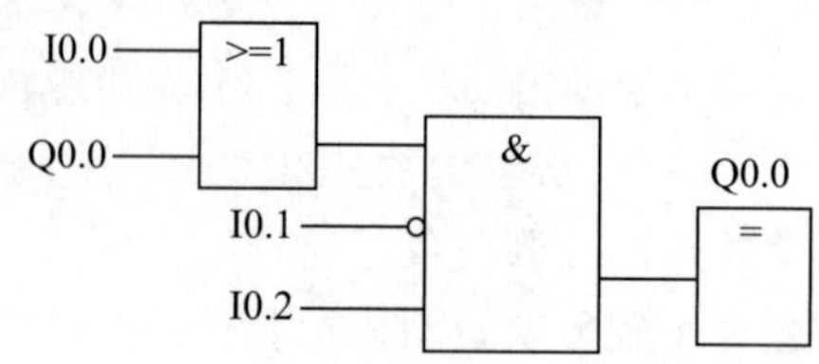

图 21—62　功能块图编程语言

三、STEP 7 中的数据类型

数据类型决定了数据的属性，在 STEP 7 中，数据类型分为 3 大类：第一类，基本数据类型；第二类，复合数据类型；第三类，参数数据类型。

1. 基本数据类型

STEP 7 中基本数据类型是其他 2 种数据类型的基础。在基本数据类型中，按照数据的长度及数据的表示形式定义了各种类型，见表 21—8。

表 21—8　基本数据类型

类型（关键词）	位	表示形式	数据与范围	示例
布尔（BOOL）	1	布尔量	Ture/False	触点的闭合/断开
字节（BYTE）	8	十六进制	B#16# 0～B#16#FF	L B#16#20
字（WORD）	16	二进制	2#0～2#1111 _1111 _1111 _1111	L 2 # 0000 _0011 _1000 _0000
		十六进制	W#16#0～W#16#FFFF	L W#16# 0380
		BCD 码	C#0～C#999	L C# 896
		无符号十进制	B#（0，0）～B#（255，255）	L B#（10，10）
双字（DWORD）	32	十六进制	DW#16#0000 _0000～DW#16#FFFF _FFFF	L DW # 16 # 0123 _ABCD
		无符号数	B #（0，0，0，0）～B #（255，255，255，255）	L B #（1，23，45，67）
整数（INT）	16	有符号十进制数	－32 768～＋32 767	L -23
双整数（DINT）	32	有符号十进制数	L#－2 147 483 648～L#2 147 483 647	L#23
浮点数（REAL）	32	IEEE 浮点数	±1. 175 495e-38～±3. 402 823e+38	L 2. 345 67e+2
S5 系统时间（S5TIME）	16	S5 时间	S5T#0 H _0 M _10 MS～S5T#2 H _46 M _30 S _0 MS	L S5T#1 H _1 M _2 S _10 MS

（1）布尔（BOOL）。布尔也被称为布尔型，数据长度 1 位，对应数值为“0”或“1”。

（2）字节（BYTE）。字节数据长度 8 位，数据格式为十六进制形式“B＃16＃”，数值范围为 B＃16＃0～B＃16＃FF。

（3）字（WORD）。字数据长度 16 位，有如下 4 种表达形式。

1）二进制：2＃，如 2＃1010_0110_1011_0100。

2）十六进制：W＃16＃，如 W＃16＃90F，取值范围 W＃16＃0～W＃16＃FFFF。

3）BCD 码：C＃，如 C＃354，取值范围 C＃0～C＃999。

4）无符号十进制：B＃（*，*），如 B＃（12，254），取值范围为 B＃（0，0）～B＃（255，255），括号中的数字是用十进制的 0～255 来表示二进制中 1 个字节的内容，则 16 位的数就要用 2 个 0～255 的数来表示，即 B＃（12，254）＝2＃00001100_11111110。

以上 4 种形式均可用于表示 1 个 16 位的数据。例如，1 个 16 位的存储单元（1 个字）中保存的内容为：0000_0010_0101_0111，则这个数据既可以写成 2＃0000_0010_0101_0111，也可写成 W＃16＃257，C＃257 或 B＃（2，87）。但写成不同形式时，这个数据所对应的含义是不同的。其中二进制与十六进制的含义相同，表示的数值也一样；BCD 码表示的是十进制数，其数值就与十六进制不同；而无符号十进制表达形式只是客观地表达了这 16 位的内容，并不说明这是个什么样的数据。在 STEP 7 中常用十六进制格式，即 W＃16＃**。

（4）双字（DOUBLE WORD）。双字数据长度 32 位，与“字”的表达方式类似，也有二进制、十六进制、BCD 码、无符号十进制 4 种表达形式，但在 STEP 7 中常用十六进制格式，即 DW＃16＃，取值范围为 DW＃16＃0～DW＃16＃FFFFFFFF。

（5）整数（INT）。整数数据长度也是 16 位，与“字”相同，但整数格式是用来表示一个带符号的数值，以便于在 CPU 中对这个数值进行各种运算。在整数格式中，16 位中的最高位是符号位，符号位的值为 0 时表示正数，1 表示负数。其余的 15 位用于表示数值，以“补码”的形式表示。例如 1，个十进制的数值“327”，用整数格式表示即为 W＃16＃0147，而数值“－327”的整数格式表示为 W＃16＃FEB9，即 2＃1111_1110_1011_1001。求补码的规则是：正数的补码就是这个数的原码，而负数的补码是其绝对值的反码加 1。整数的数值范围为－32 768～＋32 767。

（6）双整数（DOUBLE INT）。双整数数据长度为 32 位，数据格式与整数类似，其最高位表示符号，而其余 31 位用补码的形式表示数值。双整数的数值范围为－2 147 483 648～＋2 147 483 647。在程序中进行双整数的运算时，如果要用到常数，必须在常数前加上“L＃”表示其为双整数，如 L＃27 648 表示 32 位的整数＋27 648（十进制），L＃-9 764 表示 32 位的整数－9 764。

（7）浮点数（REAL），又称为实数。浮点数数据长度 32 位，格式：*.**** e± **。如 3.524e+3 即表示 $3.524\times10^{3}=3\ 524$，1.051 3e－2 表示 $1.051\ 3\times10^{-2}=0.010\ 513$。浮点

数的数值范围为±1.175 495×10^{-38}～±3.402 823×10^{38}。

在 PLC 中，是用 1 个 32 位的存储单元，以 ANSI/IEEE 标准来保存 1 个浮点数的。存储单元中浮点数的结构如图 21—63 所示。

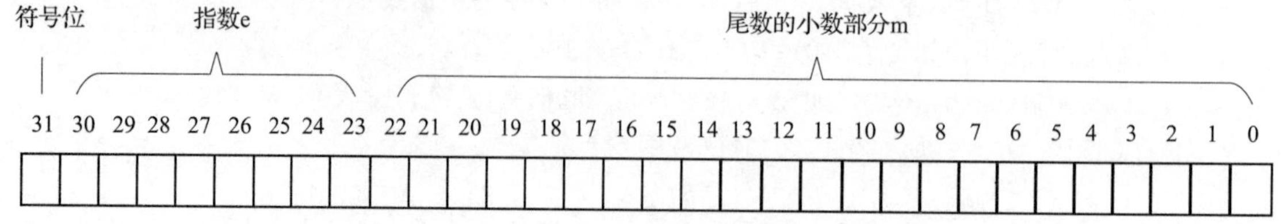

图 21—63 浮点数的结构

按照 ANSI/IEEE 标准，浮点数表示为 1. m×2^E，其中整数部分固定为 1，尾数的小数部分 m 和指数 E 均为二进制数。第 0～22 位为尾数的小数部分 m，其中第 22 位为 2^{-1}，第 21 位为 2^{-2}，向右依次缩小一半。第 23～30 位为指数部分 e，e 为 8 位正整数（0～255），E=e－127。例如，一个变量的数据类型是浮点数，其值为 DW＃16＃42480000 即二进制的 01000010010010000000000000000000，也可排列为 0 _ 10000100 _ 10010000000000000000000，分析此数，其最高位为 0，表示正数；第 30～23 位为e=10000100B=132，第 22～0 位为 m=1001 0000 0000 0000 000 000 0 =2^{-1}+2^{-4}= 0.5+0.062 5 =0.562 5。因此尾数为 1. m=1.562 5，指数 E=132－127=5；此变量的值为1. m×2^E=1.562 5×2^{+5}=50。

（8）S5 系统时间（S5TIME），即 SIMATIC 时间。此类型的数据在 SIMATIC 定时器中用于表示定时时间，数据长度 16 位，包括时基和时间常数两个部分。时间常数采用 BCD 码，占 12 位，取值范围 0～999；时基占 2 位，表示时间单位，如图 21—64 所示。

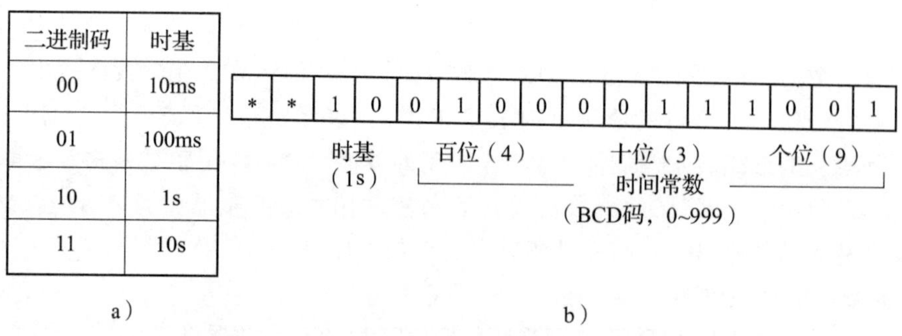

二进制码	时基
00	10ms
01	100ms
10	1s
11	10s

图 21—64 S5TIME（SIMATIC 时间）格式

a）时基的格式 b）S5TIME 数据格式

根据图 21—64a 所示的时基表达形式，S5TIME 数据可表示的时间范围为 10 ms～9 990 s，在对定时器设置定时时间时，应使用 S5TIME 格式。当直接设置时，用格式 S5T＃ *h*m*s*ms 表示，图 21—64 中所表示的时间为 S5T＃439s 即 S5T＃7 m19s；而在间接指定时，需用一个变量（如 MW2）按照图 21—64b 所示的格式保存定时时间。

2. 复合数据类型

复合数据类型是由基本数据类型组合而成的，可分为如下类型：第一类，日期时间数据类型；第二类，字符串类型；第三类，数组类型；第四类，结构；第五类，用户定义类型。

(1) 日期时间数据类型 (DATE_AND_TIME)。日期时间数据用于存储年、月、日、时、分、秒、毫秒和星期，占用 8 个字节，用 BCD 格式保存。星期日的代码为 1，星期一～六的代码为2～7。例如，DT＃2015_09_01_10：30：15.200 表示 2015 年 9 月 1 日 10 点 30 分15.2 s。星期的信息在变量中不表示，可另行访问。

(2) 字符串类型 (STRING)。字符串数据用于在程序中表示字符 (CHAR)，最多可表示 254 个字符。字符串数据的最大长度为 256 个字节（其中前两个字节用来存储字符串的长度信息）。字符串常量用单引号括起来，例如，'SIMATIC S7－300' 'SIMENS' 等。

(3) 数组类型 (ARRAY)。数组是由一批同一类型的数据组合在一起而形成的一个整体。数组定义中包括数组的名称、维数、大小、数组元素的数据类型、各数组元素的初始值。数组的维数最大可以到 6 维；数组中的元素可以是基本数据类型或者复合数据类型中的任一数据类型（ARRAY 类型除外，即数组类型不可以嵌套）；数组中每一维的下标取值范围是－32 768～32 767，要求下标的下限必须小于下标的上限。

在实际工作中，往往使用数组来对共享数据块 DB 定义数据结构。例如在“块”文件夹中建立了一个数据块 DB10 后，双击 DB10 的图标，进入编辑器。在编辑器的变量声明表中，可利用数组命令 ARRAY 来定义一个数据存储区域，如图 21—65 所示，即使用ARRAY命令一次就定义了 100 个字节的存储区域。定义了数据结构后，程序中就可使用该数据块来存储数据了。图中将数据定义为字节类型 (BYTE)，但实际使用时，在 DB0～DB99 的范围之内，既可以存取字节类型的数据，也可以按位、字或双字的形式存取数据。

(4) 结构 (STRUCT)。结构是由一组不同类型的数据（可以是基本数据类型或复合数据类型）组合在一起而形成的一个整体。结构通常用来定义一组相关的数据，例如，程序中用于控制电动机的一组数据可以按如下方式定义：

```
Motor：        STRUCT
    Speed：        INT
    Current：        REAL
                END_STRUCT
```

(5) 用户定义类型 (UDT)。UDT 表示自定义的数据结构，存放在 UDT 块中 (UDT1～UDT65535)，由用户将基本数据类型和复合数据类型组合在一起可构成一种新的数据类型，即一个模板，可用于定义其他的变量，也可用于数据块的数据结构。

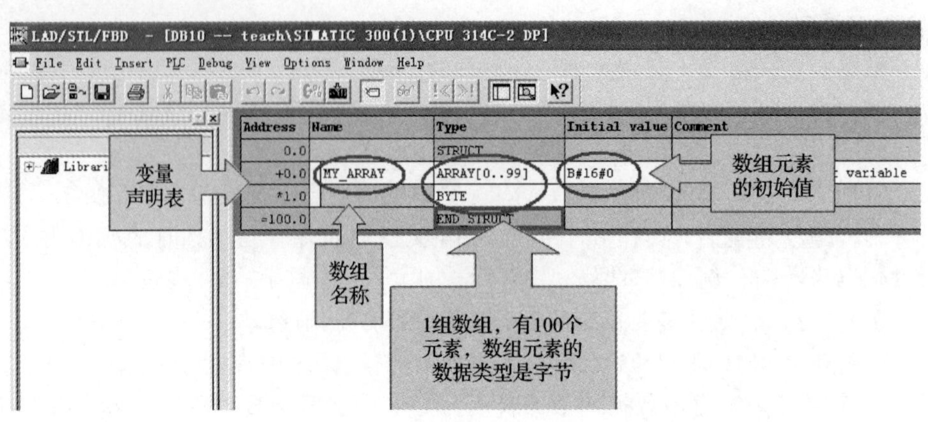

图 21—65　使用 ARRAY 命令定义 DB 中的存储区域

3. 参数数据类型

参数数据类型是一种用于逻辑块（FB，FC）之间传递参数的数据类型，主要有以下几种。

（1）TIMER（定时器）和 COUNTER（计数器）。TIMER 和 COUNTER 指示程序在调用的逻辑块中所使用的定时器和计数器，如 T0，C10 等。

（2）BLOCK（块）。BLOCK 指定一个块用作输入和输出，如 FC12，DB40 等。

（3）POINTER 指针和 ANY 指针。POINTER 指针为 6 字节指针类型，用来传递数据存储区域或 DB 的块号和数据地址（如 P＃M50.0）。ANY 指针为 10 字节指针类型，用来传递数据存储区域或 DB 块号、数据地址、数据数量及数据类型（如 P＃M10.0 BYTE 4，P＃DB10.DBX4.0 BYTE 32 等）。

四、S7－300 的寻址方式

在执行指令时，需要提供指令功能操作的对象，即操作数。在指令中说明操作数所在地址的方法就是寻址方式。操作数可以在指令中直接或间接地给出，相应的寻址方式有以下 3 种：第一种，立即寻址；第二种，直接寻址；第三种，间接寻址。

1. 立即寻址

立即寻址是对常数或常量的寻址方式，其特点是操作数直接表示在指令中，或以唯一形式隐含在指令中。例如，下面各条指令中操作数均采用了立即寻址方式，其中“//”后面的内容为指令的注释部分，对指令的执行没有任何影响。

```
SET              //默认操作数为 RLO，该指令实现对 RLO 置“1”操作
L 27648          //表示把常数 27648 装入累加器 ACC1 中
AW W#16#147      //将十六进制数 147 与累加器 ACC1 的低字进行“与”运算
```

（注：上例中所涉及的语句表指令可参见本章第 5 节，下同。）

2. 直接寻址（绝对地址寻址）

直接寻址方式是在指令中直接给出操作数的存储单元地址。存储单元地址可用符号地址（如 SB1，KM 等），也可用绝对地址（如 I0.0，Q4.1 等）。绝对地址由地址标识符加上存储器位置组成，其中地址标识符可以是指定存储区（如 I，Q，M）加上描述数据大小的符号（如 B，W，D），也可以是指定软元件（如 T，C）或块（如 FC，DB，SFC）加上软元件或块的编号。根据在指令中访问的操作数位数不同，绝对地址有下列 4 种不同的表示形式。

（1）位寻址。格式：地址标识符＋字节地址＋位地址（0—7），如 I4.0，Q20.3，M100.1，DBX0.0 等。

（2）字节寻址。格式：存储区关键字＋B＋字节地址，其中存储区关键字＋B 即为地址标识符，如 MB0，IB10，QB2，DBB1 等。

（3）字寻址。格式：存储区关键字＋W＋第 1 字节地址，如 MW0，IW10，PIW752，DBW12 等。注意 1 个字包括 2 个字节，如 MW0 包括 MB0 和 MB1，这 2 个字节中地址编号小的是高位字节，如 MW0 中 MB0 是高位字节。

（4）双字寻址。格式：存储区关键字＋D＋第 1 字节地址，如 MD50，DBD20 等。同样需要注意，1 个双字包括 4 个字节，如 MD50 包括 MB50，MB51，MB52，MB53，这 4 个字节中地址编号最小的是最高位字节，如 MD50 中 MB50 是最高位的字节，而 MB53 是最低位的字节。

下面各条指令操作数均采用了直接寻址方式。

```
A   I0.0        //对输入位 I0.0 执行逻辑“与”运算
=   Q4.1        //将输出继电器 Q4.1 执行线圈输出操作
L   MW2         //将 MW2 中的数据装入累加器 ACC1
T   DBW0        //将累加器 ACC1 中低字内容传送给数据块中的 DBW0
```

3. 间接寻址

间接寻址方式在指令中给出的不是操作数的地址，而是保存操作数地址的存储单元的地址，要通过这个存储单元才能得到操作数的地址。S7－300 中的间接寻址方式又分为存储器间接寻址和寄存器间接寻址 2 种方式。

（1）存储器间接寻址，可简称为间接寻址。该寻址方式在指令中以存储器的形式给出操作数所在存储器单元的地址，也就是说该存储器的内容是操作数所在存储器单元的地址。该存储器一般称为地址指针，在指令中需写在方括号“[ ]”内。地址指针可以是字或双字，对于地址范围小于 65 535 的存储器可以用字指针；对于其他存储器则要使用双字指针。

用字指针进行存储器间接寻址可按如下所示的方式进行。

```
L     2          //将数字 2#0000_0000_0000_0010 装入累加器 1
T     MW50       //将累加器 1 低字中的内容传给 MW50 作为指针值
```

```
OPN  DB35           //打开共享数据块 DB35
L    DBW [MW50]     //将共享数据块 DBW2 的内容装入累加器 1
```

其中 DBW [MW50] 即 DBW2（因 MW50 中的内容为 2）。

用双字指针进行存储器间接寻址时，双字指针的格式如图 21—66 所示。

位序 31　　24	23　　16	15　　8	7　　0
0000 0000	0000 0bbb	bbbb bbbb	bbbb bxxx

说明：位 0~2（xxx）为被寻址地址中位的编号（0~7）；
位 3~18（bbb......bbb）为被寻址地址的字节的编号（0~65535）。

图 21—66　存储器间接寻址时双字指针的格式

用双字指针进行存储器间接寻址可按下面的方式进行。

```
L    P#8.7       //把指针值装载到累加器 1
                 //P#8.7 的指针值为：2#0000_0000_0000_0000_0000_
                   0000_0100_0111
T    [MD2]       //把指针值传送到 MD2
A    I [MD2]     //查询 I8.7 的信号状态
=    Q [MD2]     //给输出位 Q8.7 赋值
```

上例中，MD2 中的内容为双字地址指针，其中最低 3 位为“111”，表示位地址是 7，b3～b18 为“0000000000001000”，表示字节地址是 8，合起来指针内容就是 8.7。则 I [MD2]及 Q [MD2] 就是 I8.7 及 Q8.7。

（2）寄存器间接寻址，简称寄存器寻址。该寻址方式在指令中通过地址寄存器和偏移量间接获取操作数，其中的地址寄存器及偏移量必须写在方括号“[　]”内。在 S7－300 中有两个地址寄存器 AR1 和 AR2，用地址寄存器的内容加上偏移量形成地址指针，指向操作数所在的存储器单元。地址寄存器的地址指针有两种格式，其长度均为双字，指针格式如图 21—67 所示。

位序 31　　24	23　　16	15　　8	7　　0
x000 0 r r r	0000 0bbb	bbbb bbbb	bbbb bxxx

说明：位0~2（xxx）为被寻址地址中位的编号（0~7）；
位3~18（bbb……bbb）为被寻址地址的字节的编号（0~65535）；
位24~26（rrr）为被寻址地址的区域标识号；
位31的 $x=0$ 为区域内的间接寻址，$x=1$ 为区域间的间接寻址。

图 21—67　寄存器寻址的指针格式

第一种地址指针格式适用于在确定的存储区内寻址，即区内寄存器间接寻址。区内寄存器间接寻址的例子如下。

```
L     P＃3.2              //将间接寻址的指针装入累加器 1
                          //P＃3.2 的指针值为：2＃0000_0000_0000_0000_0000_0000_0001_1010
LAR1                      //将累加器 1 的内容送入地址寄存器 AR1
                          //AR1 的指针值为：2＃0000_0000_0000_0000_0000_0000_0001_1010
A     I［AR1，P＃5.4］    //P＃5.4 的指针值为：2＃0000_0000_0000_0000_0000_0000_0010_1100
                          //AR1 与偏移量相加结果：2＃0000_0000_0000_0000_0000_0000_0100_0110
                          //指明是对输入位 I8.6 进行逻辑“与”操作
=     Q［AR1，P＃1.6］    //P＃1.6 的指针值为：2＃0000_0000_0000_0000_0000_0000_0000_1110
                          //AR1 与偏移量相加结果：2＃0000_0000_0000_0000_0000_0000_0010_1000
                          //指明是对输出位 Q5.0 进行赋值操作（注意：3.2＋1.6＝5.0，而不是 4.8）
```

上例中，寄存器 AR1 中内容为指针 P＃3.2，I［AR1，P＃5.4］就是 I8.6，即 P＃3.2 加上 P＃5.4 等于 P＃8.6。而 Q［AR1，P＃1.6］中的指针为 P＃3.2 加上 P＃1.6 等于P＃5.0，因此 Q［AR1，P＃1.6］就是 Q5.0。

第二种地址指针格式适用于区域之间的寄存器间接寻址。区域间寄存器间接寻址的例子如下。

```
L     P＃I8.7             //把指针值及存储区域标识装载到累加器 1
                          //P＃I8.7 的指针值为：2＃1000_0001_0000_0000_0000_0000_0100_0111
LAR1                      //把存储区域 I 和地址 8.7 装载到 AR1
L     P＃Q8.7             //把指针值和地址标识符装载到累加器 1
                          //P＃Q8.7 的指针值为：2＃1000_0010_0000_0000_0000_0000_0100_0111
LAR2                      //把存储区域 Q 和地址 8.7 装载到 AR2
A     ［AR1，P＃0.0］     //查询输入位 I8.7 的信号状态（偏移量 0.0 不起作用）
=     ［AR2，P＃1.2］     //给输出位 Q10.1 赋值（注意：8.7＋1.2＝10.1，而不是 9.9）
```

上例中，指针的最高位都是“1”，表示是区域间的间接寻址；指针中的 24～26 位（rrr）表示存储区域的标识号，不同存储区域的标识号见表 21—9。

表 21—9　　存储区域的标识号

区域标识	代表存储区	24～26 位的值
PI/PQ	外部设备输入/输出区	000
I	输入映像区	001
Q	输出映像区	010
M	位存储区	011
DB	共享数据块	100
DI	背景数据块	101
L	局部数据区	111

在第二种地址指针格式中，把指针传送到地址寄存器 AR 时，指针中应写出存储区域，如上例中的 P＃I8.7 和 P＃Q8.7，而表示偏移量的指针中是不含存储区域标识的，如 P＃0.0 和 P＃1.2。在地址寄存器中建立了指针后，由于指针中已经包含了存储区域的标识，因此在进行间接寻址的指令中，指针方框前不能再加上存储区域标识。上例中的"A [AR1，P＃0.0]"和"= [AR2，P＃1.2]"写法是正确的，如果写成"A I [AR1，P＃0.0]"或"= Q [AR2，P＃1.2]"就错了。

注意，如果操作数是字节、字、双字而不是位，在进行寄存器间接寻址时，指针中的位地址（即 b0～b2 位 xxx）必须确保为 000，否则会出现寻址错误。

第 5 节　STEP 7 指令系统简介

在标准版的 STEP 7 中，提供了梯形图（LAD）、语句表（STL）及功能块图（FBD）3 种编程语言。本节以常用的梯形图指令为主，并辅以能实现相同功能的语句表指令进行介绍。

一、位逻辑指令

位逻辑指令用于二进制数的逻辑运算。二进制数只有 0 和 1 两个数，状态 1 时编程元件的线圈通电，对应的常开触点接通，常闭触点断开；状态 0 时相反，编程元件的线圈断电，对应的常开触点断开，常闭触点接通。位逻辑运算的结果保存在状态字的 RLO 位中。

1. 触点与线圈指令

梯形图中的触点与线圈指令如图 21—68a～e 所示，由触点、线圈等指令绘制的一个梯形图程序如图 21—68f 所示。

在图 21—68a～e 所示触点指令上方所标注的位地址所使用的操作数可以选用 I，Q，M，L，D，T，C，而线圈上方所标注的位地址所使用的操作数可以是 Q，M，L，D。当该位的状态为 1 时线圈通电，对应的常开触点接通，常闭触点断开；而当该位的状态为 0 时则线圈断电，对应的常开触点断开，常闭触点接通。

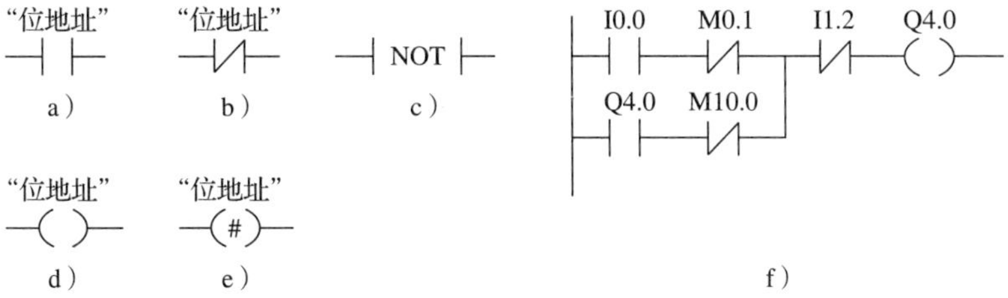

图 21—68　触点与线圈指令

a）常开触点　b）常闭触点　c）取反触点　d）线圈输出　e）中间输出　f）梯形图程序举例

图 21—68c 所示为取反触点，也可称为信号流反向指令。它被用来将其左边电路的逻辑运算结果 RLO 的状态求反，如图 21—69 所示，如果 M0.0 和 I1.1 进行逻辑“与”运算的结果为 1（即这 2 个触点都是接通的），则取反触点右边的 RLO 状态为 0，Q4.1 的线圈没有输出，其状态为 0。而如果 M0.0 和 I1.1 中至少有 1 个触点断开，则取反触点左边的 RLO 状态为 0，但取反触点右边的 RLO 状态变为 1，Q4.1 的线圈有输出，其状态为 1。

梯形图中的取反触点在语句表中即为“NOT”指令。

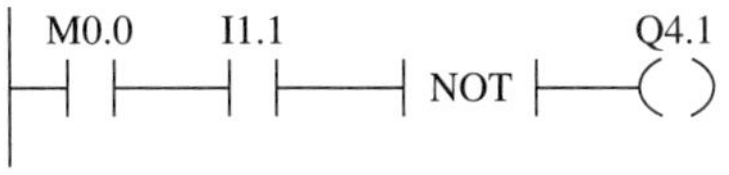

图 21—69　取反触点的应用

图 21—68e 所示为中间输出指令，在梯形图设计时，如果一个逻辑串很长不便于编辑时，可以将逻辑串分成几个段，前一段的逻辑运算结果（RLO）可作为中间输出，存储在位存储器（I，Q，M，L 或 D）中，该存储位可以当作一个触点出现在其他逻辑串中，如图 21—70 所示。中间输出只能放在梯形图逻辑串的中间，而不能直接连接到母线上，也不能放在一个分支的末尾。

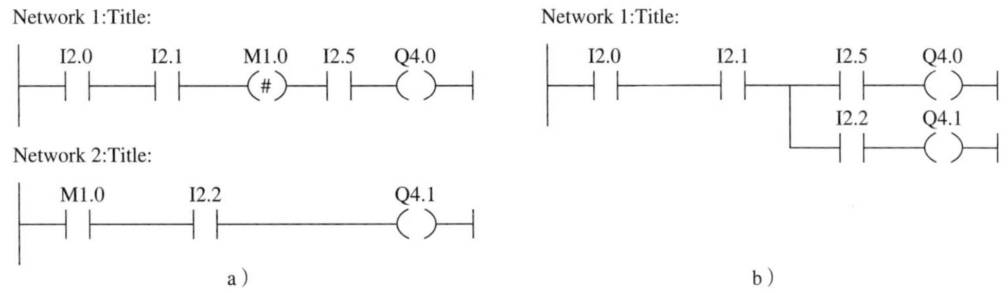

图 21—70　中间输出指令的应用

a）使用中间输出指令　b）与图 a 等效的梯形图

在语句表（STL）指令中，与其他触点串联的常开触点用指令“A［位地址］”表示，常闭触点用指令“AN［位地址］”表示。而与其他触点并联的常开触点用指令“O［位地址]”表示，常闭触点用指令“ON［位地址］”表示。线圈输出指令用指令“=［位地址］”表示（此指令称为赋值指令）。如果串联或并联的是1个电路块，在语句表指令中要把组成电路块的触点用括号“（　）”括起来。图21—71a所示的是梯形图程序，用语句表表示则如图21—71b所示。

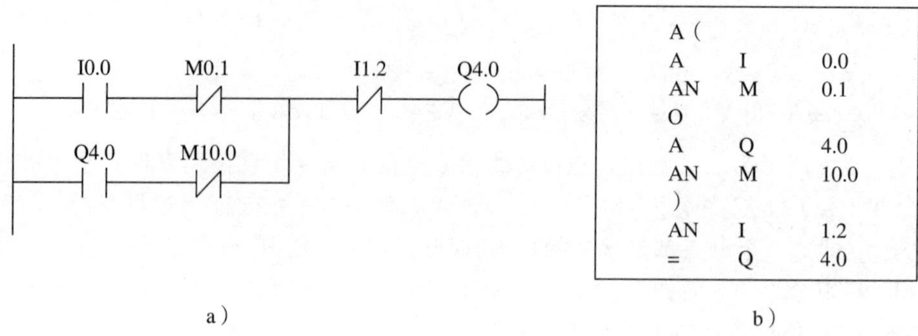

图21—71　用指令语句表表示图21—68f的程序

a）梯形图程序　b）指令语句表形式

对于梯形图的中间输出（#），在语句表程序中，采取在逻辑串中间先用赋值指令输出再串联此中间存储位的触点使逻辑串继续下去的方法。如图21—72所示。

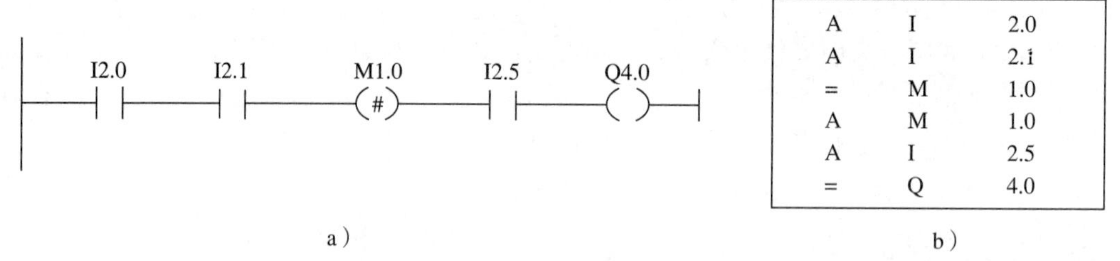

图21—72　语句表对中间输出的处理

a）带中间输出的梯形图程序　b）等效的语句表程序

2. 置位和复位指令

置位（S）和复位（R）指令根据RLO的值来决定操作数的信号状态是否改变，对于置位指令，一旦RLO为“1”，则操作数的状态置“1”，即使RLO又变为“0”，输出仍保持为“1”；若RLO为“0”，则操作数的信号状态保持不变。对于复位操作，一旦RLO为“1”，则操作数的状态置“0”，即使RLO又变为“0”，输出仍保持为“0”；若RLO为“0”，则操作数的信号状态保持不变。

置位和复位指令如图21—73所示，LAD和STL分别为梯形图和语句表指令。

置位/复位的功能也可用“RS触发器”或“SR触发器”指令来实现。表21—10中的示例就可用SR触发器来实现，如图21—73所示。

表 21—10　　置位和复位指令

指令形式	LAD	STL
置位指令	<位地址> —(S)—|	S　位地址
复位指令	<位地址> —(R)—|	R　位地址
示例	I1.0　I1.2　Q2.0 |—| |—|/|—(S)—| I1.1　I1.2　Q2.0 |—| |—|/|—(R)—|	A　I1.0 AN　I1.2 S　Q2.0 A　I1.1 AN　I1.2 R　Q2.0

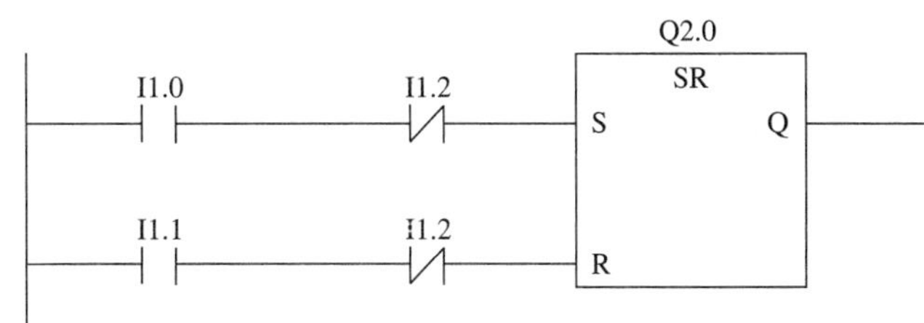

图 21—73　用 SR 触发器实现示例的置位复位功能

STEP 7 中有 2 种触发器：RS 触发器和 SR 触发器，都可以进行置位或复位操作。这 2 种触发器的梯形图指令格式和示例见表 21—11。

表 21—11　　RS 触发器和 SR 触发器

指令形式	RS 触发器	SR 触发器
指令格式	<位地址> RS "复位信号"—| |— R　Q — "置位信号"— S	<位地址> SR "置位信号"—| |— S　Q — "复位信号"— R
示例	M1.0 RS I0.0 —| |— R　Q —( )—| Q4.0 I0.1 — S	M11.3 SR I0.2 —| |— S　Q —( )—| Q4.1 I0.3 — R

指令格式中 <位地址>、复位信号和置位信号的寻址存储区为 I，Q，M，L，D，数据类型为 BOOL 型。

当“置位信号”为 1，“复位信号”为 0 时，触发器被置位，<位地址>和 Q 端都为 1；而当“复位信号”为 1，“置位信号”为 0 时，触发器被复位，<位地址>和 Q 端都为 0。在 RS 触发器和 SR 触发器指令中，一旦执行了置位或复位操作，即使“置位信号”或“复位信号”又变为 0，但之前所作的置位或复位操作仍被保持。在表 21—11 的示例中，对 RS 触发器，当 I0.0＝1，I0.1＝0 时，M1.0 和 Q4.0 的状态均为 0；而在 I0.0＝0，I0.1＝1 时，M1.0 和 Q4.0 的状态均为 1。对 SR 触发器，当 I0.2＝1，I0.3＝0 时，M11.3 和 Q4.1 的状态都为 1；而在 I0.2＝0，I0.3＝1 时，M11.3 和 Q4.1 的状态都为 0。触发器中的 Q 为输出端，在示例中 Q 分别相当于<位地址>M1.0 或 M11.3 的常开触点。

当触发器中的 S 端和 R 端前的变量状态同时为 1 时，对 RS 触发器是先执行复位操作，再执行置位操作（在同一个扫描周期中），最后的操作结果是置位状态被保持下来，因此 RS 触发器是“置位优先”型触发器。而对 SR 触发器是先执行置位操作，再执行复位操作，最后的操作结果是复位状态被保持下来，因此 SR 触发器是“复位优先”型触发器。

3. 脉冲指令

脉冲指令又称为 RLO 边沿检测指令，分为上升沿检测和下降沿检测。脉冲指令的格式及示例见表 21—12。图中脉冲指令的操作数“位存储器”是 1 个位，可以选用 I，Q，M，L，D，这个位又称为“边沿存储位”，它始终保存并检测其左边的逻辑运算结果 RLO 位的状态，当 RLO 的状态与前一扫描周期中保存的状态发生变化（有上升沿或下降沿产生）时，脉冲指令就会输出一个脉冲，脉宽为 1 个扫描周期，从而使得脉冲指令右边的线圈指令或数据处理指令能够被执行 1 次。表 21—11 中 2 个示例的脉冲指令执行时序，如图 21—74 所示。

表 21—12　　脉冲指令

指令形式	LAD	STL
上升沿脉冲指令	<_位存储器_> —(P)—	FP　位存储器
示例 1	I1.0　M1.1　Q4.1 —| |—(P)—( )—	A　I1.0 FP　M1.1 =　Q4.1
下降沿脉冲指令	<_位存储器_> —(N)—	FN　位存储器
示例 2	I1.0　M1.2　Q4.2 —| |—(N)—( )—	A　I1.0 FN　M1.2 =　Q4.2

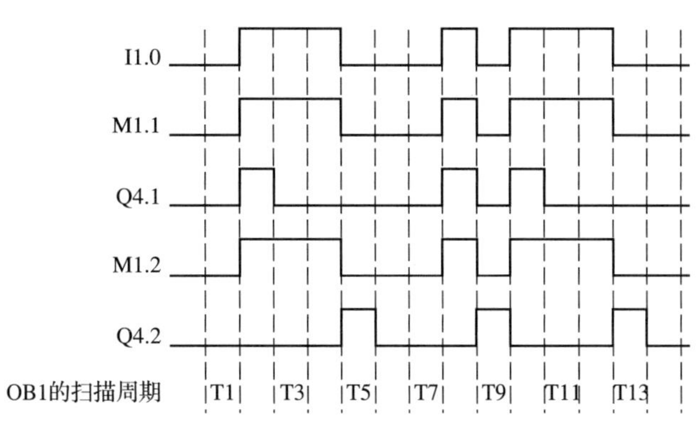

图 21—74　脉冲指令执行时序

上述位逻辑操作的语句表指令，见表 21—13。

表 21—13　　位逻辑操作的语句表指令

指令	描述	指令	描述
A	AND，逻辑与，电路或常开触点串联	XN（	逻辑异或非加左括号
AN	AND NOT，逻辑与非，常闭触点串联	）	右括号
O	OR，逻辑或，电路或常开触点并联	=	赋值，对应于梯形图中的线圈输出
ON	OR NOT，逻辑或非，常闭触点并联	R	RESET，复位指定的位或定时器、计数器
X	XOR，逻辑异或	S	SET，置位指定的位或设置计数器的预置值
XN	XOR NOT，逻辑异或非	NOT	将 RLO 取反
A（	逻辑与加左括号	SET	将 RLO 置位为 1
AN（	逻辑与非加左括号	CLR	将 RLO 复位为 0
O（	逻辑或加左括号	SAVE	将状态字的 RLO 位保存到 BR 位
ON（	逻辑或非加左括号	FN	RLO 下降沿检测
X（	逻辑异或加左括号	FP	RLO 上升沿检测

二、定时器指令

在 STEP 7 中，可以使用 5 种定时器：脉冲定时器（SP）、扩展脉冲定时器（SE）、接通延时定时器（SD）、保持型接通延时定时器（SS）和断开延时定时器（SF）。这些定时器又称为 S5 定时器。在 S7 CPU 中，为定时器保留了一个存储区域，每个定时器占用 1 个字和 1 个位的存储单元，定时器的字用来存放当前时间值，而定时器触点的状态由它的位的状态来确定。定时器的当前时间值及触点的状态均通过定时器的地址（如 T1）来访问。

1. 脉冲定时器（SP）

（1）梯形图中的脉冲定时器。脉冲定时器是产生指定时间宽度脉冲的定时器，类似于数字电路中的单稳态电路。在梯形图中定时器的指令有 2 种形式：线圈指令形式和方框指令形式。脉冲定时器的线圈指令格式见表 21—14。

表 21—14　　脉冲定时器的线圈指令

LAD	参数	数据类型	存储区	说明
<地址> —(SP)— 时间值	＜地址＞	TIMER	T	地址表示要启动的定时器号
	时间值	S5TIME	I，Q，M，D（数据块），L（局部数据）	定时时间值（S5TIME 格式）

可见，定时器指令中操作数“地址”是定时器，应在 T0～T255 中选用，“时间值”是定时器的延时时间，要求使用 S5TIME 格式的数据。在梯形图中应用脉冲定时器的程序及定时器执行的时序如图 21—75 所示。

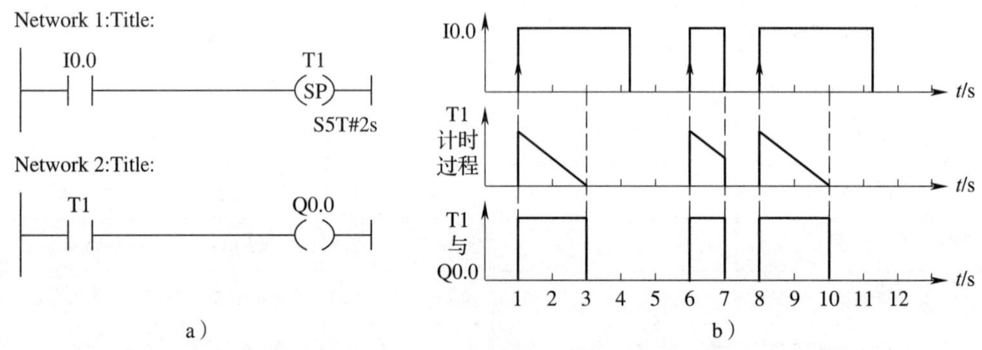

图 21—75　脉冲定时器的应用

a）应用脉冲定时器的程序　b）时序图

由图 21—75b 可见，脉冲定时器是在其线圈通电开始进行延时的，同时定时器的位状态为 1；当延时时间到达时，定时器的位状态为 0，因此定时器实际是输出了 1 个脉冲，脉宽就是延时时间。在脉冲定时器工作的过程中，要求其控制触点（I0.0）始终接通，如果在延时过程中控制触点断开，则定时器立即被复位。

脉冲定时器的方框指令见表 21—15。

表 21—15　　　　脉冲定时器的方框指令

LAD	参数	数据类型	说明	存储区
<地址> S_PULSE —S　Q— 时间值 —TV　BI— … … —R　BCD— …	＜地址＞	TIMER	要启动的定时器号如 T0	T
	S	BOOL	启动输入端	I，Q，M，D，L
	TV	S5TIME	定时时间（S5TIME 格式）	
	R	BOOL	复位输入端	
	Q	BOOL	定时器的位状态	
	BI	WORD	当前时间（整数格式）	
	BCD	WORD	当前时间（BCD 码格式）	

在脉冲定时器的方框指令中，Q 端就是定时器的位状态，BI 端和 BCD 端都是用于输出定时器的当前时间值，只是 BI 是以整数格式输出，而 BCD 是以 BCD 码的格式输出。图 21—75a 所示的程序用方框指令编制时如图 21—76 所示。

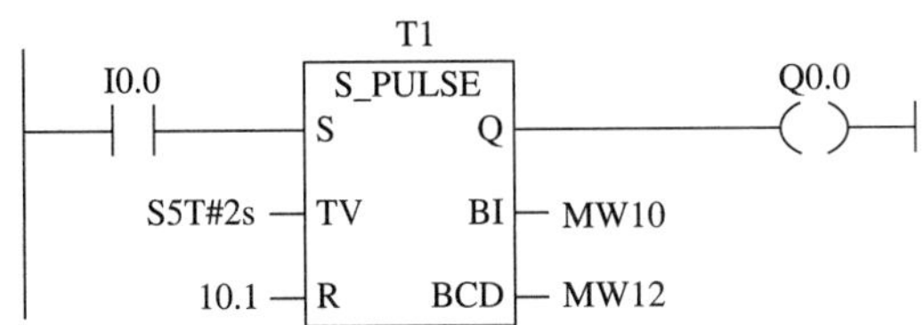

图 21—76　用方框指令的脉冲定时器应用程序

在图 21—76 所示程序中，使用 I0.0 作为定时器的控制触点，用 2 个字元件 MW10 和 MW12 保存定时器的当前时间值，用 I0.1 进行复位。注意，在复位端有效（I0.1 的状态为 1）时，定时器始终处于复位状态，此时即使 I0.0 为 1 定时器也不会启动。

（2）语句表中的脉冲定时器

1）装载指令 L 和传送指令 T。在语句表中编程时，需要将定时器的延时时间装载到累加器中。指令“L［源数据］”是装载指令，用于将指令中提供的源数据装载到累加器 ACC1 中，同时 ACC1 中原来的数据自动移动到累加器 ACC2 中。指令“T［目的操作数］”是传送指令，将累加器 ACC1 中的数据传送到指令指定的目的地址去，传送后 ACC1 中的内容不变。由于累加器是 32 位的，而 L 或 T 指令中指定的操作数可能是 8 位的或 16 位的，因此在执行时，如果操作数是 8 位或 16 位，则只会对累加器 ACC1 中的低字节或低字进行操作。但在执行 L 指令时，其余的高位字节或高字全部被置为 0；而在执行 T 指令时，ACC1 中的内容不会改变。

2）语句表中所用的定时器指令。在语句表程序中使用定时器时，要用到与定时器有关的指令，见表 21—16。

表 21—16　　定时器指令

语句表指令	梯形图指令	描述	语句表指令	梯形图指令	描述
FR	—	允许定时器再启动	SS	SS	保持型接通延时定时器
L	—	将定时器的二进制时间值装入累加器 1	SF	SF	断开延时定时器
LC	—	将定时器的 BCD 时间值装入累加器 1	—	S _ PULSE	方框指令中的 S5 脉冲定时器
R	—	复位定时器	—	S _ PEXT	方框指令中的 S5 扩展脉冲定时器
SP	SP	脉冲定时器	—	S _ ODT	方框指令中的 S5 接通延时定时器
SE	SE	扩展脉冲定时器	—	S _ ODTS	方框指令中的 S5 保持型接通延时定时器
SD	SD	接通延时定时器	—	S _ OFFDT	方框指令中的 S5 断开延时定时器

表 21—16 中的允许定时器再启动指令“FR”只能在语句表中使用，当 FR 指令被执行时，将定时时间重新装入定时器，定时器又从预置值开始定时，即定时器被重新启动。再启动功能只有在定时器的控制触点接通，且定时器已在工作的情况下才能起作用，它并不是定时器启动定时工作的必要条件，因此在实际编程中很少使用 FR 指令。

3）用语句表指令编写的脉冲定时器程序。在语句表程序中将定时器的延时时间装载到累加器中是通过下述 2 种形式执行的，编程时可以选择其一。

```
L        W#16#wxyz
L        S5T#aH_bM_cs_dms
```

第 1 种形式是按照 S5TIME 数据格式装载的，其中 w 表示时间基准，其值可以选择为 0～3，即 10 ms～10 s 等 4 种时基；xyz 为 3 位 BCD 数，表示时间常数，其值为 1～999。第 2 种形式是以 S5TIME 的常数形式提供的，其中 a，b，c，d 分别表示小时、分钟、秒、毫秒的数值，而时基由 CPU 按照定时精度最高的原则自动选择。

用语句表指令对图 21—76 所示的脉冲定时器编写的程序如图 21—77 所示。

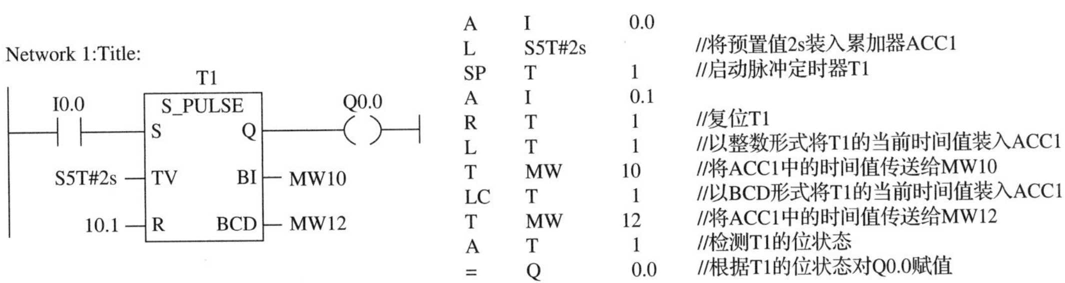

Network 1:Title:
T1
I0.0
S_PULSE
S
Q
Q0.0
S5T#2s
TV
BI
MW10
10.1
R
BCD
MW12
A I 0.0
L S5T#2s //将预置值2s装入累加器ACC1
SP T 1 //启动脉冲定时器T1
A I 0.1
R T 1 //复位T1
L T 1 //以整数形式将T1的当前时间值装入ACC1
T MW 10 //将ACC1中的时间值传送给MW10
LC T 1 //以BCD形式将T1的当前时间值装入ACC1
T MW 12 //将ACC1中的时间值传送给MW12
A T 1 //检测T1的位状态
= Q 0.0 //根据T1的位状态对Q0.0赋值

图 21—77　用语句表指令编写的脉冲定时器程序

2. 扩展脉冲定时器（SE）

扩展脉冲定时器与脉冲定时器相似，但扩展的脉冲定时器具有保持功能，即在其控制触点接通的时间小于延时时间的情况下，也能输出指定宽度的脉冲。扩展脉冲定时器的线圈指令格式见表 21—17。

表 21—17　扩展脉冲定时器的线圈指令

LAD	参数	数据类型	存储区	说明
<地址> —(SE)— 时间值	＜地址＞	TIMER	T	地址表示要启动的定时器号
	时间值	S5TIME	I，Q，M，D，L	定时时间值（S5TIME 格式）

在梯形图中应用扩展脉冲定时器的程序及定时器执行的时序如图 21—78 所示。

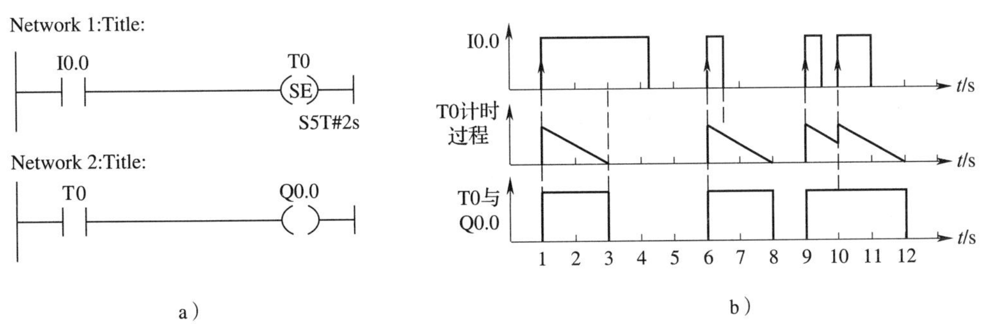

图 21—78　扩展脉冲定时器的应用

a）应用扩展脉冲定时器的梯形图程序　b）时序图

由图 21—78b 可见，扩展脉冲定时器与脉冲定时器相同，是在其线圈通电开始进行延时的，同时定时器的位状态为 1；当延时时间到达时，定时器的位状态为 0，定时器也是输出了 1 个脉冲，脉宽就是延时时间。但与脉冲定时器不同的是，在扩展脉冲定时器工作的过程中，其控制触点（I0.0）不需要始终接通，只要控制触点接通使定时器开始工作了，即使在延时过程中控制触点断开，定时器也不会被复位，而是继续工作，直到计时结束，如图 21—78b 中第 6～8 s 的过程所示。

扩展脉冲定时器也可使用方框指令，见表 21—18。

表 21—18　　扩展脉冲定时器的方框指令

LAD	参数	数据类型	说明	存储区
<地址> S_PEXT S　Q 时间值 — TV　BI — … … — R　BCD — …	＜地址＞	TIMER	要启动的 定时器号如 T0	T
	S	BOOL	启动输入端	I，Q，M，D，L
	TV	S5TIME	定时时间 （S5TIME 格式）	
	R	BOOL	复位输入端	
	Q	BOOL	定时器的位状态	
	BI	WORD	当前时间 （整数格式）	
	BCD	WORD	当前时间 （BCD 码格式）	

对图 21—78a 所示的程序使用方框指令来编制时如图 21—79 所示。

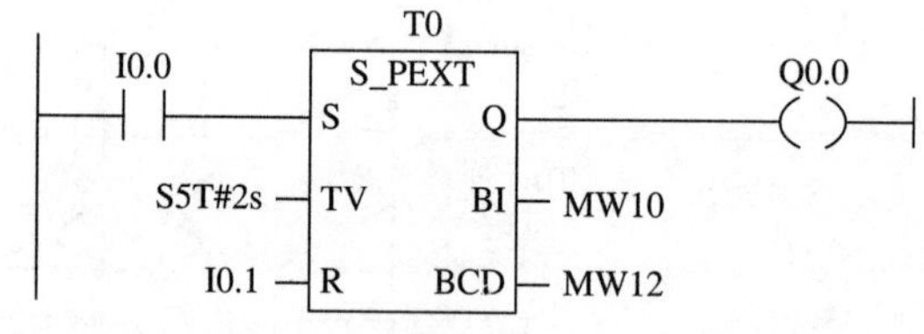

图 21—79　使用方框指令的扩展脉冲定时器应用程序

在图 21—79 所示的程序中，I0.1 用于对定时器 T0 进行复位。当 I0.1 的状态为 1 时，T0 的当前时间值为 0，定时器的触点状态也被复位。

用语句表指令编制的扩展脉冲定时器应用程序如下。

```
A     I       0.0
L     S5T＃2s              //将预置值 2 s 装入累加器 1
SE    T       0            //启动扩展脉冲定时器 T0
```

```
A     I     0.1
R     T     0          //复位 T0
L     T     0          //以整数形式将 T0 的当前时间值装入 ACC1
T     MW    10         //将 ACC1 中的时间值传送给 MW10
LC    T     0          //以 BCD 形式将 T0 的当前时间值装入 ACC1
T     MW    12         //将 ACC1 中的时间值传送给 MW12
A     T     0          //检测 T0 的位状态
=     Q     0.0        //根据 T0 的位状态对 Q0.0 赋值
```

3．接通延时定时器（SD）

接通延时定时器相当于继电器控制系统中的通电延时时间继电器。通电后立即开始延时，延时时间到后触点动作。接通延时定时器的梯形图指令中有线圈指令和方框指令 2 种形式，其线圈指令的格式见表 21—19，方框指令的格式见表 21—20。

表 21—19　　　　接通延时定时器的线圈指令

LAD	参数	数据类型	存储区	说明
<地址> —(SD)— 时间值	＜地址＞	TIMER	T	地址表示要启动的定时器号
	时间值	S5TIME	I，Q，M，D，L	定时时间值（S5TIME 格式）

表 21—20　　　　接通延时定时器的方框指令

LAD	参数	数据类型	说明	存储区
<地址> S_ODT —S　Q— 时间值—TV　BI—… …—R　BCD—…	＜地址＞	TIMER	要启动的定时器号如 T0	T
	S	BOOL	启动输入端	I，Q，M，D，L
	TV	S5TIME	定时时间（S5TIME 格式）	
	R	BOOL	复位输入端	
	Q	BOOL	定时器的位状态	
	BI	WORD	当前时间（整数格式）	
	BCD	WORD	当前时间（BCD 码格式）	

用线圈指令编制的接通延时定时器应用程序及其运行时的时序图如图 21—80 所示。

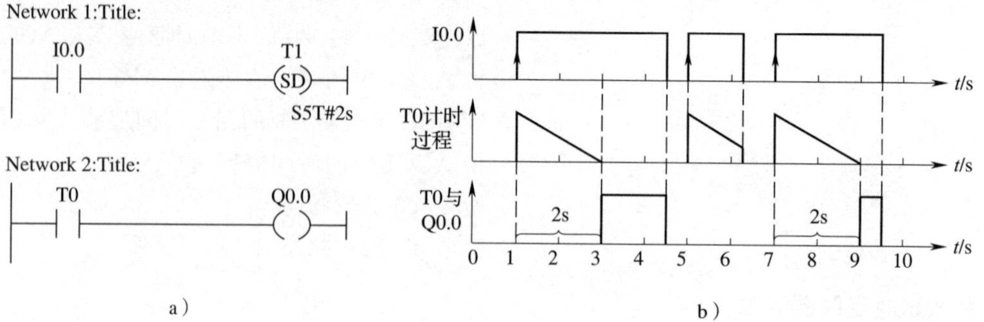

图 21—80 接通延时定时器的应用

a）用线圈指令编制的梯形图程序 b）时序图

由图 21—80b 所示的时序图可见，当定时器的线圈状态为 1 时，定时器立即开始延时，但定时器的触点不动作，等延时时间到后，定时器的触点动作。在定时器工作的过程中，控制触点（I0.0）需始终接通，如果控制触点一旦断开，则定时器立即被复位。

对应于图 21—80a 所示的接通延时定时器梯形图程序，用语句表指令编制的应用程序如下。

```
A    I       0. 0
L    S5T＃2s                //将预置值 2 s 装入累加器 1
SD   T       0              //启动接通延时定时器 T0
A    T       0              //检测 T0 的位状态
=    Q       0.0            //根据 T0 的位状态对 Q0.0 赋值
```

4. 保持型接通延时定时器（SS）

保持型接通延时定时器与接通延时定时器类似，也是定时器线圈通电后立即开始延时，延时时间到后触点动作。但不同的是保持型接通延时定时器有保持功能，当其控制触点接通使定时器开始工作后，此控制触点不需要始终接通，即使在延时过程中控制触点断开，定时器也不会被复位，而是继续工作，直到计时结束，定时器的触点动作为止。保持型接通延时定时器的梯形图指令同样有线圈指令和方框指令 2 种形式，其线圈指令的格式见表 21—21，方框指令的格式见表 21—22。

表 21—21　　保持型接通延时定时器的线圈指令

LAD	参数	数据类型	存储区	说明
<地址> —(SS)— 时间值	＜地址＞	TIMER	T	地址表示要启动的定时器号
	时间值	S5TIME	I，Q，M，D，L	定时时间值（S5TIME 格式）

表 21—22　　保持型接通延时定时器的方框指令

LAD	参数	数据类型	说明	存储区
<地址> S_ODTS — S　Q — 时间值 — TV　BI — … … — R　BCD — …	＜地址＞	TIMER	要启动的定时器号如 T0	T
	S	BOOL	启动输入端	I，Q，M，D，L
	TV	S5TIME	定时时间（S5TIME 格式）	
	R	BOOL	复位输入端	
	Q	BOOL	定时器的位状态	
	BI	WORD	当前时间（整数格式）	
	BCD	WORD	当前时间（BCD 码格式）	

用线圈指令编制的保持型接通延时定时器应用程序及其运行时的时序图，如图 21—81 所示。

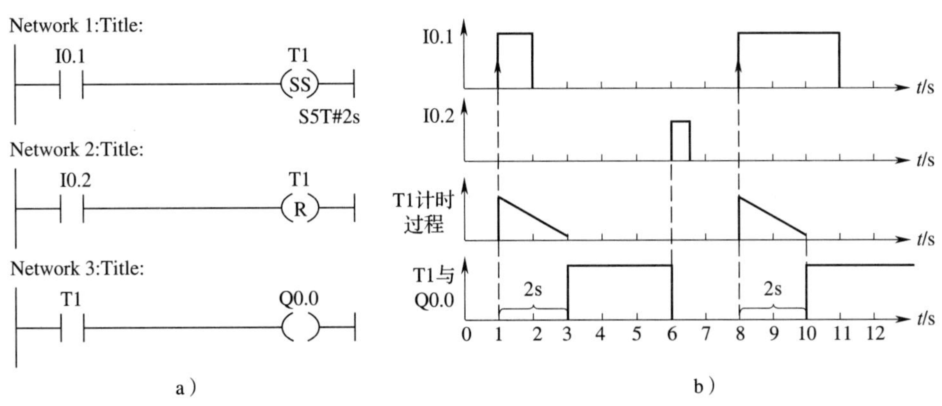

图 21—81　保持型接通延时定时器的应用

a）用线圈指令编制的梯形图程序　b）时序图

在图 21—81a 所示的程序中，由触点 I0.2 对定时器 T1 进行复位的指令行是必须的，这是因为保持型接通延时定时器的触点动作后，不会由其控制触点（I0.1）的断开而被复位，必须要使用复位指令才能被复位。由图 21—81b 所示的时序图可见，当定时器开始延时后，即使其控制触点断开，定时器也会继续工作，直到计时结束，定时器的触点动作为止。只有当复位信号有效时定时器才被复位。

对应于图 21—81a 所示的保持型接通延时定时器梯形图程序，用语句表指令编制的应用程序如下。

```
A    I       0.1
L    S5T#2s             //将预置值 2 s 装入累加器 1
SS   T       1          //启动保持型接通延时定时器 T1
A    I       0.2
R    T       1          //复位 T1
A    T       1          //检测 T1 的位状态
=    Q       0.0        //根据 Tl 的位状态对 Q0.0 赋值
```

5. 断开延时定时器（SF）

断开延时定时器相当于继电器控制系统中的断电延时时间继电器。当定时器的线圈通电时并不开始延时，要到线圈断电时才开始延时。而定时器的触点在线圈通电时即动作，要到延时时间到后触点才被复位。断开延时定时器的梯形图指令中同样有线圈指令和方框指令 2 种形式，其线圈指令的格式见表 21—23，方框指令的格式见表 21—24。

表 21—23 断开延时定时器的线圈指令

LAD	参数	数据类型	存储区	说明
<地址> —(SF)— 时间值	＜地址＞	TIMER	T	地址表示要启动的定时器号
	时间值	S5TIME	I，Q，M，D，L	定时时间值（S5TIME 格式）

表 21—24 断开延时定时器的方框指令

LAD	参数	数据类型	说明	存储区
<地址> S_OFFDT S Q 时间值 TV BI … … R BCD …	＜地址＞	TIMER	要启动的定时器号如 T0	T
	S	BOOL	启动输入端	I，Q，M，D，L
	TV	S5TIME	定时时间（S5TIME 格式）	
	R	BOOL	复位输入端	
	Q	BOOL	定时器的位状态	
	BI	WORD	当前时间（整数格式）	
	BCD	WORD	当前时间（BCD 码格式）	

用线圈指令编制的断开延时定时器应用程序及其运行时的时序图如图 21—82 所示。

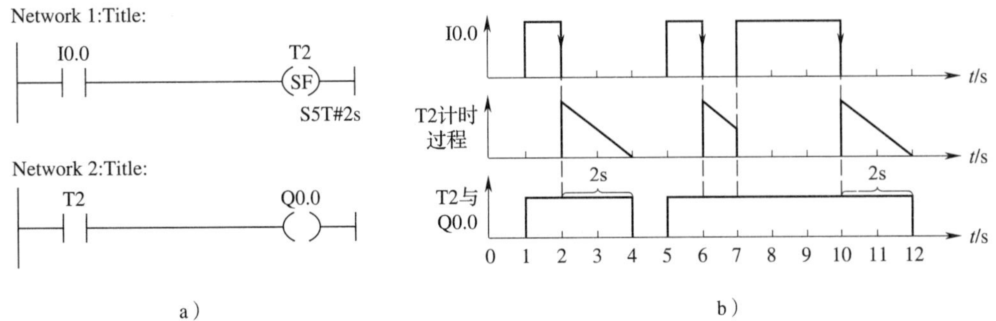

图 21—82　断开延时定时器的应用

a) 用线圈指令编制的梯形图程序　b) 时序图

由图 21—82b 所示的时序图可见，断开延时定时器是在其控制触点（I0.0）断开时开始延时的，而定时器的触点是在其控制触点接通时即动作，直到计时结束，定时器的触点才被复位。如果在延时开始后但尚未结束时，其控制触点再次接通，则定时器立即停止计时，等其控制触点再断开时重新开始延时。在这种情况下，定时器的触点状态一直为 1，直到计时结束才被复位。

对应于图 21—82a 所示的断开延时定时器梯形图程序，用语句表指令编制的应用程序如下。

```
A     I       0.0
L     S5T#2s                  //将预置值 2 s 装入累加器 1
SF    T       2               //启动断开延时定时器 T2
A     T       2               //检测 T2 的位状态
=     Q       0.0             //根据 T2 的位状态对 Q0.0 赋值
```

【例 21—1】使用脉冲定时器设计脉冲发生器程序。

使用脉冲定时器指令编制图 21—83a 所示的程序，即可产生周期性变化的脉冲信号。其工作时序图如图 21—83b 所示。

在图 21—83a 所示的程序中，I0.0 为控制条件，当 I0.0＝1 时，脉冲发生器开始工作。此程序中使用了 2 个脉冲定时器，并使用了 2 个脉冲定时器的常闭触点进行交叉控制。开始工作时 T1 的常闭触点接通，T0 线圈得电开始延时，同时 T0 的触点动作，使得 T0 的常闭触点断开，T1 不工作。到 T0 的延时时间到，T0 触点被复位，则 T1 线圈得电开始延时，同时 T1 的触点动作，使得 T0 的线圈断电停止工作。等 T1 延时时间到，则 T1 的触点被复位，T0 线圈又得电开始工作。如此 2 个脉冲定时器交替工作，T0 及 T1 的位状态交替为 1，形成 2 路周期相同，但脉宽不同的方波脉冲列。

【例 21—2】使用 SD，SP，SF 等指令，实现洗手间冲水控制的功能。

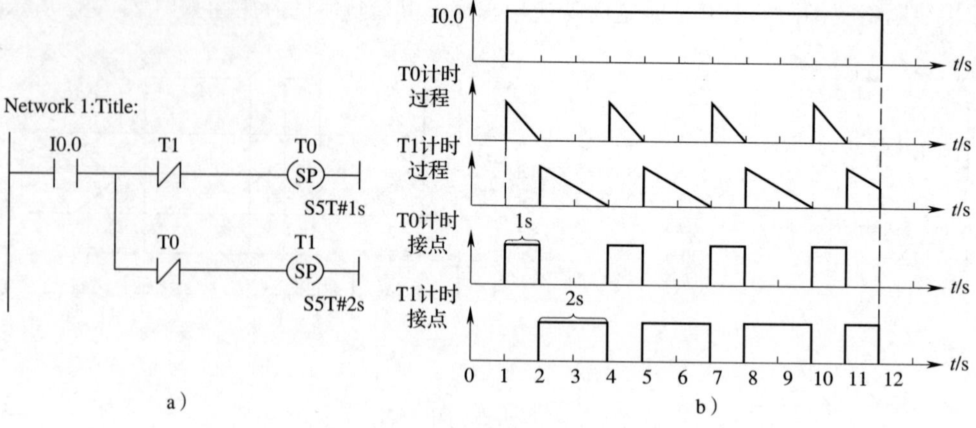

图 21—83 用脉冲定时器设计脉冲发生器

a）梯形图程序 b）工作时序图

洗手间冲水控制的梯形图程序和工作波形如图 21—84 所示。

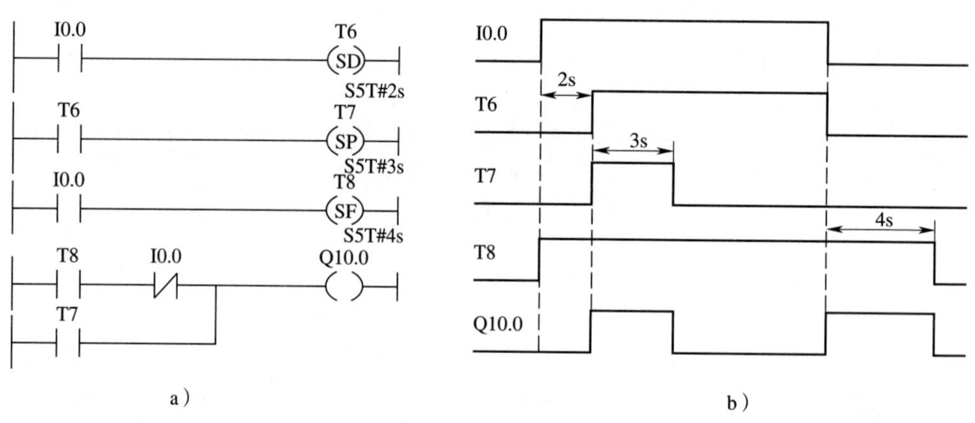

图 21—84 洗手间冲水控制程序

a）梯形图 b）时序图

图 21—84a 所示程序中，I0.0 是用于检测是否有人使用洗手间的光电开关信号，用 Q10.0 控制冲水电磁阀。当光电开关发出信号后，接通延时定时器 T6 开始延时，延时时间到后，脉冲定时器 T7 开始延时，同时 T7 的常开触点接通，使 Q10.0 输出，电磁阀得电开始冲水，到 T7 延时时间到后 T7 的常开触点断开，停止冲水。T8 是断开延时定时器，在光电开关发出信号时，T8 的常开触点也接通，但由于 T8 的常开触点与 I0.0 的常闭触点串接，当 I0.0=1 时其常闭触点断开，因此 T8 常开触点的接通并不能使 Q10.0 输出。当洗手间的使用者离开时，光电开关信号消除，I0.0=0，使 T8 开始延时，这时 T8 的常开触点与 I0.0 的常闭触点同时接通，使 Q10.0 又有输出开始冲水，直到 T8 延时结束，T8 的常开触点断开，停止冲水。

三、计数器指令

STEP 7 中提供了 3 种计数器指令：加法计数器指令、减法计数器指令和可逆（加/减）计数器指令。使用不同的计数器指令，即可将计数器按不同的方式来进行计数。在 S7-300/400 中为计数器保留了一个存储区，每个计数器有 1 个 16 位的字和 1 个二进制的位。计数器的字用来存放当前计数值，而计数器触点的状态由它的位的状态来确定。计数器的当前计数值及触点的状态均通过计数器的地址（如 C5）来访问。

计数器的计数值必须用 BCD 码，存放在计数器字的 0～11 位，而 12～15 位不用，因此计数值的范围为 0～999，用 C＃0～C＃999 的格式表示。

1. 梯形图的计数器指令

梯形图的计数器指令有线圈指令和方框指令 2 种形式，2 种形式的指令可以随意选用，也可以在程序中混合使用。线圈指令有 3 条，其格式见表 21—25。

表 21—25　　计数器线圈指令

指令名称	LAD	参数	数据类型	存储区	说明
计数器置初值	<地址> —(SC)— 预置值	地址	COUNTER	C	地址表示计数器号
加法计数器线圈	<地址> —(CU)—				
减法计数器线圈	<地址> —(CD)—	预置值	WORD	I，Q，M，D，L	预置值必须是 BCD 码格式，即为 C＃，例如 C＃23

当计数器置初值指令（SC）前的逻辑位 RLO 有正跳沿时，计数器置初值线圈将预置值装入指定计数器中。若 RLO 位的状态没有正跳沿发生，则计数器的值保持不变。

当加法计数器线圈指令（CU）前的逻辑位 RLO 有正跳沿时，加法计数器线圈使指定计数器的计数值加 1。如果 RLO 位的状态没有正跳沿发生，或者计数值已经达到最大值 999，则计数器的值保持不变。

当减法计数器线圈指令（CD）前的逻辑位 RLO 有正跳沿时，减法计数器线圈使指定计数器的计数值减 1。如果 RLO 位的状态没有正跳沿发生，或者计数值已经达到最小值 0，则计数器的值保持不变。

使用计数器线圈指令的梯形图程序如图 21—85 所示。在图 21—85 所示程序中，当 I0.0 的状态由 0 变为 1 时，SC 指令将数值 23 装入计数器 C0 中作为当前计数值。当 I0.1 的状态由 0 变为 1 时，计数器 C0 的计数值将减 1；当 I0.2 的状态由 0 变为 1 时，计数器 C0 的计数值将加 1。

在使用计数器时，需要注意计数器的触点是在什么情况下动作的。S7－300 中计数器的位状态是由计数值确定的，当计数值大于 0 时计数器位（即计数器常开触点的状态）为 1；当计数值等于 0 时计数器位为 0。因此，图 21—85 中用 C0 的常开触点驱动 Q0.0 时，Q0.0 的状态只有在 C0 的计数值被减到 0 时才会为 0，而在其余时候始终为 1。

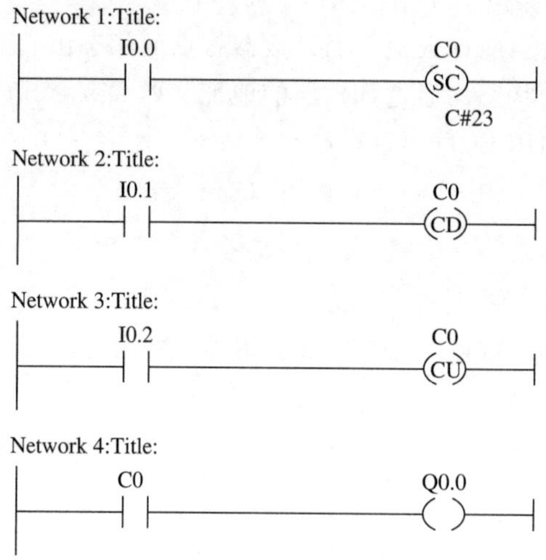

图 21—85　用计数器线圈指令的梯形图程序

为了能在计数器计完预置值指定的脉冲数后进行某种操作，通常使用减法计数器，并用计数器的常闭触点来驱动负载。图 21—86 所示即为使用减法计数器并用常闭触点实现控制的例子。

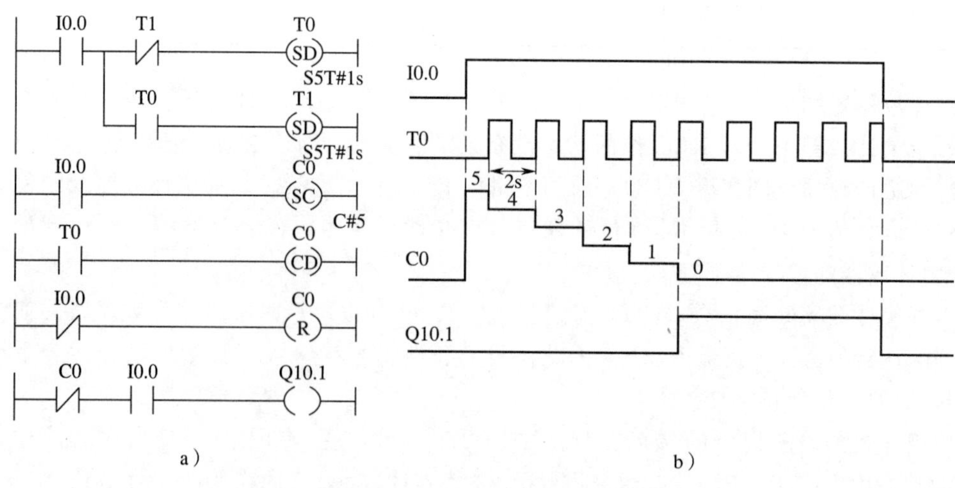

图 21—86　用减法计数器并用常闭触点实现控制的程序

a）梯形图程序　b）工作波形图

在图 21—86a 所示程序中，用 2 个接通延时定时器 T0 和 T1 组成了一个周期为 2 s、脉宽为 1 s 的脉冲发生器，T0 的常开触点每 2 s 接通一次，用 T0 的触点来模拟计数脉冲。在计数器的控制触点 I0.0 接通的上升沿，SC 指令将预置值 5 送到计数器 C0 作为计数值。然后使用 T0 的触点作为计数脉冲信号，T0 的常开触点每接通一次，C0 的计数值减去 1。当 C0 的计数值被减到 0 时，C0 的常闭触点接通，使 Q10.1 输出，从而达到计数器计完预置值指定的脉冲数后驱动负载的目的。为了避免在计数器设置预置值之前可能计数值是 0 而使负载已有输出的现象发生，将控制触点 I0.0 的常开触点串接在 Q10.1 的输出电路中，这样在 I0.0 未接通之前负载就不会有输出。

计数器方框指令的格式见表 21—26。

表 21—26　　　　计数器方框指令

加法计数器	减法计数器	可逆计数器
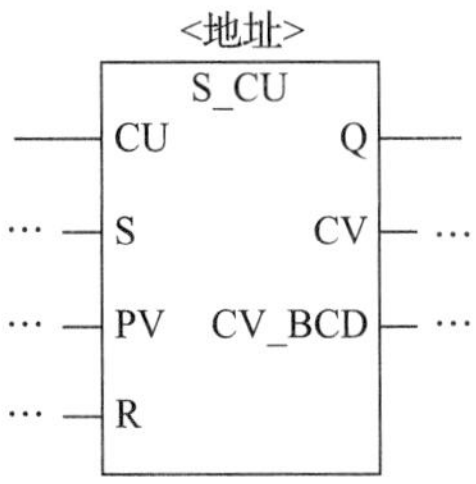 <地址> S_CU CU　Q …S　CV… …PV　CV_BCD… …R	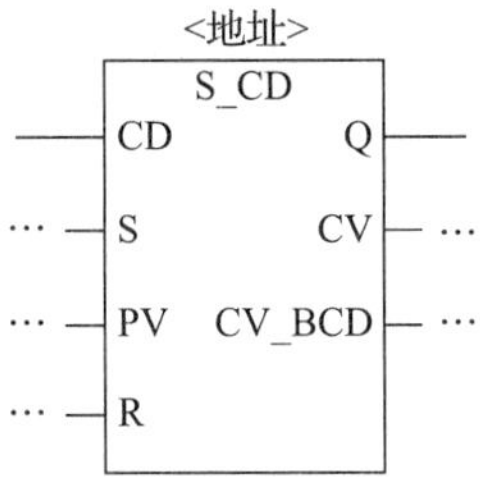 <地址> S_CD CD　Q …S　CV… …PV　CV_BCD… …R	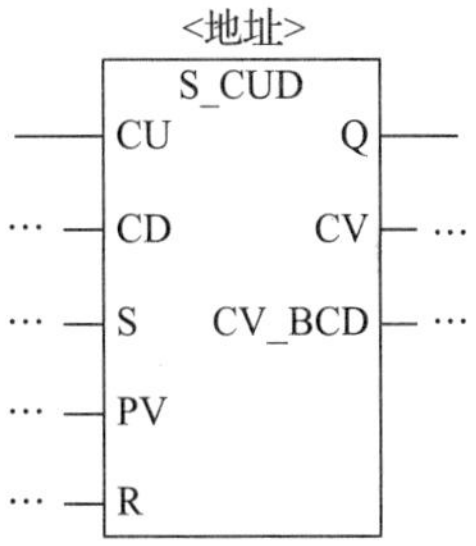 <地址> S_CUD CU　Q …CD　CV… …S　CV_BCD… …PV …R

在计数器方框指令格式中，＜地址＞表示计数器号，用标识符 C 加上编号表示，如 C2，C5 等；指令框中的 CU 为加法计数脉冲输入端；CD 为减法计数脉冲输入端；S 为计数器的预置输入端；PV 为预置值输入端（BCD 码格式）；R 为复位输入端；Q 为计数器位状态输出端（相当于计数器的常开触点）；CV 端输出整数格式的计数器当前值；CV _ BCD 端输出 BCD 码格式的计数器当前值。

计数器中的 CU，CD，S，R，Q 均为 BOOL（位）变量；PV，CV 和 CV _ BCD 均为 WORD（字）变量。各变量均可使用 I，Q，M，L，D 存储区，其中 I 只用于输入变量，PV 还可以使用常数 C＃。

将图 21—85 所示用线圈指令编程的可逆计数器改为用方框指令编制的程序如图 21—87 所示。图 21—87 中，在 S 端输入信号 I0.0 的上升沿，PV 端指定的预置值 23 被送入 C0 的计数器。在 CU 端输入脉冲 I0.2 的上升沿，如果 C0 的当前计数值小于 999，计数值加上 1；在 CD 端输入脉冲 I0.1 的上升沿，如果 C0 的当前计数值大于 0，计数值减去 1。在 R 端输入信号 I0.3 为 1 时，计数器被复位，计数值被清零。在计数值大于 0 时，输出端 Q 的状态为 1，Q0.0 的线圈得电；在计数值为 0 时，输出端 Q 的状态为 0。

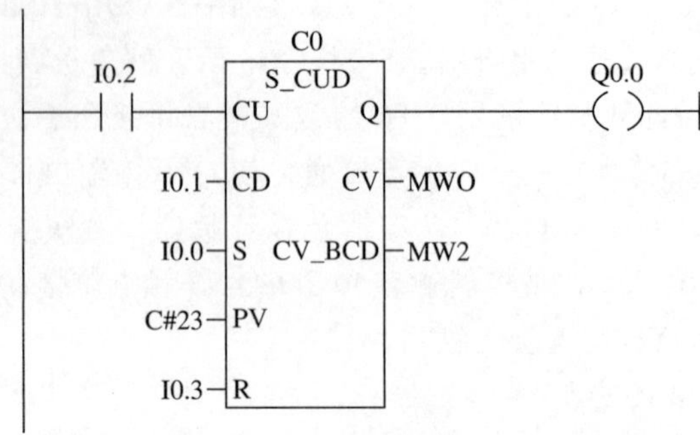

图 21—87　使用方框指令对可逆计数器编程

2. 语句表的计数器指令

使用语句表指令，同样可对计数器编程。语句表中使用的计数器指令见表 21—27。

表 21—27　　语句表中使用的计数器指令

指令	描述	指令	描述
FR	允许计数器再启动	S	设置计数器预置值
L	将计数器的计数值以整数型装入累加器 1	CU	对计数器做加法计数
LC	将计数器的计数值以 BCD 码装入累加器 1	CD	对计数器做减法计数
R	复位计数器	—	—

FR 指令被执行时，将 S 端和加计数 CU 端或减计数 CD 端的边沿检测标志清零，以使计数器可以再启动。但在计数器设置预置值或进行正常计数时，不需要启用计数器，因此一般不使用 FR 指令进行编程。

S 指令的格式为　S <计数器>，当 S 指令被执行时，将累加器 1 低字中的计数值送入计数器。累加器 1 中的计数值必须是 0～999 之间的 BCD 码形式的数值。

使用语句表指令可对图 21—87 所示的可逆计数器编程如下。

```
A     I     0.0         //检查输入 I0.0 的信号状态
L     C#23              //将预置值 23 装入累加器 1
S     C     0           //如果 I0.0 从 0 变到 1，将预置值送入计数器 C0
A     I     0.3         //检查输入 I0.3 的信号状态
R     C     0           //在 I0.3=1 时将 C0 复位
A     I     0.2         //检查输入 I0.2 的信号状态
CU    C     0           //在 RL0 的上升沿将 C0 的计数值加 1
A     I     0.1         //检查输入 I0.1 的信号状态
CD    C     0           //在 RL0 的上升沿将 C0 的计数值减 1
```

```
L     C     0          //以整数形式将 C0 的当前计数值装入 ACC1
T     MW    0          //将 ACC1 中的计数值传送给 MW0
LC    C     0          //以 BCD 形式将 C0 的当前时间值装入 ACC1
T     MW    2          //将 ACC1 中的计数值传送给 MW2
A     C     0          //检测 C0 的位状态
=     Q     0.0        //根据 C0 的位状态对 Q0.0 赋值
```

在上述用语句表计数器指令所编写的程序中，最后 2 个程序行是根据计数器位的状态进行输出，按照图 21—87 编写的，但这样执行的结果是：只有在 C0 的计数值为 0 时 Q0.0 为 0，其余时候 Q0.0 都为 1，显然不能适合实际控制的需要。在实际控制中，需要当计数值为特定的数值时产生输出，其余时候都应没有输出。因此在实际所编写的计数器程序中，负载的输出一般是采用计数器的常闭触点来驱动的，可采用如下的程序来实现。

```
AN    C     0          //检测 C0 的位状态是否为零
=     Q     0.0        //如果 C0 的计数值为 0，则 Q0.0=1
```

四、数据处理指令

数据处理指令包括数据的传送、比较、移位，数据类型的转换，以及数据的算术运算、逻辑运算等指令。下面以梯形图指令为主，语句表指令为辅，择要介绍一些常用的数据处理指令。

1. 数据装载和传送指令

在梯形图指令中，数据的传送指令为 MOVE，其格式见表 21—28。

表 21—28　　　　MOVE 指令的格式

LAD	参数	数据类型	说明	存储区
MOVE EN　END IN　OUT	EN	BOOL	允许输入	I，Q，M，D，L
	ENO	BOOL	允许输出	
	IN	长度为 8 位、16 位、32 位的所有数据类型	源数据	
	OUT	长度为 8 位、16 位、32 位的所有数据类型	目标地址	

MOVE 指令需通过 EN 输入来激活，当 EN 端前面的 RLO 状态为 1 时，MOVE 指令被执行，将输入端 IN 指定的源数据复制到 OUT 输出端所指定的目标地址。ENO 与 EN 的逻辑状态相同，但在指令执行中发生错误时 ENO 保持为 0，从而使 EN 端的 RLO 状态不能被传递到 ENO，串接在此指令后的后续指令不能被激活。

MOVE 指令能传送 BYTE，WORD 或 DWORD 类型的数据对象，如图 21—88 所示。一般在使用 MOVE 指令时，IN 端和 OUT 端的数据长度应匹配。但如果将某个数值传送给不同长度的数据类型时，会根据情况截断或以零填充高位字节。例如，将一个字（1111，0011，0101，1100）传送给一个字节时，源数据字中的高位字节被截断，目的字节中只得到低位字节中的数据（0101，1100）。又例如，将一个字节（1111，0010）传送给一个字，则在目标字中的低位字节为源数据，而高位字节中以零填充，目标字中的内容为（0000，0000，1111，0010）。

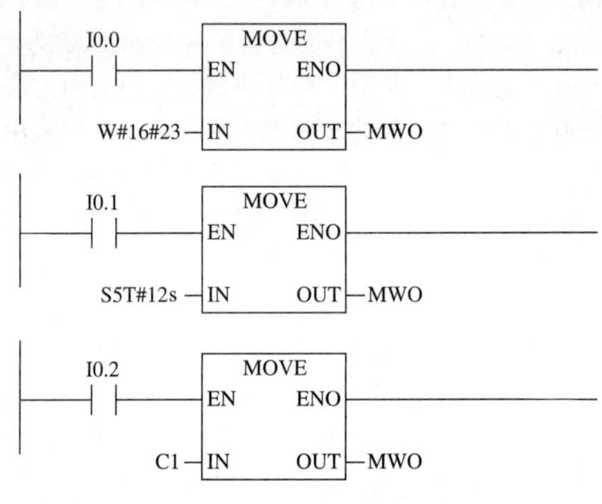

图 21—88　MOVE 指令的应用

在语句表中，需使用装载指令 L 和传送指令 T 才能将一个源数据传送到目标地址，即使用 32 位的累加器 1 作为传送数据的中介，先将源数据用装载指令 L 装入累加器 1，再用传送指令 T 将累加器 1 中的数据传送到目标地址。在使用 L 和 T 指令的过程中，累加器是 32 位的，若装载或传送的数据不是 32 位的，也同样会用零来填充高位或截断高位字节。图 21—89b 所示即为用 L 和 T 指令实现图 21—89a 所示 MOVE 指令的功能。

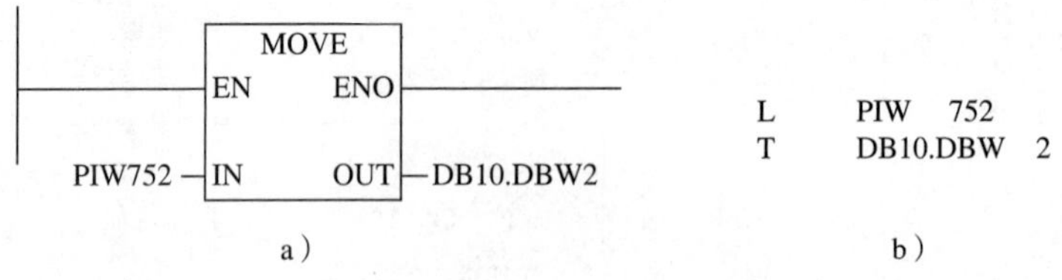

图 21—89　用语句表指令实现数据的传送

a）梯形图中的 MOVE 指令　b）用语句表指令实现传送功能

2. 数据类型的转换

数据转换指令可用于对数据类型的转换，有 BCD 码和整数（或双整数）之间、整数和双整数之间、双整数与浮点数之间的转换，以及对整数、双整数、浮点数的求反、求补等多条指令，以下仅对 BCD 码和整数之间的转换指令进行介绍。

(1) BCD 码转换为整数指令（BCD _ I）。BCD _ I 指令是将 IN 端指定的内容以 3 位 BCD 码数（−999～+999）格式读入，并将其转换为整数格式，输出到 OUT 端，其指令格式见表 21—29，指令的应用如图 21—90 所示。

表 21—29　　BCD _ I 指令的格式

LAD	参数	数据类型	说明	存储区
BCD_I: EN ENO / IN OUT	EN	BOOL	允许输入	I，Q，M，D，L
	ENO	BOOL	允许输出	
	IN	WORD	BCD 数	
	OUT	INT	BCD 数的整数值	

在图 21—90 所示程序段 1 中，当 I0.1 为 1 时，则将 MW8 中的内容以 3 位 BCD 码数字读取，转换为整数后，存储在 MW10 中。若 MW8 中的内容为（0000，0001，0010，0011），则执行 BCD _ I 指令时将其视为 C＃123，转换后 MW10 中的内容为（0000，0000，0111，1011），即整数格式的数值 123。

使用 BCD _ I 指令时需要注意，如果 IN 端指定的内容超出了 BCD 码的范围（例如，四位二进制数出现 1010～1111 的几种组合，如图 21—90 中程序段 2 所示），则当 I0.2 为 1，激活此指令时将会发生编程错误。如果编程错误组织块 OB121 被编程且已下载到 CPU 中，则 OB121 将产生中断；而若 OB121 未被下载，则 CPU 即进入 STOP 方式。

Network 1：Title：

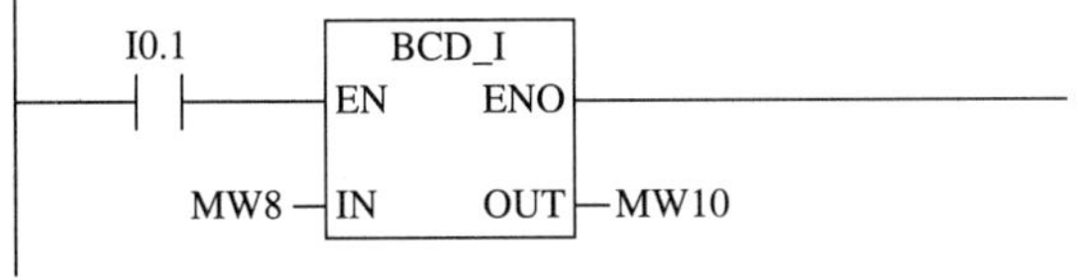

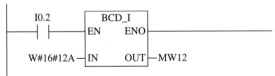

Network 2：Title：

图 21—90　BCD _ I 指令的应用

语句表中 BCD 码转换为整数的指令是 BTI，图 21—90 中程序段 1 所示的功能用语句表指令编程时如下所示。

```
A    I     0.1          //检查输入 I0.1 的信号状态
L    MW    8            //将 MW8 中的内容以 BCD 码数字装入累加
                          器 1 的低字
```

```
BTI              //累加器 1 中的 BCD 数转换为整数，保存在
                   累加器 1 中
T    MW    10    //将转换结果从累加器 1 传送到 MW10 中
```

（2）整数转换为 BCD 码指令（I _ BCD）。I _ BCD 指令是将 IN 端指定的内容以整数的格式读入，然后将其转换为 BCD 码格式输出到 OUT 端，其指令格式见表 21—30，指令的应用如图 21—91 所示。

表 21—30　　I _ BCD 指令的格式

LAD	参数	数据类型	说明	存储区
I_BCD EN　ENO IN　OUT	EN	BOOL	允许输入	I，Q，M，D，L
	ENO	BOOL	允许输出	
	IN	INT	整数	
	OUT	WORD	整数转换的 BCD 码	

在图 21—91 所示程序中，左边一条 I _ BCD 指令是将整数 356 转换为 BCD 码后存储在 MW10 中，指令执行后 MW10 中的内容为（0000，0011，0101，0110），即 BCD 码格式的数值 C＃356。

在使用 I _ BCD 指令时可能会遇到 IN 端的整数大于 999 的情况。由于字（Word）的 BCD 码最大只能表示 C＃999（最高四位为符号位），若 IN 端的内容大于 999，就不能实现正确的转换。但这时 PLC 并不停止工作，仍然正常运行：CPU 会将 IN 端的内容不经转换直接送到 OUT 端输出，这样就发生了错误的处理结果。需要注意的是，在这种情况下，有时 OUT 输出的内容可能正好符合 BCD 码的形式，会造成处理结果正确的错觉。例如，图 21—91 所示程序右边一条 I _ BCD 指令中，IN 端输入为整数 2 457，超过了 999。在I _ BCD 指令执行时，数据未经转换直接送到 MW12，MW12 中的内容为整数 2 457，但其二进制格式为（0000，1001，1001，1001），正好可以看作 C＃999。因此使用 I _ BCD 指令时必须注意，当 OUT 端的内容为 BCD 码时，不一定是正确的转换结果，也有可能是超过 999 的整数直接传送过来的。因此在使用 I _ BCD 指令时应该保证 IN 端整数的值在－999～＋999 之间。

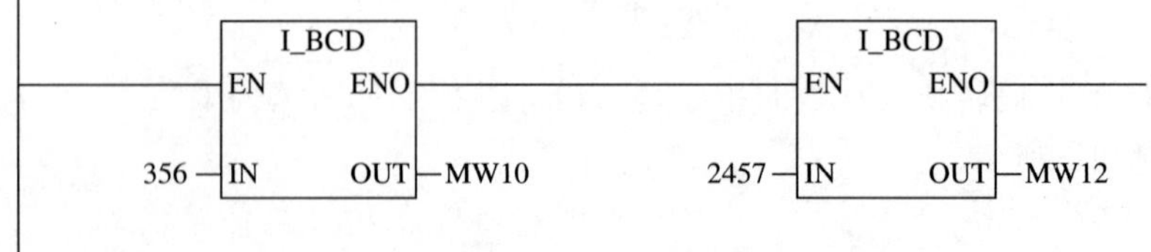

图 21—91　I _ BCD 指令的应用

在语句表中整数转换为 BCD 码的指令是 ITB，图 21—91 中左边一条 I _ BCD 指令的功能用语句表指令编程时如下所示。

```
L      356                 //将整数 356 装入累加器 1 的低字
ITB                        //累加器 1 中的整数转换为 BCD 数，保
                             存在累加器 1 中
T      MW      10          //将转换结果从累加器 1 传送到 MW10 中
```

3. 整数型算术运算指令

整数型算术运算有加法运算指令 ADD、减法运算指令 SUB、乘法运算指令 MUL、除法运算指令 DIV、求余数指令 MOD 等。梯形图中算术运算指令的格式见表 21—31。

表 21—31　　梯形图中算术运算指令的格式

整数加法	整数减法	整数乘法	整数除法	—
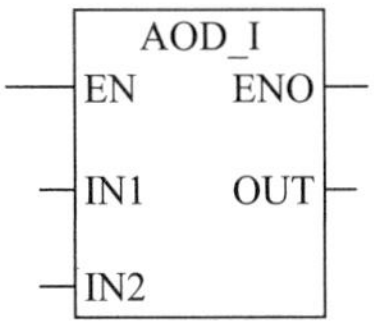 AOD_I EN　ENO IN1　OUT IN2	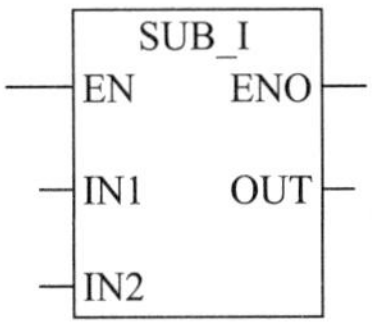 SUB_I EN　ENO IN1　OUT IN2	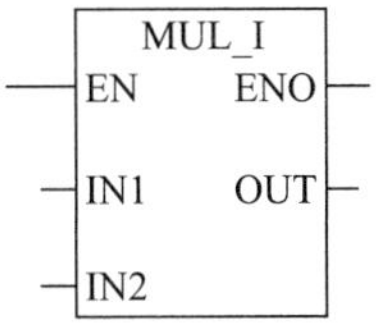 MUL_I EN　ENO IN1　OUT IN2	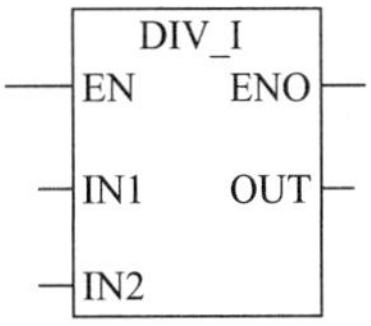 DIV_I EN　ENO IN1　OUT IN2	—
双整数加法	双整数减法	双整数乘法	双整数除法	双整数求余数
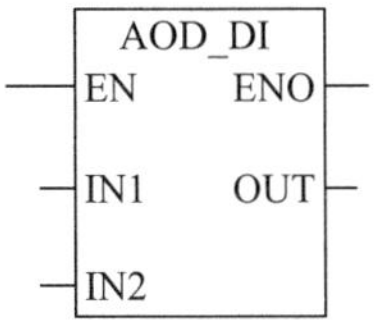 AOD_DI EN　ENO IN1　OUT IN2	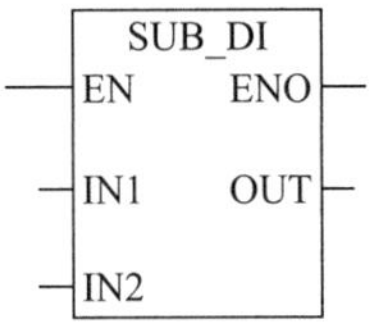 SUB_DI EN　ENO IN1　OUT IN2	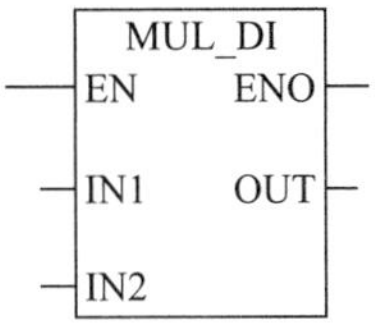 MUL_DI EN　ENO IN1　OUT IN2	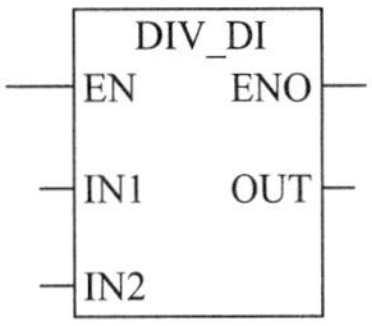 DIV_DI EN　ENO IN1　OUT IN2	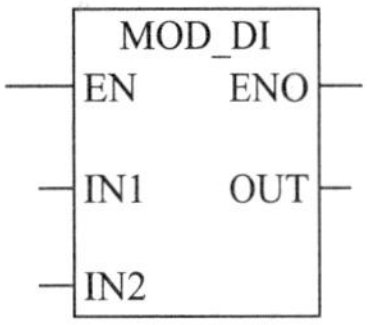 MOD_DI EN　ENO IN1　OUT IN2

在这些指令中，都有 IN1 和 IN2 2 个输入端及 1 个输出端 OUT。参数 IN1 和 IN2 的数据类型都是 INT/DINT（整数/双整数）或常数，参数 OUT 的数据类型是 INT/DINT（整数/双整数），这 3 个参数的存储区域为 I，Q，M，L，D。注意在进行双整数运算时，如果源数据用常数的话，常数之前必须加上标识符 L＃，如 L＃32，L＃35000。

算术运算指令的功能都是将 2 个输入的数据进行运算，运算结果从 OUT 端输出。具体功能为：

ADD _ I/ADD _ DI：　　IN1＋IN2＝OUT（和）；

SUB _ I/ SUB _ DI：　　IN1－IN2＝OUT（差）；

MUL _ I/ MUL _ DI：　　IN1×IN2＝OUT（乘积）；

DIV _ I/ DIV _ DI：　　　　IN1÷IN2＝OUT（商）；

MOD _ DI：　　　　　　　IN1÷IN2＝OUT（余数）。

在使用算术运算指令时，特别是乘法指令，必须估算运算结果是否会超出目的地址存储单元的数值范围。例如，使用16位的整数乘法指令时，目的地址是1个字，数值范围为－32 768～＋32 767，如果可能超出这个数值范围，就需要使用32位的双整数乘法指令。

在语句表中的整数型算术运算指令见表21—32。

表21—32　　　　　　　　整数型算术运算的语句表指令

指令	描　述
＋I	累加器1和累加器2低字中的整数相加，运算结果存储在累加器1的低字
－I	累加器2低字的整数减去累加器1低字的整数，运算结果存储在累加器1的低字
＊I	累加器1和累加器2低字中的整数相乘，32位的双整数运算结果存储在累加器1
/I	累加器2低字的整数除以累加器1低字的整数，运算结果中商在累加器1的低字，余数在累加器1的高位
＋	累加器1的内容（整数或双整数）与16位或32位的常数相加，运算结果在累加器1
＋D	累加器1和累加器2中的双整数相加，32位双整数运算结果存储在累加器1
－D	累加器2的双整数减去累加器1中的双整数，双整数运算结果存储在累加器1
＊D	累加器1和累加器2中的双整数相乘，32位的双整数运算结果存储在累加器1
/D	累加器2的双整数除以累加器1的双整数，32位的双整数商在累加器1，余数被丢掉
MOD	累加器2的双整数除以累加器1的双整数，32位的双整数余数在累加器1，商被丢掉

整数型算术运算的语句表指令与梯形图指令相比，有如下3处区别。

（1）语句表指令中使用了简化的运算符号＋、－、＊、/来表示加、减、乘、除。但要注意在输入指令时，只能使用英文输入法中的符号，不能使用中文输入法中的符号。

（2）16位的整数乘法指令中，梯形图指令中的乘积也是16位的整数，而语句表指令中的乘积却是32位的。

（3）语句表加法指令中增加了1条加常数指令“＋”，指令中的常数作为加数，既可以是16位的（－32 768～＋32 767），也可以是32位的（－2 147 483 648～＋2 147 483 647）。被加数总是在累加器1中，如果是整数被送到累加器1作为被加数，则累加器1的低字与16位常数相加，和存储在累加器1的低字；如果是双整数被送到累加器1作为被加数，则累加器1与32位常数相加，和存储在累加器1。

使用语句表指令进行算术运算之前，需先把参与运算的源数据装载进累加器1或累加器 2 中，运算后再把运算结果传送到目标地址中去。

【例 21—3】 对某个容器中的液位进行测量的超声波液位传感器，其测量范围已整定为 100～200 mm，传感器输出 0～10 V 的直流电压送到 S7－300 PLC 的模拟量输入模块，经 A/D 转换后在 PLC 中得到 0～27 648 的数字量。试分别用梯形图指令和语句表指令编制程序，根据 PLC 中得到的数字量 N 计算其所对应的容器中实际液位 H。

解： 根据题意，数字量 N 与液位 H 之间的关系可用图 21—92 所示的特性曲线表示。

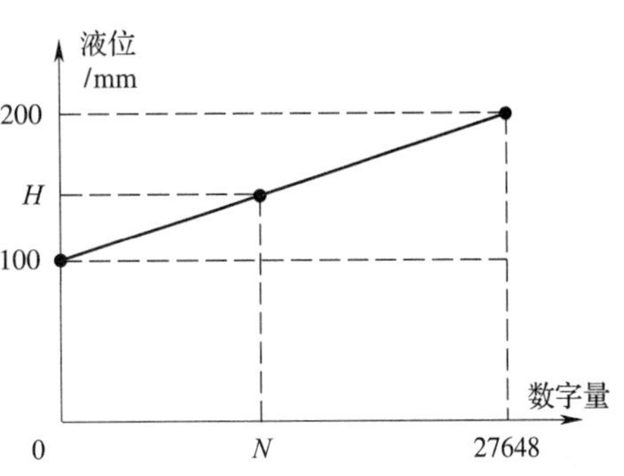

图 21—92 数字量与液位的关系

按照此特性，可得出 N 与 H 之间的比例关系为

$$\frac{H-100}{N}=\frac{200-100}{27\ 648}$$

$$H=N\times 100\div 27\ 648+100$$

按照此式，并假设数字量 N 存储在 MW10 中，计算结果液位 H 存储在 MW12 中，则可编制梯形图程序如图 21—93 所示。

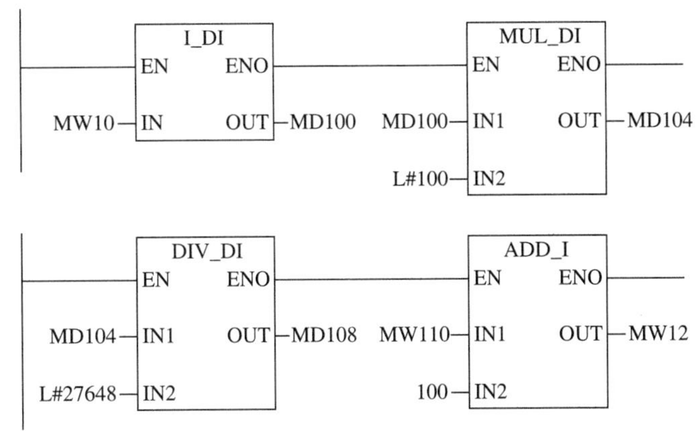

图 21—93 计算液位的梯形图程序

在图 21—93 所示程序中，指令 I_DI 是将 MW10 中的整数（数字量 N）扩展为双整数，而最后作加法时是将 MD108 中的双整数直接舍弃了高字，取其低字 MW110 作为整数进行计算，因为在 MD108 中高字内容必定是全 0，将其舍弃不会影响计算结果。计算结果（液位 H）存储在 MW12 中。此计算过程用语句表指令编程如下所示。

```
L      MW      10
ITD
L      L#100
*D
L      L#27648
```

```
/D
L       L#100
+D
T       MW      12
```

程序中的指令ITD就是将累加器1中的整数扩展为双整数，转换后的结果存储在累加器1中。在执行下一条装载指令“L　L#100”时，将常数100装入累加器1，而原来累加器1中的内容（即已扩展为双整数的数字量*N*）则在执行装载指令时被自动移送到累加器2，这样在执行下一条双整数乘法指令“*D”时，是将累加器1和累加器2中的双整数相乘，乘积存储在累加器1中。后面2条双整数除法和加法指令的操作都与此相似。在运算全部完成后，在累加器1中是32位的双整数运算结果。程序中最后一条传送指令“T MW12”是将累加器1中的低字传送到MW12中，而累加器1中的高字内容均为0，丢弃不用了。

4. 比较指令

比较指令是将2个源数据比较大小。进行比较的2个数据应该是同样类型的，可以比较的数据类型有整数（I）、双整数（D）和浮点数（R）。在梯形图中的比较指令实际是比较触点指令，1个方框比较指令在梯形图中相当于1个常开触点，这个触点是否接通，依赖于对2个相同类型的源数据（IN1和IN2）进行比较的结果，如果条件满足，则比较触点接通；条件不满足，比较触点断开。在比较指令中所用到的比较关系有大于（>）、小于（<）、大于等于（≥）、小于等于（≤）、等于（=）和不等于（≠）6种。这样，梯形图中的比较指令就有18条，见表21—33。

表21—33　　梯形图中的比较指令

比较关系 / 数据类型	等于（=）	不等于（≠）	大于（>）	小于（<）	大于等于（≥）	小于等于（≤）
整数（I）	CMP ==I IN1 IN2	CMP < >I IN1 IN2	CMP >I IN1 IN2	CMP <I IN1 IN2	CMP >=I IN1 IN2	CMP <=I IN1 IN2
双整数（D）	CMP ==D IN1 IN2	CMP <>D IN1 IN2	CMP >D IN1 IN2	CMP <D IN1 IN2	CMP >=D IN1 IN2	CMP <=D IN1 IN2

续表

比较关系 数据类型	等于（＝）	不等于（≠）	大于（＞）	小于（＜）	大于等于（≥）	小于等于（≤）
浮点数（R）	CMP ==R IN1 IN2	CMP <>R IN1 IN2	CMP >R IN1 IN2	CMP <R IN1 IN2	CMP >=R IN1 IN2	CMP <=R IN1 IN2

使用比较指令，即可以根据 2 个数值之间的大小关系来确定是否可进行某些操作。如图 21—94 中程序所示，在 I0.1 为 1 时，只有当 MW2 中的数值小于等于 MW4 中的数值，才能使 Q4.1 被置位，否则 Q4.1 就不会被置位。

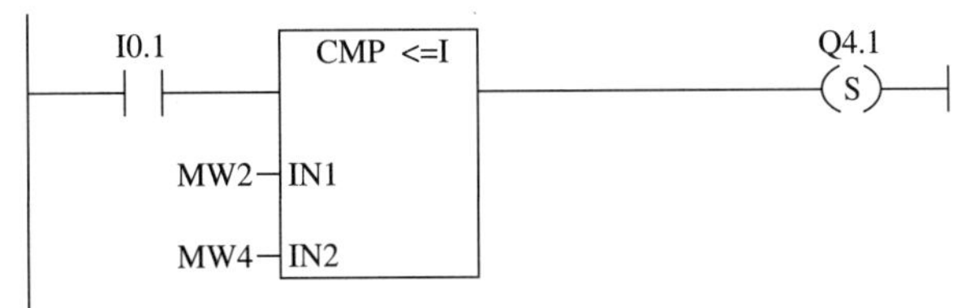

图 21—94　比较触点指令的应用

语句表中的比较指令与梯形图中相似，也可以对整数、双整数、浮点数进行比较，也有 6 种比较关系。但与梯形图中不同的是，语句表的比较指令不是作为 1 个触点来起控制作用，而是通过对 2 个源数据进行比较，使 CPU 中的状态字发生变化，从而可根据各种状态的变化来控制程序的执行。在对 2 个源数据进行比较后，如果比较的关系是满足的，则状态字中的 RLO 位为 1，否则为 0。同时状态字中的 CC0 位和 CC1 位用来表示两个源数据的大于、小于和等于关系（参见本章第 2 节中表 21—5）。

语句表的比较指令见表 21—34。

表 21—34　　语句表的比较指令

指令	描　述
？I	比较累加器 2 和累加器 1 低字中的整数是否＝＝、＜＞、＞、＜、＞＝、＜＝，如果条件满足，RLO＝1
？D	比较累加器 2 和累加器 1 中的双整数是否＝＝、＜＞、＞、＜、＞＝、＜＝，如果条件满足，RLO＝1
？R	比较累加器 2 和累加器 1 中的浮点数是否＝＝、＜＞、＞、＜、＞＝、＜＝，如果条件满足，RLO＝1

表 21—34 中的比较指令也有 18 条，实际使用时应将表中指令前的“?”用符号==、<>、>、<、>=、<=代替。图 21—94 中的梯形图程序用语句表指令编程时如下所示。

```
A    I    0.1
A (
L    MW   2
L    MW   4
<=I
)
S    Q    4.1
```

在上述程序的第 3～5 程序行中将 MW2 和 MW4 进行整数小于等于的比较，根据比较的结果确定 RLO 的状态。而这 3 行程序又作为一个程序段被第 2 和第 6 行的括号所括起来（括号表示嵌套操作），“A (”表示括号内程序执行的逻辑操作结果 RLO 的状态与前面的逻辑操作结果进行“与”操作，“)”表示嵌套结束。程序执行时先执行括号内的程序，再进行“与”操作。上述程序即把 I0.1 的状态与比较指令执行后 RLO 的状态进行“与”，如果结果为 1 则对 Q4.1 置位，否则不置位。

5. 字逻辑指令

字逻辑指令是对 2 个 16 位的字或 32 位的双字逐位进行逻辑运算。在梯形图中字逻辑指令有 6 条：字/双字“与”运算指令：WAND_W/ WAND_DW；字/双字“或”运算指令：WOR_W/ WOR_DW；字/双字“异或”运算指令：WXOR_W/ WXOR_DW，见表 21—35。

表 21—35　　梯形图的字逻辑指令

	字“与”指令	字“或”指令	字“异或”指令
字操作	WAND_W EN ENO IN1 OUT IN2	WOR_W EN ENO IN1 OUT IN2	WXOR_W EN ENO IN1 OUT IN2
双字操作	WAND_DW EN ENO IN1 OUT IN2	WOR_DW EN ENO IN1 OUT IN2	WXOR_DW EN ENO IN1 OUT IN2

字逻辑运算指令的 3 个参数 IN1，IN2 和 OUT 都是 WORD 类型，双字逻辑运算指令的 3 个参数 IN1，IN2 和 OUT 都是 DOUBLE WORD 类型。

图 21—95 所示为字“与”指令的应用，图示程序中，设 MW10 中的内容为（0111_

0010＿0101＿1001），与常数 W＃16＃000F（0000＿0000＿0000＿1111）进行“与”操作（全 1 出 1，有 0 出 0），逐位相与后的操作结果存储到 MW12 中，指令执行后 MW12 中的内容为（0000＿0000＿0000＿1001）。

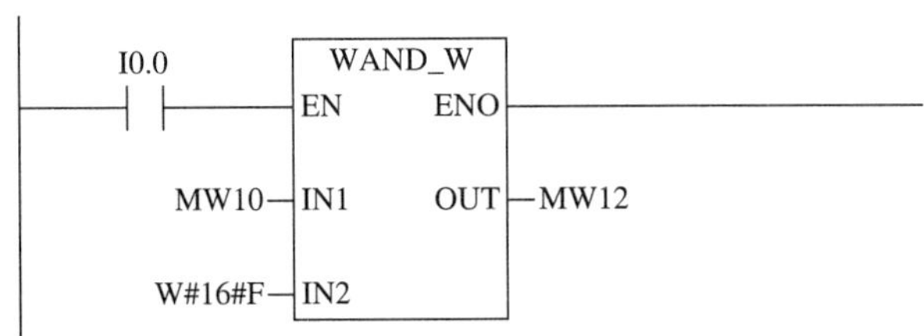

图 21—95　字“与”指令的应用

图 21—96 所示为字“或”指令的应用，图示程序中，设 MW46 中的内容为 3 位 BCD 数（0000＿0000＿0001＿0110），与常数 W＃16＃2000 即（0010＿0000＿0000＿0000）进行“或”操作（有 1 出 1，全 0 出 0），逐位相或后的操作结果存储到 MW48 中，指令执行后 MW48 中的内容为（0010＿0000＿0001＿0110）。MW48 中的数据即 S5TIME 格式的定时器时间（S5T＃16s），图 21—98 实际是用于构建定时器时间的程序，1 个 3 位的 BCD 数字与 16 进制的 2 000 进行“或”操作，实际就是把表示以秒为单位的时基 0010 拼到 BCD 数的最高 4 位中，构成定时器时间，以便对定时器的定时时间进行间接设置。

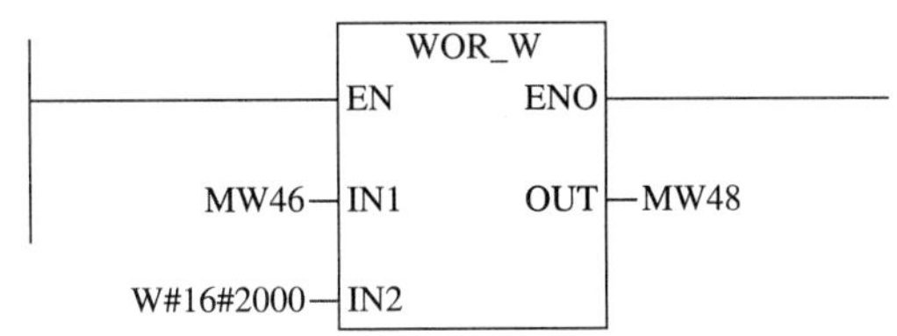

图 21—96　字“或”指令的应用

字逻辑操作的语句表指令见表 21—36。

表 21—36　　**语句表的字逻辑指令**

字操作指令	描述	双字操作指令	描述
AW	字与	AD	双字与
OW	字或	OD	双字或
XOW	字异或	XOD	双字异或

这 6 条指令都各有 2 种格式，即指令后不带操作数及指令后带一个常数作为操作数，例如“AW”或“AW <常数>”。指令后不带常数的，其功能为累加器 1 与累加器 2 进行逻辑运算；指令后带一个常数作为操作数的，其功能为累加器 1 与该常数进行逻辑运算。无论采用哪种格式，逻辑运算结果都存储在累加器 1 中。

对图 21—95 所示梯形图程序，对应的语句表程序如图 21—97 所示。图 21—97a 和图 21—97b 所示的分别是使用 2 种不同格式所编制的程序，这 2 段程序执行后的结果是相同的。

```
L     MW     10
L     W#16#F
AW
T     MW     12
```

a）

```
L     MW     10
AW    W#16#F
T     MW     12
```

b）

图 21—97　使用语句表指令的字“与”程序

a）AW 后不带操作数　b）AW 后带操作数

五、程序控制指令

程序控制指令包括跳转、循环、主控、逻辑块调用及数据块指令。其中跳转、循环、主控控制都是在一个逻辑块内部进行，而逻辑块调用是从一个逻辑块调用另外一个块（功能或功能块）。以下主要介绍跳转、逻辑块调用、打开数据块等指令。

1. 跳转指令

PLC 在执行程序时，如果没有执行跳转或循环指令的话，都是对各条语句按照从上到下的先后顺序逐条执行的，这种执行方式称为线性扫描。而当执行跳转指令时，中止了程序的线性扫描，直接跳转到指令中地址标号所在的目的地址后，继续按照线性扫描的方式执行程序。而处于跳转指令与地址标号之间的程序即被跳过不被执行。跳转是在同一个逻辑块内部完成的，即跳转指令与跳转指令指定的目的地址应在同一个逻辑块内。跳转可以从上往下跳，也可以从下往上跳。

梯形图中的跳转指令为 JMP 及 JMPN，其中 JMP 作为条件跳转或无条件跳转使用，其区别在于跳转指令前有无控制触点。JMP 指令之前没有控制触点的即为无条件跳转；有控制触点的则为条件跳转，等控制触点接通时才执行跳转，即必须在跳转指令之前的逻辑运算结果 RLO＝1 时跳转指令才能被执行。而 JMPN 则在它前面的电路断开（即 RLO＝0）时被执行。

跳转指令的操作数为一个地址标号（LABEL），LABEL 是一个指定跳转目标地址的标识符。这个标号由最多 4 个字符组成，其第一个字符必须是字母，其他字符可以是字母，也可以是数字（例如 CAS1）。对于每一个 JMP 指令，必须有一个跳转标号。这个标号，一方面写在 JMP 指令上，另一方面作为目标标号标在目标程序段处，某一个名称的目标标号在一个逻辑块中只能出现一次。跳转指令的应用如图 21—98 所示。图 21—98a 为从上往下的跳转；而图 21—98b 则为从下往上的跳转，这种跳转也被称为重复。这 2 段程序都是条件跳转，但在编制图 21—98b 所示的重复程序时需注意不能使用无条件跳转，否则将会造成程序的死循环。

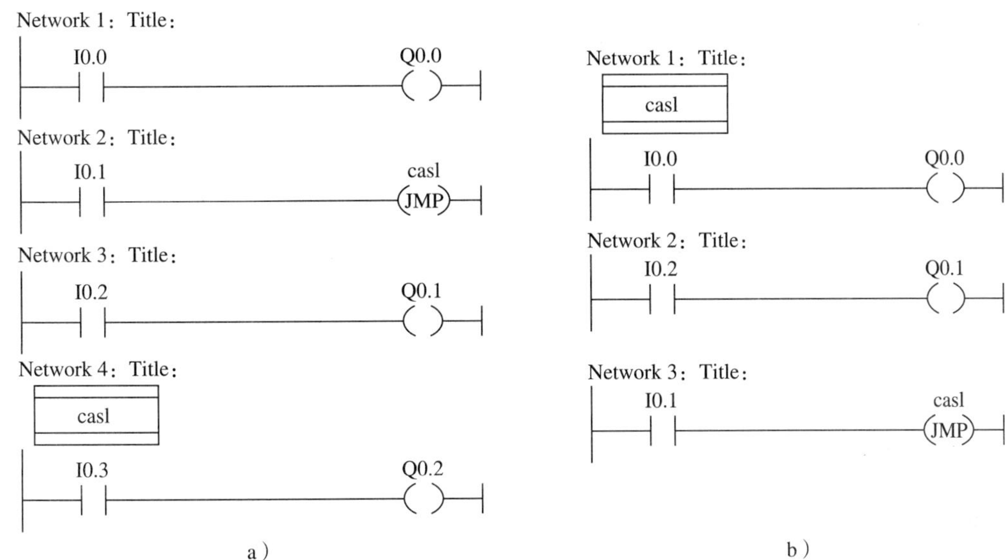

图 21—98　跳转指令的应用

a）从上往下跳转　b）从下往上跳转（重复）

语句表的跳转指令较多，除了无条件跳转指令及多分支跳转指令（根据累加器 1 中最低字节的数值确定跳转到目标标号列表中的某个目的地址）之外，大部分为条件跳转指令。而条件跳转指令一般都是根据 CPU 状态字中某状态位或者根据前一条指令执行结果与 0 之间的关系，来决定是否跳转，见表 21—37。

表 21—37　　**语句表的跳转指令**

分类	指令格式	功能描述
无条件跳转	JU＜标号＞	无条件跳转到标号规定的目标地址
	JL＜标号＞	多分支跳转，必须与 JU 指令配合使用，根据累加器 1 中最低字节的数值 n（0～255）跳转到由 JU 定义的标号列表中的第 n 个标号规定的目标地址
根据 RLO 的状态跳转	JC＜标号＞	RLO＝1 时跳转到标号规定的目标地址
	JCN＜标号＞	RLO＝0 时跳转到标号规定的目标地址
	JCB＜标号＞	RLO＝1 时跳转到标号规定的目标地址，同时将 RLO 复制到 BR 位
	JNB＜标号＞	RLO＝0 时跳转到标号规定的目标地址，同时将 RLO 复制到 BR 位
根据状态字的状态跳转	JBI＜标号＞	BR＝1 时跳转到标号规定的目标地址
	JNBI＜标号＞	BR＝0 时跳转到标号规定的目标地址
	JO＜标号＞	OV＝1 时跳转到标号规定的目标地址
	JOS＜标号＞	OS＝1 时跳转到标号规定的目标地址

续表

分类	指令格式	功能描述
根据计算结果状态跳转	JZ<标号>	前一条指令的运算结果为0时跳转到标号规定的目标地址
	JN<标号>	前一条指令的运算结果不为0时跳转到标号规定的目标地址
	JP<标号>	前一条指令的运算结果大于0时跳转到标号规定的目标地址
	JM<标号>	前一条指令的运算结果小于0时跳转到标号规定的目标地址
	JPZ<标号>	前一条指令的运算结果大于等于0时跳转到标号规定的目标地址
	JMZ<标号>	前一条指令的运算结果小于等于0时跳转到标号规定的目标地址
	JUO<标号>	前一条指令出现错误（CC1=1，CC0=1）时跳转到标号规定的目标地址

跳转指令后的标号写法与梯形图中的要求相同，但在目标程序处的目标标号要写在程序行的最左边，并用冒号“:”与程序语句隔开。此外，在使用语句表的跳转指令时，除了无条件跳转之外，为了使跳转指令的条件有效，一般在执行跳转指令之前，应先执行一条影响状态位的指令，如逻辑运算或数学运算指令。例如，一个使用JP指令的程序如下所示。

```
          L     MW     10
          L     MW     12
          -I                  //MW10中的数减去MW12中的数，结果在累加器1
          JP    A001          //当结果>0时跳转到标号A001处
          AN    M      10.0   //当结果≤0时不跳转，在此继续执行程序
          R     Q      0.0
          JU    next          //无条件跳转到标号NEXT处（程序结束处）
A001:AN M 10.1                //条件满足时跳转到此处继续执行程序
          S     Q      0.0
next: NOP 0
```

2. 逻辑块调用指令

梯形图中的逻辑块调用指令为CALL，它有线圈指令和方框指令2种形式，这2种形式的指令格式见表21—38。

表21—38　　梯形图中的CALL指令格式

线圈指令形式	方框指令形式
<FC/SFC号> —(CALL)	<FC/SFC号> EN　ENO 参数1　参数3 参数2

线圈形式的 CALL 指令在梯形图中用来调用不带参数的功能（FC）或系统功能（SFC），如图 21—99 所示。

图 21—99　调用不带参数的功能

图 21—99 所示的程序中，当 I0.0＝1 时，执行 CALL 指令，此时 PLC 中止了程序的线性扫描，直接跳转到指令中指定的逻辑块（FC9），从 FC9 的第一条指令继续按照线性扫描的方式执行程序，而原来程序块中 CALL 后面一条指令所在的地址（称为返回地址）被送到 CPU 中的 B 堆栈（块堆栈）中存储。在 FC9 的程序执行完成后，CPU 会从 B 堆栈中取出返回地址，程序返回到原来的逻辑块，从 CALL 后面一条指令继续按照线性扫描的方式执行程序。

如果要调用带参数的功能（FC）、系统功能（SFC）或调用功能块（FB）、系统功能块（SFB），就需要使用 CALL 的方框指令形式，在梯形图中直接输入方框指令即可，如图 21—100 所示，但条件是在 STEP 7 项目下的“块”文件夹中必须存在此 FC 或 FB。在调用功能或功能块时，这些逻辑块的变量声明表中所定义的变量，以形式参数（简称“形参”）的形式出现在方框内，调用这些逻辑块时要用实际参数（简称“实参”）对形参进行赋值。而在调用功能块时，必须给功能块提供一个专用的背景数据块，如图 21—101 所示。对于功能块中的形参，可以用实参对其赋值，也可以不对其赋值，此时功能块会读取背景数据块中的相关参数。

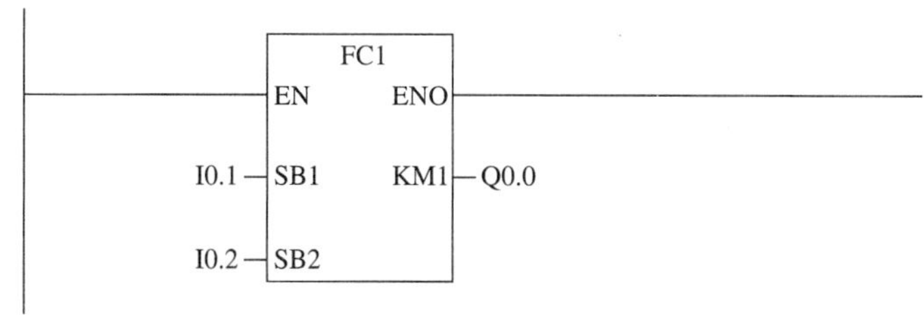

图 21—100　用方框指令调用带参数的功能

在语句表程序中，也是用 CALL 指令来调用 FC，SFC，FB 和 SFB。指令的格式为：CALL ＜逻辑块标识符＞。调用不带参数的 SFC43、调用带参数的 FC6 和调用 FB99 的程序举例如图 21—102 所示。

3. 打开数据块指令

打开数据块的指令为 OPN，其语句表指令的格式为 OPN ＜数据块标识符＞，例如“OPN　DB10”。而 OPN 指令在梯形图中的格式如图 21—103 所示。

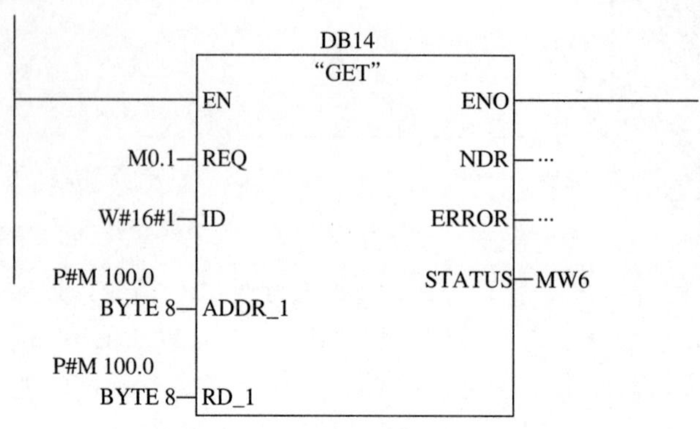

图 21—101　用方框指令调用功能块

```
CALL    SFC43

CALL        FC6
  (形式参数)    (实际参数)
  NO OF TOOL    :=MW100
  TIME OUT      :=MW110
  FOUND         :=Q0.1
  DRROR         :=Q100.0

CALL        FB99，DB1
  (形式参数)    (实际参数)
  MAX_RPM       :=#RPM1_MAX
  MIN_RPM       :=#RPM1
  MAX_POWER     :=#POWER1
  MAX_TEMP      :=#TEMP1
```

a）　b）　c）

图 21—102　调用逻辑块的程序举例

a）调用不带参数的 SFC　b）调用带参数的 FC　c）调用 FB

注：“（形式参数）”和“（实际参数）”是在例图中的说明文字，实际编程时这一行说明文字是不需要书写的

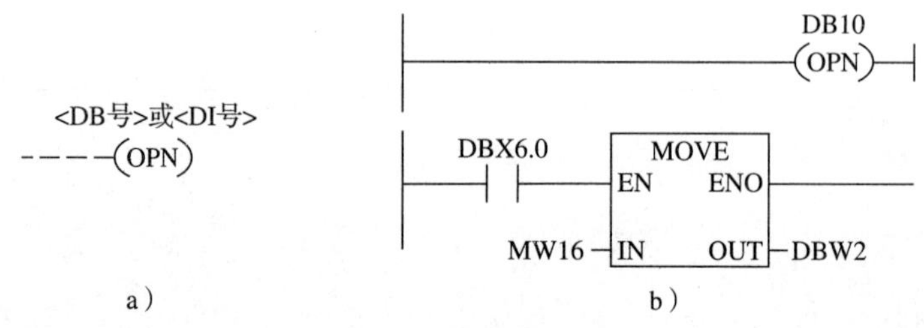

图 21—103　打开数据块指令

a）OPN 指令的格式　b）OPN 指令的应用

在访问数据块时，需要在指令中指明被访问的数据块的编号及所要访问的数据在该数据块中的位置，如 DB2. DBB5，DB9. DBW0，DB10. DBX12. 1 等，否则就不能直接访问。在 S7 - 300 中有 1 个 DB 寄存器和 1 个 DI 寄存器，用 OPN 指令可以将所打开的某个共享数据块及背景数据块的编号分别存储到 DB 及 DI 寄存器中，这样，在以后访问数据块时，就不需要在地址中指明这个数据块的编号了，只要指明数据在数据块中的位置就可以了。例如，图 21—103b 中，在使用过“OPN DB10”以后，后面程序行中的地址只需写出

DBX6.0 和 DBW2 就可以了，它们指的就是 DB10.DBX6.0 和 DB10.DBW2。而在用“OPN DI34”把数据块编号“34”保存到 DI 寄存器即打开背景数据块 DB34 后，在某条指令中的地址若为“DIW4”，就是指此条指令所要访问的数据是 DB34.DBW4。由于 DB 寄存器和 DI 寄存器各只有 1 个，因此程序中只可同时容纳 1 个打开的共享数据块和 1 个打开的背景数据块。如果在打开了 1 个数据块（如共享数据块 DB10）后，又打开了 1 个新的同样类型的数据块（如共享数据块 DB28），则 DB 寄存器中的内容即被覆盖，原来打开的数据块（DB10）就被关闭，被新打开的 DB28 所替代。

在调用功能块时，背景数据块是自动打开的。如果在此功能块中又调用了其他的块，那么在调用结束返回此功能块时，原来打开的背景数据块不再有效，必须重新打开它。

第 6 节　S7－300 编程示例

一、梯形图的编程规则

S7－300 的梯形图程序除了与三菱 FX_{2N} 系列 PLC 有类似的一些规则之外，还有一些不同之处，在编制梯形图程序时应予以遵守。

1. 每个梯级用 1 个程序段（Network）表示，整个程序中的左母线不是连续的直线，而是被各个程序段所分割。每个程序段都必须以输出线圈或指令框结束，但比较指令框、中间输出的线圈和上升沿、下降沿脉冲指令的线圈不能作为程序段的结束。

2. 在一个梯级中方框指令可以串接使用，其中左边指令框的“ENO”可以和右边指令框的使能输入端“EN”连接。

3. 线圈和指令框既可以通过控制触点与左母线连接，也可以不用控制触点而直接与左母线连接。但下列线圈不允许与左母线直接连接：输出线圈、置位（S）和复位（R）线圈、中间输出的线圈、上升沿和下降沿脉冲指令的线圈、计数器和定时器线圈、逻辑非跳转（JMPN）和返回线圈（RET）等。而打开数据块（OPN）的线圈必须与左母线直接相连接。

4. 下列线圈不能用于并联输出：逻辑非跳转（JMPN）线圈、跳转（JMP）线圈、调用（CALL）线圈和返回（RET）线圈。

5. 不允许生成引起短路的分支。

二、逻辑控制程序的编制及示例

逻辑控制程序是指根据各种输入信号及 PLC 内部状态的逻辑组合来实现控制的应用程序。编制逻辑控制程序并没有统一的方法和完整的规律可循，需要根据具体的工艺要求及被控制对象的实际情况来进行设计。下面介绍几种常用的设计方法和示例作为可以借鉴的思路。

1. 梯形图的经验设计法

在设计逻辑控制程序时，可以用设计继电器电路图的方法来设计比较简单的开关量控制系统的梯形图，即可以在一些常用的典型环节的基础上，如启停保电路、电动机正反转电路、多谐振荡器电路、分频电路等，进行组合和调整，根据实际对象的具体要求不断修改和完善梯形图。有时需要反复多次地调试和修改梯形图，增加一些中间编程元件和触点，最后才能得到一个较为满意的结果。一些电工教材或手册中的常用继电器电路图可以作为设计梯形图的参考电路。

在根据继电器电路图设计梯形图时，原电路图中使用的外部器件的触点中既有常开触点，又有常闭触点，而在用 PLC 进行控制时，外部器件一般都是使用常开触点连接到 PLC 的输入端子上。这样连接的好处是梯形图的形式可以与继电器电路图的形式非常接近。但是对于一些重要的安全触点或只能提供常闭触点的情况下，需要把常闭触点连接到 PLC 的输入端子上。这时，我们可以先按照所有的输入点全部是常开触点来设计梯形图，然后在梯形图中对实际使用了常闭触点的输入点把对应的常开触点改为常闭触点，把常闭触点改为常开触点即可。

【例 21—4】小车控制程序的设计

一个小车运行的示意图及其各输入/输出器件与 PLC 连接的接线图如图 21—104 所示。在图 21—104a 中，小车的初始位置是在左边 SQ1 处（作为原点），SQ1 被压下，其常开触点接通。要求按下列顺序控制小车：

（1）按下右行启动按钮 SB2，小车右行。

（2）走到右限位开关 SQ2 处停止运动，延时 5 s 后开始左行。

（3）回到左限位开关 SQ1 处停止运动。

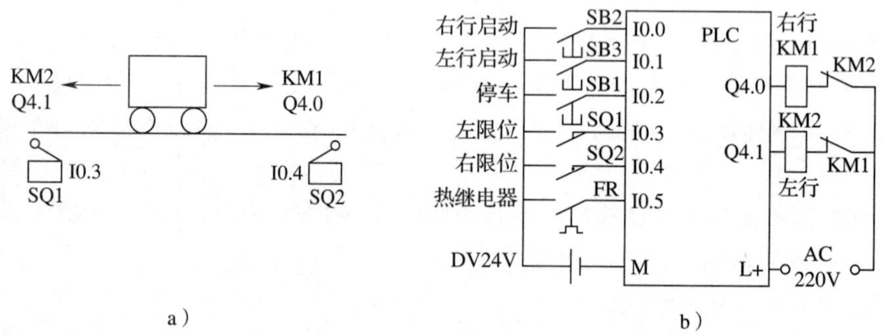

图 21—104　小车运行

a）小车运行示意图　b）PLC 外部接线图

根据小车运动的规律，在电动机正反转环节的基础上设计了小车控制程序，如图 21—105 所示。在启停保电路中把限位开关 I0.3 和 I0.4 加了进去，另外加了 1 个程序段：利用右限位 I0.4 的常开触点启动定时器 T0 延时 5 s。再在第 3 个程序段驱动 Q4.1（左行 KM2）

的启动按钮下并联 T0 的常开触点。这样当按下右行启动按钮 I0.0 时，驱动 Q4.0 使小车右行。碰到右限位 I0.4 时自动停止，并开始延时 5 s。时间到后 T0 的常开触点接通，驱动 Q4.1 使小车左行，直到碰到左限位 I0.3 时小车停止。

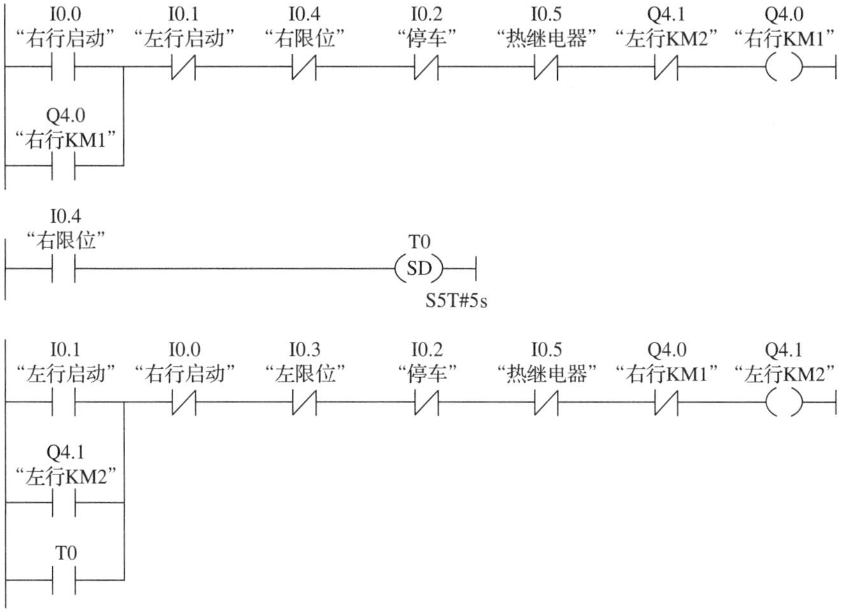

I0.0 “右行启动” I0.1 “左行启动” I0.4 “右限位” I0.2 “停车” I0.5 “热继电器” Q4.1 “左行KM2” Q4.0 “右行KM1”
Q4.0 “右行KM1”

I0.4 “右限位” T0 SD S5T#5s

I0.1 “左行启动” I0.0 “右行启动” I0.3 “左限位” I0.2 “停车” I0.5 “热继电器” Q4.0 “右行KM1” Q4.1 “左行KM2”
Q4.1 “左行KM2”
T0

图 21—105　小车控制程序

图 21—105 所示梯形图中还保留了左行启动按钮 I0.1 和停车按钮 I0.2，使小车具有手动操作的功能。在手动操作时左、右限位 I0.3 和 I0.4 起到极限保护的作用。

2. 根据控制任务的执行次序进行设计

在一些控制任务中，往往会有几项操作存在先后次序的情况，只有在前一项操作进行到一定程度，满足工艺要求后才能进行后一项操作，这种次序不能颠倒过来。在这种情况下设计程序时，一般都是使用中间继电器来作为标志：在某一项操作进行到一定程度，满足工艺要求时，设置一个标志，并用这个标志作为后一项操作可以执行的必要条件，只有在这个标志有效时才能进行后一项操作，若这个标志无效则后面的操作就无法执行。

【例 21—5】 数据处理程序

在触摸屏上已做出了图 21—106 所示的监控画面，用于数值的输入与显示。触摸屏与 PLC 之间通过通信电缆连接并进行数据通信，当在数值输入框中输入数字或按下按钮时，PLC 中相应的编程元件的状态会随之变化。同样，当 PLC 中编程元件的状态发生变化时，触摸屏画面中对应的元件如指示灯及数值显示框的状态也会随之变化。触摸屏画面中各元件与 PLC 中编程元件的对应关系见表 21—39。

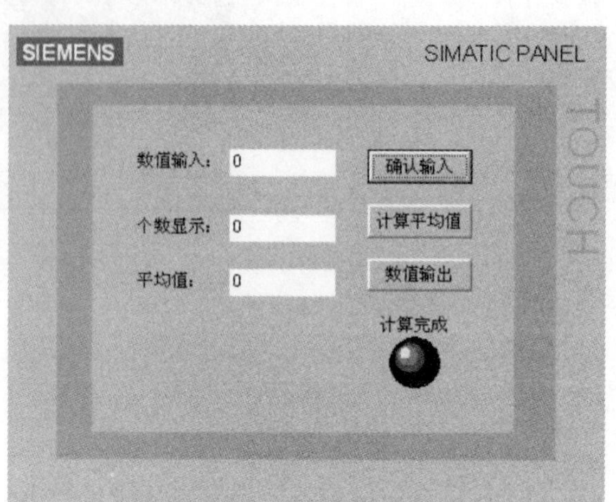

图 21—106　触摸屏上数据处理监控画面

表 21—39　　触摸屏画面中各元件与 PLC 中编程元件的对应关系

输入设备	编程元件地址	输出设备	编程元件地址
[确认输入] 按钮	M10.0	[计算完成] 指示灯	M11.0
[计算平均值] 按钮	M10.1	[平均值] 显示框	DB10.DBW22
[数值输出] 按钮	M10.2	[个数显示] 框	DB10.DBW24
[数值输入] 框	DB10. DBW20	—	—

控制要求：

在 [数值输入] 框中输入任意一个 3 位数，按 [确认输入] 按钮可把这个数据字 DB10.DBW20 按整数形式输入 PLC。要求共输入 4～20 个数字，按下 [计算平均值] 按钮，将已输入 PLC 内的 4～20 个数字中自动剔除一个最大值后计算其余数字的算术平均值，[计算完成] 指示灯亮。按下 [数值输出] 按钮，PLC 输出平均值在触摸屏上显示。

分析这个任务，其控制流程实际上是先后执行 3 项操作：输入数据、计算平均值及显示平均值。当然在执行这 3 项操作之前还必须进行初始化操作。这几项操作存在先后次序：初始化后才能输入数据；输入数据达到或超过 4 个以后才能计算平均值；计算完成后才能输出显示。因此可以设置 3 个标志：初始化完成标志、输入数据个数达到或超过 4 个标志、计算完成标志。按照以上分析所设计的控制程序如图 21—107 所示。在程序中上述 3 个标志分别是 M150.0，M150.1 和 M11.0，这 3 个标志分别作为程序段 3，6，7 中的执行条件，以保证是在完成前一项操作后才能执行后一项操作。

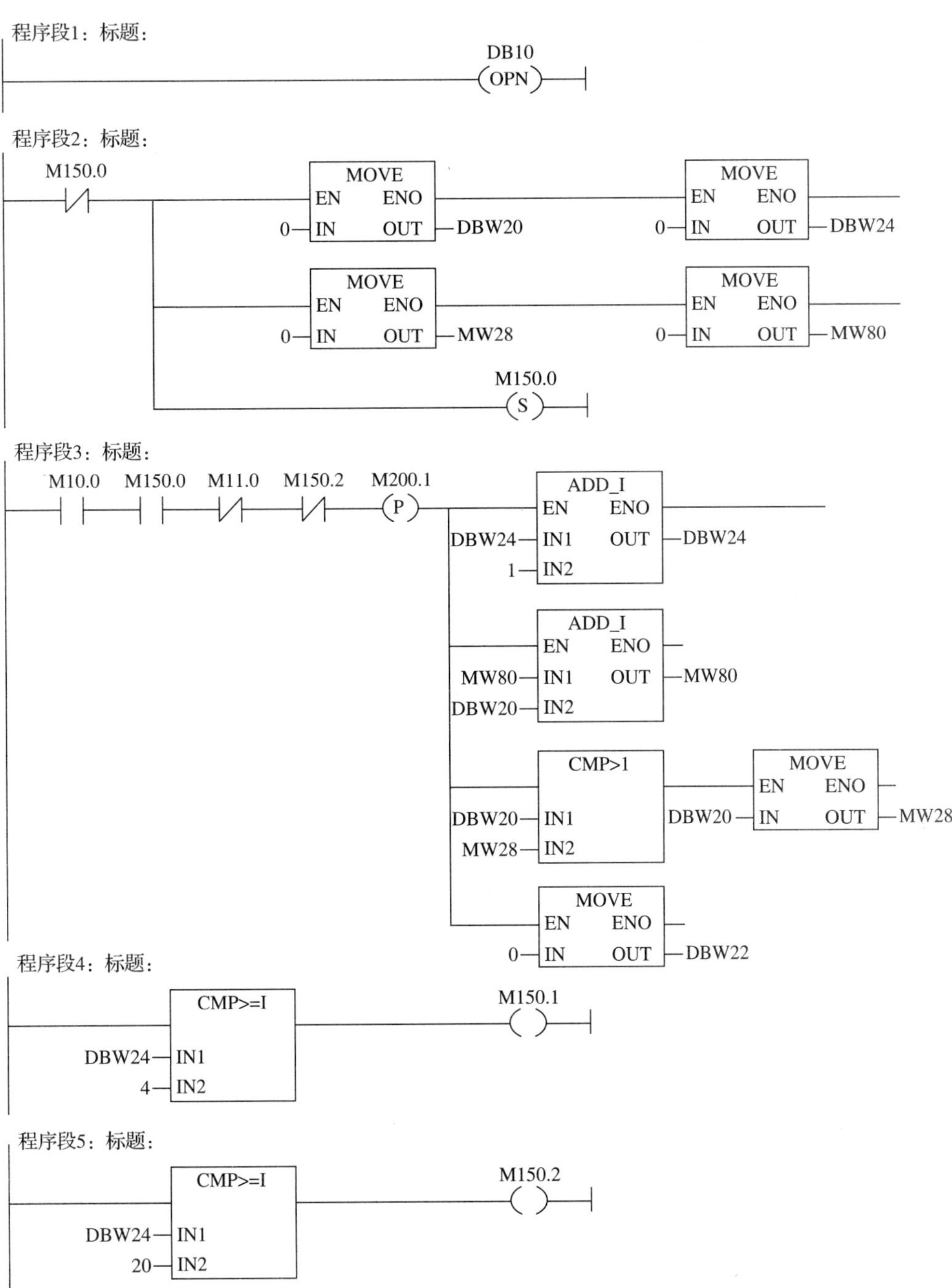

程序段1：标题：
DB10
OPN
程序段2：标题：
M150.0
MOVE
EN ENO
0 IN OUT DBW20
MOVE
EN ENO
0 IN OUT DBW24
MOVE
EN ENO
0 IN OUT MW28
MOVE
EN ENO
0 IN OUT MW80
M150.0
S
程序段3：标题：
M10.0 M150.0 M11.0 M150.2 M200.1
P
ADD_I
EN ENO
DBW24 IN1 OUT DBW24
1 IN2
ADD_I
EN ENO
MW80 IN1 OUT MW80
DBW20 IN2
CMP>I
DBW20 IN1
MW28 IN2
MOVE
EN ENO
DBW20 IN OUT MW28
MOVE
EN ENO
0 IN OUT DBW22
程序段4：标题：
CMP>=I
DBW24 IN1
4 IN2
M150.1
程序段5：标题：
CMP>=I
DBW24 IN1
20 IN2
M150.2

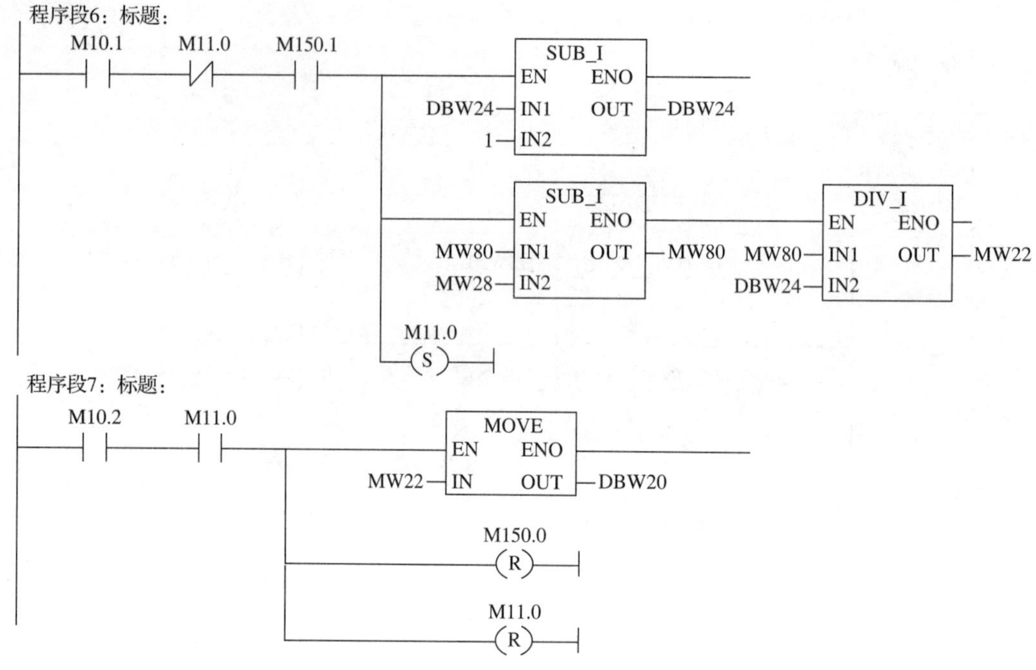

图 21—107 数据处理程序

在图 21—107 所示的程序中，程序段 3 的操作是输入数据，其中 M11.0 和 M150.2 的常闭触点作为禁止输入的封锁条件，即当计算完成后及输入数据的个数达到 20 个后不能继续输入。由于任务只要求计算平均值，数据本身并不要求保存，因此程序中只需要将输入的数据累加起来（MW80），找出最大值（MW28）及记录数据个数（DB10. DBW24）即可。程序段 4 和程序段 5 用于判断数据个数是否达到 4 个或 20 个并建立相应的标志。程序段 6 是计算平均值，在累加和中扣除 1 个最大值后进行计算，计算完成点亮指示灯。此时平均值暂存在中间变量 MW22 中。程序段 7 是将暂存的平均值输出到 DB10. DBW22，在触摸屏画面中显示。在此同时将初始化标志 M150.0 复位，则在程序段 2 中又可进行初始化，为下一轮输入数据做好准备。

3. 根据控制条件设计

在逻辑控制程序中，大量的控制都是根据由输入信号构成的控制条件是否满足来控制相应负载的。这时就应仔细分析各种输入信号和所驱动负载之间的关系，什么条件下应使驱动对象动作，什么条件下应使驱动对象停止动作，然后根据这些条件编制程序。

【例 21—6】传送带控制程序

有一个传送分拣工件的传送带，在传送带上方安装有传感器：由“送料光电开关”检测送料口有无工件，有工件时自动启动传送带；由“金属检测”接近开关检测工件的材质。传送带同时安装有“分拣”挡杆和供被剔除的废品离开传送带的滑道，滑道上装有称为“存储检测”的光电开关。合格的工件被送往转盘，转盘上有 6 个工位，并装有 2 个传感器：由“工位检测”光电开关检测是否有工件被送上转盘，以启动转盘；而“位置检测”接近开关则会在转盘每转过 1 个工位就发出 1 个信号，用于使转盘停止转动。要求用 PLC 控制流水线送料并剔除工件中的非金属材料。具体要求为：

（1）按下启动按钮开始送料并将送料数显示在外部计数器上。

（2）判别金属/非金属并将非金属剔除，合格产品继续输送到转盘。

（3）转盘收到材料 1 s 后旋转一个工位的角度，继续送料。

（4）当转盘全放满（6 个）时停止送料。

（5）按停止按钮后所有动作停止，PLC 无信号输出。

流水线输入/输出端口配置，见表 21—40。

表 21—40　　流水线输入/输出端口配置

输入设备	输入端口编号	输出设备	输出端口编号
启动按钮	I0.0	存储检测光电开关	I20.4
停止按钮	I0.1	传送带电动机	Q20.0
送料光电开关	I20.0	转盘电动机	Q20.1
金属检测接近开关	I20.1	计数器	Q20.2
工位检测光电开关	I20.2	分拣电磁阀	Q20.3
位置检测接近开关	I20.3	—	—

分析此任务，传送带电动机、转盘电动机、分拣挡杆、计数器等器件的动作均由相应的信号来驱动。传送带电动机启动的条件是启动按钮已按下，同时“送料光电开关”有信号，且转盘上工件未满 6 个；而停止的条件是工件离开了传送带，即滑道上的“存储检测”有信号或转盘上的“工位检测”有信号。转盘电动机启动的条件是“工位检测”有信号并且转盘上工件未满 6 个，经过延时 1 s 后可启动；而停止的条件是转盘转过了 1 个工位，“位置检测”接近开关发出信号。计数器计数的条件是“送料光电开关”发出信号时通过输出端口 Q20.2 向外部计数器发出 1 个计数信号。分拣电磁阀应该在“送料光电开关”发出信号时得电挡住通道，而在“金属检测”接近开关发出信号时失电让开通道使合格品可以通过，若是非金属材料则“金属检测”接近开关不会发出信号，分拣电磁阀继续得电挡住通道而使废品被挡住滑入传送带旁边的滑道，当转盘上工件放满 6 个时分拣电磁阀应该不工作。根据以上分析，编写出的传送带分拣控制程序如图 21—108 所示。在程序中，使用启动按钮建立运行标记 M100.2，同时将转盘上工件计数单元 MW2 清零。使用停止按钮将 PLC 所有输出复位，并在按下停止按钮或当转盘上工件放满 6 个时使运行标记复位。程序段 3 和程序段 5 中的延时是为了防止干扰信号的影响及有效信号的防抖动。分拣电磁阀的控制使用启停保电路，其他负载的驱动均使用置位/复位指令。

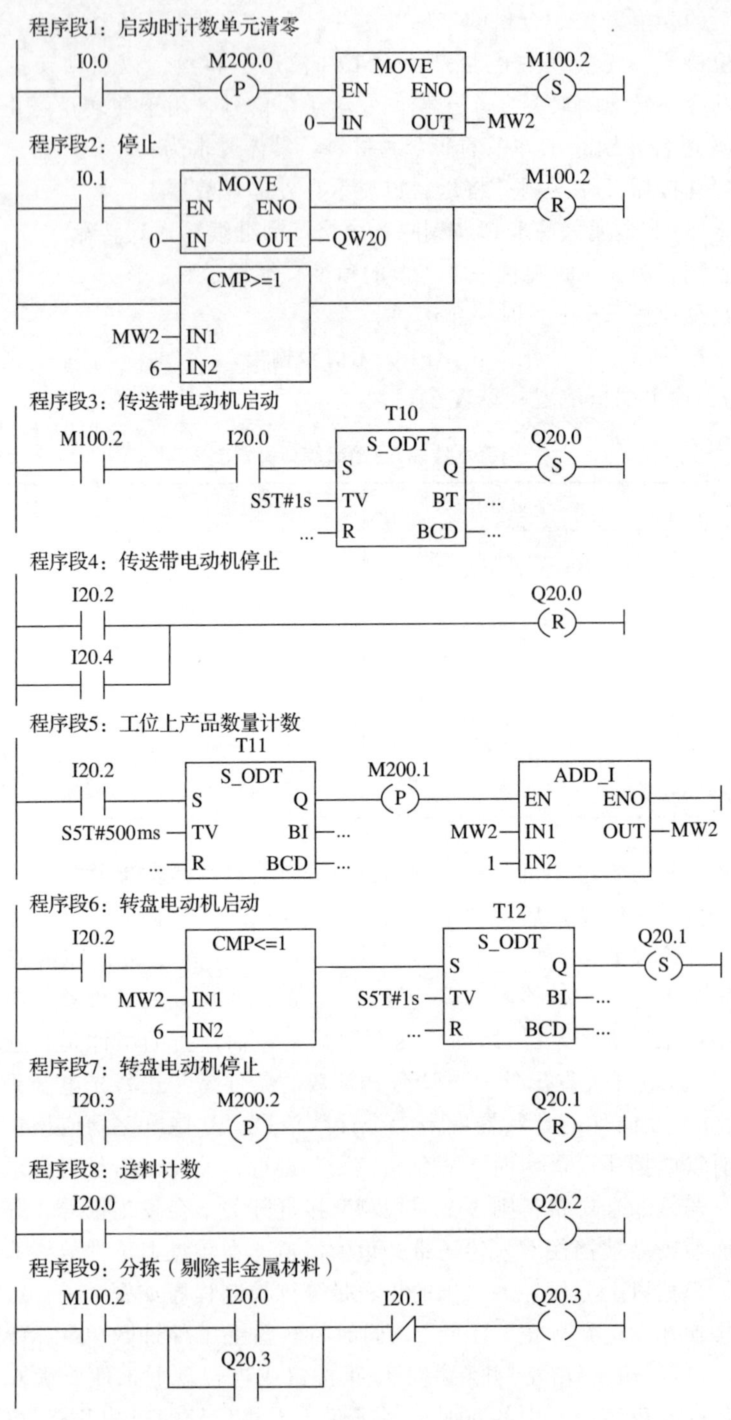

图 21—108 传送带分拣控制程序

三、顺序控制程序的编制及示例

1. 顺序控制程序的设计步骤

顺序控制就是按照生产工艺预先规定的顺序，在各个输入信号的作用下，根据内部状态和时间的顺序，各个执行机构自动地进行操作。

顺序控制设计方法最基本的思路是将系统的一个工作周期划分为若干个顺序相连的阶段（步，step），用编程元件（例如 M）来代表各步。在任何一步内输出量的状态不变（ON 或 OFF）而在各步中可执行不同的输出。使系统由当前步进入下一步的信号称为转换条件。用转换条件控制代表各步的编程元件，让它们的状态按一定的顺序变化，然后用代表各步的编程元件去控制输出。

设计顺序控制程序应首先根据工艺过程画出顺序功能图，然后根据顺序功能图写出梯形图程序。

顺序功能图由“步”“动作”“有向连线”“转换及转换条件”等基本要素组成。例如，某组合机床动力头的进给运动示意图如图 21—109 所示，按下启动按钮 I0.0 动力头快进；当碰到 I0.1（行程开关）时，动力头由快进变为工进（加工工件）；加工完毕，动力头碰到 I0.2，暂停 3 s 后由工进变为快退；退回原点，直到动力头碰到 I0.3 停止，等待下一次启动。

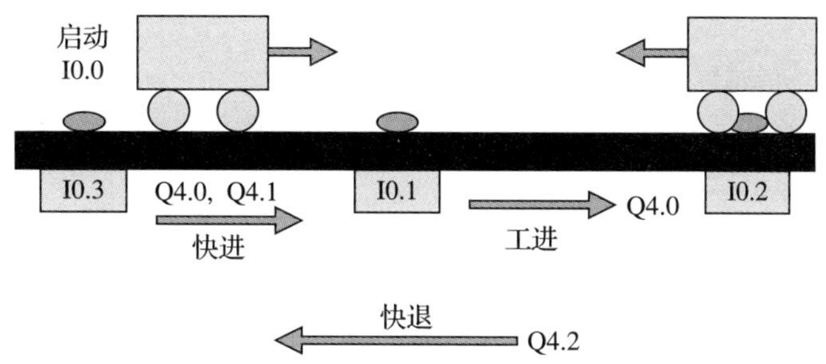

图 21—109　某组合机床动力头的进给运动示意图

该控制过程中各信号和各个动作的时序如图 21—110a 所示，而根据各信号的状态使各个动作顺序进行所编制的顺序功能图如图 21—110b 所示。在图 21—110b 所示顺序功能图中，用位元件 M0.0 代表初始步，M0.1～M0.4 分别代表各工作步，这些位元件的状态为 1 代表该步是活动的，而状态为 0 则表示该步未被激活。对于不会产生误解的有向连线可不画出箭头。

画出顺序功能图后，即可根据顺序功能图编写顺序控制程序了。而在编写程序中，要解决几个问题：如何进入顺序控制流程；对各步中动作如何处理；最关键的是怎样实现各步之间的转换。

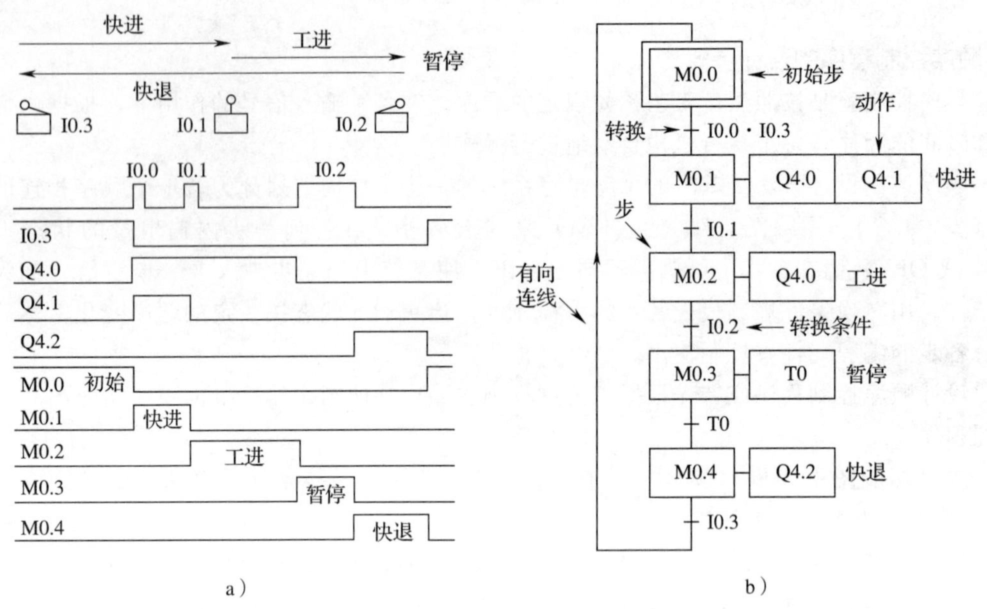

图 21—110　某组合机床进给运动的顺序功能图

a）各信号及动作的时序　b）顺序功能图

2. 如何进入顺序控制流程

为了使程序能够进入顺序控制流程，应在流程的开始之处设置一个初始步。当开始执行顺序控制程序之前，应将初始步对应的编程元件置位，使初始步变为活动步，为启动自动运行做好准备。同时，要将其余各步对应的编程元件复位，使顺序控制程序在没有启动之前，只有 1 个活动步。一般可以在系统投入运行时就进入初始步，也可以在手动/自动切换开关置于自动状态时进入初始步。

3. 对各步中动作的处理

在顺序控制的各个步及手动程序中，都需要控制 PLC 的输出 Q，因此同一个输出元件的线圈可能会出现 2 次或多次被激励，造成双线圈输出。

解决双线圈输出的办法是，当手动程序及顺序控制的各步中需要进行输出时，先不要直接输出 Q，而是使用一些中间继电器，即用位存储区中不同的位元件 M 来代替输出元件 Q。在所有的步全部编程完成，包括手动程序也编完后，在程序末尾再集中编制一段输出程序，用各个中间继电器 M 的触点进行组合来驱动各输出元件 Q。对于有多处需要输出同一个输出元件 Q 的情况，可将这些地方所输出的各个中间继电器 M 的触点相“或”后驱动该位 Q 输出，如图 21—111 所示。

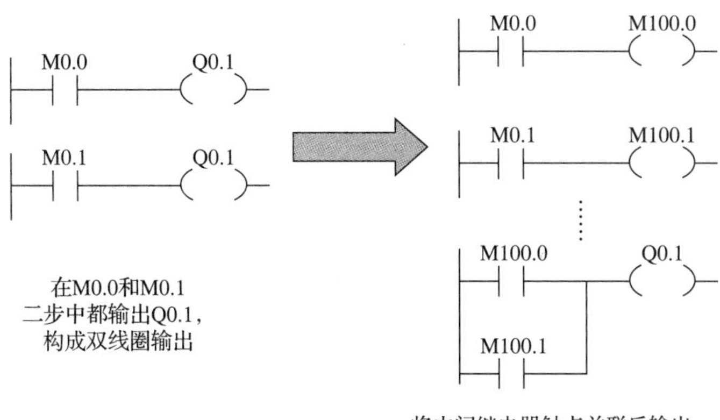

图 21—111　双线圈输出的处理

4. 转换的实现

在顺序功能图中，步的活动状态的进展是由两个步之间的转换来实现的。要实现转换必须同时满足两个条件：第一，该转换所有的前级步是活动步；第二，相应的转换条件得到满足。

而在实现转换时应完成以下两个操作：第一，使所有由有向连线与相应转换符号相连的后续步都变为活动步；第二，使所有由有向连线与相应转换符号相连的前级步都变为不活动步。

根据上述实现转换的条件和实现转换时所要执行的操作，编程中可以用来实现转换的方法有多种，如启停保电路、置位复位电路、移位寄存器电路等，有些 PLC 的指令系统中也有专门用于编制顺序控制程序的步进指令（可参见本书第 15 章）。对于 S7 - 300/400，在 STEP 7 中可安装 S7 Graph 编程语言，使用 S7 Graph 编程语言可以在编程软件中直接画出顺序功能图，快速准确地编写 PLC 系统的顺序控制程序。

这里再介绍一种模拟步进指令，使用步序控制字实现转换的方法。设定某个字以整数格式（INT）作为实现转换的步序控制字（例如，设为 MW4），并将顺序控制程序中的每一步用 1 个程序段进行编程。在初始化时将步序控制字 MW4 中的值置为 1，MW4=1 代表初始步。以后在每一步的转换条件满足时都将 MW4 中的值加上 1，使其可以退出当前步而进入下一步。MW4 的不同值分别代表不同的步。将步序控制字中的数值结合比较指令，在每一步的开头位置都对 MW4 的值进行比较，根据比较结果即可执行相应的步。按照这个思路，则图 21—110b 所示的顺序功能图就可表示为图 21—112 所示的形式，再按照此顺序控制流程图即可编制顺序控制程序。

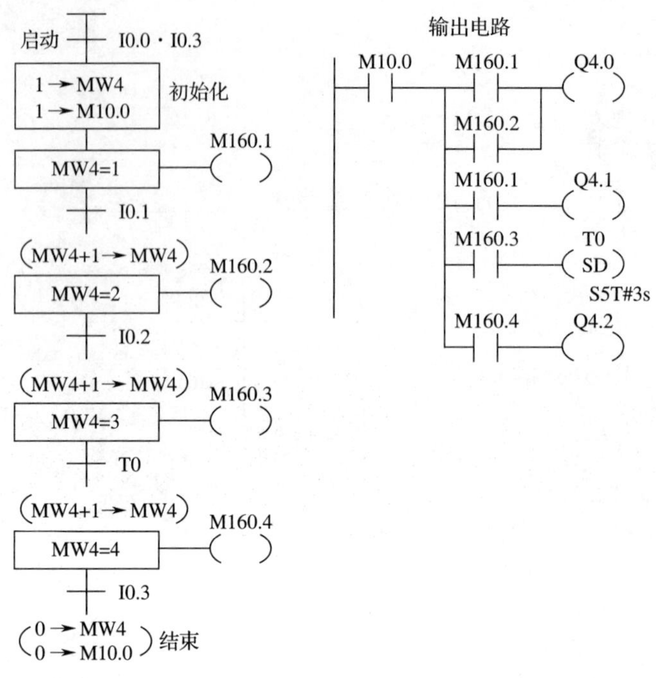

图 21—112　组合机床进给运动的顺序控制流程图

【例 21—7】用 PLC 控制运料小车自动装卸料

一辆运料小车运行的组态画面如图 21—113 所示。

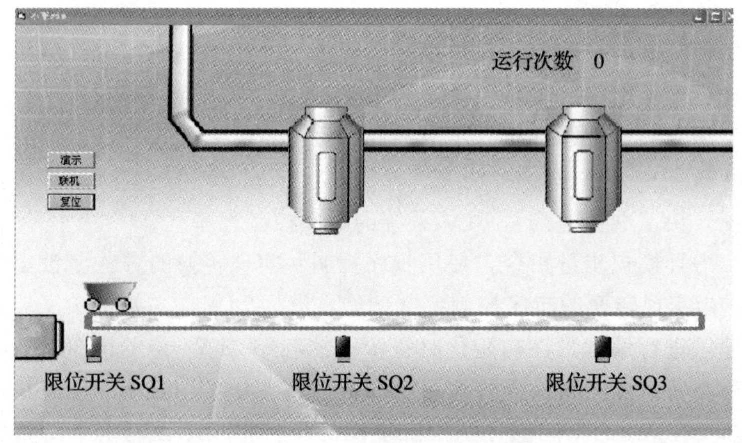

图 21—113　运料小车运行组态画面

运料小车控制装置中设有启动按钮、停止按钮和工作方式开关。启动按钮 SB1 用来启动运料小车，停止按钮 SB2 用来手动停止运料小车，带保持的按钮 SB7 用来选择工作方式（程序每次只读小车到达 SQ2 前的值），工作方式见表 21—41。

表 21—41　　工作方式选择

工作方式	SB7
第一方式	0
第二方式	1

控制要求：

按启动按钮 SB1，小车从原点起动，KM1 接触器吸合使小车向前运行，直到压下限位开关 SQ2，此后按照两种不同的工作方式运行。

(1) 第一方式：小车停，KM2 接触器吸合使甲料斗装料 5 s，然后小车继续向前运行，直到压下开关 SQ3 小车停，此时 KM3 接触器吸合使乙料斗装料 3 s。

(2) 第二方式：小车停，KM2 接触器吸合使甲料斗装料 3 s，然后小车继续向前运行，直到压下开关 SQ3 小车停，此时 KM3 接触器吸合使乙料斗装料 5 s。

完成以上任何一种方式后，KM4 接触器吸合，小车返回原点直到压下开关 SQ1，小车停止，KM5 接触器吸合使小车卸料 5 s 后，完成一次循环。在此循环过程中如果按下 SB2 按钮，小车完成一次循环后即停止运行，否则小车将在完成三次循环后自动停止。

PLC 的输入/输出端口配置见表 21—42。

表 21—42　　输入/输出端口配置

输入设备	输入端口地址	输出设备	输出端口地址
启动按钮 SB1	I10.1	向前接触器 KM1	Q124.0
停止按钮 SB2	I10.2	甲料斗接触器 KM2	Q124.1
限位开关 SQ1	M1.2	乙料斗接触器 KM3	Q124.2
限位开关 SQ2	M1.3	向后接触器 KM4	Q124.3
限位开关 SQ3	M1.4	小车卸料接触器 KM5	Q124.4
工作方式开关 SB7	I11.3	计数	MW2

说明：限位开关的信号是由组态软件产生并发送到 PLC 的。

根据对运料小车控制要求的分析，可以看出符合顺序控制的特点。将整个控制过程分为若干步，并采用前述用步序控制字结合比较指令实现转换的方法，可画出顺序控制流程图，如图 21—114 所示。

图 21—114 所示的流程图中，使用了 MW2 作为循环计数，MW4 作为步序控制字，M250.0 作为运行标志，M250.0 作为停止标志。由于要求只在小车到达 SQ2 前读取方式开关的值，因此在第 1 步中用 I11.3 建立标志 M11.3，以后就不再读取 I11.3，而是用 M11.3 来判断工作方式。在每一步结束，将步序控制字 MW4 加 1 时，由于被加数与和都是同一个元件 MW4，为了避免在每个扫描周期中都执行加法而造成失控，必须在加法指令之前加上脉冲指令，以保证当转换条件满足时，加 1 的操作只会执行一次。在最后一步中根据不同的转换条件选择转移目标，要循环时使 MW4＝1，要停止时使 MW4＝0。根据顺序控制流程图，编制梯形图程序如图 21—115 所示。

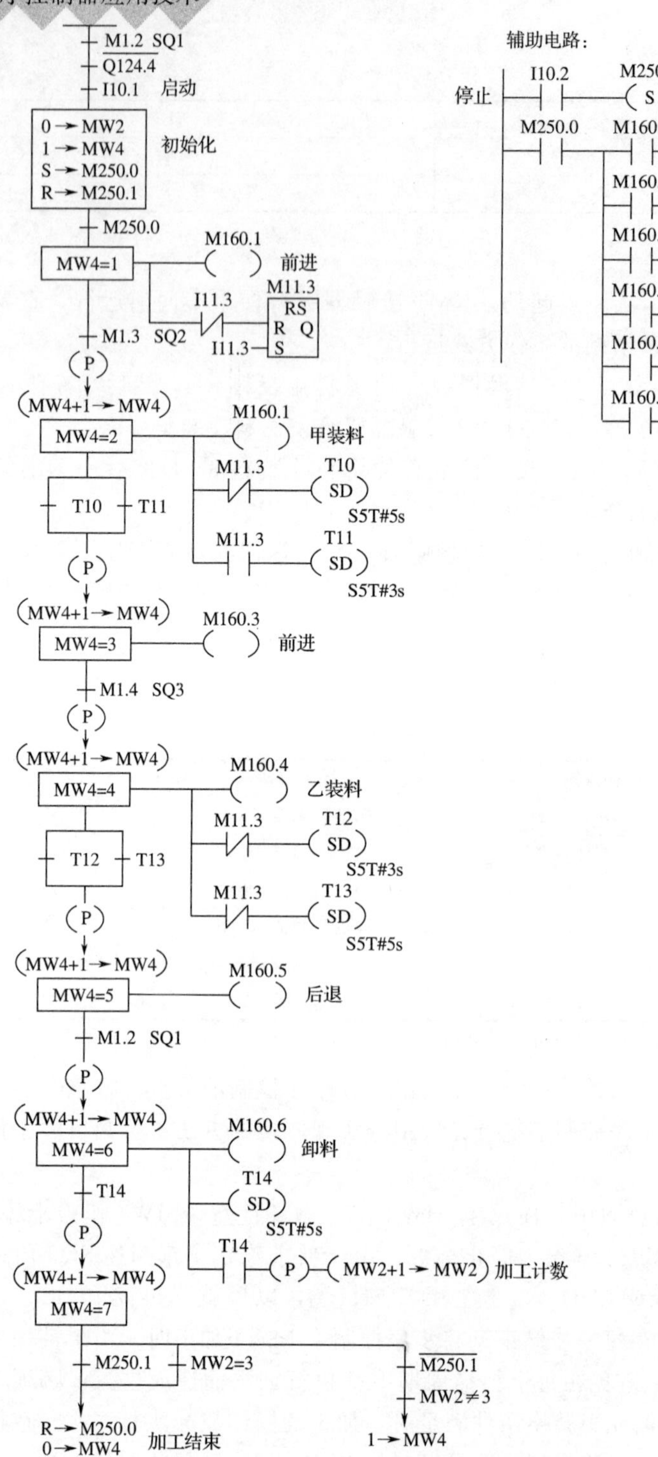

图 21—114　运料小车顺序控制流程图

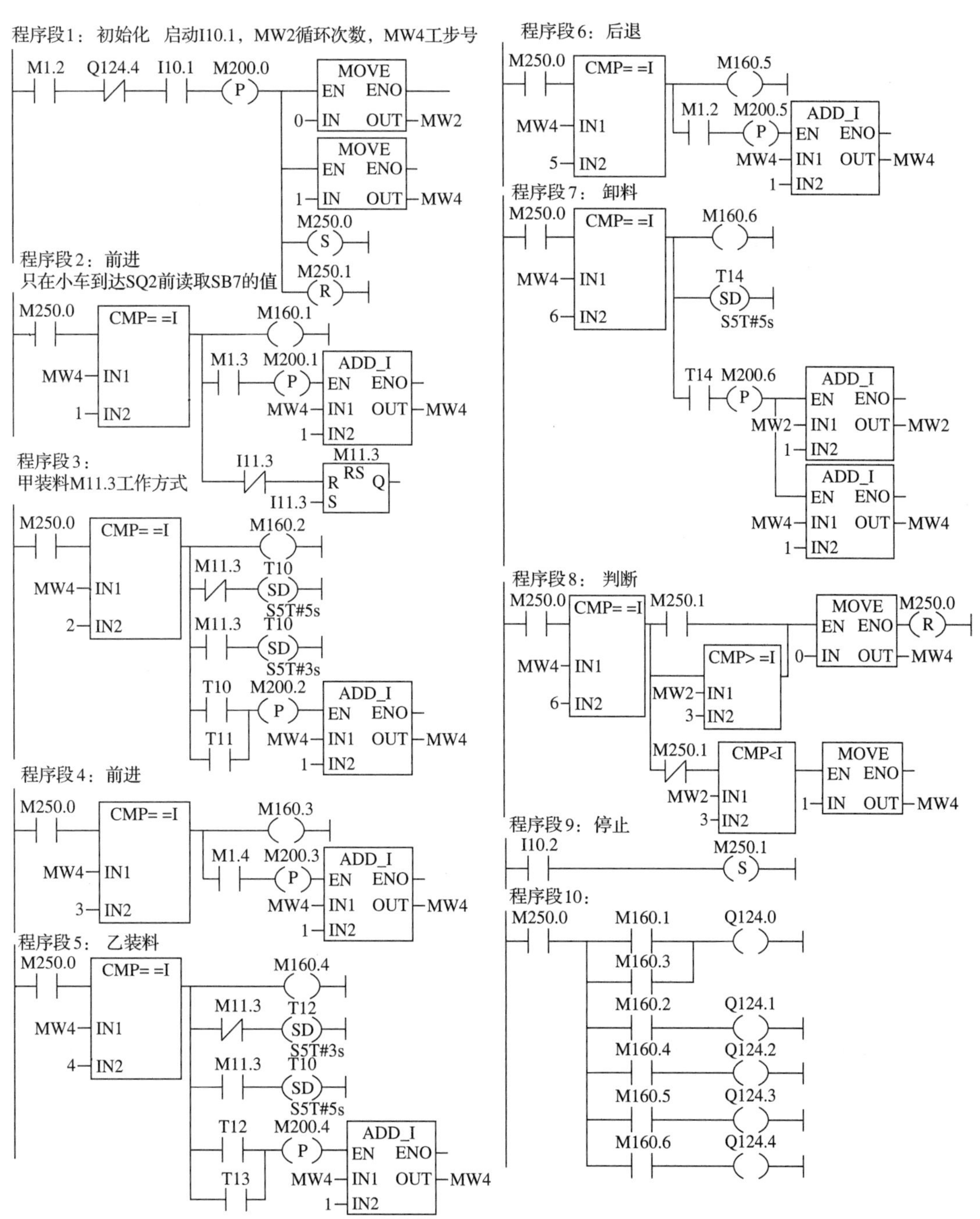

图21—115 运料小车自动装卸料顺序控制程序

【例 21—8】用 PLC 控制深孔钻的运行

一深孔钻运行的组态画面如图 21—116 所示。

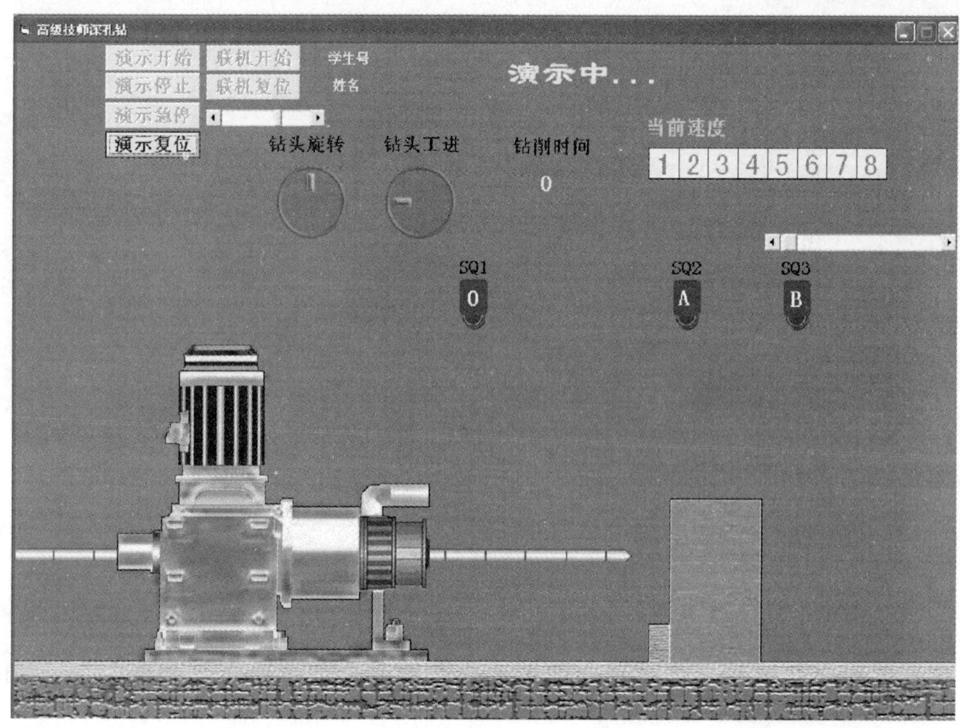

图 21—116　深孔钻运行的组态画面

图 21—116 所示的深孔钻用于对工件钻削深孔。钻床安装有两台电动机，一台使钻头旋转，另一台使钻头进给。控制装置中还安装了 3 个行程开关 SQ1～SQ3 用于检测钻头进给的行程。深孔钻对工件钻孔的控制要求为：当深孔钻的钻头在原点 SQ1 位置时，按下启动按钮，钻头以 $V1$ 的速度正向快进。当钻头快进到 A 点（SQ2）位置时，钻头以 $V2$ 的速度正向工进钻削，同时钻头旋转，做 3 s 钟的钻削。当 3 s 的钻削时间到后，钻头以 $V3$ 的速度反向快退，直到 SQ2 处为止，以便出屑。随后深孔钻头再次正向工进，比上一次增加 3 s 的钻削时间，然后仍快速退回 A 点。如此反复，直到钻头钻穿工件到了 B 点处 SQ3 发出信号，则表示钻削结束。这时，钻头以速度 $V3$ 快速退回到 A 点，钻头停转，停留 10 s，等待更换工件。

然后钻头旋转，重复上述加工过程。

当按过停止按钮后，等到当前工件加工结束，以速度 $V3$ 快速退回到原点，在经过 A 点时，钻头停转。

当按下急停按钮时，钻头停转，停留原处。

PLC 各输入/输出端口的配置见表 21—43。

表 21—43　　PLC 输入/输出端口的配置

输入设备	输入端口编号	输出设备	输出端口编号
启动按钮	I4.0	钻头工进	Q124.0
停止按钮	I100.1	钻头退回	Q124.1
急停	I101.2	速度单元（低位）	Q124.2
SQ1	M1.3	速度单元（高位）	Q124.3
SQ2	M1.4	钻头旋转	Q124.4
SQ3	M1.5	显示每次钻削时间	MW2

说明：行程开关的信号是由组态软件产生并发送到 PLC 的。

钻头进给的速度由速度单元 Q124.2 和 Q124.3 的组合所确定，见表 21—44。

表 21—44　　速度组合

Q124.3	Q124.2	速度
0	1	*V*1
1	0	*V*2
1	1	*V*3

根据深孔钻的控制要求，按照顺序控制程序的设计方法，并采用前述用步序控制字结合比较指令实现转换的方法，首先画出顺序控制流程图如图 21—117 所示。

在图 21—117 中，启动后首先进行初始化处理，将钻削时间设为初始值 3 s，步序控制字 MW4 的值设为 1，以进入第一步。将运行标志 M250.0 置位，停止标志 M250.1 复位。在后面的各个工作步中，分别输出各中间继电器，在最后再用中间继电器进行输出。

由于深孔钻每次的钻削时间要递增 3 s，定时器的延时时间不是固定不变的，因此在第二步（MW4＝2）中，定时器 T10 的延时时间用 MW8 来间接设置。而 MW8 中的数据是按照 S5TIME 的格式由 MW2 转换而来的。

在第二步中，根据钻削的进程来选择转移目标。如果钻削时间已到，但 B 点的 SQ3 的信号未发出，说明尚未钻穿，需要进行退车，并将下一次进给的钻削时间加上 3 s；而如果 SQ3 的信号发出了，说明已经钻穿，则需要退车回到 A 点处等待更换工件。这 2 个不同的转移目标分别用 MW4＝3 或 MW4＝4 来表示。在某一工作步中要转移到其他工作步时，可根据转移目标处 MW4 的数值，在 MW4 当前值基础上采取加法（如从 MW4＝2 处转移到 MW4＝4 处）或减法（如从 MW4＝3 处转移到 MW4＝2 处）使步序控制字 MW4 中的数值得以增减；也可用 MOVE 指令直接将所需的数值传送到 MW4（如从 MW4＝5 处转移到 MW4＝2 处）。

图 21—117 所示的辅助电路中，除了对停止及急停按钮进行处理外，还把在各步中所输出的中间继电器的触点组合后去驱动各输出点。进给速度是根据表 21—44 所示的速度组合来进行控制的。由表 21—44 可见，Q124.2 是在 *V*1 和 *V*3 时为 ON，而 Q124.3 是在 *V*2 和 *V*3 时为 ON。因此可在控制流程中找出进给速度为 *V*1，*V*2 及 *V*3 的各个工作步所输出的中间继电器，对它们的触点进行组合后驱动 Q124.2 和 Q124.3。

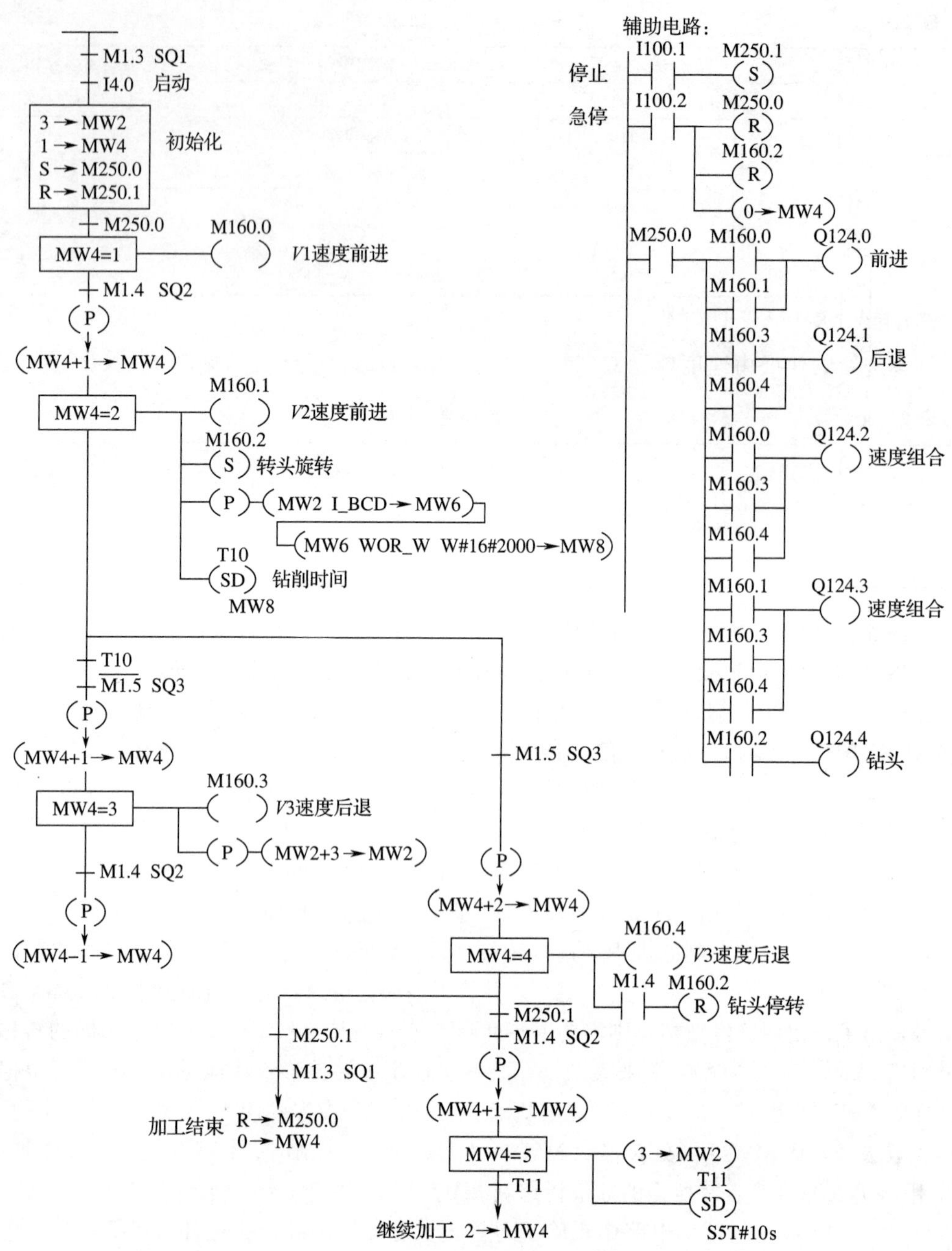

图 21—117 深孔钻的顺序控制流程图

按照图 21—117 所示的控制流程图，即可编制相应的顺序控制梯形图程序，如图 21—118 所示。

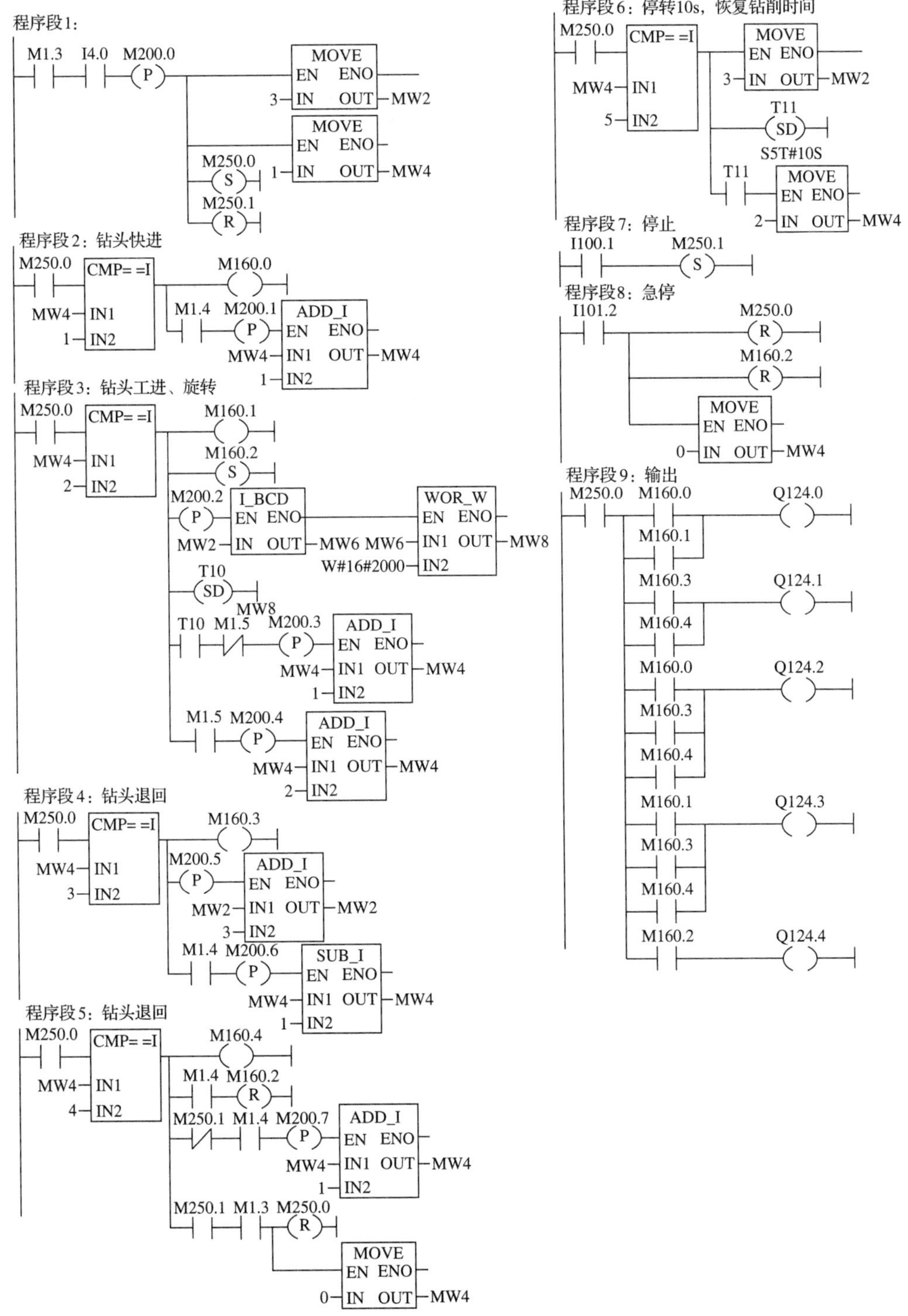

图 21—118　深孔钻控制的梯形图程序

思　考　题

一、填空题

1. S7-300每个机架最多只能安装______个信号模块、通信模块或功能模块，最多可以增加______个扩展机架。电源模块应装在主机架最____边的____号槽中，CPU模块只能装在____号槽，接口模块只能装在____号槽。

2. 按照默认的地址分配，S7-300主机架的5号槽中安装的16点数字量输出模块的字节地址为____和____；6号槽的32点数字量输入模块的字节地址为____至____；7号槽的4AI/2AO模块的模拟量输入字地址为________至____，其中CH2的地址为________；模拟量输出字地址为________和____，其中CH0的地址为________。

3. MW0是位存储区的第1个字，MW8是位存储区的第____个字，它由字节____和______构成，其中的高位字节是______。

4. WORD（字）是16位______符号数，INT（整数）是16位______符号数。整数的数值范围是______至______。

5. CPU状态字中RLO的简称是______________。

6. L　MW0中的L是________；L#50中的L#是表示________；LW12中的L是________。

7. STEP7中的逻辑块有____、____、____、____、____等。

8. 背景数据块中的数据是功能块的__________中定义的数据（不包括临时数据）。

9. 在梯形图中调用带参数的功能时，方框内是功能的________，方框外是对应的________。方框的左边是功能的________，方框的右边是功能的________。

二、简答题

1. SIMATIC S7 PLC有哪几个子系列？各有什么特点？

2. 装载存储器和工作存储器的组成和功能有什么区别？

3. S7-300 CPU模块上的MPI接口是什么接口？有何用途？

4. 硬件组态的作用是什么？

5. PI/PQ和I/Q有何区别？位逻辑指令中可以使用PI/PQ存储区的地址吗？

6. STEP 7中的在线窗口和离线窗口显示的内容有什么区别？

7. 当CPU面板上的SF（系统错误）灯亮时，可用什么方法来查找故障的原因？

8. 把1个按钮接到S7-300的数字量输入端口时，按钮的两端应如何连接？而把1个指示灯接到晶体管输出端口时，指示灯的两端又应如何连接？为什么？

9. 背景数据块与共享数据块的区别是什么？

10. 功能FC和功能块FB的区别是什么？

11. S7-300 PLC有哪几种寻址方式？立即寻址和直接寻址有何区别？

三、编程题

1. 按下启动按钮 I4.0，使由 Q18.0 控制的电动机运行 2 min，然后自动断电，同时由 Q18.1 控制的制动电磁铁开始通电，5 s 后自动断电。试用扩展的脉冲定时器和断开延时定时器设计该控制电路。

2. 在点动按钮 I10.0 按下后，Q2.0 变为 1 状态并被保持。当由 I17.2 输入的计数脉冲信号输入了 3 个脉冲后开始定时，10 s 后 Q2.0 变为 0 状态，同时计数器复位。试编制能实现上述功能的梯形图程序。

3. 图 21—119 所示的是交通信号灯一个周期的波形图，在 PLC 开始运行后交通信号灯将按波形图所示的顺序不断地循环工作，直到 PLC 变为 STOP 模式或断电为止。试画出顺序功能图，并编制顺序控制梯形图程序。

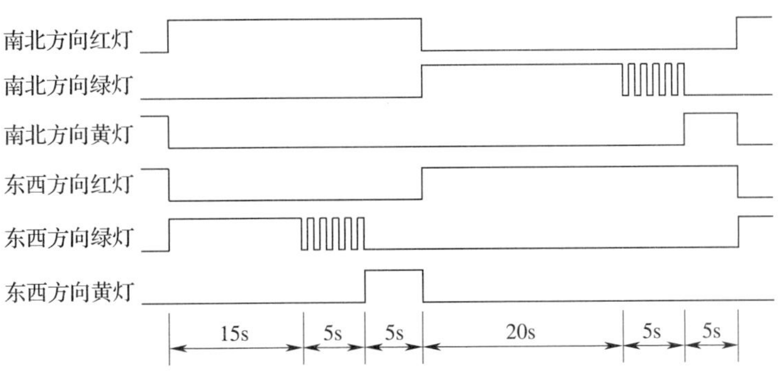

图 21—119　交通信号灯工作波形图

4. 编写 PLC 控制程序，使 Q5.0 输出周期为 2 s，占空比为 25％的连续脉冲信号。

5. 在用 PLC 对西门子 MM440 变频器进行远程控制时，给定频率 f（0～50 Hz）需由 BCD 拨码开关输入。现 2 位 BCD 拨码开关的数码输出端（8，4，2，1）已连接到 PLC 的 4 个输入端子上（地址为 I124.3～I124.0），个位和十位的位选端连接到 PLC 的 2 个输出端子上（地址为 Q5.2 和 Q5.3）。要求由 BCD 拨码开关输入的给定频率 f 以整数形式保存在 MW52 中。而在 MM440 中对应于 0～50 Hz 的频率是以 0～16 384 的数值表示的。因此，在将 MW52 中的给定频率 f 发送到 MM440 变频器时，还要按照公式 $D=f\times(16\,384\div50)$ 进行换算。请编制梯形图程序，使其能实现从 BCD 拨码开关读入给定频率 f 并进行换算得到数字量 D，然后发送到与变频器通信的数据缓冲区 MW12 中的功能。